JUnit实战

（第3版）

［罗马尼亚］克特林·图多塞
（Cătălin Tudose） 著
沈泽刚 王永胜 译

人民邮电出版社
北京

图书在版编目（CIP）数据

JUnit实战 : 第3版 / (罗马尼亚) 克特林·图多塞著 ; 沈泽刚, 王永胜译. -- 北京 : 人民邮电出版社, 2023.6
ISBN 978-7-115-57853-2

Ⅰ. ①J… Ⅱ. ①克… ②沈… ③王… Ⅲ. ①JAVA语言—程序设计 Ⅳ. ①TP312.8

中国版本图书馆CIP数据核字(2021)第229484号

版权声明

◆ 著　[罗马尼亚] 克特林·图多塞（Cătălin Tudose）
译　沈泽刚　王永胜
责任编辑　吴晋瑜
责任印制　王　郁　焦志炜

◆ 人民邮电出版社出版发行　北京市丰台区成寿寺路 11 号
邮编　100164　电子邮件　315@ptpress.com.cn
网址　https://www.ptpress.com.cn
大厂回族自治县聚鑫印刷有限责任公司印刷

◆ 开本：800×1000　1/16
印张：31　2023 年 6 月第 1 版
字数：674 千字　2023 年 6 月河北第 1 次印刷

著作权合同登记号　图字：01-2020-6511 号

定价：139.80 元

读者服务热线：(010) 81055410　印装质量热线：(010) 81055316
反盗版热线：(010) 81055315
广告经营许可证：京东市监广登字 20170147 号

内容提要

本书全面介绍 JUnit 5 的新特性及其主要应用。全书共 22 章，分为五部分。第一部分介绍 JUnit 的核心、JUnit 的体系结构、从 JUnit 4 向 JUnit 5 迁移、软件测试原则等内容；第二部分介绍软件测试质量、用 stub 和 mock object 进行测试、容器内测试等内容；第三部分介绍用 Maven 和 Gradle 工具运行 JUnit 测试、IDE 对 JUnit 5 的支持、JUnit 5 的持续集成等内容；第四部分介绍 JUnit 5 扩展模型，表示层测试，Spring、Spring Boot 和 REST API 以及数据库应用程序的测试等内容；第五部分介绍使用 JUnit 5 进行测试驱动开发和行为驱动开发，以及用 JUnit 5 实现测试金字塔策略等内容。

本书既适合刚接触 JUnit 框架的 Java 开发人员阅读，也适合想要了解 JUnit 5 新特性的、经验丰富的 JUnit 开发人员学习，尤其适合企业级 Java 开发人员阅读。本书还可作为高等院校学生“软件测试”课程的参考用书。

谨以本书献给我的家人、朋友、同事、教授和学生！

本书的付梓源于你们的帮助和支持！

——Cătălin Tudose

前言

我在 IT 行业工作了近 25 年，颇感幸运。最初编程时，我使用的是 C++和 Delphi。学生时代和职业生涯的头几年，我就是在编程中度过的。得益于在青少年时期学到的数学知识，我步入了计算机科学领域，并一直从事这两方面的研究。2000 年，我开始关注 Java 编程语言。尽管那时的 Java 还“年纪轻轻”，但是很多人预测其将“前途无量”。我在一个在线游戏开发团队里工作，用的是一种特殊的技术——当时非常流行的 applet 技术。团队开发程序要花一定的时间，测试程序则要花更多的时间，因为测试主要是手动完成的：团队成员一起在网络中运行程序，各自竭尽全力去发现可能出现的各种问题。那时，我们都没有听说过 JUnit 或测试驱动开发之类的东西，因为当时这些东西还处在开拓阶段。

2004 年以后，我将 90%的工作时间都放到 Java 上。对我来说，2004 年这个时间节点是一个新的开端，像代码重构、单元测试和测试驱动开发这样的事情，开始成为我职业生涯的一部分。如今，一个项目（即使是较小的项目）如果不进行自动测试，那是无法想象的，我所在的 Luxoft 公司的情况就是这样的。我的同事经常谈论如何在当前的工作中进行自动测试、用户的预期是什么、如何度量和提高代码覆盖率，以及如何分析测试质量等。讨论的核心不仅包括单元测试和测试驱动开发，还包括行为驱动开发。在没有可靠的测试的情况下发布能满足市场预期的产品现在来看是无法想象的。这种可靠的测试，实际上像一个由单元测试、集成测试、系统测试和验收测试构成的金字塔。

我为在线教育网站 Pluralsight 开发过 3 门关于自动测试的课程，由此幸运地与 Manning 出版社建立了联系。就本书而言，我认为没有必要从头写起，因为第 2 版已经是畅销书了，不过那是在 2010 年针对 Junit 4 编写的。对 IT 领域而言，十年就像几个世纪那么长！在本书中，我会介绍 JUnit 5 这一当今的热门技术及其工作方法。从我开始使用单元测试和 JUnit 算起，单元测试和 JUnit 走过了漫长的道路。说起来很轻松，但要实现从 Junit 4 到 JUnit 5 的迁移，需要仔细考虑和筹划。对此，本书会用大量实例加以说明。当你在实际操作中遇到新情况不知如何是好时，我希望这些方法能对你有所帮助。

本书内容

本书涉及如何创建安全的应用程序，以及如何极大地提高开发速度并消除调试“噩梦”。这些都可以在 JUnit 5（及其新特性）以及与 JUnit 5 协同运作的其他工具和技术的帮助下完成。

本书首先关注的是 JUnit 中对谁（who）、什么（what）、为什么（why）以及如何（how）等问题的理解。前几章旨在让你相信 JUnit 5 的“威力”和功能，后续章节会深入探讨对 JUnit 5 的有效使用，如从 JUnit 4 向 JUnit 5 迁移、测试策略、JUnit 5 与各种工具和现代框架的协作，以及根据当前方法学习使用 JUnit 5 开发应用程序等。

读者对象

本书适合已经能熟练编写 Java 核心代码，并且有兴趣学习如何开发安全和灵活的应用程序的开发人员。你应熟悉面向对象编程，并且至少使用过 Java，还需具备 Maven 的实用知识，能够构建 Maven 项目，能够在 IntelliJ IDEA 中打开 Java 程序文件、编辑并运行 Java 程序。对于书中某些内容，你还需了解 Spring、Hibernate、REST 和 Jakarta EE 等技术的基础知识。

本书结构

本书共 22 章，分为五部分。

第一部分（第 1～5 章）介绍 JUnit 5 的基础知识。

- 第 1 章简单介绍了测试的概念，并帮助你了解如何编写和运行一个非常简单的测试并查看其结果。
- 第 2 章详细讨论 JUnit，让你一睹 JUnit 5 的强大功能，并浏览将其付诸实践的代码。
- 第 3 章介绍 JUnit 的体系结构。
- 第 4 章讨论如何从 JUnit 4 迁移到 JUnit 5，以及如何在版本间迁移项目。
- 第 5 章从整体上讨论测试。该章将描述不同类型的测试及其适用场景，还将讨论不同级别的测试以及运行这些测试的最佳场景。

第二部分（第 6～9 章）介绍各种测试策略。

- 第 6 章分析测试质量。该章将引入一些概念，如代码覆盖率、测试驱动开发、行为驱动开发和突变测试等。
- 第 7 章是关于 stub 的，介绍一种隔离环境和无缝测试的解决方法。
- 第 8 章解释 mock object，并对如何构造和使用 mock object 加以概述。
- 第 9 章描述一种不同的技术：在容器中运行测试。

第三部分（第 10～13 章）展示 JUnit 5 如何与其他工具协同工作。

- 第 10 章简要介绍 Maven 及其术语。
- 第 11 章介绍一个称为 Gradle 的流行工具。
- 第 12 章研究使用当前非常流行的 IDE（IntelliJ IDEA、Eclipse 和 NetBeans 等）与 JUnit 5 协作的方法。
- 第 13 章专门讨论持续集成工具。强烈推荐这种实践操作，它可以帮助你维护代码存储库并在其上实现自动化构建。

第四部分（第 14～19 章）展示 JUnit 5 如何与现代框架协同工作。

- 第 14 章介绍 JUnit 5 扩展的实现，它是 JUnit 4 的规则和运行器的一种替代。
- 第 15 章介绍 HtmlUnit 和 Selenium。你将看到如何使用这些工具测试表示层。
- 第 16 章和第 17 章专门讨论当前非常有用的测试框架之一——Spring。Spring 是一个用于 Java 平台的开源应用程序框架和控制反转容器。它包括几个独立的框架，用于创建可直接运行的应用程序的 Spring Boot 约定优于配置解决方法。
- 第 18 章介绍 REST 应用程序的测试。REST 是一种应用程序接口，使用 HTTP 的 GET、PUT、PATCH、POST 和 DELETE 请求方法来操作（或处理）数据。
- 第 19 章讨论测试数据库应用程序的备选方案，包括 JDBC、Spring 和 Hibernate 等。

第五部分（第 20～22 章）展示如何根据现代软件开发方法使用 JUnit 5 开发应用程序。

- 第 20 章讨论如何使用当前主流的开发技术之一——测试驱动开发进行项目开发。
- 第 21 章讨论使用行为驱动开发来开发项目。它展示如何创建满足业务需求的应用程序，即不仅要把事情做对，而且要做对的事情。
- 第 22 章展示如何使用 JUnit 5 实现测试金字塔策略。这一策略是从底层（单元测试）到高层（集成测试、系统测试和验收测试等）的测试。

一般来说，需要按顺序阅读本书每章内容。但是，只要掌握第一部分中介绍的基本内容，你就可以直接跳到任何一章进行学习。

关于源代码

本书给出的代码（大部分）普遍较长，而不是短小的代码段。大部分代码都有注解和解释。在某些章中，代码中的注解及其在正文中的解释用数字标记。异步社区将为你提供所有的完整源代码下载。

作者简介

克特林 · 图多塞（Cătălin Tudose）出生于罗马尼亚阿尔杰什的皮特什蒂。

他于 1997 年在罗马尼亚布加勒斯特大学获得计算机科学学位，并于 2006 年获得该专业的博士学位。Cătălin 有超过 15 年的 Java 开发经验，参与过电信和金融类项目，曾担任高级软件开发人员和技术团队负责人，目前是 Luxoft Holding 罗马尼亚分公司的 Java 和 Web 技术专家。

在罗马尼亚布加勒斯特大学自动化和计算机学院任教期间，Cătălin 讲授了超过 2000 小时的课程。Cătălin 在 Luxoft 公司讲授了超过 4000 小时的 Java 课程，其中包括 Corporate Junior 项目——该项目已经在波兰培养了大约 50 名 Java 开发人员。Cătălin 还在公司内部开发了以 Java 为主题的企业课程。

Cătălin 在马里兰大学全球校区（University of Maryland Global Campus，UMGC）讲授在线课程，包括 Java 计算机图形学、Java 中级编程、Java 高级编程、软件验证与有效性、数据库概念、SQL 和高级数据库概念等。

Cătălin 为在线教育网站 Pluralsight 新开设了 5 门课程，分别是“使用 JUnit 5 的 TDD”“Java：BDD 基础”“Java 测试金字塔策略的实现”“Spring 框架：用 Spring AOP 进行面向切面编程”“从 JUnit 4 向 JUnit 5 迁移的测试平台”。

除了 IT 领域，Cătălin 还对数学、世界文化和足球等感兴趣。Cătălin 是家乡球队 FC Argeş Piteşti 的铁杆儿粉丝。

封面图片简介

《JUnit 实战（第 3 版）》封面上的人物是“Walaque 夫人”。Jacques Grasset de Saint-Sauveur（1757—1810）收集了各国的服装图片，集结成书，书名为 *Costumes de Différents Pays*，并于 1797 年在法国出版。这幅插图取自此书。此书中每幅插图都是精心绘制而成的，皆为手工着色。Saint-Sauveur 的藏品丰富多样，以生动的画面提醒我们，200 多年前，世界上的城镇和地区在文化上有多么迥异。由于彼此隔绝，人们说着不同的语言或方言。但无论是在城镇还是在乡村，通常只要看人们的衣着，就能很容易地认出他们住在哪里，在什么行业工作或从事什么职业。

从那以后，我们的着装发生了变化，而当时如此丰富的地区多样性也逐渐消失了。现在依据着装对不同大陆的居民进行区分都已很难，更不用说不同的国家、地区和城镇了。也许我们已经用文化的多样性换取了更多样的个人生活——当然是更多样和快节奏的科技生活。

在很难通过外观将计算机相关的图书区分开的情况下，Manning 出版社采用两个世纪前丰富多样的地区生活图片作为图书封面，用以赞美计算机行业的发明和创举，使 Saint-Sauveur 的画作重现。

致谢

本书的出版得益于 Manning 出版社团队的帮助，我期望今后还有这样的创作机会。

感谢我的老师和同事多年来对我的支持。感谢参加我线下面授课程或在线课程的人，是他们激励我高质量地完成工作并不断鼓励我加以改进。感谢本书第 2 版的合著者 Petar Tahchiev、Felipe Leme、Vincent Massol 以及 Gary Gregory。你们撰写的第 2 版很强大，为我打下了坚实的基础，希望有一天能见到你们。特别感谢我的同事兼朋友 Vladimir Sonkin，我们共同走过新技术的研究之路。

我要感谢 Manning 出版社的所有工作人员，包括组稿编辑 Mike Stephens、策划编辑 Deirdre Hiam、流程编辑 Katie Sposato Johnson、书评编辑 Mihaela Batinic、技术开发编辑 John Guthrie、技术校对 David Cabrero、高级技术开发编辑 Al Scherer、文字编辑 Tiffany Taylor 和校对员 Katie Tennant 等。

感谢所有对本书予以评论的人：Andy Keffalas、Becky Huett、Burk Hufnagel、Conor Redmond、David Cabrero Souto、Ernesto Arroyo、Ferdinando Santacroce、Gaurav Tuli、Greg Wright、Gualtiero Testa、Gustavo Filipe Ramos Gomes、Hilde Van Gysel、Ivo Alexandre Costa Alves Angélico、Jean-François Morin、Joseph Tingsanchali、Junilu Lacar、Karthikeyarajan Rajendran、Kelum Prabath Senanayake、Kent R. Spillner、Kevin Orr、Paulo Cesar、Dias Lima、Robert Trausmuth、Robert Wenner、Sau Fai Fong、Shawn Ritchie、Sidharth Masaldaan、Simeon Leyzerzon、Srihari Sridharan、Thorsten P.Weber、Vittorio Marino、Vladimír Oraný 以及 Zorodzayi Mukuya 等。在你们的帮助下，本书日臻完善。

资源与支持

本书由异步社区出品，社区（https://www.epubit.com）为您提供相关资源和后续服务。

配套资源

本书提供源代码。要获得以上配套资源，请在异步社区本书页面中单击，跳转到下载界面，按提示进行操作即可。注意：为保证购书者的权益，该操作会给出相关提示，要求输入提取码进行验证。

提交勘误

作者和编辑尽最大努力来确保书中内容的准确性，但难免会存在疏漏。欢迎读者将发现的问题反馈给我们，帮助我们提升图书的质量。

如果读者发现错误，请登录异步社区，按书名搜索，进入本书页面，输入勘误信息，单击“提交勘误”按钮即可。本书的作者和编辑会对读者提交的勘误进行审核，确认并接受后，将赠予读者异步社区的 100 积分（积分可用于在异步社区兑换优惠券、样书或奖品）。

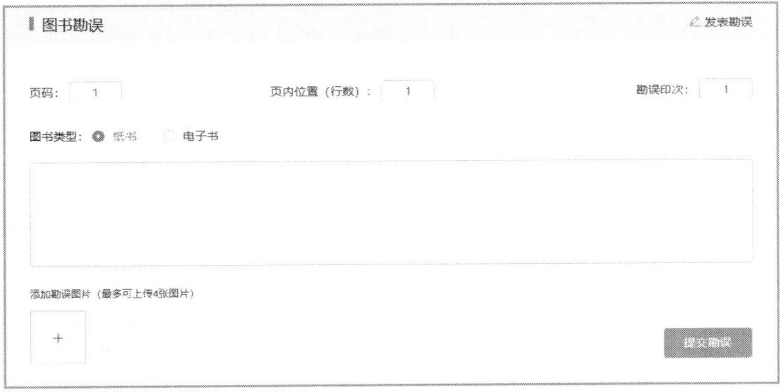

扫码关注本书

扫描下方二维码，读者会在异步社区的微信服务号中看到本书信息及相关的服务提示。

与我们联系

我们的联系邮箱是 contact@epubit.com.cn。

如果读者对本书有任何疑问或建议，请发邮件给我们，并请在邮件标题中注明本书书名，以便我们更高效地做出反馈。

如果读者有兴趣出版图书、录制教学视频，或者参与图书翻译、技术审校等工作，可以发邮件给我们；有意出版图书的作者也可以到异步社区在线投稿（直接访问 www.epubit.com/selfpublish/submission 即可）。

如果读者来自学校、培训机构或企业，想批量购买本书或异步社区出版的其他图书，也可以发邮件给我们。

如果读者在网上发现有针对异步社区出品图书的各种形式的盗版行为，包括对图书全部或部分内容的非授权传播，请将怀疑有侵权行为的链接发邮件给我们。这一举动是对作者权益的保护，也是我们持续为读者提供有价值的内容的动力之源。

关于异步社区和异步图书

“异步社区”是人民邮电出版社旗下 IT 专业图书社区，致力于出版精品 IT 图书和相关学习产品，为作译者提供优质出版服务。异步社区创办于 2015 年 8 月，提供大量精品 IT 图书和电子书，以及高品质技术文章和视频课程。更多详情请访问异步社区官网 https://www.epubit.com。

“异步图书”是由异步社区编辑团队策划出版的精品 IT 专业图书的品牌，依托于人民邮电出版社近 40 年的计算机图书出版积累和专业编辑团队，相关图书在封面上印有异步图书的 LOGO。异步图书的出版领域包括软件开发、大数据、人工智能、测试、前端、网络技术等。

异步社区

微信服务号

目录

第一部分 JUnit

第二部分 不同的测试策略

第三部分 运用 JUnit 5 及其他工具

第四部分 使用现代框架和 JUnit 5

第一部分

JUnit

本书主要介绍 JUnit 框架的相关内容。JUnit 框架由 Kent Beck 和 Erich Gamma 于 1995 年年底着手开发。自此以后，JUnit 框架日益受到欢迎，现已成为 Java 应用程序单元测试事实上的标准。

本书是《JUnit 实战（第 2 版）》的升级版。《JUnit 实战（第 1 版）》是一本畅销书，由 Vincent Massol 和 Ted Husted 于 2003 年编写，其内容是基于 JUnit 3.x 的。《JUnit 实战（第 2 版）》也是一本畅销书，由 Petar Tahchiev、Felipe Leme、Vincent Massol 和 Gary Gregory 于 2010 年编写，其内容是基于 JUnit 4.x 的。

本书将基于 JUnit 5.x 介绍 JUnit 框架的诸多特性，并会展示一些有趣的细节和测试程序代码的技巧。本书的主要内容包括框架的体系结构、测试质量、mock object、JUnit 与其他工具的交互、JUnit 扩展以及应用程序测试各层，还包括测试驱动开发和行为驱动开发技术的应用等。

这一部分探讨 JUnit 本身的一些内容。第 1 章介绍 JUnit 测试的概念，也就是你首先应学习的知识。我们将直接引入代码，展示如何编写和运行一个简单的测试并查看其结果。第 2 章详细介绍 JUnit 的核心内容，展示 JUnit 5 的功能，并介绍将其付诸实践的代码。第 3 章介绍 JUnit 的体系结构。第 4 章讨论如何完成从 JUnit 4 到 JUnit 5 的迁移，以及项目如何在 JUnit 框架的不同版本之间迁移。第 5 章专门介绍软件测试，描述不同类型的测试及其适用的场景，并讨论不同层级的测试以及运行这些测试的最佳场景。

第 1 章　JUnit 起步

本章重点

- 认识 JUnit。
- 安装 JUnit。
- 编写第一个测试。
- 运行测试。

在软件开发领域，从未有过“很少的几行代码对大量代码起到至关重要的作用”这样的事情。

——Martin Fowler

所有代码都需要经过测试。在开发期间，我们要做的第一件事就是运行自己的“验收测试”。我们通常会编写代码、编译代码，然后运行代码。运行代码，实际上就是在测试代码。测试可能只是单击一个按钮，看它是否能弹出预期的菜单，或者查看结果并将其与预期的值加以比较。不管怎样，我们每天都会重复“编写代码、编译代码、运行（测试）代码”这样的过程。

测试时，我们经常会发现各种问题，尤其是在程序第一次运行时，然后再去重复上面的过程。

我们中的大多数人很快会形成一套非正式的测试模式：添加记录、查看记录、编辑记录以及删除记录。手动执行这样的操作非常容易，所以我们会不断重复这种模式。

有些开发人员喜欢做这种重复性的测试。在经过思考和艰难的编码之后，这种重复性的测试可以为其带来一段惬意的休息时间。当这种轻松单击鼠标式的测试最终成功时，一种成就感便油然而生——搞定了！我搞定了！

但有些开发人员不喜欢这种重复性的工作。与其手动运行测试，他们宁愿编写一个短小的程序来自动运行测试。编写测试代码是一回事，运行自动测试则是另一回事。

如果你是一名编写测试代码的开发人员，那么本书就是为你准备的。我们将为你展示创建自动测试是多么简单、有效，甚至有趣。

如果你是深受“测试感染（test-infected[1]）”影响的开发人员，那么本书也同样适合你。我们将在第一部分介绍 JUnit 测试的基础知识，然后在第二到第五部分探讨一些棘手的现实问题。

1.1 证明程序的可运行性

有些开发人员认为自动测试是开发过程中非常重要的一部分：只有通过一系列全面的测试，才能**证明**组件是有效的。曾有两位开发人员认为这种类型的单元测试非常重要，甚至认为值得为其编写一个框架。1997 年，Erich Gamma 和 Kent Beck 针对 Java 开发了一个简单、有效的单元测试框架，将其命名为 **JUnit**：在一次长途旅行中，他们有了做这件趣事的机会。Erich 想让 Kent 学习 Java，而他自己对 Kent 之前为 Smalltalk 编写的 SUnit 测试框架产生了浓厚兴趣，这次旅行给了他们做这两件事的机会。

定义：框架（framework）是一个应用程序的半成品[2]。框架提供一个可复用的公共结构，可以在多个应用程序之间共享。开发人员将框架融入他们自己的应用程序中，并对其加以扩展以满足特定需求。框架与工具包的不同之处在于，框架提供了一致的结构，而不是一组简单的工具类。框架定义了一个骨架，应用程序则通过定义自己的特性来填充骨架。开发人员的代码在适当的时候被框架调用。开发人员不用担心设计是否良好，而应更多地关注如何实现特定领域的功能。

如果你对 Erich Gamma 和 Kent Beck 这两个人名感到似曾相识，也在情理之中。Erich Gamma 是经典作品 *Design Patterns* 一书[3]的作者之一；Kent Beck 则因他在软件领域的开创性工作（“极限编程”）而闻名。

JUnit 很快成了 Java 应用程序单元测试事实上的标准框架。如今，JUnit 作为一个开源软件托管在 GitHub 上，拥有 Eclipse 公共许可证。底层测试模型 xUnit 正在成为所有语言的标准框架。xUnit 框架可用于 ASP、C++、C#、Eiffel、Delphi、Perl、PHP、Python、REBOL、Smalltalk 和 Visual Basic 等，此处不一一列举。

当然，软件测试乃至单元测试并不是 JUnit 团队的发明。**单元测试**这个术语最初用于描述检查单个工作单元（一个类或一个方法）行为的测试。随着时间的推移，这个术语的使用范围扩大了。例如，电气电子工程师学会（IEEE）将单元测试定义为“对单个硬件、软件单元或一组相关单元的测试”。[4]

---

1 test-infectd 是由 Erich Gamma 和 Kent Beck 提出的一个术语，参见 *Test-Infected: Programmers Love Writing Tests*,Java Report 3 (7), 37–50, 1998。

2 Ralph Johnson，Brian Foote, *Designning Reuserable Classes*, Journal of Objected-Oriented Programming1(2): 22-35, 1988.

3 Erich Gamma et al., Design Patterns (Reading , MA: Addison-Wesley, 1995).

4 IEEE Standard Computer Dictionary: A Compilation of IEEE Standard Computer Glossaries (New York, IEEE, 1990).

在本书中，“单元测试”这一术语的定义较为狭窄，指“检查独立于其他单元的单个单元”的测试。这里关注的是开发人员在自己的代码中所应用的小型增量测试。有时，我们把这些测试称为**开发人员测试**（programmer test），以区别于质量保证测试或用户测试。

下面是从本书的角度对典型单元测试做出的一般性描述：“确保方法接收预期范围的输入值，并且该方法对每个输入值返回预期的值”。这个描述要求通过它的接口测试方法的行为。如果给它赋值 x，它会返回 y 吗？如果给它赋值 z，它会抛出正确的异常吗？

定义：单元测试（unit testing）是检验软件不同工作单元的行为测试。**工作单元**是不直接依赖于其他任何任务的任务。在 Java 应用程序中，工作单元通常是（但不总是）单个的方法。相比之下，**集成测试**和**验收测试**要检查多种组件如何交互。

单元测试通常侧重于测试一个方法是否遵守了 API 契约的有关条款。就像人与人在特定条件下交换某些商品或服务的书面合同一样，API **契约**是通过方法签名而形成的正式协议。某个方法要求其调用者提供具体的对象引用或基本类型值，并返回一个对象引用或基本类型值。如果该方法不能完成契约，测试应该抛出一个异常，这时我们就说该方法**违反**了契约。

定义：API **契约**是 API 的视图，是调用者和被调用者之间的一种正式协议。通常，单元测试通过证明预期的行为来帮助定义 API 契约。API 契约的概念源于“Design by Contract”（按契约设计）的实践，因 Eiffel 编程语言而流行。

本章将从零开始介绍为一个简单的类创建单元测试：首先介绍编写一个测试和最小运行时框架，让你可以了解以前的工作是如何进行的；其次介绍 JUnit，展示如何用适当的工具让工作变得更简单。

1.2 从零开始

在本书第一个示例中，我们将创建一个非常简单的计算器类 Calculator，以计算两个数相加的结果。用于测试的 Calculator 类为用户端提供了 API，但不包含用户界面，如清单 1.1 所示。为了测试其功能，我们先创建一个纯 Java 测试，然后转用 JUnit 5。

清单 1.1 用于测试的 Calculator 类

```
public class Calculator {
   public double add(double number1, double number2) {
      return number1 + number2;
   }
}
```

尽管没有给出文档，但是 Calculator 类的 add(double, double)方法显然带有两个 double 型参数，并返回这两个 double 型参数之和。虽然编译器能够正确编译这段代码，但是我们还应确保它在运行时能正常工作。单元测试的一个核心原则是“任何没有经过自动测试的程序功能都可以当作不存在[1]”。这个 add 方法就是这个 Calculator 类的一个核心功能。我们通过编写代码实现了这个功能，但缺少证明该功能能正常工作的自动测试。

add 方法如此简单就不会出错吗？

目前，add 方法的实现非常简单，不易出错。如果 add 不是一个重要的工具方法，可能不会直接对其加以测试。在这种情况下，如果 add 真的出错，那么使用 add 方法的测试都将会出错。add 方法会被间接地测试，但终究是被测试了。在上述程序的上下文中，add 不仅是一个方法，也是一个**程序功能**（program feature）。为了确保程序正确运行，大多数开发人员会期待有一个针对 add 方法的自动测试，不管实现看起来有多简单。在某些情况下，你可以通过自动功能测试或自动验收测试来证明程序功能。有关软件测试的更多信息请参阅第 5 章。

在这个时候进行任何测试看起来都很难，因为我们甚至没有一个用户界面输入一对 double 值。我们可以编写一个短小的程序，等待用户输入两个 double 值，然后显示结果。这样一来，就同时测试了输入数字及求和的功能——这比我们想要的还要多，我们只想知道这个工作单元是否能计算两个 double 型参数之和并返回正确结果，并没想知道测试人员输入的是否是数字。

与此同时，如果想花大力气测试工作成果，那么我们应该尽量使得这一份投入物有所值。在编写代码时就知道 add(double, double)方法是否可以正常运行固然好，但实际上你真正应知道的是“在交付应用程序的其余部分或者在任何时候进行后续修改时，该方法是否依然能够正常运行”。如果综合考虑这些需求，我们就会萌生这样一个想法：为 add 方法编写一个简单的测试程序。

这个测试程序可以将已知值传递给方法，并判断结果是否与我们预期的一致。我们也可以随后再次运行这个测试程序，以确保该方法随应用程序的完善仍能继续正常运行。那么，我们所能编写的最简单的测试程序是什么呢？清单 1.2 所示的这个 CalculatorTest 程序怎么样？

清单 1.2　一个简单的 CalculatorTest 程序

```
public class CalculatorTest {
   public static void main(String[] args) {
      Calculator calculator = new Calculator();
      double result = calculator.add(10, 50);
      if (result != 60) {
         System.out.println("Bad result: " + result);
      }
   }
}
```

CalculatorTest 类非常简单：创建一个 Calculator 实例，给 add 方法传递两个数值参数，然后验证结果。若结果不是所预期的，就在标准输出中输出一条消息。

---

[1] Kent Beck, *Extreme Progrmming Explained:Embrace Change*(Reading, MA: Addison-Wesley, 1999).

如果现在编译并运行这个程序，测试就会通过，一切似乎都很正常。但是，如果修改代码让其出错，会怎样呢？你必须仔细盯着屏幕上的错误消息。你可能不必提供输入数据，但还是需要检验监控程序输出的能力。需要测试的是代码，而不是你自己！

在 Java 中，表示错误的传统做法是抛出一个异常。那么，我们就可以抛出一个异常，以表示测试失败。

你或许还想针对 Calculator 其他尚未编写的方法（如 subtract 方法或 multiply 方法）运行测试，那么转向模块化的设计可以让捕获和处理异常变得更加容易，也可以让以后扩展测试程序变得更容易。清单 1.3 给出了略有改进的 CalculatorTest 程序。

清单 1.3 略有改进的 CalculatorTest 程序

```
public class CalculatorTest {

  private int nbErrors = 0;

  public void testAdd() {
    Calculator calculator = new Calculator();
    double result = calculator.add(10, 50);
    if (result != 60) {                                                      ❶
      throw new IllegalStateException("Bad result: " + result);
    }
  }

  public static void main(String[] args) {
    CalculatorTest test = new CalculatorTest();
    try {
      test.testAdd();
    }
    catch (Throwable e) {                                     ❷
      test.nbErrors++;
      e.printStackTrace();
    }
    if (test.nbErrors > 0) {
      throw new IllegalStateException("There were " + test.nbErrors
        + " error(s)");
    }
  }
}
```

在❶处，把测试代码移到 testAdd 方法中。现在要观察测试做了什么，就变得容易多了。你也可以增加更多的方法，编写更多的单元测试，而不会使 main 方法变得难以维护。在❷处，修改了 main 方法，以便在发生错误时输出栈跟踪信息。最后，如果发生任何错误，就抛出一个总结性的异常使程序结束运行。

现在我们实现了一个简单的应用程序及其测试。你可能会发现，即使是很小的类及其测试也能让你从中获益——这些少量的“骨架代码”是为运行和管理测试结果而创建的。然而，随着应用程序越来越复杂，测试也越来越多，继续构建和维护一个自定义测试框架就成了一种负担。

接下来，我们“退一步”，来看一下单元测试框架的一般情况。

1.2.1 单元测试框架的规则

单元测试框架应遵循以下最佳实践规则。清单 1.3 所示的 CalculatorTest 程序中看似微小的改进强调了三大规则（以我们的经验来看），这些规则是单元测试框架都应该遵循的。

- 每个单元测试必须独立于其他所有单元测试而运行。
- 框架应该通过一个一个的测试来检测和报告错误。
- 应该很容易地确定要运行哪个单元测试。

清单 1.3 所示的略有改进的测试程序基本上遵循了上述规则，但仍存在不足。例如，要使每个单元测试真正独立，就应该在不同的类实例中运行每个单元测试。

1.2.2 添加单元测试

现在我们通过增加一个新的方法并在 main 方法中增加一个对应的 try/catch 块来添加新的单元测试。这显然是一个进步，但是在真正的单元测试集中，这样做还远远不够。经验告诉我们，较大的 try/catch 块会引起一些维护问题，例如，可能很容易遗漏某个单元测试，而我们对此并不知晓！

如果能够添加新的测试方法并继续正常工作，就太好了。但是如果这样做，那么程序如何知道要运行哪些方法呢？应该有一个简单的注册过程。注册方法至少要列出正在运行的测试。

另一种方法是使用 Java 的反射功能。一个程序可以检查自身，并决定运行任一方法，只要这一方法遵循一定的命名约定即可，例如那些名称以 test 开头的方法。

要使添加测试变得容易，这似乎成了单元测试框架中又一条规则。要实现这一规则的支持代码（通过注册或反射）并没那么容易，但仍值得一试。你必须预先做大量的工作，但每次添加新测试时，这些努力都会让你从中受益。

幸运的是，JUnit 团队解决了上述困扰我们的问题。JUnit 框架已经支持发现方法，也支持对每个测试使用一个不同的类实例和类加载器实例，并逐个报告每个测试的所有错误。JUnit 团队为框架定义了如下 3 个不相关的目标。

- 框架必须有助于编写有用的测试。
- 框架必须有助于创建具有长久价值的测试。
- 框架必须有助于通过重用代码以降低编写测试的成本。

在第 2 章中，我们将进一步讨论这些目标。接下来，让我们看看如何安装 JUnit。

1.3 安装 JUnit

若用 JUnit 编写应用程序测试，就要了解 JUnit 的依赖关系。本书使用 JUnit 5，这是我们撰写本书时该框架的最新版本。该版本的测试框架是模块化的，因为我们不能简单地把 JAR 文件添加到项目编译类路径（classpath）和运行类路径中。实际上，从 JUnit 5 开始，体系结构不再是单体结构（见第 3 章），而且随着 Java 5 注解的引入，JUnit 也开始使用注解。JUnit 5 很大程度上是基于注解的，这与以前版本中为所有测试类扩展一个基类，并为所有测试方法使用命名约定来匹配 text*XYZ* 格式的思想形成了对比。

注意：如果你熟悉 JUnit 4，那么可能想了解新版本中有哪些新内容，为什么增加新内容以及如何使用新内容。JUnit 5 是 JUnit 的新版本，可以使用 Java 8 引进的编程功能，也能模块化和分层地构建测试，构建的测试也更容易理解、维护和扩展。第 4 章将讨论如何从 JUnit 4 迁移到 JUnit 5，并展示如何让正在做的项目从 JUnit 5 的强大特性中获益。你将看到，要顺利地过渡到新版本，只需迈出很小的一步。

为了有效管理 JUnit 5 的依赖关系，我们应该使用构建工具。本书用的是非常流行的构建工具 Maven。我们将在第 10 章中专门讨论在 Maven 中运行 JUnit 测试的主题，现在仅需了解 Maven 背后的基本思想：通过 pom.xml 文件配置项目，执行 mvn clean install 命令，并理解该命令的效果。

注意：在撰写本书时，Maven 的最新版本是 3.6.3。

在 pom.xml 文件中，始终需要的依赖项如清单 1.4 所示。最初我们只需要 junit-jupiter-api 和 junit-jupiter-engine 两个依赖。

清单 1.4　JUnit 5 的 pom.xml 依赖

```
<dependency>
     <groupId>org.junit.jupiter</groupId>
     <artifactId>junit-jupiter-api</artifactId>
     <version>5.6.0</version>
     <scope>test</scope>
</dependency>
<dependency>
     <groupId>org.junit.jupiter</groupId>
     <artifactId>junit-jupiter-engine</artifactId>
     <version>5.6.0</version>
     <scope>test</scope>
</dependency>
```

要从命令提示符窗口运行测试，请确保 pom.xml 配置文件中有一个为 Maven Surefire 插件提供的 JUnit 程序依赖项，如清单 1.5 所示。

清单 1.5 pom.xml 中 Maven Surefire 插件的配置

```
<build>
    <plugins>
        <plugin>
            <artifactId>maven-surefire-plugin</artifactId>
            <version>2.22.2</version>
        </plugin>
    </plugins>
</build>
```

由于 Windows 是最常用的操作系统之一，这里的示例配置使用最新版本的 Windows 10。路径、环境变量和命令提示符窗口等概念在其他操作系统中也有。如果不是在 Windows 操作系统上运行示例，请参考相关文档。

要运行测试，Maven 目录的 bin 文件夹必须位于操作系统路径上，如图 1.1 所示。还需要在操作系统上配置 JAVA_HOME 环境变量，令其指向 Java 安装文件夹，如图 1.2 所示。另外，JDK 版本必须至少为 8，这是 JUnit 5 所要求的。

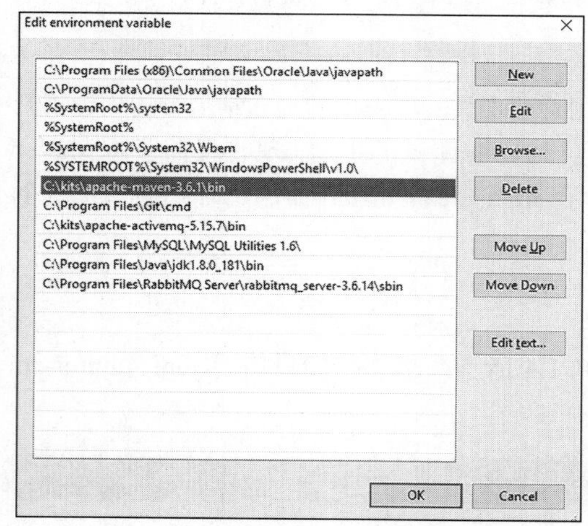

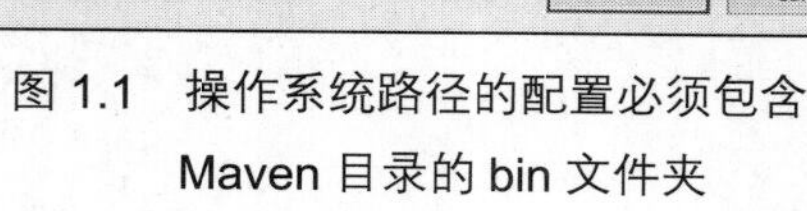

图 1.1 操作系统路径的配置必须包含 Maven 目录的 bin 文件夹

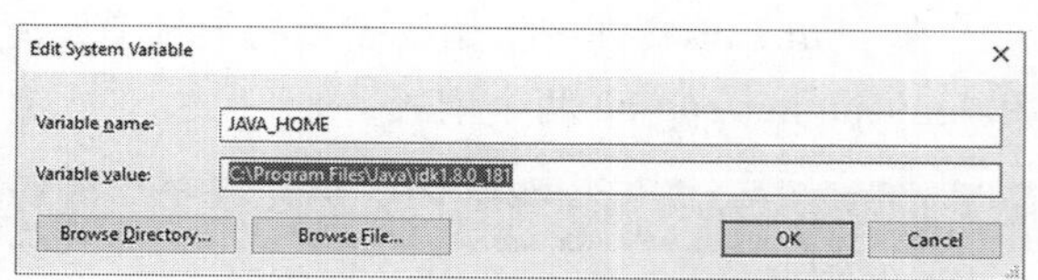

图 1.2 JAVA_HOME 环境变量的配置

欲获得图 1.3 所示的结果，需要使用本章的源文件。打开命令提示符窗口，进入项目文件夹（包含 pom.xml 文件），执行下面的命令：

```
mvn clean install
```

执行这个命令将获取 Java 源代码，编译、测试并将其转换为可执行的 Java 程序（在该例中是一个 JAR 文件）。测试的结果如图 1.3 所示。

有关使用 Maven 和 Gradle 运行测试的更多细节参见本书第三部分。

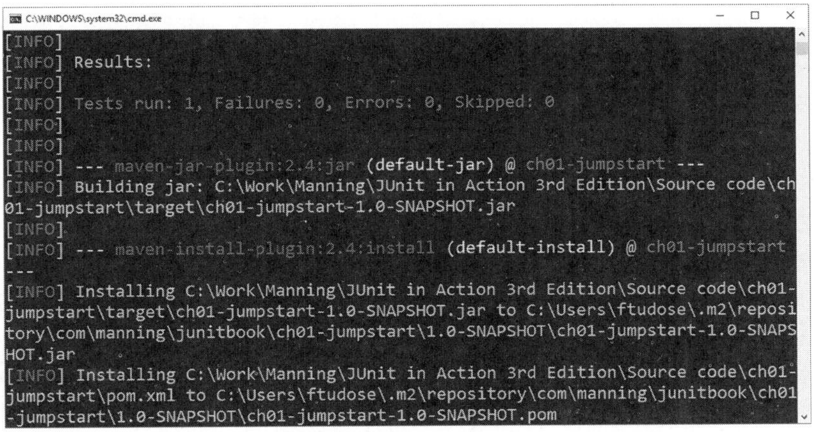

```
C:\WINDOWS\system32\cmd.exe
[INFO]
[INFO] Results:
[INFO]
[INFO] Tests run: 1, Failures: 0, Errors: 0, Skipped: 0
[INFO]
[INFO]
[INFO] --- maven-jar-plugin:2.4:jar (default-jar) @ ch01-jumpstart ---
[INFO] Building jar: C:\Work\Manning\JUnit in Action 3rd Edition\Source code\ch
01-jumpstart\target\ch01-jumpstart-1.0-SNAPSHOT.jar
[INFO]
[INFO] --- maven-install-plugin:2.4:install (default-install) @ ch01-jumpstart
---
[INFO] Installing C:\Work\Manning\JUnit in Action 3rd Edition\Source code\ch01-
jumpstart\target\ch01-jumpstart-1.0-SNAPSHOT.jar to C:\Users\ftudose\.m2\reposi
tory\com\manning\junitbook\ch01-jumpstart\1.0-SNAPSHOT\ch01-jumpstart-1.0-SNAPS
HOT.jar
[INFO] Installing C:\Work\Manning\JUnit in Action 3rd Edition\Source code\ch01-
jumpstart\pom.xml to C:\Users\ftudose\.m2\repository\com\manning\junitbook\ch01
-jumpstart\1.0-SNAPSHOT\ch01-jumpstart-1.0-SNAPSHOT.pom
```

图 1.3　测试的结果

1.4　使用 JUnit 测试

JUnit 有许多特性，这些特性使编写、运行测试变得更加容易。本书将介绍以下特性。

- 针对每个单元测试，分离测试类实例和类加载器实例，以免产生副作用。
- 使用 JUnit 注解提供资源初始化和清理方法：@BeforeEach、@BeforeAll、@AfterEach 和@AfterAll（从 JUnit 5 开始），以及@Before、@BeforeClass、@After 和@AfterClass（JUnit 4 及以下版本支持）。
- 提供多种断言方法，使检查测试结果变得更容易。
- 提供与 Maven 和 Gradle 等流行工具的集成，以及与 Eclipse、NetBeans 和 IntelliJ 等流行的集成开发环境（IDE）的集成。

清单 1.6 展示了用 JUnit 编写的简单 CalculatorTest 程序。

清单 1.6　用 JUnit 编写的简单 CalculatorTest 程序

```
import static org.junit.jupiter.api.Assertions.assertEquals;
import org.junit.jupiter.api.Test;

public class CalculatorTest {                                    ❶

   @Test                                                          ❷
   public void testAdd() {
      Calculator calculator = new Calculator();                   ❸
      double result = calculator.add(10, 50);                     ❹
      assertEquals(60, result, 0);                                ❺
   }
}
```

该测试非常简单，使用 Maven 运行该测试可以得到与图 1.3 类似的结果。❶处的语句定义了一个测试类——测试类名通常以 Test 结尾。若使用 JUnit 3，则需要扩展 TestCase 类，但 JUnit 4 去掉了这个限制条件。另外，在 JUnit 4 之前，测试类必须是公有的。从 JUnit 5 开始，顶级测试类可以是公有的，也可以是包私有（package-private）的，并且可以任意命名。

❷处的语句用@Test 注解将一个方法标记为单元测试方法。过去，通常按照 test*XYZ* 格式来命名测试方法，这是 JUnit 3 所要求的，现在就不需要这样了。有些开发人员删除了前缀 test 并用描述性短语作为方法名。我们可以随意命名方法，只要使用@Test 注解，JUnit 就会予以运行。JUnit 5 的@Test 注解属于 org.junit.jupiter.api 这个新包，而 JUnit 4 的@Test 注解属于 org.junit 包。除了明确强调的地方（例如，显示从 JUnit 4 迁移的地方），本书用的都是 JUnit 5 的功能。

❸处的语句用于创建 Calculator 类的一个实例（被测试的对象）并对其进行测试。和前文一样，在❹处，调用测试方法来运行测试，并向其传递两个已知的值。

JUnit 框架开始展示它的“威力”了！为了检查测试结果，我们用❺处的语句调用 assertEquals 方法，该方法是在类的第一行中通过静态导入法导入的。assertEquals 方法的 Javadoc 如下所示。

```
/**
 * Assert that expected and actual are equal within the non-negative delta.
 * Equality imposed by this method is consistent with Double.equals(Object)
 * and Double.compare(double, double). */
public static void assertEquals(
   double expected, double actual, double delta)
```

在清单 1.6 中，向 assertEquals 方法传递了以下参数：

```
expected = 60
actual = result
delta = 0
```

这里给 calculator 的 add 方法传递了参数 10 和 50，然后告诉 assertEquals 预期的和为 60（为 delta 传递 0，因为这些数字的小数部分是 0，所以 10 和 50 相加不会出现浮点错误）。调用 calculator 的 add 方法时，将返回值保存在一个 double 型的局部变量 resullt 中。因此，可将该变量传递给 assertEquals 方法，以便与预期值（60）进行比较。如果实际值不等于预期值，JUnit 会抛出一个未检查的异常，从而导致测试失败。

在大多数情况下，delta 参数的值可以是 0，也可以忽略。该参数用于非精确计算，包括许多浮点计算。delta 用于提供一个误差范围：如果实际值在 expected − delta 和 expected + delta 之间，测试就算通过。当运行带有舍入或截断误差的数学计算时，或者在断言文件修改日期的条件时，你就会发现这一点很有用，因为日期的精度取决于操作系统。

对于清单 1.6 中的 CalculatorTest 类，最值得一提的是，它的代码比清单 1.2 或清单 1.3 所示的 CalculatorTest 程序更易编写。此外，你还可以用 JUnit 框架自动运行测试。

当在命令提示符窗口中运行测试时（见图 1.3），我们会看到所花的时间和通过测试的单元数量。还有许多方法可以运行测试，使用 IDE 和不同的构建工具也可以运行测试。这个简单的示例只是让你初步领略一下 JUnit 和单元测试的强大功能。

我们可以修改 Calculator 类，给它人为地增加一个 bug（例如做减法而不是做加法），再运行测试，这样便可观察到测试失败的结果。

在第 2 章中，我们将进一步研究 JUnit 框架的类（注解和断言机制）和功能（嵌套测试和标记测试，以及重复的、参数化的、动态的测试），还将展示如何让 JUnit 框架类和功能协同工作来使单元测试更高效。学完这些内容，你将了解如何在实践中使用 JUnit 5 特性，以及 JUnit 4 和 JUnit 5 的差异。

1.5 小结

在本章中，我们主要讨论了以下内容。

- 开发人员为何应该运行某种类型的测试以检查代码是否可以正常运行。使用自动单元测试的开发人员可以按需重复这些测试，以确保新代码能够正常运行，且不会破坏现有的测试。
- 即便不使用 JUnit，也能比较容易地编写简单的单元测试。
- 随着测试变得越来越多且越来越复杂，编写和维护测试也会变得越来越困难。
- JUnit 是一个单元测试框架，可以让创建、运行和修改单元测试更容易。
- 如何逐步完成一个简单的 JUnit 测试。

第 2 章　探索 JUnit 的核心

本章重点

- 理解 JUnit 的生命周期。
- 使用 JUnit 核心类、方法和注解。
- 展示 JUnit 机制。

错误是发现之门。

——James Joyce

在第 1 章中，我们已经明确说明需要一种可靠的、可重用的方法来测试程序。解决方法是通过编写或复用一个框架来驱动所编写的程序 API 的测试代码。随着程序代码量的增长，我们会在现有的类中添加一些新类和新方法，这样也会使测试代码量增长。根据经验，类有时会以意想不到的方式交互，因此我们需要确保无论代码怎样修改，都可以在任何时候运行所有测试。但是如何运行多个测试类呢？如何发现哪些测试通过了，哪些测试失败了呢？

在本章中，我们来看看 JUnit 为解决以上问题提供了哪些功能。本章先简要介绍 JUnit 的核心概念（测试类、方法和注解等），然后详细介绍 JUnit 5 的各种测试机制和 JUnit 生命周期。

本章按照 Manning 出版社出版的“实战”系列图书的思路编写，主要着眼于新核心特性的使用。如需获得每个类、方法和注解的完整文档，请访问 JUnit 5 用户指南或 JUnit 5 的 Javadoc 文档。

本章提到的 Tested Data Systems 公司，是一家使用了测试机制的示例公司。这是一家为多个用户运行数个 Java 项目的外包公司。这些项目使用不同的框架和不同的构建工具，但它们有一些共同之处，那就是都需要测试，以确保编写了高质量的代码。一些较旧的项目使用 JUnit 4 运行测试，较新的项目已经开始使用 JUnit 5 运行测试。这家公司的开发人员已打算深入了解

JUnit 5，并将其应用到需要从 JUnit 4 迁移到 JUnit 5 的项目中。

2.1　核心注解

清单 2.1 列出了第 1 章的 CalculatorTest 程序，其定义了一个测试类，其中包含一个 testAdd 测试方法。

清单 2.1　CalculatorTest 程序

```
import static org.junit.jupiter.api.Assertions.assertEquals;
import org.junit.jupiter.api.Test;

public class CalculatorTest {

   @Test
   public void testAdd() {
      Calculator calculator = new Calculator();
      double result = calculator.add(10, 50);
      assertEquals(60, result, 0);
   }
}
```

下面是一些重要的概念。

- **测试类**可以是顶级类、静态成员类或使用@Nested 注解的包含一个或多个测试方法的内部类。测试类不能是抽象的，必须有单一的构造方法。构造方法必须不带参数，或者所带参数能通过依赖注入（详细内容见 2.6 节）在运行时动态解析。作为可见性的最低要求，测试类允许是包私有的，不再像 JUnit 4.x 那样要求测试类是公有类。在这里的示例中，因为没有定义其他构造方法，所以也无须定义无参数的构造方法，Java 编译器将提供一个无参数的构造方法。
- **测试方法**是用@Test、@RepeatedTest、@ParameterizedTest、@TestFactory 或@TestTemplate 等注解标注的实例方法。测试方法不能是抽象的，也不能有返回值，即返回值类型应该是 void。
- **生命周期方法**是用@BeforeAll、@AfterAll、@BeforeEach 或@AfterEach 等注解的方法。

测试时，我们需要用从清单 2.1 中导入的类、方法和注解，需要声明依赖关系。大多数项目使用构建工具（如第 1 章所述，这里使用 Maven。第 10 章将介绍如何在 Maven 中运行 JUnit 测试）管理这些类、方法和注解。

在 Maven 中，我们只需完成基本任务：配置项目的 pom.xml 文件、执行 mvn clean install 命令，并理解命令的效果。清单 2.2 显示了在 Maven 的 pom.xml 配置文件中所使用的 JUnit 5 最小依赖项。

清单 2.2 在 Maven 的 pom.xml 配置文件中所使用的 JUnit 5 最小依赖项

```
<dependency>
    <groupId>org.junit.jupiter</groupId>
    <artifactId>junit-jupiter-api</artifactId>      ❶
    <version>5.6.0</version>
    <scope>test</scope>
</dependency>
<dependency>
    <groupId>org.junit.jupiter</groupId>
    <artifactId>junit-jupiter-engine</artifactId>   ❷
    <version>5.6.0</version>
    <scope>test</scope>
</dependency>
```

清单 2.2 表明，JUnit 5 所需的最小依赖项是 junit-jupiter-api（❶处）和 junit-jupiter-engine（❷处）。

JUnit 在调用每个@Test 标注的方法之前创建测试类的一个新实例，以确保测试方法的独立性，并防止测试代码中出现意想不到的副作用。另外，测试得到的结果必须与运行顺序无关，这是一个被普遍认可的事实。因为每个测试方法都在测试类的一个新实例上运行，所以不能跨测试方法重用实例变量值。为要运行的每个测试方法创建测试类的一个实例，这是 JUnit 5 和之前所有版本的默认行为。

如果用@TestInstance(Lifecycle.PER_CLASS)标注测试类，JUnit 5 将在同一个测试类实例上运行所有测试方法。使用该注解，我们可为每个测试类创建一个新的测试实例。

清单 2.3 显示了在 lifecycle.SUTTest 类中 JUnit 5 生命周期方法的使用情况。Tested Data Systems 公司管理一个项目需要测试一个系统，该系统将启动、接收常规和额外的工作，然后自行关闭。生命周期方法可确保系统在每次有效测试运行之前和之后进行初始化并关闭。测试方法可检查系统是否接收到常规和额外的工作。

清单 2.3 在 lifecycle.SUTTest 类中 JUnit 5 生命周期方法的使用情况

```
class SUTTest {
   private static ResourceForAllTests resourceForAllTests;
   private SUT systemUnderTest;

   @BeforeAll                                              ❶
   static void setUpClass() {
      resourceForAllTests =
         new ResourceForAllTests("Our resource for all tests");
   }

   @AfterAll                                               ❷
   static void tearDownClass() {
      resourceForAllTests.close();
   }

   @BeforeEach                                             ❸
   void setUp() {
```

```
        systemUnderTest = new SUT("Our system under test");
    }

    @AfterEach
    void tearDown() {                                    ④
        systemUnderTest.close();
    }
                                                              ⑤
    @Test
    void testRegularWork() {
        boolean canReceiveRegularWork =
            systemUnderTest.canReceiveRegularWork();

        assertTrue(canReceiveRegularWork);
    }
                                                              ⑤
    @Test
    void testAdditionalWork() {
        boolean canReceiveAdditionalWork =
                systemUnderTest.canReceiveAdditionalWork();

        assertFalse(canReceiveAdditionalWork);
    }
}
```

运行完生命周期方法，我们会看到如下情形。

- 在所有测试运行之前运行一次使用@BeforeAll 注解的方法（❶处）。该方法应是静态的，除非测试类使用@TestInstance(Lifecycle.PER_CLASS)注解。
- 在每次测试运行之前运行使用@BeforeEach 注解的方法（❸处）。在这个示例中，该方法被运行了两次。
- 使用@Test 注解的两个方法（❺处）是单独运行的。
- 在每次测试运行之后运行使用@AfterEach 注解的方法（❹处）。在这个示例中，该方法也被运行了两次。
- 在所有测试运行之后只运行一次使用@AfterAll 注解的方法（❷处）。该方法应是静态的，除非测试类使用@TestInstance(Lifecycle.PER_Class)注解。
- 要运行这个测试类，可以使用命令“mvn -Dtest=SUTTest.java clean install”。

2.1.1　@DisplayName 注解

@DisplayName 注解可用于类和测试方法。该注解可以让 Tested Data Systems 公司的开发人员为一个测试类或测试方法指定显示名称。通常，该注解用于 IDE 和构建工具的测试报告中。@DisplayName 注解的字符串参数可以包含空格、特殊字符，甚至是表情符号。

清单 2.4 中的 displayname.DisplayNameTest 类展示了@DisplayName 注解的使用。显示的名称通常是一个完整的短语，给出了有关测试目的的重要信息。

清单 2.4 @DisplayName 注解

```
@DisplayName("Test class showing the @DisplayName annotation.")   ❶
class DisplayNameTest {
    private SUT systemUnderTest = new SUT();

    @Test
    @DisplayName("Our system under test says hello.")   ❷
    void testHello() {
        assertEquals("Hello", systemUnderTest.hello());
    }

    @Test
    @DisplayName("😱")   ❸
    void testTalking() {
        assertEquals("How are you?", systemUnderTest.talk());
    }

    @Test
    void testBye() {
        assertEquals("Bye", systemUnderTest.bye());
    }
}
```

这个示例实现了以下功能。

- 显示应用于整个类的名称（❶处）。
- 使用普通文本显示名称（❷处）。
- 使用表情符号显示名称（❸处）。

如果一个测试没有指定显示名称，就只显示方法名称。在 IntelliJ 中，你可以通过右击测试类，然后执行命令运行测试。在 IntelliJ IDE 中运行该测试类的结果如图 2.1 所示。

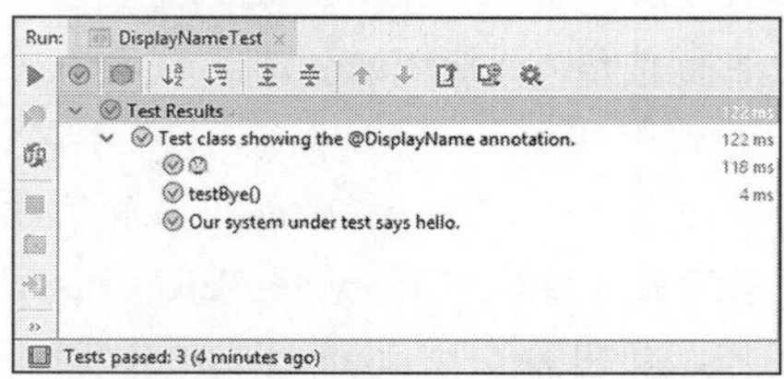

图 2.1 在 IntelliJ 中运行 DisplayNameTest 的结果

2.1.2 @Disabled 注解

@Disabled 注解可用于测试类和方法，表示禁用测试类或测试方法不予以运行。开发人员用这个注解给出禁用一个测试的理由，以便团队的其他成员确切地知道为什么要这么做。如果该注解用在一个类上，将禁用该测试类的所有方法。此外，当开发人员在 IDE 中运行测试时，被禁用的测试及禁用原因在不同的控制台上显示的内容也有所不同。

disabled.DisabledClassTest 类和 disabled.DisabledMethodsTest 类显示了该注解的用法，如清单 2.5 和清单 2.6 所示。

清单 2.5 在测试类上应用@Disabled 注解

```
@Disabled("Feature is still under construction.")     ❶
class DisabledClassTest {
    private SUT systemUnderTest= new SUT("Our system under test");

    @Test
    void testRegularWork() {
        boolean canReceiveRegularWork = systemUnderTest.
        canReceiveRegularWork();

        assertTrue(canReceiveRegularWork);
    }

    @Test
    void testAdditionalWork() {
        boolean canReceiveAdditionalWork =
                systemUnderTest.canReceiveAdditionalWork();

        assertFalse(canReceiveAdditionalWork);
    }
```

这里禁用了整个测试类，并给出了原因（❶处）。建议使用此技术，以便你和你的同事能够马上得知为什么禁用该测试。

清单 2.6 在方法上应用@Disabled 注解

```
class DisabledMethodsTest {
    private SUT systemUnderTest= new SUT("Our system under test");

    @Test
    @Disabled     ❶
    void testRegularWork() {
       boolean canReceiveRegularWork =
                 systemUnderTest.canReceiveRegularWork ();

       assertTrue(canReceiveRegularWork);
    }

    @Test
    @Disabled("Feature still under construction.")     ❷
    void testAdditionalWork() {
       boolean canReceiveAdditionalWork =
               systemUnderTest.canReceiveAdditionalWork ();

       assertFalse(canReceiveAdditionalWork);
    }
}
```

从清单 2.6 可以看到：

- 代码中提供的两个测试方法都被禁用了。
- 其中一个被禁用的测试方法没有给出原因（❶处）。
- 另一个被禁用的测试方法给出了其他开发人员可以理解的信息（❷处）——这是推荐的方法。

2.2 嵌套测试

内部类（inner class）是另一个类的成员。该类可以访问外部类的所有私有实例变量，因为其实际上是外部类的一部分。典型的用例是当两个类紧密耦合时，从内部类直接访问外部类的所有实例变量是符合逻辑的。例如，可能要对有两种类型的登机乘客的航班加以测试。航班的行为可在外部测试类中进行描述，而每种类型的乘客的行为可在其自己的嵌套类中描述。每种类型的乘客都能与航班交互。让嵌套测试遵循这种业务逻辑，最终就能编写出更清晰的代码，因为开发人员更容易理解这种测试过程。

按照这种紧密耦合的思想，嵌套测试使测试编写人员具备更强的能力去表达测试组之间的关系。内部类可以是包私有的。

Tested Data Systems 公司需要与用户合作。每位用户都有性别、名、姓，有时还有中间名，以及他们成为用户的日期（如果日期是已知的话）。因为有些参数可能不存在，所以开发人员使用构建器模式来创建和测试用户。

嵌套测试（在 NestedTestsTest 类上使用@Nested 注解）如清单 2.7 所示。正在测试的用户是 John Michael Smith，他成为用户的日期是已知的。

清单 2.7 嵌套测试

```
public class NestedTestsTest {                                          ❶
    private static final String FIRST_NAME = "John";              ❷
    private static final String LAST_NAME = "Smith";

    @Nested                                       ❸
    class BuilderTest {
        private String MIDDLE_NAME = "Michael";

        @Test
        void customerBuilder() throws ParseException {              ❹
            SimpleDateFormat simpleDateFormat =
                  new SimpleDateFormat("MM-dd-yyyy");
            Date customerDate = simpleDateFormat.parse("04-21-2019");

            Customer customer = new Customer.Builder(
                                    Gender.MALE, FIRST_NAME, LAST_NAME)
                                   .withMiddleName(MIDDLE_NAME)                  ❺
                                   .withBecomeCustomer(customerDate)
                                   .build();
            assertAll(() -> {
                assertEquals(Gender.MALE, customer.getGender());
                assertEquals(FIRST_NAME, customer.getFirstName());          ❻
```

```
                assertEquals(LAST_NAME, customer.getLastName());        ❻
                assertEquals(MIDDLE_NAME, customer.getMiddleName());
                assertEquals(customerDate,
                             customer.getBecomeCustomer());
            });
        }
    }
}
```

NestedTestsTest 是主测试类（❶处），它与嵌套测试类 BuilderTest 紧密耦合（❸处）。首先，NestedTestsTest 定义了将用于所有嵌套测试的一位用户的名和姓（❷处）。嵌套测试 BuilderTest 使用构建器模式（❺处）验证一个 Customer 对象的构造（❹处）。在 customerBuilder 测试方法的最后对字段值是否相等进行验证（❻处）。

源代码文件还包含一个 CustomerHashCodeTest 嵌套类，该类则包含另两个测试。

2.3 标记测试

如果熟悉 JUnit 4，你就知道**标记测试**（tagged test）是 JUnit 4 分类的一种替代。你可以在类和测试方法上使用@Tag 注解标记，然后可以利用这些标记过滤测试的发现和运行。

清单 2.8 给出了 CustomerTest 标记类的代码，可用于测试创建 Tested Data Systems 用户的正确性。清单 2.9 给出了 CustomerRepositoryTest 标记类的代码，可用于测试一个存储库中是否存在用户。一个可能的用例是根据业务逻辑和正在进行有效测试的内容，将测试分成几个类别(每个测试类别都有自己的标记)。你可以决定只运行某些测试或在类别之间进行选择，具体取决于目前的需要。

清单 2.8　CustomerTest 标记类

```
@Tag("individual")                                          ❶
public class CustomerTest {
    private String CUSTOMER_NAME = "John Smith";

    @Test
    void testCustomer() {
        Customer customer = new Customer(CUSTOMER_NAME);

        assertEquals("John Smith", customer.getName());
    }
}
```

其中，@Tag 注解被添加在整个 CustomerTest 类上（❶处）。

清单 2.9　CustomerRepositoryTest 标记类

```
@Tag("repository")                                          ❶
public class CustomersRepositoryTest {
    private String CUSTOMER_NAME = "John Smith";
    private CustomersRepository repository = new CustomersRepository();
```

```
    @Test
    void testNonExistence() {
        boolean exists = repository.contains("John Smith");

        assertFalse(exists);
    }

    @Test
    void testCustomerPersistence() {
        repository.persist(new Customer(CUSTOMER_NAME));

        assertTrue(repository.contains("John Smith"));
    }
}
```

类似地，@Tag 注解被添加在整个 CustomerRepositoryTest 类上（❶处）。清单 2.10 是用于这些测试的 Maven 中 pom.xml 配置文件的内容。

清单 2.10 pom.xml 配置文件的内容

```
<plugin>
    <artifactId>maven-surefire-plugin</artifactId>
    <version>2.22.2</version>
    <!--
    <configuration>
        <groups>individual</groups>                          ❶
        <excludedGroups>repository</excludedGroups>
    </configuration>
    -->
</plugin>
```

激活这些标记测试类的方法有两种。

一种方法是在 pom.xml 配置文件级别上操作。在本示例中，取消对 Surefire 插件的配置节点的注释（❶处），然后执行 mvn clean install 命令就可以了。

另一种方法是在 IntelliJ IDEA 中选择 Run>Run>Edit Configurations>Tags(JUnit 5)作为测试类型，创建一个配置，如图 2.2 所示。要快速更改在本地运行的测试时，这种方法还是不错的。但是，强烈建议在 pom.xml 配置文件级别上更改，否则，项目的自动构建都会以失败告终。

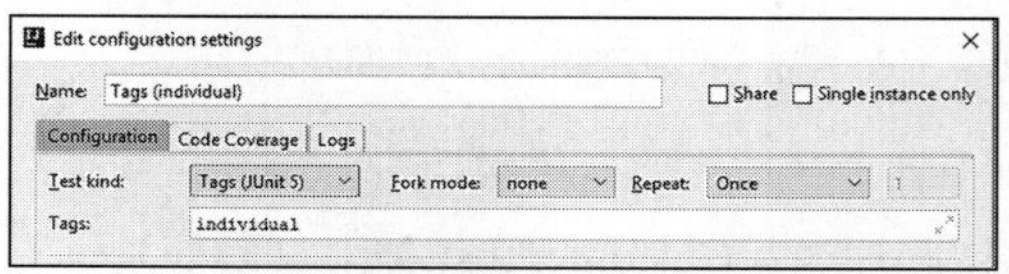

图 2.2 在 IntelliJ IDEA 中创建一个配置

2.4 断言

要运行测试确认，应该使用 JUnit 的 Assertions 类提供的断言方法。正如前面示例所示，我们在测试类中静态导入了这些方法，当然也可以导入 Assertions 类本身，这取决于个人对静态导入的喜好。表 2.1 列出了 JUnit 5 常用的断言方法。

表 2.1 JUnit 5 常用的断言方法

断言方法	用途
assertAll	重载的方法。该方法断言提供的可运行对象都不会抛出异常。可运行（executable）对象是 org.junit.jupiter.api.function.Executable 类的一个对象
assertArrayEquals	重载的方法。该方法断言预期的数组和实际的数组相等
assertEquals	重载的方法。该方法断言预期的值和实际的值相等
assert*X*(..., String message)	如果断言失败，该方法将提供的消息传递给测试框架
assert*X*(..., Supplier<String> messageSupplier)	如果断言失败，该方法将提供的消息传递给测试框架。断言失败的消息是从所提供的 messageSupplier 中延迟检索出的

JUnit 5 提供了许多重载的断言方法，以及很多从 JUnit 4 中获得的断言方法，还添加了一些可以使用 Java 8 Lambda 表达式的断言方法。JUnit Jupiter 断言方法都属于 org.junit.jupiter.api.Assertions 类，并且都是静态方法。与 Hamcrest 匹配器一起工作的 assertThat 方法已被移除。在这种情况下，推荐使用 Hamcrest 的 MatcherAssert.assertThat 重载方法。该方法更加灵活，并且符合 Java 8 的“精神”。

定义：Hamcrest 是在 JUnit 中有助于编写软件测试的框架。它支持创建定制的断言匹配器（Hamcrest 是匹配器的变位词），允许以声明的方式定义匹配规则。我们将在本章后续部分讨论 Hamcrest 的功能。

如前所述，Tested Data Systems 公司管理一个项目需要测试一个系统的启动、接收常规和额外的工作，以及自行关闭。执行某些操作后我们需要验证一些条件。在本示例中，我们还将使用 Java 8 中引入的 Lambda 表达式。Lambda 表达式把功能视为方法参数，并将代码视为数据。我们可以给方法传递一个 Lambda 表达式，就像传递一个对象一样，并根据需要予以运行。

我们将展示 assertions 示例包提供的几个测试类。清单 2.11 显示了重载的 assertAll 方法的用法。其中，该方法的 heading 参数允许我们识别 assertAll 方法中的断言组。assertAll 方法的失败消息可以提供关于组中每个特定断言的详细信息。此外，这里使用@DisplayName 注解来提供易于理解的信息，以便明确测试的目标。我们的目的是验证与之前介绍的相同的 SUT（被测系统）类。

清单 2.11 assertAll 方法

```
class AssertAllTest {
    @Test
    @DisplayName(
        "SUT should default to not being under current verification")
    void testSystemNotVerified() {
        SUT systemUnderTest = new SUT("Our system under test");
```

```
    assertAll("By default,
               SUT is not under current verification",          ❶
            () -> assertEquals("Our system under test",
                  systemUnderTest.getSystemName()),                ❷
            () -> assertFalse(systemUnderTest.isVerified())      ❸
    );
}

@Test
@DisplayName("SUT should be under current verification")
void testSystemUnderVerification() {
    SUT systemUnderTest = new SUT("Our system under test");

    systemUnderTest.verify();

    assertAll("SUT under current verification",                 ❹
            () -> assertEquals("Our system under test",
                  systemUnderTest.getSystemName()),                ❺
            () -> assertTrue(systemUnderTest.isVerified())       ❻
    );
}
}
```

在 assertAll 方法的 heading 参数之后，我们还提供了一些参数，作为可运行对象的集合。这是一种更简短、更方便的断言方法，该方法断言所提供的可运行对象不抛出异常。

在清单 2.11 中，assertAll 方法始终检查为自己提供的所有断言，即使其中一些断言失败。如果某个可运行对象断言失败，其余的仍将运行。对于 JUnit 4，情况并非如此：如果有多个断言方法，一个位于另一个之下，其中一个断言失败，这将使其他方法停止运行。

在第一个测试中，assertAll 方法接收一个消息作为参数，该消息将在提供的一个可运行对象抛出异常时显示出来（❶处）。然后，该方法接收一个用 assertEquals（❷处）和 assertFalse（❸处）验证的可运行对象。断言条件很简短，因此一目了然。

在第二个测试中，assertAll 方法接收一个消息作为参数，该消息将在提供的一个可运行对象抛出异常时显示出来（❹处）。然后，该方法接收一个用 assertEquals（❺处）和 assertTrue（❻处）验证的可运行对象。与第一个测试一样，断言条件很容易阅读。

清单 2.12 展示了一些带消息的断言方法。由于使用了 Supplier<String>，在断言成功的情况下没有提供创建复杂消息所需的说明。你可以使用 Lambda 表达式或方法引用验证 SUT，从而提高性能。

清单 2.12　一些带消息的断言方法

```
...
@Test
@DisplayName("SUT should be under current verification")
void testSystemUnderVerification() {
    systemUnderTest.verify();
    assertTrue(systemUnderTest.isVerified(),                    ❶
            () -> "System should be under verification");        ❷
}
```

```
@Test
@DisplayName("SUT should not be under current verification")
void testSystemNotUnderVerification() {
    assertFalse(systemUnderTest.isVerified(),                    ❸
            () -> "System should not be under verification.");  ❹
}

@Test
@DisplayName("SUT should have no current job")
void testNoJob() {
    assertNull(systemUnderTest.getCurrentJob(),                  ❺
            () -> "There should be no current job");            ❻
}
...
```

清单 2.12 实现了如下操作。

- 使用 assertTrue 方法验证条件（❶处）。如果验证失败，将延迟创建消息（❷处）。
- 使用 assertFalse 方法验证条件（❸处）。如果验证失败，将延迟创建消息（❹处）。
- 使用 assertNull 方法验证对象的存在性(❺处)。如果验证失败,将延迟创建消息(❻处)。

用 Lambda 表达式作为断言方法参数的优点是，所有方法都是延迟创建的，这样就提高了性能。如果条件被满足（❶处），表示测试成功，那么对 Lambda 表达式的调用就不会发生（❷处）。如果测试是用旧的方式编写的，上述结果是不可能实现的。

在某些情况下，我们可能希望在给定的时间间隔内运行一个测试。在本示例中，用户自然期望被测系统能够快速运行给定的作业。JUnit 5 为这种示例提供了一种简洁的解决方法。

清单 2.13 展示了一些 assertTimeout 方法。这些方法替代了 JUnit 4 中的 Timeout（超时）规则。这些方法可以检查 SUT 的性能是否足够好，即 SUT 是否能在一段给定的超时时间内做完自己的工作。

清单 2.13 一些 assertTimeout 方法

```
class AssertTimeoutTest {
    private SUT systemUnderTest = new SUT("Our system under test");

    @Test
    @DisplayName("A job is executed within a timeout")
    void testTimeout() throws InterruptedException {
        systemUnderTest.addJob(new Job("Job 1"));
        assertTimeout(ofMillis(500), () -> systemUnderTest.run(200));   ❶
    }

    @Test
    @DisplayName("A job is executed preemptively within a timeout")
    void testTimeoutPreemptively() throws InterruptedException {
        systemUnderTest.addJob(new Job("Job 1"));
        assertTimeoutPreemptively(ofMillis(500),
                    () -> systemUnderTest.run(200));                   ❷
    }
}
```

其中，assertTimeout 方法用于等待可运行对象完成（❶处）。失败消息为“execution exceeded timeout of 500 ms by 193 ms”，即“运行超过 500ms，超时时间为 193ms”。

AssertTimeoutPreemptively 用于超时后停止运行可运行对象（❷处）。失败消息为“execution timed out after 100 ms”，即“运行在 100ms 后超时”。

在某些情况下，你可能希望运行测试时抛出异常，这样可以强制测试在不适当的条件下运行或接收不适当的输入。在本示例中，SUT 试图在没有为其指定作业的情况下运行，自然会抛出异常。JUnit 5 对此也提供了一种简洁的解决方法。

清单 2.14 展示了一些 assertThrows 方法，这些方法替代了 JUnit 4 中的 ExpectedException 规则和@Test 注解的预期属性。所有断言都可以针对返回的 Throwable 实例运行。这使得测试更具可读性，因为我们正在验证 SUT 是否抛出异常：预期当前有一个作业，但未找到。

清单 2.14　一些 assertThrows 方法

```
class AssertThrowsTest {
    private SUT systemUnderTest = new SUT("Our system under test");

    @Test
    @DisplayName("An exception is expected")
    void testExpectedException() {
        assertThrows(NoJobException.class, systemUnderTest::run);      ❶
    }

    @Test
    @DisplayName("An exception is caught")
    void testCatchException() {
        Throwable throwable = assertThrows(NoJobException.class,
                            () -> systemUnderTest.run(1000));           ❷
        assertEquals("No jobs on the execution list!",
                     throwable.getMessage());                          ❸
    }
}
```

清单 2.14 实现了如下操作。

- 验证对 systemUnderTest 对象调用 run 方法时是否会抛出 NoJobException 异常（❶处）。
- 验证对 systemUnderTest.run(1000)的调用是否会抛出 NoJobException 异常，并且用 throwable 变量保存对抛出异常的引用（❷处）。
- 检查保存在 throwable 异常变量中的消息（❸处）。

2.5　假设

有时测试失败是由外部环境配置、无法控制的日期或时区等问题导致的。防止在不适当的条件下运行测试是可以实现的。

假设（assumption）用来验证对运行测试所必需的先决条件的满足情况。当继续运行一个给定的测试方法没有意义时，你可以使用假设。在测试报告中，这些测试被标记为中止。

JUnit 5 包含一组假设方法，适合与 Java 8 的 Lambda 表达式一起使用。JUnit 5 中的假设属于 org.junit.jupiter.api.Assumptions 类的静态方法。message 是最后一个参数。

JUnit 4 的用户应该知道，JUnit 5 并没有给出之前已有的所有假设，也没有给出 assumeThat 方法——我们可以通过该方法确认匹配器不再是 JUnit 的一部分。新的 assumingThat 方法只在假设满足时运行断言。

假设有一个只需在 Windows 操作系统和 Java 8 中运行的测试，这些先决条件被转换成 JUnit 5 假设，而测试只有在假设为真时才运行。清单 2.15 展示了一些假设方法，且仅在所施加的环境条件（操作系统是 Windows，Java 版本号是 8）下验证 SUT。如果这些条件（假设）不满足，就不会进行验证。

清单 2.15　一些假设方法

```
class AssumptionsTest {
    private static String EXPECTED_JAVA_VERSION = "1.8";
    private TestsEnvironment environment = new TestsEnvironment(
            new JavaSpecification(
                System.getProperty("java.vm.specification.version")),
            new OperationSystem(
                System.getProperty("os.name"),
                System.getProperty("os.arch"))
            );

    private SUT systemUnderTest = new SUT();

    @BeforeEach                                               ❶
    void setUp() {
        assumeTrue(environment.isWindows());
    }

    @Test
    void testNoJobToRun() {
        assumingThat(
                () -> environment.getJavaVersion()
                                    .equals(EXPECTED_JAVA_VERSION),   ❷
                () -> assertFalse(systemUnderTest.hasJobToRun()));    ❸
    }

    @Test
    void testJobToRun() {
        assumeTrue(environment.isAmd64Architecture());        ❹
        systemUnderTest.run(new Job());                          ❺
        assertTrue(systemUnderTest.hasJobToRun());            ❻
    }
}
```

清单 2.15 实现了如下操作。

- 在每次测试之前运行用@BeforeEach 注解的方法。除非“当前环境是 Windows 系统”

这个假设为真，否则测试将不被运行（❶处）。

- 第一个测试检查当前 Java 版本是否符合预期（❷处）。只有当这个假设为真时，该测试才能验证 SUT 当前没有运行任何作业（❸处）。
- 第二个测试检查当前环境体系结构（❹处）。只有当这个架构符合预期，该测试才会在 SUT 上运行一个新作业（❺处），并验证系统有一个作业要运行（❻处）。

2.6 JUnit 5 的依赖注入

之前版本的 JUnit 不允许测试带参数的构造方法或普通方法。JUnit 5 允许测试带参数的构造方法和普通方法，但是需要通过依赖注入来解析。

ParameterResolver 接口在运行时动态解析参数。构造方法或普通方法的一个参数必须在运行时由注册的 ParameterResolver 解析。你可以按照任何顺序注入任意数量的参数。

JUnit 5 现在有 3 个内置的解析器。你必须通过@ExtendWith 注册适当的扩展来显式启用其他参数解析器。接下来，我们讨论自动注册的参数解析器。

2.6.1 TestInfoParameterResolver

如果构造方法或普通方法参数的类型是 TestInfo，那么 TestInfoParameterResolver 将提供该类型的一个实例。TestInfo 是一个类，其对象用于将当前运行的测试或容器的信息注入@Test、@BeforeEach、@AfterEach、@BeforeAll 和@AfterAll 等标注的方法中。然后，TestInfo 会获取关于当前测试的信息：显示名称、测试类或方法以及相关的标记。显示名称可以是测试类或测试方法的名称，也可以是由@DisplayName 提供的自定义名称。清单 2.16 展示了如何将 TestInfo 作为构造方法和带注解的方法的参数。

清单 2.16 将 TestInfo 作为构造方法和带注解的方法的参数

```
class TestInfoTest {
    TestInfoTest(TestInfo testInfo) {
        assertEquals("TestInfoTest", testInfo.getDisplayName());      ❶
    }

    @BeforeEach
    void setUp(TestInfo testInfo) {
        String displayName = testInfo.getDisplayName();
        assertTrue(displayName.equals("display name of the method") ||
                displayName.equals(
                        "testGetNameOfTheMethod(TestInfo)"));          ❷
    }

    @Test
    void testGetNameOfTheMethod(TestInfo testInfo) {
        assertEquals("testGetNameOfTheMethod(TestInfo)",
```

```
                testInfo.getDisplayName());    ❸
    }

    @Test
    @DisplayName("display name of the method")
    void testGetNameOfTheMethodWithDisplayNameAnnotation(TestInfo testInfo) {
        assertEquals("display name of the method",
                testInfo.getDisplayName());    ❹
    }
}
```

对于清单 2.16，需要注意的有以下 4 点。

- TestInfo 参数被注入构造方法和 3 个普通方法中。构造方法验证显示名称是否为 TestInfoTest，即其自身的名称（❶处）。这种行为是默认行为，可以用@DisplayName 注解加以改变。
- 在每次测试之前运行带@BeforeEach 注解的方法。该方法带有注入的 TestInfo 参数，以验证显示的名称是否是预期的名称：是方法的名称，还是@DisplayName 注解（❷处）指定的名称。
- 两个测试方法也都带有注入的 TestInfo 参数。每个参数用于验证显示的名称是否是预期的名称：是第一个测试（❸处）中的方法名称，还是第二个测试中的@DisplayName 注解指定的名称（❹处）。
- 内置的 TestInfoParameterResolver 提供了一个与当前容器或测试相对应的 TestInfo 实例，作为构造方法和普通方法的预期参数值。

2.6.2 TestReporterParameterResolver

如果构造方法或普通方法参数的类型是 TestReporter，TestReporterParameterResolver 将提供该类型的实例。TestReporter 是一个函数式接口，因此可以用作 Lambda 表达式或方法引用的赋值目标。TestReporter 有一个 publishEntry 抽象方法和几个重载的 publishEntry 默认方法。TestReporter 的参数可以注入带有@BeforeEach、@AfterEach 和@Test 注解的测试类的方法中。TestReporter 还可以用来提供有关正在运行的测试的附加信息。清单 2.17 展示了如何将 TestReporter 作为@Test 标注的方法的参数。

清单 2.17 将 TestReporter 作为@Test 标注的方法的参数

```
class TestReporterTest {

    @Test
    void testReportSingleValue(TestReporter testReporter) {    ❶
        testReporter.publishEntry("Single value");
    }

    @Test
```

```
    void testReportKeyValuePair(TestReporter testReporter) {      ❷
        testReporter.publishEntry("Key", "Value");
    }

    @Test
    void testReportMultipleKeyValuePairs(TestReporter testReporter) {      ❸
        Map<String, String> values = new HashMap<>();
        values.put("user", "John");                  ❹
        values.put("password", "secret");
        testReporter.publishEntry(values);    ❺
    }
}
```

在清单 2.17 中，TestReporter 参数被注入 3 个方法中。

- 在第一个方法中，该参数用于发布单个值条目（❶处）。
- 在第二个方法中，该参数用于发布键-值对（❷处）。
- 在第三个方法中，该参数用于构造一个映射（❸处），用两个键-值对填充该映射（❹处），然后用该映射来发布构造的映射（❺处）。
- 内置的 TestReporterParameterResolver 提供需要发布条目的 TestReporter 的实例。

TestReporterTest 的运行结果如图 2.3 所示。

```
Tests passed: 3 of 3 tests – 88 ms
"C:\Program Files\Java\jdk1.8.0_181\bin\java" ...
timestamp = 2019-05-11T22:51:37.086, Key = Value
timestamp = 2019-05-11T22:51:37.103, password = secret, user = John
timestamp = 2019-05-11T22:51:37.112, value = Single value
```

图 2.3 TestReporterTest 的运行结果

2.6.3 RepetitionInfoParameterResolver

如果使用了@RepeatedTest、@BeforeEach 或@AfterEach 等注解的方法中的参数类型为 RepetitionInfo，则 RepetitionInfoParameterResolver 提供该类型的实例。然后，RepetitionInfo 会获取一个测试的当前重复次数和总重复次数的信息，而这个测试使用了@RepeatedTest 注解。

2.7 重复测试

JUnit 5 允许使用@RepeatedTest 注解指定一个测试重复运行的次数，该注解需要指定重复的次数作为参数。当从一次测试运行到另一次测试时，测试条件可能改变，此特性将非常有用，例如，一些影响成功测试的数据可能在同一测试的两次运行之间发生改变，而对数据的意外修改将产生一个需要修复的错误。

可以用@RepeatedTest 注解的 name 属性为每次重复测试配置自定义显示名称，该注解支持以下占位符。

- {displayName}——带@RepeatedTest 注解的方法的显示名称。
- {currentRepetition}——当前重复次数。
- {totalRepetitions}——总重复次数。

清单 2.18 展示了重复测试、显示名称占位符和 RepetitionInfo 参数的用法。第一个测试验证了来自 Calculator 类的 add 方法的运行是稳定的，并且总是提供相同的结果。第二个测试验证了集合是否遵循某种适当的行为：列表在每次迭代时接收一个新元素，而一个集合不会得到重复的元素，即使多次尝试插入这样的元素。

清单 2.18 重复测试、显示名称占位符和 RepetitionInfo 参数的用法

```
public class RepeatedTestsTest {

    private static Set<Integer> integerSet = new HashSet<>();
    private static List<Integer> integerList = new ArrayList<>();

    @RepeatedTest(value = 5, name =
"{displayName} - repetition {currentRepetition}/{totalRepetitions}")      ❶
    @DisplayName("Test add operation")
    void addNumber() {
        Calculator calculator = new Calculator();
        assertEquals(2, calculator.add(1, 1),
                    "1 + 1 should equal 2");
    }

    @RepeatedTest(value = 5, name = "the list contains
{currentRepetition} elements(s), the set contains 1 element")    ❷
    void testAddingToCollections(TestReporter testReporter,
                                 RepetitionInfo repetitionInfo) {
        integerSet.add(1);
        integerList.add(repetitionInfo.getCurrentRepetition());

        testReporter.publishEntry("Repetition number",
            String.valueOf(repetitionInfo.getCurrentRepetition()));     ❸
        assertEquals(1, integerSet.size());
        assertEquals(repetitionInfo.getCurrentRepetition(),
                    integerList.size());
    }
}
```

清单 2.18 实现了如下操作。

- 第一个测试重复 5 次。每次重复输出显示名称、当前重复次数和总重复次数（❶处）。
- 第二个测试重复 5 次。每次重复都会显示列表中的元素数量（当前重复次数），并检查集合是否总是只有一个元素（❷处）。
- 每次重复第二个测试时，重复次数都会显示出来，因为重复次数已被注入 RepetitionInfo 参数中（❸处）。

运行这些测试的结果如图 2.4 和图 2.5 所示。重复测试每次调用的行为都类似于运行完全支持生命周期回调和扩展的常规@Test 方法。这就是示例中的列表和集合被声明为静态的原因。

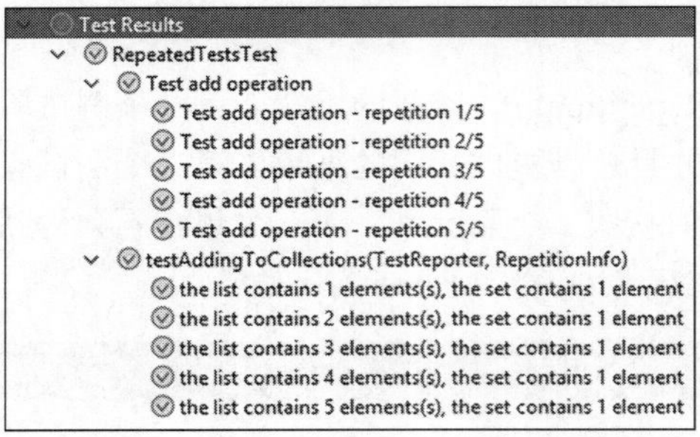

```
Test Results
  RepeatedTestsTest
    Test add operation
      Test add operation - repetition 1/5
      Test add operation - repetition 2/5
      Test add operation - repetition 3/5
      Test add operation - repetition 4/5
      Test add operation - repetition 5/5
    testAddingToCollections(TestReporter, RepetitionInfo)
      the list contains 1 elements(s), the set contains 1 element
      the list contains 2 elements(s), the set contains 1 element
      the list contains 3 elements(s), the set contains 1 element
      the list contains 4 elements(s), the set contains 1 element
      the list contains 5 elements(s), the set contains 1 element
```

图 2.4　在运行期间重复测试的显示名称

```
timestamp = 2019-05-12T17:26:34.783, Repetition number = 1
timestamp = 2019-05-12T17:26:34.798, Repetition number = 2
timestamp = 2019-05-12T17:26:34.803, Repetition number = 3
timestamp = 2019-05-12T17:26:34.813, Repetition number = 4
timestamp = 2019-05-12T17:26:34.817, Repetition number = 5
```

图 2.5　第二个测试在控制台上显示的消息

2.8　参数化测试

参数化测试（parameterized test）允许使用不同的参数多次运行一个测试。这样做的最大好处是，可以编写测试，然后使用参数来运行测试。这些参数用于检查各种输入数据。参数化测试方法使用@ParameterizedTest 注解。必须至少声明一个为每次调用提供参数的源，然后将参数传递给测试方法。

清单 2.19 所示的@ValueSource 注解需要指定一个字面值数组。在运行时，此数组为参数化测试的每次调用提供一个参数。清单 2.19 所示的测试的目的是检查一些短语（这些短语作为参数提供）中的单词数量。

清单 2.19　@ValueSource 注解

```java
class ParameterizedWithValueSourceTest {
    private WordCounter wordCounter = new WordCounter();

    @ParameterizedTest                                          ❶
    @ValueSource(strings = {"Check three parameters",
                            "JUnit in Action"})                 ❷
    void testWordsInSentence(String sentence) {
        assertEquals(3, wordCounter.countWords(sentence));
    }
}
```

清单 2.19 实现了如下操作。

- 使用@ParameterizedTest 注解将测试方法标记为参数化测试方法（❶处）。
- 使用@ValueSource 注解指定为测试方法的参数传递的值（❷处）。运行两次测试方法：将@ValueSource 注解提供的每个参数各运行一次。

@EnumSource 注解让我们能够使用 enum 实例，并提供了一个可选的 names 参数，以指定必须使用或排除哪些实例。默认情况下，使用所有的 enum 实例。

清单 2.20 所示的@EnumSource 注解用于检查一些句子中单词的数量，这些句子是作为 enum 实例提供的。

清单 2.20　@EnumSource 注解

```
class ParameterizedWithEnumSourceTest {
    private WordCounter wordCounter = new WordCounter();

    @ParameterizedTest
    @EnumSource(Sentences.class)                                    ❶
    void testWordsInSentence(Sentences sentence) {
        assertEquals(3, wordCounter.countWords(sentence.value()));
    }

    @ParameterizedTest
    @EnumSource(value=Sentences.class,
                names = { "JUNIT_IN_ACTION", "THREE_PARAMETERS" })    ❷
    void testSelectedWordsInSentence(Sentences sentence) {
        assertEquals(3, wordCounter.countWords(sentence.value()));
    }

    @ParameterizedTest #3
    @EnumSource(value=Sentences.class, mode = EXCLUDE, names =
                { "THREE_PARAMETERS" })                               ❸
    void testExcludedWordsInSentence(Sentences sentence) {
        assertEquals(3, wordCounter.countWords(sentence.value()));
    }
    enum Sentences {
        JUNIT_IN_ACTION("JUnit in Action"),
        SOME_PARAMETERS("Check some parameters"),
        THREE_PARAMETERS("Check three parameters");

        private final String sentence;

        Sentences(String sentence) {
            this.sentence = sentence;
        }

        public String value() {
            return sentence;
        }
    }
}
```

这个示例有 3 个测试，其工作原理如下。

- 第一个测试标注为参数化。然后，将整个 Sentences.class 指定为枚举源（❶处）。因此这个测试运行了 3 次，对 Sentences 枚举的每个实例（JUNIT_IN_ACTION、SOME_PARAMETERS 和 THREE_PARAMETERS）各运行了 1 次。
- 第二个测试标注为参数化。然后，将 Sentences.class 指定为枚举源，但是这里将传递给测试的实例限制为 JUNIT_IN_ACTION 和 THREE_PARAMETERS（❷处），因此这个测试运行了 2 次。

- 第三个测试标注为参数化。然后，将 Sentences.class 指定为枚举源。但是这里排除了 THREE_PARAMETERS 实例（❸处）。因此，这个测试对 JUNIT_IN_ACTION 和 SOME_PARAMETERS 运行了 2 次。

可以使用@CsvSource 将参数列表表示为逗号分隔值（CSV），如 String 文本。如清单 2.21 所示，用@CsvSource 注解来检查某些短语（这些短语作为参数提供）中单词的数量。这次使用了 CSV 格式。

清单 2.21 @CsvSource 注解

```
class ParameterizedWithCsvSourceTest {
    private WordCounter wordCounter = new WordCounter();

    @ParameterizedTest                                          ❶
    @CsvSource({"2, Unit testing", "3, JUnit in Action",
                "4, Write solid Java code"})                     ❷
    void testWordsInSentence(int expected, String sentence) {
        assertEquals(expected, wordCounter.countWords(sentence));
    }
}
```

本示例有一个参数化测试，其功能如下。

- 测试被参数化，如相应的注解所示（❶处）。
- 传递给测试的参数来自@CsvSource 注解中列出的、解析过的 CSV 字符串（❷处），因此该测试将运行 3 次——对 CSV 文件的每一行运行一次。
- 解析 CSV 文件的每一行，将第一个值赋给 expected 参数，将第二个值赋给 sentence 参数。

@CsvFileSource 允许从类路径中使用 CSV 文件。参数化测试对 CSV 文件的每一行运行一次。清单 2.22 展示了@CsvFileSource 注解的用法。清单 2.23 展示了类路径上的 word_counter.csv 文件的内容。Maven 构建工具会自动将 src/test/resources 文件夹添加到类路径中。测试用于检查某些短语（这些短语作为参数提供）中单词的数量。这次用 CSV 格式，并将 CSV 文件作为输入源。

清单 2.22 @CsvFileSource 注解的用法

```
class ParameterizedWithCsvFileSourceTest {
    private WordCounter wordCounter = new WordCounter();

    @ParameterizedTest
    @CsvFileSource(resources = "/word_counter.csv")             ❶
    void testWordsInSentence(int expected, String sentence) {
        assertEquals(expected, wordCounter.countWords(sentence));
    }
}
```

清单 2.23 word_counter.csv 文件的内容

```
2, Unit testing
3, JUnit in Action
4, Write solid Java code
```

这个示例中有一个参数化测试，接收@CsvFileSource 注解中指示的行作为参数（❶处）。因此，该测试将运行 3 次：对 CSV 文件的每一行运行一次。解析 CSV 文件的每一行，将第一个值赋给 expected 参数，然后将第二个值赋给 sentence 参数。

2.9 动态测试

JUnit 5 中引入了一种新的动态编程模型，可以在运行时生成测试。编写一个工厂方法，在运行时该方法会创建一系列要运行的测试。这样的工厂方法必须使用@TestFactory 注解。使用@TestFactory 注解的方法不是常规测试，而是一个生成测试的工厂。使用@TestFactory 标注的方法必须返回以下内容之一。

- DynamicNode（一个抽象类，DynamicContainer 和 DynamicTest 是可实例化的具体类）。
- DynamicNode 对象数组。
- DynamicNode 对象流。
- DynamicNode 对象的集合。
- DynamicNode 对象的 Iterable。
- DynamicNode 对象的 Iterator。

与用@Test 标注方法的要求一样，作为可见性的最低要求，@TestFactory 标注的方法允许是包私有的，但不能是私有的或静态的，还可以声明由一个 ParameterResolver 解析的参数。

DynamicTest 是在运行时生成的测试用例，由一个显示名称和一个 Executable 组成。Executable 是 Java 8 的一个函数式接口。动态测试的实现可以作为 Lambda 表达式或方法引用来提供。

动态测试与用@Test 标注的标准测试有不同的生命周期。标注了@BeforeEach 和@AfterEach 的方法是针对@TestFactory 标注的方法来运行的，而不是针对每个动态测试。除了这些方法，没有针对单个动态测试的生命周期回调。@BeforeAll 和@AfterAll 的行为保持不变，即在所有测试运行之前和所有测试运行之后运行。

清单 2.24 所示的动态测试旨在针对数值检查一个谓词。为此，我们使用一个工厂来生成要在运行时创建的 3 个测试：一个为负值、一个为零、一个为正值。编写一个方法，但动态地获得 3 个测试。

清单 2.24 动态测试

```
class DynamicTestsTest {

    private PositiveNumberPredicate predicate = new
     PositiveNumberPredicate();

    @BeforeAll
    static void setUpClass() {                         ❶
        System.out.println("@BeforeAll method");
    }

    @AfterAll
    static void tearDownClass() {                      ❷
        System.out.println("@AfterAll method");
    }

    @BeforeEach
    void setUp() {                    ❸
        System.out.println("@BeforeEach method");
    }

    @AfterEach
    void tearDown() {                   ❹
        System.out.println("@AfterEach method");
    }

    @TestFactory
    Iterator<DynamicTest> positiveNumberPredicateTestCases() {      ❺
        return asList(
                dynamicTest("negative number",
                             () -> assertFalse(predicate.check(-1))),      ❻
                dynamicTest("zero",
                             () -> assertFalse(predicate.check(0))),       ❼
                dynamicTest("positive number",
                             () -> assertTrue(predicate.check(1)))         ❽
        ).iterator();
    }
}
```

清单 2.24 实现了如下操作。

- 用@BeforeAll（❶处）和@AfterAll（❷处）标注的方法按预期运行一次：分别在整个测试列表的开始和结束处运行。
- 用@BeforeEach（❸处）和@AfterEach（❹处）标注的方法分别在@TestFactory（❺处）标注的方法运行之前和之后运行。
- 这个工厂方法生成 3 个测试方法，分别使用“negative number”（❻处）、“zero”（❼处）和“positive number”（❽处）标记。
- 每个测试的有效行为由 Executable 给出。Executable 是作为 DynamicTest 方法的第二个参数提供的。

动态测试的运行结果如图 2.6 所示。

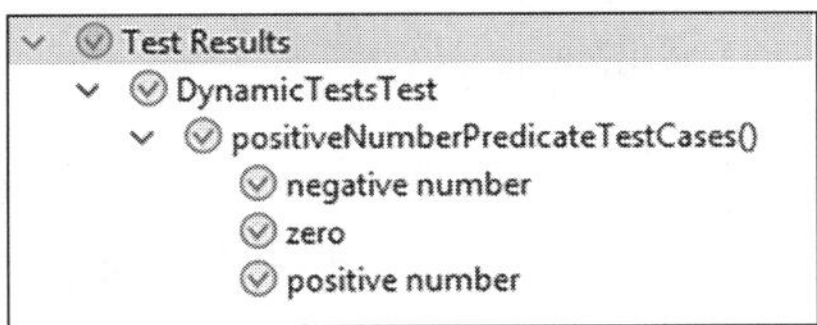

图 2.6　动态测试的运行结果

2.10　使用 Hamcrest 匹配器

统计数据表明，人们很容易受到单元测试理念的影响。当习惯了编写单元测试并看到避免犯错误的感觉有多好时，我们就会惊讶地发现，离开了单元测试，我们会无所适从。

如果编写更多的单元测试和断言，我们就会发现某些断言很庞大而且难以阅读。Tested Data Systems 公司正在与用户合作，所生成的数据或许会保存在列表中。开发人员会在列表中填上像“Michael”“John”“Edwin”这样的值，然后他们会搜索像“Oliver”“Jack”“Harry”这样的用户，如清单 2.25 所示。此测试的目的在于使断言失败并显示断言失败的描述信息。

清单 2.25　JUnit 笨重的 assert 方法

```
[...]
public class HamcrestListTest {
   private List<String> values;

   @BeforeEach                                          ❶
      public void setUp () {
         values = new ArrayList< >();
       values.add("Michael");
       values.add("John");
       values.add("Edwin");
      }

   @Test                                                ❷
      @DisplayName("List without Hamcrest")
   public void testWithoutHamcrest() {
        assertEquals(3, values.size());
      assertTrue(values.contains("Oliver")
              || values.contains("Jack")                ❸
              || values.contains("Harry"));
      }
  }
```

这个示例构造了一个简单的 JUnit 测试，就像本章前面描述的那样。

- @BeforeEach（❶处）标注的方法用于为测试初始化一些数据。

- 使用单一的测试方法（❷处），这个测试方法产生了一个很长的、难以阅读的断言（❸处，也许这个断言本身并不难阅读，但乍一看，其作用显然不明显）。
- 目标是简化在测试方法中做出的断言。

为了解决上述问题，Tested Data Systems 公司用一个匹配器 Hamcrest 来构建测试表达式。Hamcrest 匹配器包含许多有用的 Matcher 对象（也称为**约束**或**谓词**），这些对象可以移植到多种语言中，如 Java、C++、Objective-C、Python 和 PHP 等。

> **Hamcrest 匹配器**
>
> Hamcrest 本身并不是一个测试框架，但有助于我们以声明的方式指定简单的匹配规则。这些匹配规则可用于多种情况，对单元测试尤其有帮助。

清单 2.26 给出了与清单 2.25 相同的测试方法，这次使用 Hamcrest 匹配器来编写。

清单 2.26 使用 Hamcrest 匹配器

```
[...]
import static org.hamcrest.CoreMatchers.anyOf;
import static org.hamcrest.CoreMatchers.equalTo;
import static org.hamcrest.MatcherAssert.assertThat;
import static org.hamcrest.Matchers.*;
[...]

  @DisplayName("List with Hamcrest")
  public void testListWithHamcrest() {
       assertThat(values, hasSize(3));
       assertThat(values, hasItem(anyOf(equalTo("Oliver"),
                  equalTo("Jack"), equalTo("Harry"))));
  }
[...]
```

（❶ 标注 import 语句；❷ 标注嵌套的 assertThat 语句）

此示例添加了一个测试方法，该方法会导入所需的匹配器和 assertThat 方法（❶处），然后构造一个测试方法。测试方法用了匹配器一个非常强大的特性——嵌套（❷处）。Hamcrest 匹配器给了我们标准断言所没有的，那就是“一种可读的对断言失败的描述”。至于使用带或不带 Hamcrest 匹配器的断言代码，则是一种个人偏好。

清单 2.25 和清单 2.26 中的示例以用户“Michael”“John”“Edwin”作为元素构造一个 List。之后，代码断言其中是否存在“Oliver”“Jack”“Harry”用户，因此测试有意设计为失败的结局。没有使用 Hamcrest 匹配器的测试运行结果如图 2.7 所示，使用 Hamcrest 匹配器的测试运行结果如图 2.8 所示。可以看到，使用 Hamcrest 匹配器的测试运行结果包含更多细节。

```
org.opentest4j.AssertionFailedError:
Expected :<true>
Actual   :<false>
 <Click to see difference>

 <4 internal calls>
    at com.manning.junitbook.ch02.core.hamcrest.HamcrestListTest.testListWithoutHamcrest(HamcrestListTest.java:53) <19 internal calls>
    at java.util.ArrayList.forEach(ArrayList.java:1257) <9 internal calls>
    at java.util.ArrayList.forEach(ArrayList.java:1257) <21 internal calls>
```

图 2.7 没有使用 Hamcrest 匹配器的测试运行结果

```
java.lang.AssertionError:
Expected: a collection containing ("Oliver" or "Jack" or "Harry")
     but: mismatches were: [was "John", was "Michael", was "Edwin"]

    at org.hamcrest.MatcherAssert.assertThat(MatcherAssert.java:18)
    at org.hamcrest.MatcherAssert.assertThat(MatcherAssert.java:6)
    at com.manning.junitbook.ch02.hamcrest.HamcrestListTest.testListWithHamcrest(HamcrestListTest.java:60) <19 internal calls>
    at java.util.ArrayList.forEach(ArrayList.java:1257) <9 internal calls>
    at java.util.ArrayList.forEach(ArrayList.java:1257) <21 internal calls>
```

图 2.8 使用 Hamcrest 匹配器的测试运行结果

要在项目中使用 Hamcrest 匹配器，需要向 pom.xml 文件添加所需的依赖项，如清单 2.27 所示。

清单 2.27 pom.xml 中的 Hamcrest 匹配器依赖

```
<dependency>
    <groupId>org.hamcrest</groupId>
    <artifactId>hamcrest-library</artifactId>
    <version>2.1</version>
    <scope>test</scope>
</dependency>
```

要在 JUnit 4 中使用 Hamcrest 匹配器，必须使用 org.junit.Assert 类的 assertThat 方法。但是，正如本章前面所提到的，JUnit 5 中移除了 assertThat 方法。用户指南是这样解释这个决定的：

[...] org.junit.jupiter.api.Assertions 类没有提供与 JUnit 4 的 org.junit.Assert 类相似的 assertThat 方法——它接收一个 Hamcrest 匹配器对象，但提倡开发人员使用第三方断言库提供的内置匹配器支持。

这段内容的含义是“如果我们想使用 Hamcrest 匹配器，就必须使用 org.hamcrest.MatcherAssert 类的 assertThat 方法”。如前面的示例所示，重载的方法带有 2 个或 3 个参数。

- 断言失败时显示的错误消息（可选）。
- 实际值或对象。
- 预期值的 Matcher 对象。

要创建 Matcher 对象，需要使用 org.hamcrest.Matchers 类提供的静态工厂方法，如表 2.2 所示。

表 2.2 Hamcrest 匹配器常用的静态工厂方法

工厂方法	处理逻辑
anything	绝对匹配。若要使 assert 语句更具可读性，此方法非常有用
is	仅用于提高语句的可读性
allOf	测试是否与所有包含的匹配器相匹配（相当于&&运算符）
anyOf	测试是否与任一包含的匹配器相匹配（相当于||运算符）
not	与包含的匹配器的含义相反（如 Java 中的!运算符）
instanceOf	测试对象是否是彼此的实例
sameInstance	测试对象是否是同一实例
nullValue、notNullValue	测试空值或非空值
hasProperty	测试 JavaBeans 是否具有某个属性
hasEntry、hasKey、hasValue	测试给定映射是否具有给定条目、键或值
hasItem、hasItems	测试给定集合中是否存在一个或多个项
closeTo、greaterThan、greaterThanOrEqualTo、lessThan、lessThanOrEqualTo	测试给定的数字是否接近、大于、大于或等于、小于、小于或等于给定的值
equalToIgnoringCase	测试给定字符串是否等于另一个字符串，忽略大小写
equalToIgnoringWhiteSpace	测试给定字符串是否等于另一个字符串，忽略空白
containsString、endsWith、startsWith	测试给定字符串是否包含特定字符串、以特定字符串开始或结束

这些方法都很容易阅读和使用，还可以组合在一起使用。

对于向用户提供的每项服务，Tested Data Systems 公司都要收取一定的费用。清单 2.28 用了数个 Hamcrest 匹配器方法来测试用户属性和一些服务的价格。

清单 2.28 Hamcrest 匹配器的一些静态工厂方法

```
public class HamcrestMatchersTest {

   private static String FIRST_NAME = "John";
   private static String LAST_NAME = "Smith";
   private static Customer customer = new Customer(FIRST_NAME, LAST_NAME);

   @Test
   @DisplayName("Hamcrest is, anyOf, allOf")
   public void testHamcrestIs() {
      int price1 = 1, price2 = 1, price3 = 2;

      assertThat(1, is(price1));
      assertThat(1, anyOf(is(price2), is(price3)));            ❶
      assertThat(1, allOf(is(price1), is(price2)));
   }

   @Test
   @DisplayName("Null expected")
   void testNull() {
      assertThat(null, nullValue());                 ❷
   }
```

```
   @Test
   @DisplayName("Object expected")
   void testNotNull() {
      assertThat(customer, notNullValue());        ❸
   }

   @Test
   @DisplayName("Check correct customer properties")
   void checkCorrectCustomerProperties() {
      assertThat(customer, allOf(
            hasProperty("firstName", is(FIRST_NAME)),
            hasProperty("lastName", is(LAST_NAME))     ❹
      ));
   }
}
```

从清单 2.28 中可以看到如下使用了匹配器的方法。

- ❶处使用了 is、anyOf 和 allOf 方法；❷处使用了 nullValue 方法；❸处使用了 notNullValue 方法。
- 使用了 assertThat 方法（❶处、❷处、❸处和❹处）。

这里还构造了一个 Customer 对象，并使用 hasProperty 方法检查其属性（❹处）。

最后（但并非不重要的）一点，Hamcrest 匹配器具有极强的可扩展性。编写检查特定条件的匹配器很容易：实现 Matcher 接口和一个命名适当的工厂方法。

在第 3 章中，我们将分析 JUnit 4 和 JUnit 5 的体系结构，并讨论如何迁移到新的体系结构。

2.11 小结

在本章中，我们主要讨论了以下内容。

- JUnit 5 中与断言和假设有关的核心类。
- 使用 JUnit 5 方法和注解：断言和假设类中的方法，以及@Test、@DisplayName 和@Disabled 之类的注解。
- JUnit 5 测试的生命周期，并通过@BeforeEach、@AfterEach、@BeforeAll 和@AfterAll 注解对其加以控制。
- 应用 JUnit 5 功能来创建嵌套测试和标记测试（@NestedTest 和@Tag 注解）。
- 在带有参数的测试构造方法和普通方法的帮助下实现依赖注入。
- 通过使用不同的参数解析器（TestInfoParameterResolver 和 TestReporterParameterResolver）应用依赖注入。
- 实现重复测试（@RepeatedTest 注解），作为依赖注入的另一个应用。
- 一个非常灵活的测试工具（参数化测试），使用不同的数据集和运行时创建的动态测试（@ParameterizedTest 和@TestFactory 注解）。
- 使用 Hamcrest 匹配器简化断言。

第 3 章　JUnit 的体系结构

本章重点

- 显示软件体系结构的概念和重要性。
- 比较 JUnit 4 和 JUnit 5 的体系结构。

体系结构是以后很难改变的东西，这样的东西应该尽可能少。

——Martin Fowler

到目前为止，我们已经对 JUnit 有了一个大概的了解（见第 1 章）；我们研究了 JUnit 的核心类和方法，以及它们如何相互作用，还讨论了如何使用 JUnit 5 的众多特性（见第 2 章）。

在本章中，我们介绍 JUnit 两个最新版本的体系结构，并展示 JUnit 5 是从哪里启动的，版本之间的重大变化在哪里，以及必须克服的缺点有哪些。

3.1 软件体系结构的概念和重要性

软件体系结构是指软件系统的基本结构。这样的系统必须以有组织的方式创建。软件系统结构包括软件元素、元素之间的关系，以及元素和关系的属性。

软件体系结构就像一栋建筑的体系结构。软件体系结构是其他一切事物的基础，如图 3.1 中的底部块所示。然而，软件体系结构中的基础元素比物理体系结构中的元素更难移动和替换，必须移去上层的所有元素，方能移动和替换底部的元素。

Martin Fowler 对软件体系结构定义的推论是：应该构造体系结构的元素，令其更容易替换。JUnit 5 的体系结构一定程度上弥补了 JUnit 4 的缺陷。要了解体系结构对整个系统的巨大影响，请阅读下面的故事。

图 3.1 软件体系结构代表系统的基础。在底层的软件体系结构很难移动和替换（中间的盒子代表设计，最上面的盒子代表惯用语）

3.1.1 故事一：电话簿

从前，有两家公司出版电话簿。这两家公司出版的电话簿在形状、大小和成本上都是一样的。两家公司都没有显著的竞争优势。这两种电话簿的售价都是 1 美元，顾客也说不出哪本电话簿更好，因为这两本电话簿包含的信息相似。后来，A 公司聘请了一个人来解决这个问题。这个人略加思考，找到了一种解决方法："把我们的电话簿做得比竞争对手的小一些，但内容保持不变。"

书的尺寸一样时，人们经常把书摞在一起摆放到书桌上。然而，当一本书大而薄，另一本书小而厚时，人们往往会把小的放在大的上面，如图 3.2 所示。到了月底，A 公司的用户发现：人们只使用了最上面（小）的那本电话簿，从未打开过大的那本。所以，何必要花 1 美元买大的那本电话簿呢？这就是改变 JUnit 4 的体系结构的一个原因：体系结构越小，其运作得越好。

图 3.2 电话簿尺寸的改变是架构上的改变，产生了很大的影响。小物品比大物品使用起来更容易且被使用得更频繁

3.1.2 故事二：运动鞋制造商

有一家公司起初在低成本地区生产运动鞋，净成本应该很低，但因运动鞋失窃而造成的损失大到出人意料。这家公司计划增加安保人数，但这样无疑会提高运动鞋的最终价格，所以他

们想寻求一种既能减少运动鞋的失窃数量，又不增加额外成本的方法。

这家公司的分析师找到了这样一种解决方法：将左、右脚的鞋在不同的地方制造，如图 3.3 所示。这样做后，运动鞋的失窃数量大大减少。

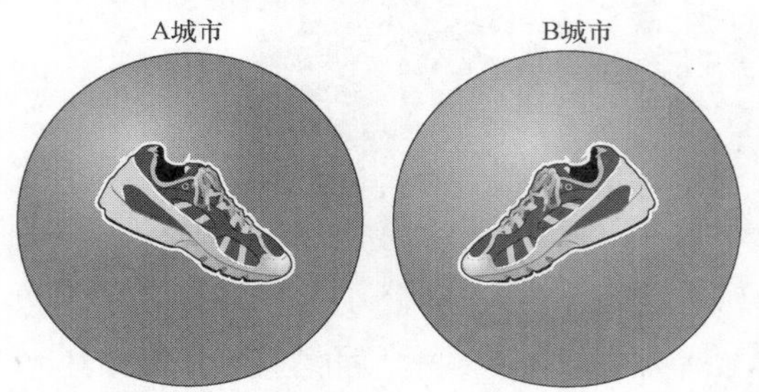

图 3.3 将左、右脚的鞋在不同的地方制造，是架构上一个重大的改变

这就是改变 JUnit 4 的体系结构的另一个原因：模块化改进了工作。当需要某些功能时，我们可以求助于实现这些功能的模块。我们只依赖并加载一个特定的模块，而不是整个测试框架，从而节省了时间和存储空间。

3.2 JUnit 4 的体系结构

本书主要关注 JUnit 5，但由于一些重要的原因，也对 JUnit 4 加以讨论。一个原因是很多遗留代码要用到 JUnit 4。另外，从 JUnit 4 到 JUnit 5 的迁移（如果要迁移的话）不能一蹴而就，很多项目可能混合使用了 JUnit 4 和 JUnit 5 的方法。此外，按照设计，JUnit 5 会用 JUnit Vintage 处理遗留项目中旧的 JUnit 4 代码（第 4 章阐明了推迟或取消从 JUnit 4 迁移的最佳时间）。

JUnit 4 的缺点催生了 JUnit 5。在本节中，我们会强调一些 JUnit 4 的特性，这些特性清楚地表明了对 JUnit 5 方法的需求：模块化、运行器和规则。

3.2.1 JUnit 4 模块化

发布于 2006 年的 JUnit 4 具有一个简单但完整的结构，其所有功能都包含在一个 JAR 文件中，如图 3.4 所示。如果开发人员要在项目中使用 JUnit 4，所需要做的就是在类路径中添加这个 JAR 文件。

图 3.4 JUnit 4 的结构：所有功能都包含在一个 JAR 文件中

3.2.2 JUnit 4 运行器

JUnit 4 运行器（runner）是一个扩展了 Runner 抽象类的类。JUnit 4 运行器负责运行 JUnit 测试。JUnit 4 的所有功能仍然包含在一个 JAR 文件中，但是通常需要扩展该文件。换句话说，开发人员有机会添加自定义特性，例如在运行测试之前和之后运行额外的任务。

运行器可以使用反射来扩展一个测试的行为。当然，反射会破坏封装，但是这种技术是在 JUnit 4 和早期版本中提供可扩展性的唯一方法——这也是要使用 JUnit 5 方法的理由之一。现存的 JUnit 4 运行器可能需要在代码中保留一段时间(扩展是 JUnit 5 与 JUnit 4 运行器的等价形式，见第 4 章)。

实践中，我们可以使用现有的运行器，如用于 Spring 框架的运行器，或者用于使用 Mockito 模拟对象的运行器（见第 8 章）。我们认为这对于展示自定义运行器的创建和使用非常有用，因为它们揭示了运行器的一般原理。可以扩展 JUnit 4 的抽象类 Runner，覆盖其方法并使用反射。这是一种破坏封装的方法，却是向 JUnit 4 添加自定义功能的唯一可行的方法。揭示了在 JUnit 4 中使用自定义运行器的缺点，就能为理解 JUnit 5 扩展的功能和优点打开大门。

为了展示 JUnit 4 运行器的用法，我们再回到 Calculator 类，如清单 3.1 所示。

清单 3.1 Calculator 类

```
public class Calculator {
   public double add(double number1, double number2) {
      return number1 + number2;
   }
}
```

你可能希望在运行测试之前引入额外的操作来丰富使用该类的测试的行为。在此，我们创建一个自定义运行器，并将其作为@RunWith 注解的参数，以向最初的 JUnit 功能添加自定义特性。清单 3.2 展示了如何构建 CustomTestRunner 类。

清单 3.2 CustomTestRunner 类

```
public class CustomTestRunner extends Runner {

    private Class<?> testedClass;

    public CustomTestRunner(Class<?> testedClass) {        ❶
        this.testedClass = testedClass;
    }

    @Override
    public Description getDescription() {
        return Description                                                ❷
                .createTestDescription(testedClass,
                   this.getClass().getSimpleName() + " description");
    }
```

```
    @Override
    public void run(RunNotifier notifier) {
        System.out.println("Running tests with " +
                this.getClass().getSimpleName() + ": " + testedClass);
        try {
            Object testObject = testedClass.newInstance();          ❸
            for (Method method : testedClass.getMethods()) {        ❹
                if (method.isAnnotationPresent(Test.class)) {
                    notifier.fireTestStarted(Description
                            .createTestDescription(testedClass,     ❺
                                    method.getName()));
          ❻        method.invoke(testObject);
                    notifier.fireTestFinished(Description
                            .createTestDescription(testedClass,     ❼
                                    method.getName()));
                }
            }
        } catch (InstantiationException | IllegalAccessException |
                InvocationTargetException e) {
            throw new RuntimeException(e);
        }
    }
}
```

清单 3.2 所示的代码实现了如下操作。

- 保留了对被测试类的引用，且在构造方法（❶处）中对其进行初始化，并覆盖了从 Runner 抽象类继承的 getDescription 抽象方法。
- 此方法包含稍后导出并可由各种工具使用的信息（❷处）。
- 覆盖了从 Runner 抽象类继承的 run 抽象方法，创建了被测试类的一个实例（❸处）。
- 浏览了被测试类的所有公有方法，并过滤掉带有@Test 注解的方法（❹处）。
- 调用了 fireTestStarted 方法来告诉监听器，原子测试即将开始（❺处）。
- 反射调用了原始的@Test 注解方法（❻处）。
- 调用了 fireTestFinished 方法来告诉监听器原子测试已经完成（❼处）。

接下来，我们将 CustomTestRunner 类作为@RunWith 注解的参数，将其应用于 CalculatorTest 类，如清单 3.3 所示。

清单 3.3 CalculatorTest 类

```
@RunWith(CustomTestRunner.class)
public class CalculatorTest {

    @Test
    public void testAdd()
    {
        Calculator calculator = new Calculator();
        double result = calculator.add(10, 50);
        assertEquals(60, result, 0);
    }
}
```

使用自定义运行器运行 CalculatorTest 的结果如图 3.5 所示。

```
Tests passed: 1 of 1 test – 14 ms
"C:\Program Files\Java\jdk1.8.0_181\bin\java" ...
Running tests with CustomTestRunner: class com.manning.junitbook.runners.CalculatorTest

Process finished with exit code 0
```

图 3.5　使用自定义运行器运行 CalculatorTest 的结果

3.2.3　JUnit 4 规则

JUnit 4 **规则**（rule）是一个拦截测试方法调用的组件，允许你在测试方法运行之前做一些事情，在测试方法运行之后做另外一些事情。这是 JUnit 4 特有的。

要向运行的测试添加行为，必须在 TestRule 字段上使用@Rule 注解。此技术通过创建可在测试方法中使用和配置的对象来提高测试的灵活性。

与运行器一样，你可能需要在代码中将现有的规则保留一段时间，因为迁移到 JUnit 5 机制并不简单。JUnit 5 中的等效方法迫使开发人员实现扩展（见第四部分）。

我们打算在 Calculator 类中再添加两个方法，如清单 3.4 所示。

清单 3.4　具有附加功能的 Calculator 类

```
public class Calculator {

    ...

    public double sqrt(double x) {                                   ❶
        if (x < 0) {
            throw new
              IllegalArgumentException("Cannot extract the square
                                 root of a negative value");    ❷
        }
        return Math.sqrt(x);
    }

    public double divide(double x, double y) {                  ❸
        if (y == 0) {
  ❹         throw new ArithmeticException("Cannot divide by zero");
        }
        return x/y;
    }
}
```

Calculator 类的新逻辑声明了用于计算一个数的平方根的 sqrt 方法（❶处），如果该数为负数，则创建并抛出一个包含特定消息的异常（❷处）；还声明了一个 divide 方法以计算两个数的除法（❸处），如果第二个数是零，则创建并抛出一个包含特定消息的异常（❹处）。

接下来我们准备测试新引入的方法，看看是否能为特定的输入抛出相应的异常。清单 3.5 使用了 Calculator 类的新功能（RuleExceptionTester 类），用于指定在运行测试代码期间预期会出现哪一条异常消息。

清单 3.5 RuleExceptionTester 类

```
public class RuleExceptionTester {
    @Rule
    public ExpectedException expectedException =
                                    ExpectedException.none();

    private Calculator calculator = new Calculator();

    @Test
    public void expectIllegalArgumentException() {
        expectedException.expect(IllegalArgumentException.class);
        expectedException.expectMessage("Cannot extract the square root
                                 of a negative value");
        calculator.sqrt(-1);
    }

    @Test
    public void expectArithmeticException() {
        expectedException.expect(ArithmeticException.class);
        expectedException.expectMessage("Cannot divide by zero");      #
        calculator.divide(1, 0);
    }
}
```

清单 3.5 说明了 ExpectedException 字段并用@Rule 注解标注。

- @Rule 注解必须应用于非静态公有字段或非静态公有方法（❶处）。ExpectedException.none 工厂方法简单地创建了一个未配置的 ExpectedException 对象。
- 初始化了 Calculator 类的一个实例，并测试其功能（❷处）。
- ExpectedException 被配置为在调用 sqrt 方法（❺处）抛出异常之前，保持异常类型（❸处）和消息（❹处）。
- ExpectedException 被配置为在调用 divide 方法（❽处）抛出异常之前，保持异常类型（❻处）和消息（❼处）。

在某些情况下，我们还需要使用临时资源，例如，创建文件和文件夹来存储特定测试的信息。TemporaryFolder 规则允许在创建测试方法完成时（无论测试通过还是失败）删除这些文件和文件夹。

清单 3.6 展示了一个使用@Rule 注解的 TemporaryFolder 字段，以测试这些临时资源是否存在。

清单 3.6 使用@Rule 注解的 TemporaryFolder 字段

```
public class RuleTester {
    @Rule
    public TemporaryFolder folder = new TemporaryFolder();
    private static File createdFolder;
    private static File createdFile;

    @Test
    public void testTemporaryFolder() throws IOException {
        createdFolder = folder.newFolder("createdFolder");
        createdFile = folder.newFile("createdFile.txt");
```

```
        assertTrue(createdFolder.exists());
        assertTrue(createdFile.exists());
    }

@AfterClass
public static void cleanUpAfterAllTestsRan() {
    assertFalse(createdFolder.exists());
    assertFalse(createdFile.exists());
}
}
```

清单 3.6 说明了以下内容。

- 使用@Rule 注解的 TemporaryFolder 字段，并对其进行初始化。@Rule 注解必须应用于公有字段或公有方法（❶处）。
- 清单 3.6 还声明了静态字段 createdFolder 和 createdFile（❷处）。
- 使用 TemporaryFolder 字段创建了一个文件夹和一个文件（❸处），存储于操作系统中用户配置文件的 Temp 文件夹中。
- 检查了临时文件夹和临时文件（❹处）是否存在。
- 在测试运行结束时，通过检查，我们发现临时资源不复存在（❺处）。

这里显示了两个 JUnit 4 的规则：ExpectedException 和 TemporaryFolder（都正常运作）。

现在，我们打算编写一个自定义规则，这对于在测试运行之前和之后规定自己的行为非常有用。这里可能希望在测试运行之前启动一个进程，然后在测试运行之后停止这个进程，或者在测试运行之前连接到一个数据库，然后在测试运行之后关闭这个数据库。

要编写一个自定义规则，必须创建一个实现 TestRule 接口的类，即 CustomRule 类（见清单 3.7）。因此，覆盖 apply(Statement, Description)方法，该方法返回一个 Statement 实例（见清单 3.8）。这个对象表示 JUnit 中运行时的测试，并且使用 Statement#evaluate 来运行测试。Description 对象用于描述单个测试（见清单 3.9），可以使用这个对象通过反射读取有关测试的信息。

清单 3.7 CustomRule 类

```
public class CustomRule implements TestRule {
    private Statement base;
    private Description description;

    @Override
    public Statement apply(Statement base, Description description) {
        this.base = base;
        this.description = description;
        return new CustomStatement(base, description);
    }
}
```

清单 3.7 说明了以下内容。

- 一个实现 TestRule 接口（❶处）的 CustomRule 类。

- 保存了对 Statement 字段和 Description 字段(❷处)的引用，并在返回 CustomStatement 的 apply 方法中使用这样的引用（❸处）。

清单 3.8 CustomStatement 类

```
public class CustomStatement extends Statement {          ❶
    private Statement base;                         ❷
    private Description description;

    public CustomStatement(Statement base, Description description) {
        this.base = base;                         ❸
        this.description = description;
    }

    @Override
    public void evaluate() throws Throwable {
        System.out.println(this.getClass().getSimpleName() + " " +
                description.getMethodName() + " has started" );
        try {
            base.evaluate();                                            ❹
        } finally {
            System.out.println(this.getClass().getSimpleName() + " " +
                description.getMethodName() + " has finished");
        }
    }
}
```

清单 3.8 说明了以下内容。

- CustomStatement 类，该类扩展了 Statement 类（❶处）。
- 保存了对 Statement 字段和 Description 字段（❷处）的引用，并将这样的引用用作构造方法的参数（❸处）。
- 覆盖了继承的 evaluate 方法，并在其中调用 base.evaluate 方法（❹处）。

清单 3.9 CustomRuleTester 类

```
public class CustomRuleTester {

    @Rule
    public CustomRule myRule = new CustomRule();          ❶

    @Test
    public void myCustomRuleTest() {                  ❷
        System.out.println("Call of a test method");
    }
}
```

在上面的示例中，我们使用了前面定义的 CustomRule 类，实现了如下操作。

- 声明了公共的 CustomRule 类字段，并使用@Rule（❶处）对其加以标注。
- 创建 myCustomRuleTest 方法，并使用@Test（❷处）对其加以标注。

CustomRuleTester 类的运行结果如图 3.6 所示。测试的有效运行由附加消息所包围，这些附加消息是提供给 CustomStatement 类的 evaluate 方法的。

```
Tests passed: 1 of 1 test – 5 ms
"C:\Program Files\Java\jdk1.8.0_181\bin\java" ...
CustomStatement myCustomRuleTest has started
Call of a test method
CustomStatement myCustomRuleTest has finished

Process finished with exit code 0
```

图 3.6　CustomRule Tester 类的运行结果

还有另一种选择，即清单 3.10 所示的 CustomRuleTester2 类。该类使 CustomRule 类字段保持私有，并通过带有@Rule 注解的公有的 getter 方法将其公开。此注解仅对公有/非静态字段和方法有效。

清单 3.10　CustomRuleTester2 类

```
public class CustomRuleTester2 {

    private CustomRule myRule = new CustomRule();

    @Rule
    public CustomRule getMyRule() {
        return myRule;
    }

    @Test
    public void myCustomRuleTest() {
        System.out.println("Call of a test method");
    }
}
```

运行该测试的结果与图 3.6 所示的相同。测试的有效运行由附加消息所包围，这些附加消息是提供给 CustomStatement 类的 evaluate 方法的。

需要向测试添加自定义行为时，编写自己的规则非常有用。典型的用例包括在测试运行之前分配资源，并在测试运行之后释放资源；在测试运行之前启动进程，在测试运行之后停止进程；在测试运行之前连接到数据库，在测试运行之后断开数据库。

因此，通过运行器和规则的使用，我们可以扩展 JUnit 4 单一的体系结构。

我们可能仍然会遇到许多使用运行器和规则的 JUnit 4 代码。迁移到 JUnit 5 的等效机制（扩展）也没有那么简单。JUnit 5 中等价的方法迫使开发人员去实现扩展，所以可能会在代码中将运行器和规则保留一段时间，即使将工作转移到 JUnit 5 中，也会如此。

在这些 JUnit 4 运行器和规则的示例中，我们还需要看一下 Maven 的 pom.xml 配置文件，如清单 3.11 所示。

清单 3.11　pom.xml 配置文件

```
<dependencies>
    <dependency>
        <groupId>org.junit.vintage</groupId>
        <artifactId>junit-vintage-engine</artifactId>
        <version>5.6.0</version>
        <scope>provided</scope>
    </dependency>
</dependencies>
```

唯一需要的依赖项是 JUnit 5 的 junit-vintage-engine。JUnit Vintage（JUnit 5 架构的一个组件，见 3.3.4 节）可以确保与以前版本的 JUnit 向后的兼容性。使用 JUnit Vintage 时，Maven 也会过渡到访问 JUnit 4 的依赖项。由于将现存的测试迁移到 JUnit 5 可能乏味且耗时，因此引入这个依赖可以保证 JUnit 4 和 JUnit 5 测试在同一个项目中共存。

3.2.4 JUnit 4 体系结构的缺点

JUnit 4 的体系结构尽管表面上很简单，但是随着时间的推移，这种结构出现了一些问题。JUnit 不仅被开发人员使用，还被许多软件使用，例如 IDE（Eclipse、NetBeans 和 IntelliJ）和构建工具（Ant 和 Maven）等。此外，JUnit 4 是单一结构，其设计并不是用来与这些工具进行交互的，但每个人都想使用这个流行的、简单的、实用的框架。

JUnit 4 提供的 API 不够灵活，因此，使用 JUnit 4 的 IDE 和工具与这个单元测试框架紧密耦合。这个 API 的设计不是为了提供适合交互的类和方法。这些工具需要使用 JUnit 类，甚至使用反射来获得必要的信息。如果设计人员或 JUnit 决定更改某私有变量的名称，这可能会影响正在以反射方式访问这个私有变量的一些工具。维护与 JUnit 4 的交互是一项艰巨的工作，因此框架的普及程度和简单程度便会构成维护的障碍。

由于每个人都在使用同一个 JAR 文件，而且所有的工具和 IDE 都与其紧密耦合，JUnit 4 的发展可能性大大降低。架构师们已经为这些工具设计了一个新的 API 以及一个新的体系结构。正如 3.1 节中所讲述的故事一样，对规模更小和模块化的需求出现了，而这些需求在 JUnit 5 中得以实现。

3.3 JUnit 5 的体系结构

采用新方法的时机已经成熟，但这并不是一蹴而就的，需要时间和继续分析。JUnit 4 的缺点成为一个很好的进行改进的理由。架构师们了解了这些问题，决定将 JUnit 4 单一的 JAR 文件分解成几个较小的文件。

3.3.1 JUnit 5 模块化

一种新的模块化方法使 JUnit 框架得以进化。这种结构必须允许 JUnit 与使用不同工具和 IDE 的不同编程用户进行交互。逻辑分离要考虑以下几点。

- 提供用于编写测试的 API，主要针对开发人员。
- 提供发现和运行测试的机制。
- 允许 API 与 IDE 和工具进行简单交互，以运行测试。

鉴于此，JUnit 5 的体系结构应包含如下 3 个模块（见图 3.7）。

- JUnit Platform：是 JUnit 在 Java 虚拟机（JVM）中启动测试框架的基础。此模块还提供了从控制台、IDE 或构建工具启动测试的 API。

- JUnit Jupiter：结合了新的编程和扩展模型，在 JUnit 5 中用于编写测试和扩展。此模块的名字来自太阳系中第五大行星（木星），也是太阳系中最大的一颗行星。
- JUnit Vintage：用于在平台上运行基于 JUnit 3 和 JUnit 4 的测试，确保与之前版本的向后兼容性。

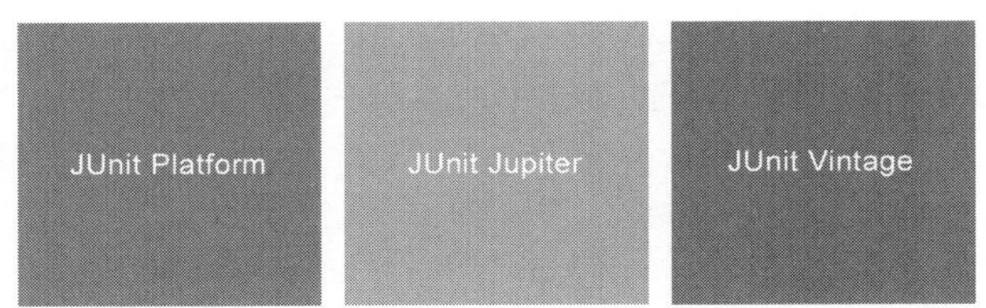

图 3.7　JUnit 5 的体系结构应包含的模块

3.3.2　JUnit Platform

随着模块化思想的进一步发展，我们简要介绍 JUnit 5 平台所包含的各种组件。

- junit-platform-commons：是专门在 JUnit 框架内使用的 JUnit 内部公共库，不支持外部各方的使用。
- junit-platform-console：为从控制台发现和运行 JUnit Platform 上的测试提供支持。
- junit-platform-console-standalone：包含所有依赖项的可运行 JAR。此组件由控制台启动器（console launcher）使用，是一个命令行 Java 应用程序，允许从控制台启动 JUnit Platform。例如，可以用它运行 JUnit Vintage 和 JUnit Jupiter 测试，并将测试运行结果输出到控制台。
- junit-platform-engine：用于测试引擎的公共 API。
- junit-platform-launcher：用于配置和启动测试计划的公共 API，通常由 IDE 和构建工具使用。
- junit-platform-runner：为运行器，用于在 JUnit 4 环境中的 JUnit Platform 上运行测试和测试套件。
- junit-platform-suite-api：包含用于在 JUnit Platform 平台上配置测试套件的注解。
- junit-platform-surefire-provider：在 JUnit Platform 上使用 Maven Surefire 发现和运行测试时，使用此组件来提供支持。
- junit-platform-gradle-plugin：在 JUnit Platform 上使用 Gradle 发现和运行测试时，使用此组件来提供支持。

3.3.3　JUnit Jupiter

JUnit Jupiter 是 JUnit 5 用于编写测试和扩展的新编程模型（注解、类和方法）和扩展模型的组合。Jupiter 子项目提供了一个 TestEngine，用于在平台上运行基于 Jupiter 的测试。与 JUnit 4 中现有的运行器和规则扩展点相比，JUnit Jupiter 扩展模型由单一的概念组成：Extension API（见第 4 章）。

JUnit Jupiter 包含的组件如下所示。

- junit-jupiter-api：JUnit Jupiter 的 API，用于编写测试和扩展。
- junit-jupiter-engine：JUnit Jupiter 测试引擎的实现，仅在运行时需要。
- junit-jupiter-params：为 JUnit Jupiter 中的参数化测试提供支持。
- junit-jupiter-migrationsupport：提供从 JUnit 4 到 JUnit Jupiter 的迁移支持，仅在要运行选定的 JUnit 4 规则时才需要。

3.3.4 JUnit Vintage

JUnit Vintage 为在平台上运行基于 JUnit 3 和 JUnit 4 的测试提供了一个 TestEngine。JUnit Vintage 仅包含 junit-vintage-engine。该引擎实现用于运行使用 JUnit 3 或 JUnit 4 编写的测试。当然，为了达到这个目的，还需要 JUnit 3 或 JUnit 4 的 JAR 文件。

junit-vintage-engine 对于 JUnit 5 与旧测试的交互非常有用。你可能需要用 JUnit 5 处理项目，但这个引擎仍然支持许多旧的测试，此时，你可以使用 JUnit Vintage 解决问题。

3.3.5 JUnit 5 体系结构的全景

JUnit 平台提供了运行不同类型测试的工具，包括 JUnit 3、JUnit 4 和 JUnit 5 测试，还包括第三方测试，如图 3.8 所示。以下是 JUnit 5 体系结构详情（见图 3.9）。

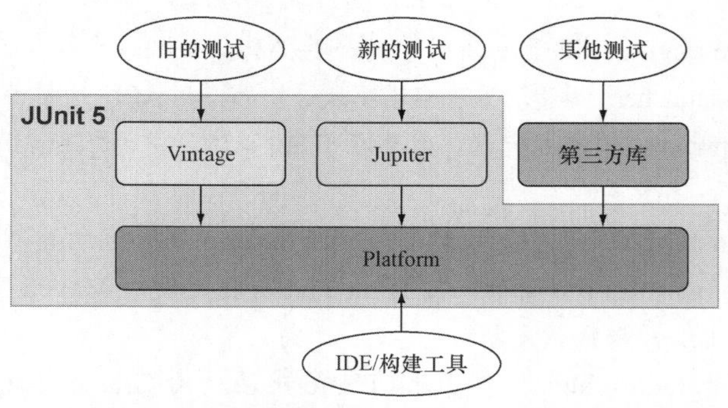

图 3.8 JUnit 5 体系结构全景

- 测试 API 为不同的测试引擎提供了工具：junit-jupiter-api 用于 JUnit 5 测试，junit-4.12 用于遗留测试，以及第三方测试的自定义引擎。

- 前面提到的测试引擎是通过扩展 junit-platform-engine 公共 API 创建的，此公共 API 是 JUnit Platform 的一部分。
- junit-platform-launcher 公共 API 提供了用于在 JUnit Platform 中发现构建工具（如 Maven 或 Gradle）或 IDE 工具的测试。

除了模块化体系结构，JUnit 5 还提供了扩展机制（见第 4 章）。

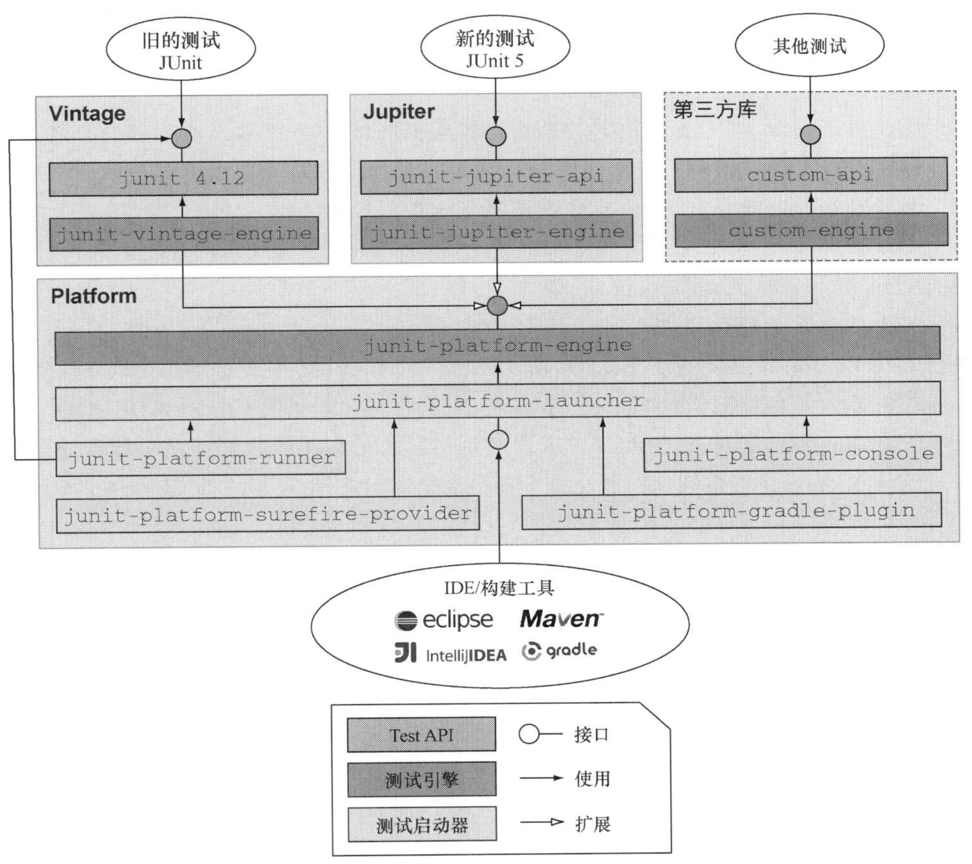

图 3.9 JUnit 5 体系结构详情

系统的体系结构在很大程度上决定了其能力和行为。请考虑一下本章前面分析的运行器和规则，它们的工作方式基于代表它们基础的 JUnit 4 体系结构。理解 JUnit 4 和 JUnit 5 的体系结构有助于在实践中应用其能力，编写有效的测试，分析替代实现，从而加快我们掌握单元测试的步伐。在第 4 章中，我们将分析把项目从 JUnit 4 迁移到 JUnit 5 的过程，以及所需的依赖关系。

3.4 小结

在本章中，我们主要讨论了以下内容。

- 软件体系结构的思想。软件体系结构是指软件系统的基本结构。软件系统结构由软件元素、元素之间的关系以及元素和关系的属性组成。
- JUnit4 单一的体系结构。这一结构很简单，但在实际应用中存在不足，因为与 IDE 和构建工具的交互暴露了其缺点。
- JUnit 4 运行器和 JUnit 4 规则的用法。扩展 JUnit 4 体系结构是有可能的。此类运行器和规则现在仍在使用，将来还会继续使用，因为已经编写了大量的测试，而且将此类运行器和规则迁移到 JUnit 5 扩展并不是简单易行的。
- JUnit 4 体系结构与 JUnit 5 体系结构的对比。JUnit 5 是模块化的，包含 JUnit Platform、JUnit Jupiter 和 JUnit Vintage 等组件。
- JUnit 5 体系结构和组件之间交互的详细信息。
- JUnit Platform。它是在 JVM 上启动测试框架的基础，提供了一个 API 来从控制台、IDE 或构建工具启动测试。
- JUnit Jupiter。它将在 JUnit 5 中编写测试和扩展的新编程模型和扩展模型组合起来。
- JUnit Vintage。它是测试引擎，用于在平台上运行基于 JUnit 3 和 JUnit 4 的测试，确保与以前的版本具有必要的兼容性。

第 4 章　从 JUnit 4 向 JUnit 5 迁移

本章重点

- 实现从 JUnit 4 向 JUnit 5 的迁移。
- 为成熟的项目使用混合方法。
- JUnit 4 和 JUnit 5 依赖项的对比。
- JUnit 4 和 JUnit 5 等价注解的对比。
- JUnit 4 规则和 JUnit 5 扩展的对比。

在这个世界上，要是不做改变，就没有什么东西可以一直存在且有用。

——Charles M. Tadros

到目前为止，本书介绍了 JUnit 及其最新版本 JUnit 5，讨论了核心类和方法，以及其实战应用，以便你能很好地理解如何以一种有效的方式构建测试。本书还强调了软件架构的重要性，并展示了 JUnit 4 和 JUnit 5 之间的重大体系结构变化。

以 Tested Data Systems 公司管理的项目为示例，我们在本章给出了从 JUnit 4 迁移到 JUnit 5 的有效步骤。这家公司将用户信息保存在一个存储库中，通过该存储库获取信息。此外，这家公司还需要跟踪支付和其他业务规则。

JUnit 4 和 JUnit 5 完全可以在同一个应用程序中组合使用。可分阶段实施迁移，而不必立即实施迁移，这一点特别有利。

4.1　从 JUnit 4 向 JUnit 5 跨越

JUnit 5 是一个新规范，引入了一种新的体系结构。同时，JUnit 5 也引入了一些新的包、注解、方法和类等。JUnit 5 的某些特性与 JUnit 4 的类似，但其还具有一些新的特性，提供了一些新的功能。JUnit Jupiter 编程和扩展模型本身不支持 JUnit 4 的特性（例如规则和运行器）。我们可能不需要更新所有现有的测试、测试扩展和自定义的构建测试的基础设施，来将项目迁移到 JUnit Jupiter 中，至少不需要立即进行。

JUnit 在 JUnit Vintage 测试引擎的帮助下提供了一条从 JUnit 4 向 JUnit 5 迁移的路径，其主要步骤如表 4.1 所示。这就为使用 JUnit Platform 基础结构运行基于 JUnit 旧版本的测试提供了可能性。所有针对 JUnit Jupiter 的类和注解都定义在新的 org.junit.jupiter 基础包中。所有针对 JUnit 4 的类和注解都定义在旧的 org.junit 基础包中。因此，如果 JUnit 4 和 JUnit 5 Jupiter 都在类路径中，也不会导致任何冲突。项目可能会把以前实现的 JUnit 4 测试与 JUnit Jupiter 测试存储在一起。JUnit 5 和 JUnit 4 可以共存，一直共存到迁移完成（无论何时完成），并且根据任务的优先级和各个步骤所面临的挑战，可以慢慢地计划、慢慢地从 JUnit 4 向 JUnit 5 迁移。

表 4.1 从 JUnit 4 向 JUnit 5 迁移

主要步骤	说明
替换所需的依赖项	JUnit 4 需要一个单独的依赖项。JUnit 5 需要更多与所使用的特性相关的依赖关系。JUnit 5 使用 JUnit Vintage 来处理旧的 JUnit 4 测试
替换注解，并引入新的注解	一些 JUnit 5 注解是旧的 JUnit 4 注解的镜像。JUnit 5 引入了新的工具，可以帮助开发人员编写更好的测试
替换测试类和方法	JUnit 5 断言和假设已经从不同的包转移到不同的类中
用 JUnit 5 扩展模型替换 JUnit 4 规则和运行器	这个步骤通常需要比该表中的其他步骤做更多的工作。但是，由于 JUnit 4 和 JUnit 5 可能在很长一段时间内共存，规则和运行器可能会共存并保留在代码中，以后再加以替换

在开发和运行 JUnit 测试之前，要确保满足以下要求。

- JUnit 4 需要 Java 5 或更高版本。
- JUnit 5 需要 Java 8 或更高版本。

因此，从 JUnit 4 迁移到 JUnit 5 可能需要更新项目中使用的 Java 版本。

4.2 所需的依赖项

在本节中，我们讨论 Tested Data Systems 公司从 JUnit 4 向 JUnit 5 迁移的过程。这家公司之所以决定迁移，是因为需要为其产品创建更多的测试代码，并且希望更灵活、更清晰地编写这些测试代码。JUnit 5 通过嵌套测试和动态测试，提供了用显示名称标记测试的功能。在有效使用 JUnit 5 这些新功能之前，首先要做的就是为项目创建 JUnit 5 测试。

如前所述，JUnit 4 是一种单体结构，运行 JUnit 4 测试时只需一个 Maven 依赖项，如清单 4.1 所示。

清单 4.1 JUnit 4 的 Maven 依赖项

```
<dependencies>
    <dependency>
    <groupId>junit</groupId>
    <artifactId>junit</artifactId>
    <version>4.12</version>
    <scope>test</scope>
    </dependency>
</dependencies>
```

在迁移时，我们需要用 JUnit 5 的依赖项 JUnit Vintage 替代清单 4.1 中的依赖项。在迁移过程中，Tested Data Systems 首先需要做的是了解所使用的依赖项。

第一个依赖项是 junit-vintage-engine（见清单 4.2），属于 JUnit 5，但需确保与以前的 JUnit 版本的向后兼容性。使用 JUnit Vintage 时，Maven 将向访问 JUnit 4 的依赖项过渡。引入这个依赖项是向 JUnit 5 迁移的第一步。在迁移过程完成之前，JUnit 4 和 JUnit 5 测试可能在同一个项目中共存。

清单 4.2 JUnit Vintage 的 Maven 依赖

```
<dependencies>
    <dependency>
        <groupId>org.junit.vintage</groupId>
        <artifactId>junit-vintage-engine</artifactId>
        <version>5.6.0</version>
        <scope>test</scope>
    </dependency>
</dependencies>
```

现在运行 JUnit 4 测试，我们就会得到成功运行的结果，如图 4.1 所示。使用 JUnit Vintage 依赖项与使用旧的 JUnit 4 依赖项得到的结果没有任何区别。

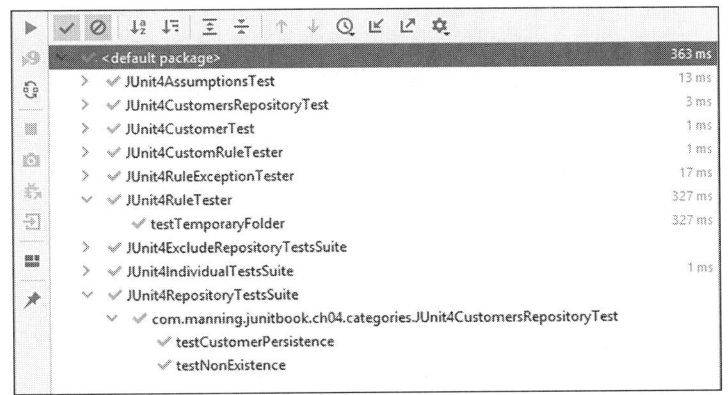

图 4.1 用 JUnit Vintage 替代旧的 JUnit 4 依赖项后运行 JUnit 4 测试

Tested Data Systems 公司的开发人员引入 JUnit Vintage 依赖项后，项目的迁移之路还将继续，接下来引入 JUnit Jupiter 注解和特性。很有用的 JUnit Jupiter Maven 依赖如清单 4.3 所示。

清单 4.3 很有用的 JUnit Jupiter Maven 依赖

```
<dependencies>
    <dependency>
        <groupId>org.junit.jupiter</groupId>
        <artifactId>junit-jupiter-api</artifactId>
        <version>5.6.0</version>
        <scope>test</scope>
    </dependency>
    <dependency>
        <groupId>org.junit.jupiter</groupId>
        <artifactId>junit-jupiter-engine</artifactId>
        <version>5.6.0</version>
        <scope>test</scope>
    </dependency>
</dependencies>
```

在用 JUnit 5 编写测试时，我们始终需要 junit-jupiter-api 和 junit-jupiter-engine 的依赖关系。第一个表示用 JUnit Jupiter 编写测试的 API（包括要迁移的注解、类和方法等），第二个表示用于运行测试引擎的核心 JUnit Jupiter 包。

可能需要的另一个依赖项是 junit-jupiter-params（用于运行参数化测试）。在迁移过程的最后（当不再有 JUnit 4 测试时），我们可以删除第一个依赖项 junit-vintage-api，如清单 4.2 所示。

4.3 注解、类和方法

项目依赖项迁移完之后，Tested Data Systems 公司继续进行迁移过程。正如本书前面所讲，JUnit 5 提供了与 JUnit 4 类似的特性以及许多新特性。公司希望其开发的许多项目的测试，能从这些新特性的灵活性和明确性中受益。然而，公司首先需要迁移一些等价的特性。

4.3.1 等价的注解、类和方法

表 4.2 至表 4.4 总结了 JUnit 4 和 JUnit 5 之间等价的注解、断言和假设。

表 4.2 注解

JUnit 4	JUnit 5
@BeforeClass、@AfterClass	@BeforeAll、@AfterAll
@Before、@After	@BeforeEach、@AfterEach
@Ignore	@Disabled
@Category	@Tag

表 4.3　断言

JUnit 4	JUnit 5
Assert 类	Assertions 类
第一个参数是可选断言消息	最后一个参数是可选断言消息
assertThat 方法	assertThat 方法被移除，对应的新方法是 assertAll 和 assertThrows

表 4.4　假设

JUnit 4	JUnit 5
Assume 类	Assumptions 类
assumeNotNull 和 assumeNoException	移除了 assumeNotNull 和 assumeNoException

现在，Tested Data Systems 公司的开发人员决定采取下一步骤，将所需的更改应用到项目的代码中。在本节中，我们使用与示例公司类似的测试。这些示例用 JUnit 4 和 JUnit 5 构建，以明确在 JUnit 5 中引入的更改。

这里从一个模拟被测系统的类（SUT）开始。该类可以初始化，能接收常规工作来运行，但不能接收附加工作来运行，可以关闭自身。清单 4.4 给出了被测试的 SUT 类。

清单 4.4　被测试的 SUT 类

```
public class SUT {
    private String systemName;

    public SUT(String systemName) {
        this.systemName = systemName;
        System.out.println(systemName + " from class " +
            getClass().getSimpleName() + " is initializing.");
    }

    public boolean canReceiveRegularWork() {
        System.out.println(systemName + " from class " +
            getClass().getSimpleName() + " can receive regular work.");
        return true;
    }

    public boolean canReceiveAdditionalWork() {
        System.out.println(systemName + " from class " +
            getClass().getSimpleName() + " cannot receive additional
                                           work.");
        return false;
    }

    public void close() {
        System.out.println(systemName + " from class " +
             getClass().getSimpleName() + " is closing.");
    }
}
```

清单 4.5 所示的测试类用 JUnit 4 工具验证了 SUT 类的功能。清单 4.6 所示的测试类用

JUnit 5 工具验证了 SUT 类的功能。这些示例还显示了生命周期方法。如前所述，系统可以启动，SUT 类可以接收常规工作来运行，但不能接收附加工作来运行，可以关闭自身。JUnit 4 和 JUnit 5 的生命周期和测试方法可确保系统在每次有效测试之前初始化，在测试之后关闭。测试方法用来检查系统是否可以接收常规工作和附加工作。清单 4.5 中的注解将在清单 4.6 之后讨论。

清单 4.5 JUnit4SUTTest 类

```
public class JUnit4SUTTest {

    private static ResourceForAllTests resourceForAllTests;
    private SUT systemUnderTest;

    @BeforeClass
    public static void setUpClass() {                              ❶
        resourceForAllTests =
            new ResourceForAllTests("Our resource for all tests");
    }

    @AfterClass
    public static void tearDownClass() {                           ❷
        resourceForAllTests.close();
    }
                                                                   ❸
    @Before
    public void setUp() {
        systemUnderTest = new SUT("Our system under test");
    }

    @After
    public void tearDown() {                                       ❹
        systemUnderTest.close();
    }
                                                                   ❺
    @Test
    public void testRegularWork() {
        boolean canReceiveRegularWork =
                          systemUnderTest.canReceiveRegularWork();

        assertTrue(canReceiveRegularWork);
    }

    @Test
    public void testAdditionalWork() {
        boolean canReceiveAdditionalWork =
                systemUnderTest.canReceiveAdditionalWork();
        assertFalse(canReceiveAdditionalWork);
    }
                                                                   ❻
    @Test
    @Ignore
    public void myThirdTest() {
```

```
        assertEquals("2 is not equal to 1", 2, 1);
    }
}
```

之前我们用 JUnit Vintage 依赖替换了 JUnit 4 依赖。在这两种情况下，运行 JUnit4SUTTest 类的结果相同（见图 4.2），其中 myThirdTest 用@Ignore 注解标注。现在我们可以继续进行注解、类和方法的有效迁移了。

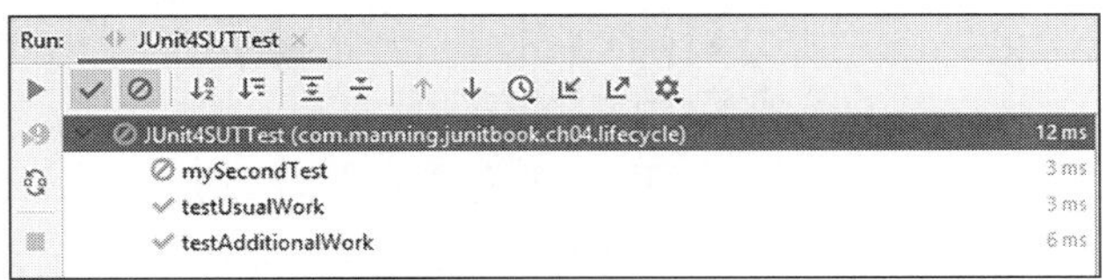

图 4.2 在 IntelliJ 中运行 JUnit4SUTTest，分别使用 Junit 4 依赖和 JUnit Vintage 依赖

清单 4.6 JUnit5SUTTest 类

```
class JUnit5SUTTest {
    private static ResourceForAllTests resourceForAllTests;
    private SUT systemUnderTest;

    @BeforeAll                                                  ❶'
    static void setUpClass() {
        resourceForAllTests =
            new ResourceForAllTests("Our resource for all tests");
    }

    @AfterAll                                                   ❷'
    static void tearDownClass() {
        resourceForAllTests.close();
    }

    @BeforeEach                                                 ❸'
    void setUp() {
        systemUnderTest = new SUT("Our system under test");
    }

    @AfterEach                                                  ❹'
    void tearDown() {
        systemUnderTest.close();
    }

    @Test                                                       ❺'
    void testRegularWork() {
        boolean canReceiveRegularWork =
                systemUnderTest.canReceiveRegularWork();

        assertTrue(canReceiveRegularWork);
    }

    @Test
```

```
    void testAdditionalWork() {
        boolean canReceiveAdditionalWork =
                systemUnderTest.canReceiveAdditionalWork();

        assertFalse(canReceiveAdditionalWork);
    }
    @Test
    @Disabled                               ❻'
    void myThirdTest() {
        assertEquals(2, 1, "2 is not equal to 1");
    }
}
```

通过比较 JUnit 4 和 JUnit 5 的方法，我们可以看到以下区别。

- 分别用@BeforeClass（清单 4.5 中的❶处）和@BeforeAll（清单 4.6 中的❶'处）标注的方法在所有测试运行之前运行一次。在 JUnit 4 中，这些方法必须是静态的，还必须是公有的。在 JUnit 5 中，方法可以是非静态的，并使用@TestInstance(Life cycle.PER_CLASS)标注整个测试类。
- 分别用@AfterClass（清单 4.5 中的❷处）和@AfterAll（清单 4.6 中的❷'处）标注的方法在所有测试运行之后运行一次。在 JUnit 4 中，这些方法必须是静态的，还必须是公有的。在 JUnit 5 中，方法可以是非静态的，并使用@TestInstance(Life cycle.PER_CLASS)标注整个测试类。
- 分别用@Before（清单 4.5 中的❸处）和@BeforeEach（清单 4.6 中的❸'处）标注的方法在每次测试运行之前运行。在 JUnit 4 中，方法必须是公有的。
- 分别用@After（清单 4.5 中的❹处）和@AfterEach（清单 4.6 中的❹'处）标注的方法在每次测试运行之后运行。在 JUnit 4 中，方法必须是公有的。
- 使用@Test（清单 4.5 中的❺处）和@Test（清单 4.6 中的❺'处）标注的方法是独立运行的。在 JUnit 4 中，方法必须是公有的。这两个注解分别属于不同的包：org.junit.Test 和 org.junit.jupiter.api.Test。
- 为了跳过测试方法的运行，JUnit 4 使用注解@Ignore（清单 4.5 中的❻处），而 JUnit 5 使用注解@Disabled（清单 4.6 中的❻'处）。

从公有到包私有，测试方法的访问级别放宽了。这些方法只能从测试类所属的包中访问，因此不需要将它们定义为公有。

4.3.2 分类和标记

Tested Data Systems 公司的开发人员要将表 4.2～表 4.4 中的等价特性应用到迁移的代码中。这家公司现在需要验证其用户的信息，还需要验证这些用户是否存在。他们希望将验证测试分为两组：处理单个用户的测试为一组，从存储库中检查用户的测试为另一组。这家公司已经使用了分类测试（在 JUnit 4 中），需要将其转换成标记测试（在 JUnit 5 中）。

清单 4.7 显示了需要使用 JUnit 4 定义的分类（category）创建的两个接口。这两个接口将用作 JUnit 4 @Category 注解的参数。

清单 4.7 使用 JUnit 4 定义分类创建的两个接口

```
public interface IndividualTests {

}

public interface RepositoryTests {

}
```

清单 4.8 定义了一个 JUnit 4 测试类，它包含一个带@Category(IndividualTests.class)注解的方法。此注解将该测试方法指定为属于这个分类。

清单 4.8 JUnit4CustomerTest 类，带@Category 注解的测试方法

```
public class JUnit4CustomerTest {
    private String CUSTOMER_NAME = "John Smith";

    @Category(IndividualTests.class)
    @Test
    public void testCustomer() {
        Customer customer = new Customer(CUSTOMER_NAME);

        assertEquals("John Smith", customer.getName());
    }
}
```

清单 4.9 定义了一个 JUnit 4 测试类，它使用@Category({IndividualTests.class,RepositoryTests.class})注解标注，该类包含的两个测试方法属于这两个分类。

清单 4.9 用@Category 标注的 JUnit4CustomersRepositoryTest 类

```
@Category({IndividualTests.class, RepositoryTests.class})
public class JUnit4CustomersRepositoryTest {
    private String CUSTOMER_NAME = "John Smith";
    private CustomersRepository repository = new CustomersRepository();

    @Test
    public void testNonExistence() {
        boolean exists = repository.contains(CUSTOMER_NAME);

        assertFalse(exists);
    }

    @Test
    public void testCustomerPersistence() {
        repository.persist(new Customer(CUSTOMER_NAME));

        assertTrue(repository.contains("John Smith"));
    }
}
```

清单 4.10～清单 4.12 描述了在给定类中查找特定测试类别的 3 个测试套件。

清单 4.10　JUnit4IndividualTestsSuite 类

```
@RunWith(Categories.class)                                    ❶
@Categories.IncludeCategory(IndividualTests.class)            ❷
@Suite.SuiteClasses({JUnit4CustomerTest.class,
    JUnit4CustomersRepositoryTest.class})                     ❸
public class JUnit4ndividualTestsSuite {
}
```

在清单 4.10 中，JUnit4IndividualTestsSuite 类实现了如下操作。

- 使用@RunWith(Categories.class)进行标注（❶处），告知 JUnit: JUnit4IndividualTestsSuite 需要使用这个特定的运行器运行测试。
- 包含使用 IndividualTests 注解标注的测试类别（❷处）。
- 在 JUnit4CustomerTest 和 JUnit4CustomersRepositoryTest 类中查找这些被标注的测试（❸处）。

在 IntelliJ 中运行 JUnit4IndividualTestsSuite 类的结果如图 4.3 所示。JUnit4CustomerTest 和 JUnit4CustomersRepositoryTest 类中的所有测试都被运行，因为它们都用 IndividualTests 进行了标注。

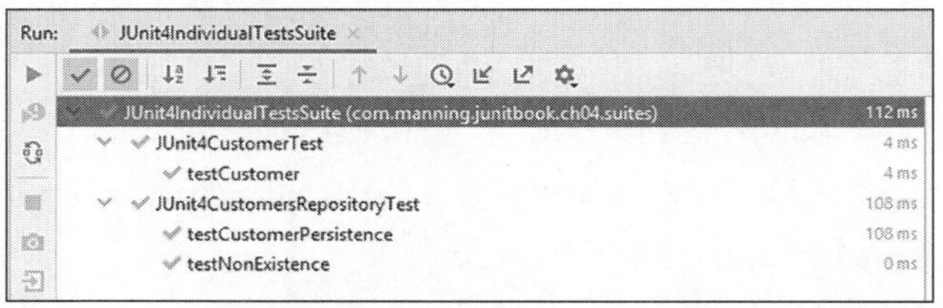

图 4.3　在 IntelliJ 中运行 JUnit4IndividualTestsSuite 类的结果

清单 4.11　JUnit4RepositoryTestsSuite 类

```
@RunWith(Categories.class)                                    ❶
@Categories.IncludeCategory(RepositoryTests.class)            ❷
@Suite.SuiteClasses({JUnit4CustomerTest.class,
    JUnit4CustomersRepositoryTest.class})                     ❸
public class JUnit4RepositoryTestsSuite {
}
```

在清单 4.11 中，JUnit4RepositoryTestsSuite 类实现了如下操作。

- 使用@RunWith(Categories.class)进行标注（❶处），告知 JUnit: JUnit4RepositoryTestsSuite 必须使用这个特定的运行器运行测试。
- 包含用 RepositoryTests 标注的测试类别（❷处）。
- 在 JUnit4CustomerTest 和 JUnit4CustomersRepositoryTest 类中查找被标注的测试（❸处）。

在 IntelliJ 中运行 JUnit4RepositoryTestsSuite 类的结果如图 4.4 所示。JUnit4CustomersRepositoryTest

类中的两个测试将被运行，因为它们用 RepositoryTests 标注。

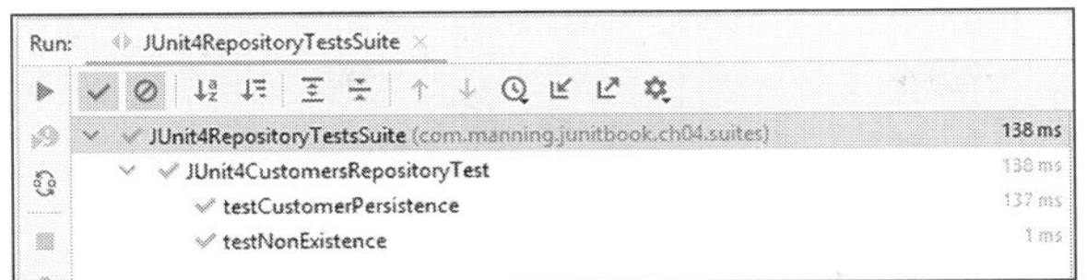

图 4.4 在 IntelliJ 中运行 JUnit4RepositoryTestsSuite 类的结果

清单 4.12 JUnit4ExcludeRepositoryTestsSuite 类

```
@RunWith(Categories.class)                                    ❶
@Categories.ExcludeCategory(RepositoryTests.class)            ❷
@Suite.SuiteClasses({JUnit4CustomerTest.class,
    JUnit4CustomersRepositoryTest.class})                     ❸
public class JUnit4ExcludeRepositoryTestsSuite {
}
```

在清单 4.12 中，JUnit4ExcludeRepositoryTestsSuite 类实现了如下操作。

- 使用 @RunWith(Categories.class)进行标注（❶处），告知 JUnit: JUnit4ExcludeRepository TestsSuite 必须使用这个特定的运行器运行测试。
- 排除用 RepositoryTests 标注的测试类别（❷处）。
- 在 JUnit4CustomerTest 和 JUnit4CustomersRepositoryTest 类中查找这些带标注的类（❸处）。

在 IntelliJ 中运行 JUnit4ExcludeRepositoryTestsSuite 类的结果如图 4.5 所示。JUnit4CustomersTest 类中的一个测试将被运行，因为这个测试没有使用 RepositoryTests 进行标注。

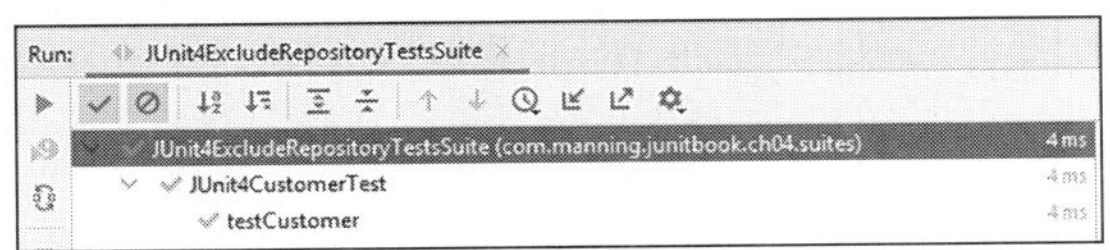

图 4.5 在 IntelliJ 中运行 JUnit4ExcludeRepositoryTestsSuite 类的结果

使用 JUnit 4 分类方法是可行的，但是有一些缺点：需要编写大量代码，并且团队需要定义专门的测试套件和专门的接口（仅作为测试的标记接口使用）。出于这个原因，Tested Data Systems 公司的开发人员决定改用 JUnit 5 标记方法。

清单 4.13 展示了带标记的 JUnit5CustomerTest 类，清单 4.14 展示了带标记的 JUnit 5 CustomersRepositoryTest 类。

清单 4.13 带标记的 JUnit5CustomerTest 类

```
@Tag("individual")                          ❶
public class JUnit5CustomerTest {
```

```
    private String CUSTOMER_NAME = "John Smith";

    @Test
    void testCustomer() {
        Customer customer = new Customer(CUSTOMER_NAME);

        assertEquals("John Smith", customer.getName());
    }
}
```

@Tag 注解被添加到整个 JUnit5CustomerTest 类上（❶处）。

清单 4.14　带标记的 JUnit5CustomersRepositoryTest 类

```
@Tag("repository")                                          ❶
public class JUnit5CustomersRepositoryTest {
    private String CUSTOMER_NAME = "John Smith";
    private CustomersRepository repository = new CustomersRepository();

    @Test
    void testNonExistence() {
        boolean exists = repository.contains("John Smith");

        assertFalse(exists);
    }

    @Test
    void testCustomerPersistence() {
        repository.persist(new Customer(CUSTOMER_NAME));

        assertTrue(repository.contains("John Smith"));
    }
}
```

类似地，在整个 JUnit5CustomersRepositoryTest 类上添加了@Tag 注解（❶处）。

要激活 JUnit 5 标记，用这些标记替代 JUnit 4 分类方法，这里有一些备选方案。首先，可以在 pom.xml 配置文件级别上运作，如清单 4.15 所示。

清单 4.15　pom.xml 配置文件

```
<plugin>
    <artifactId>maven-surefire-plugin</artifactId>
    <version>2.22.2</version>
    <!--
    <configuration>
        <groups>individual</groups>
        <excludedGroups>repository</excludedGroups>          ❶
    </configuration>
    -->
</plugin>
```

在清单 4.15 中，可以取消对 Surefire 插件的配置（<configuration>）节点的注释（❶处），并运行 mvn clean install。或者，在 IntelliJ IDEA 中，选择 Run>Edit Configurations，选择 Tags(JUnit

5)作为测试类型，如图 4.6 所示。但是，推荐的方法是修改 pom.xml 配置文件，以便可以从命令提示符窗口正确运行测试。

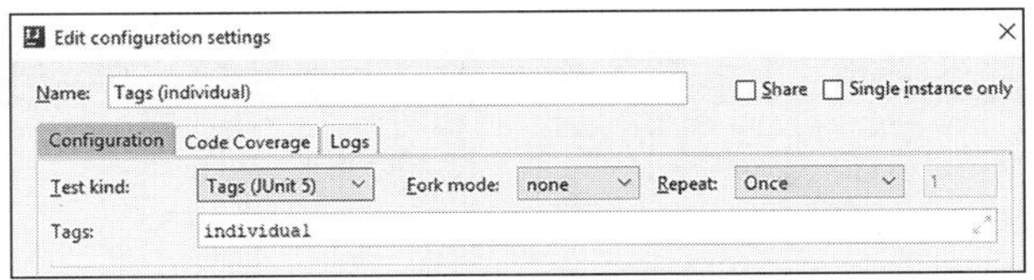

图 4.6 在 IntelliJ 中配置标记测试

注意，这里不再为这个目标定义特殊的接口，也不再在代码级别上创建许多“鸡肋”的套件。我们只需用自己的标记对类进行标注，然后通过 Maven 配置文件或 IDE 来选择要运行的内容。这里要编写的代码更少，在代码中要做的更改也更少。Tested Data Systems 公司的开发人员决定好好利用 JUnit 5 的便捷性。

4.3.3 迁移 Hamcrest 匹配器功能

为了继续比较 JUnit 4 和 JUnit 5，我们来看 Hamcrest 匹配器功能（该功能在第 2 章中介绍过）。本章使用集合示例对两个版本进行比较。这里用 Tested Data Systems 公司内部存储库的值填充一个列表，然后研究其元素是否匹配某种模式。这里分别使用 JUnit 4（见清单 4.16）和 JUnit 5（见清单 4.17）实现。

清单 4.16 JUnit4HamcrestListTest 类

```
import org.junit.Before;
import org.junit.Test;

public class JUnit4HamcrestListTest {

    private List<String> values;

    @Before                                                    ❶
    public void setUp() {
        values = new ArrayList<>();
        values.add("Oliver");
        values.add("Jack");
        values.add("Harry");
    }
                                                               ❷
    @Test
    public void testListWithHamcrest() {                              ❸
        assertThat(values, hasSize(3));
        assertThat(values, hasItem(anyOf(equalTo("Oliver"), equalTo("Jack"),     ❹
            equalTo("Harry"))));
❺      assertThat("The list doesn't contain all the expected objects, in
                order", values, contains("Oliver", "Jack", "Harry"));
        assertThat("The list doesn't contain all the expected objects",     ❻
```

```
                values, containsInAnyOrder("Jack", "Harry", "Oliver"));
    }
}
```

清单 4.17 JUnit5HamcrestListTest 类

```
import org.junit.jupiter.api.BeforeEach;
import org.junit.jupiter.api.DisplayName;
import org.junit.jupiter.api.Test;

public class JUnit5HamcrestListTest {

    private List<String> values;

    @BeforeEach                                            ❶'
    public void setUp() {
        values = new ArrayList<>();
        values.add("Oliver");
        values.add("Jack");
        values.add("Harry");
    }
❷'  @Test
    @DisplayName("List with Hamcrest")
    public void testListWithHamcrest() {                   ❸'
        assertThat(values, hasSize(3));
        assertThat(values, hasItem(anyOf(equalTo("Oliver"), equalTo("Jack"),
            equalTo("Harry"))));                                  ❹'
❺'      assertThat("The list doesn't contain all the expected objects, in #
                order", values, contains("Oliver", "Jack", "Harry"));
        assertThat("The list doesn't contain all the expected objects",
                values, containsInAnyOrder("Jack", "Harry", "Oliver"));   ❻'
    }
}
```

清单 4.16 和清单 4.17 非常相似（除了@Before/@BeforeEach 和@DisplayName 注解）。旧的导入逐渐被新的导入所取代，这就是 org.junit.Test 注解和 org.junit.jupiter.api.Test 注解属于不同的包的原因。

这些程序如何处理 Tested Data Systems 公司管理的内部信息呢？

- 对要使用的列表进行初始化。代码是相同的，但是使用的注解不同：@Before（❶处）和@BeforeEach（❶'处）。
- 测试方法分别使用 org.junit.Test（❷处）和 org.junit.jupiter.api.Test 注解（❷'处）。
- 验证使用 org.junit.Assert.assertThat 方法（❸处）。JUnit 5 移除了这个方法，所以这里使用 org.hamcrest.MatcherAssert.assertThat 方法（❸'处）。
- 使用 org.hamcrest.Matchers 类（❹处）中的 anyOf 和 equalTo 方法以及 org.hamcrest.CoreMatchers 类（❹'处）中的 anyOf 和 equalTo 方法。
- 使用相同的 org.hamcrest.Matchers.contains 方法（❺处和❺'处）。
- 使用相同的 org.hamcrest.Matchers.containsInAnyOrder 方法（❻处和❻'处）。

4.3.4　规则与扩展模型

JUnit 4 规则是一个组件，允许在方法运行时引进附加的动作，具体做法是拦截方法的调用，并在方法运行前、后执行一些操作。

为比较 JUnit 4 规则模型和 JUnit 5 的扩展模型，来看看扩展的 Calculator 类（见清单 4.18）。Tested Data Systems 公司的开发人员使用这个类执行数学操作来验证 SUT。他们感兴趣的是测试可能抛出异常的方法。Tested Data Systems 测试代码广泛使用的一个规则是 ExpectedException，该规则可以很容易地被 JUnit 5 的 assertThrows 方法替换。

清单 4.18　扩展的 Calculator 类

```
public class Calculator {

    ...

    public double sqrt(double x) {                                  ❶
        if (x < 0) {
            throw new
                IllegalArgumentException("Cannot extract the square    ❷
                                     root of a negative value");
        }
        return Math.sqrt(x);
    }

    public double divide(double x, double y) {                     ❸
        if (y == 0) {
  ❹         throw new ArithmeticException("Cannot divide by zero");
        }
        return x/y;
    }
}
```

Calculator 类可能抛出异常的逻辑如下所示。

- 声明一个 sqrt 方法计算一个数的平方根（❶处）。如果该数为负数，则创建并抛出一个包含特定消息的异常（❷处）。
- 声明一个 divide 方法计算两个数的除法（❸处）。如果第二个数是零，则创建并抛出一个包含特定消息的异常（❹处）。

清单 4.19 提供了一个示例，使用 Calculator 类的新功能指定在运行测试代码期间预期会出现哪一条异常消息（见清单 4.18）。

清单 4.19　JUnit4RuleExceptionTester 类

```
public class JUnit4RuleExceptionTester {
    @Rule
    public ExpectedException expectedException =              ❶
                                    ExpectedException.none();
```

```
    private Calculator calculator = new Calculator();          ②

    @Test
    public void expectIllegalArgumentException() {
        expectedException.expect(IllegalArgumentException.class);    ③
        expectedException.expectMessage("Cannot extract the square root
                                        of a negative value");        ④
        calculator.sqrt(-1);                                          ⑤
    }
    @Test
    public void expectArithmeticException() {
        expectedException.expect(ArithmeticException.class);         ⑥
        expectedException.expectMessage("Cannot divide by zero");     ⑦
        calculator.divide(1, 0);                                      ⑧
    }
}
```

清单 4.19 所示的代码实现了如下操作。

- 声明了一个用@Rule 标注的 ExpectedException 字段。@Rule 注解必须应用于公有、非静态字段或公有、非静态方法（❶处）。ExpectedException.none 工厂方法简单地创建了一个未配置的 ExpectedException。
- 初始化了 Calculator 类的一个实例，并测试其功能（❷处）。
- ExpectedException 被配置为在调用 sqrt 方法（❺处）抛出异常之前保持异常类型（❸处）和消息（❹处）。
- ExpectedException 被配置为在调用 divide 方法（❽处）抛出异常之前保持异常类型（❻处）和消息（❼处）。

清单 4.20 显示了一个使用 JUnit 5 方法的示例。

清单 4.20 JUnit5ExceptionTester 类

```
public class JUnit5ExceptionTester {
    private Calculator calculator = new Calculator();          ①'

    @Test
    public void expectIllegalArgumentException() {
        Throwable throwable = assertThrows(
                    IllegalArgumentException.class,
                    () -> calculator.sqrt(-1));                ②'
        assertEquals("Cannot extract the square root of a
                     negative value", throwable.getMessage());     ③'
    }

    @Test
    public void expectArithmeticException() {
        Throwable throwable = assertThrows(ArithmeticException.class,
                              () -> calculator.divide(1, 0));      ④'
```

```
        assertEquals("Cannot divide by zero", throwable.getMessage());   ⑤'
    }
}
```

清单 4.20 所示的代码实现了如下操作。

- 初始化了 Calculator 类的一个实例，并测试其功能（❶'处）。
- 断言运行的 calculator.sqrt(-1)方法会抛出一个 IllegalArgumentException 异常（❷'处），然后检查这个异常发出的消息（❸'处）。
- 断言运行的 calculator.divide(1,0)方法会抛出一个 ArithmeticException 异常(❹'处)，然后检查这个异常发出的消息（❺'处）。

JUnit 4 和 JUnit 5 在代码清晰度和长度上存在明显的区别。有效的 JUnit 5 测试代码是 13 行，而有效的 JUnit 4 测试代码是 20 行。我们不需要初始化和管理任何附加规则。JUnit 5 的测试方法各包含一行规则。

Tested Data Systems 公司想要迁移的另一个规则是 TemporaryFolder。TemporaryFolder 规则允许创建文件和文件夹，它们在测试方法完成时应该删除（无论测试通过还是失败）。由于公司项目的测试中使用了临时资源，这一步是必须的。JUnit 5 使用@TempDir 注解取代了 JUnit 4 规则。清单 4.21 展示了 JUnit 4 的方法。

清单 4.21 JUnit4RuleTester 类

```
public class JUnit4RuleTester {
    @Rule
    public TemporaryFolder folder = new TemporaryFolder();     ❶

    @Test
    public void testTemporaryFolder() throws IOException {
        File createdFolder = folder.newFolder("createdFolder");
        File createdFile = folder.newFile("createdFile.txt");     ❷
        assertTrue(createdFolder.exists());
        assertTrue(createdFile.exists());     ❸
    }
}
```

清单 4.21 所示的代码实现了如下操作。

- 声明一个带有@Rule 注解的 TemporaryFolder 字段，并对其进行初始化。@Rule 注解必须应用于公有字段或公有方法（❶处）。
- 使用 TemporaryFolder 字段创建一个文件夹和一个文件（❷处），存储于操作系统中用户配置文件的 Temp 文件夹中。
- 检查临时文件夹和临时文件（❸处）是否存在。

清单 4.22 展示了 JUnit 5 的方法。

清单 4.22 JUnit5TempDirTester 类

```
public class JUnit5TempDirTester {
    @TempDir
    Path tempDir;                          ❶'
    private static Path createdFile;   ❷'

    @Test
    public void testTemporaryFolder() throws IOException {     ❸'
        assertTrue(Files.isDirectory(tempDir));
        createdFile = Files.createFile(
                tempDir.resolve("createdFile.txt")
        );                                                     ❹'

        assertTrue(createdFile.toFile().exists());

    }

    @AfterAll
    public static void afterAll() {                            ❺'
        assertFalse(createdFile.toFile().exists());
    }
}
```

清单 4.22 所示的代码实现了如下操作。

- 声明了一个用@TempDir 标注的字段（❶'处），声明了一个 createdFile 变量（❷'处）。
- 在运行测试之前，检查这个临时目录是否创建（❸'处）。
- 在这个目录中创建一个文件，并检查文件是否存在（❹'处）。
- 在运行测试之后，检查临时资源是否已被删除（❺'处）。在 afterAll 方法运行结束后，临时文件夹将被删除。

JUnit 5 扩展方法的优点是，不必通过构造方法来创建文件夹。用@TempDir 标注一个字段时，会自动创建该文件夹。

4.3.5 自定义规则

可以为其测试自定义一些规则。当某些测试在运行之前和之后需要类似的附加操作时，自定义规则特别有用。

在 JUnit 4 中，Tested Data Systems 公司的开发人员需要在测试运行之前和之后运行一些附加操作。因此，创建类来实现 TestRule 接口。为此，必须覆盖 apply(Statement, Description)方法，该方法返回一个 Statement 实例。这样的对象表示 JUnit 运行时的测试，并且 Statement#evaluate 方法将运行这些测试。Description 对象是单个测试的描述。此对象可通过反射方式读取关于测试的信息。

清单 4.23 展示了 JUnit 的自定义规则。

清单 4.23　CustomRule 类

```
public class CustomRule implements TestRule {          ❶
    private Statement base;                        ❷
    private Description description;

    @Override
    public Statement apply(Statement base, Description description) {
        this.base = base;
        this.description = description;                        ❸
        return new CustomStatement(base, description);
    }
}
```

清单 4.23 所示的代码实现了如下操作。

- 声明的 CustomRule 类实现了 TestRule 接口（❶处）。
- 保留了对 Statement 字段和 Description 字段的引用（❷处），并在返回 CustomStatement 的 apply 方法中使用这些引用（❸处）。

清单 4.24 展示了 JUnit 的 CustomStatement 类。

清单 4.24　CustomStatement 类

```
public class CustomStatement extends Statement {          ❶
    private Statement base;                        ❷
    private Description description;

    public CustomStatement(Statement base, Description description) {
        this.base = base;                        ❸
        this.description = description;
    }

    @Override
    public void evaluate() throws Throwable {
        System.out.println(this.getClass().getSimpleName() + " " +
                    description.getMethodName() + " has started");
        try {
            base.evaluate();                                        ❹
        } finally {
            System.out.println(this.getClass().getSimpleName() + " " +
                    description.getMethodName() + " has finished");
        }
    }
}
```

清单 4.24 所示的代码实现了如下操作。

- 声明了 CustomStatement 类，这个类扩展了 Statement 类（❶处）。
- 保留了对 Statement 字段和 Description 字段的引用（❷处），并将这些引用作为构造方法的参数（❸处）。

■ 覆盖所继承的 evaluate 方法并在其中调用 base.evaluate 方法（❹处）。

清单 4.25 展示了 JUnit 的 JUnit4CustomRuleTester 类。

清单 4.25 JUnit4CustomRuleTester 类

```
public class JUnit4CustomRuleTester {

    @Rule
    public CustomRule myRule = new CustomRule();          ❶

    @Test
    public void myCustomRuleTest() {
        System.out.println("Call of a test method");      ❷
    }
}
```

清单 4.25 中通过以下操作使用前面定义的 CustomRule 类规则。

■ 声明一个公共 CustomRule 类字段，并使用@Rule 对其进行标注（❶处）。

■ 创建 myCustomRuleTest 方法并使用@Test 对其进行标注（❷处）。

运行 JUnit4CustomRuleTester 类的结果如图 4.7 所示。由于来自 Tested Data Systems 公司的开发人员的需要，测试的有效运行被附加消息所包围。这些附加消息为 CustomStatement 类的 evaluate 方法而提供。

```
Tests passed: 1 of 1 test – 5 ms
"C:\Program Files\Java\jdk1.8.0_181\bin\java" ...
CustomStatement myCustomRuleTest has started
Call of a test method
CustomStatement myCustomRuleTest has finished

Process finished with exit code 0
```

图 4.7 运行 JUnit4CustomRuleTester 类的结果

Tested Data Systems 公司的开发人员也希望迁移他们自己的规则。JUnit 5 允许一些效果存在，这些效果类似于 JUnit 4 规则中引入自定义扩展所产生的效果。这些自定义扩展拓宽了测试类和测试方法的行为，代码更短，并且依赖于声明性注解样式。首先，开发人员定义 CustomExtension 类，将其用作测试类上@ExtendWith 注解的一个参数。

清单 4.26 展示了 JUnit 的 CustomExtension 类。

清单 4.26 CustomExtension 类

```
public class CustomExtension implements AfterEachCallback,
BeforeEachCallback {                                          ❶'
    @Override
    public void beforeEach(ExtensionContext extensionContext)
                                        throws Exception {
        System.out.println(this.getClass().getSimpleName() + " " +      ❷'
             extensionContext.getDisplayName() + " has started" );
```

```
    }
    @Override
    public void afterEach(ExtensionContext extensionContext)
                                        throws Exception {
        System.out.println(this.getClass().getSimpleName() + " " +
              extensionContext.getDisplayName() + " has finished");
    }
}
```

❸'

清单 4.26 所示的代码实现了如下操作。

- 声明了 CustomExtension 实现的 AfterEachCallback 和 BeforeEachCallback 两个接口(❶'处)。
- 覆盖了 beforeEach 方法，以便在每个测试方法运行之前运行。这些测试方法源自测试类，而测试类则是由 CustomExtension（❷'处）扩展来的。
- 覆盖了 afterEach 方法，以便在每个测试方法运行之后运行。这些测试方法源自测试类，而测试类则是由 CustomExtension（❸'处）扩展来的。

清单 4.27 展示了 JUnit5CustomExtensionTester 类。

清单 4.27 JUnit5CustomExtensionTester 类

```
@ExtendWith(CustomExtension.class)
public class JUnit5CustomExtensionTester {

    @Test
    public void myCustomRuleTest() {
        System.out.println("Call of a test method");
    }
}
```

❶' ❷'

清单 4.27 所示的代码实现了如下操作。

- 使用 CustomExtension 类扩展 JUnit5CustomExtensionTester 类（❶'处）。
- 创建 myCustomRuleTest 方法并使用@Test 对其进行标注（❷'处）。

运行 JUnit5CustomExtensionTester 的结果如图 4.8 所示。当使用 CustomExtension 类来扩展测试类时，前面定义的 beforeEach 和 afterEach 方法将分别在每个测试方法运行之前和之后运行。

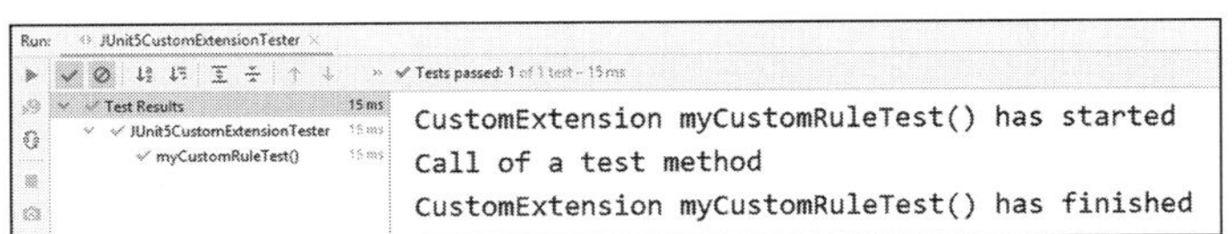

图 4.8 运行 JUnit5CustomExtensionTester 的结果

注意，JUnit 4 和 JUnit 5 在代码清晰度和长度上的明显区别。采用 JUnit 4 方法需要使用 3 个类，而 JUnit 5 方法只需要使用两个类。在每个测试方法之前和之后运行的代码被隔离到一个具有明确名称的专用方法中。在测试类上，只需要用@ExtendWith 来标注。

JUnit 5 扩展模型也可以用来逐渐取代 JUnit 4 的运行器。对于已经创建的扩展，迁移过程很简单，如下所示。

- 要迁移 Mockito 测试，需要在测试类中将@RunWith(MockitoJUnitRunner.class)注解替换为@ExtendWith(MockitoExtension.class)注解。
- 要迁移 Spring 测试，需要在被测试类中将@RunWith(SpringJUnit4ClassRunner.class)注解替换为@ExtendWith(SpringExtension.class)注解。

本书撰写时，还没有关于 Arquillian 测试的扩展。至于运行器，将在后文更详细地讨论。

在第 5 章，我们将了解更多关于软件测试原则和测试类型方面的知识，从单元测试的必要性开始，到提升到不同测试级别的方法。

4.4 小结

在本章中，我们主要讨论了以下内容。

- 从 JUnit 4 向 JUnit 5 迁移所需步骤：替换依赖项→替换注解→替换测试类和方法→用 JUnit 5 扩展模型替换 JUnit 4 规则和运行器。
- 在两种情况下使用所需的依赖项，以便从 JUnit 4 中的单一依赖项变更到 JUnit 5 中的多个依赖项。
- 比较 JUnit 4 和 JUnit 5 之间等价注解、类和方法的用法，从而产生类似的效果：定义测试、控制测试的生命周期、检查结果。
- 从 JUnit 4 向 JUnit 5 迁移的过程中，通过示例展示如何在代码中做出有效更改。

第 5 章　软件测试原则

本章重点

- 审视单元测试的必要性。
- 区分软件测试的类型。
- 比较黑盒测试和白盒测试。

崩溃是指你的竞争对手的计算机程序“死亡”。你的程序“死亡”时则体现出“需时性 ”。经常会发生这样的情况：紧随崩溃而出的是一个类似“需 02”这样的消息。“需”是“需时性”的简称，其后的数字则表示此产品还需测试多少个月。

——Guy Kawasaki

我们在前几章给出了一种非常实用的、用以设计和部署单元测试的方法，深入研究了 JUnit 5 的部分功能以及 JUnit 4 和 JUnit 5 的体系结构，并介绍了如何在两个版本之间迁移。在本章中，我们会了解各种类型的软件测试，以及它们在应用程序生命周期中所扮演的角色。

为什么需要了解此类信息呢？单元测试并不是一件心血来潮、异想天开的事情。要想成为顶尖的开发人员，你就需要将单元测试与功能测试和其他类型的测试加以对比。**功能测试**（functional testing）仅意味着评估系统或组件，看其是否能满足需求。了解单元测试的必要性之后，你还要了解测试进行到了什么程度。测试本身并不是预期的结果。

5.1　单元测试的必要性

单元测试的主要目标是验证应用程序是否按预期的方式正常运行，以及尽早发现错误。尽管功能测试可以做到这一点，但是单元测试功能更强大、通用性更强。单元测试提供的不仅是对应用程序能否正常工作的验证，还可以起到如下作用。

- 带来比功能测试更高的测试覆盖率。
- 提高团队的工作效率。
- 检测出衰退迹象，并减少调试的次数。
- 给开发人员带来重构的信心并在一般情况下做出改进。
- 改进实现。
- 文档化预期行为。
- 启用代码覆盖率和其他指标。

5.1.1 带来更高的测试覆盖率

单元测试是任何应用程序都应做的第一种测试类型。如果必须在编写单元测试和功能测试之间做出选择，那么你可以选择编写第二种测试。按照以往的经验，功能测试大约覆盖了应用程序代码的 70%。但如果想要获得更高的测试覆盖率，则需要编写单元测试。

单元测试可以很容易地模拟出错的状况，这对功能测试来说是极难做到的（在某些情况下，是不可能做到的）。单元测试提供的不仅是测试，还有很多内容。详细内容参见后文。

5.1.2 提高团队的工作效率

假设你是一个大型应用程序项目组中的一员，那么采用单元测试有助于交付高质量的代码（经过测试的代码），且不必等到其他所有组件准备就绪才进行测试。此外，功能测试的测试粒度更粗一些，而且需要在测试应用程序之前准备好整个应用程序（或应用程序的大部分）。

5.1.3 检测出衰退迹象和减少调试次数

若单元测试集得以通过，则说明所编写的代码可以正常运行，这就给了开发人员修改现有代码的信心，无论修改是出于重构的目的，还是出于添加或更改新功能的目的。对于开发人员来说，这就好像有人站在背后看着你，如果你有什么做得不对，他就会及时提醒你。没有什么比这种感觉更好的了。

单元测试集会减少应用程序的调试次数，调试的目的是找出失败的原因。功能测试告诉你缺陷存在于所实现用例中的某个地方，单元测试则告诉你导致一个特定方法失败的具体原因，这样，你就不需要花好几个小时努力去寻找问题所在了。

5.1.4 自信地重构

如果没有单元测试，那么证明“重构是可行的”会是一件非常困难的事情，因为你极有可能会做错。为什么要冒险（冒着延迟提交的风险）花好几个小时去调试呢？只是为了改进实现或更改方法名称吗？单元测试提供了一个安全防护网，可以让你自信地重构，如图 5.1 所示。

图 5.1 单元测试提供了一个安全防护网，可以让你自信地重构

JUnit 最佳实践：重构

在计算机科学的历史上，许多大师主张迭代开发（iterative development）。例如，Niklaus Wirth 提供了非常“古老”的语言——ALGOL 和 Pascal。Wirth 很支持逐步精化（stepwise refinement）等技术。

曾几何时，这些技术似乎很难应用于大型的、层次化的应用程序。一个很小的改动可能会波及整个系统。项目经理不得不提前做好计划，尽量将改动降到最小，但是生产效率仍然很低。

xUnit 框架的兴起推动了敏捷方法（agile methodologies）的流行，并（再一次）推动了迭代开发的发展。敏捷方法学家倾向于按照纵向的方式编写代码来生成一个有效的用例，而不是按照横向的方式编写代码以逐层提供服务。

当你为单个用例或功能链设计和编写代码时，你的设计可能符合当前特性，但可能不符合下一个特性。为了对所有特性保持设计的一致性，敏捷方法提倡通过重构来根据需要调整代码库。

如何确保重构或者改进现有代码的设计不破坏现有代码？答案就是“单元测试”，它能告诉你代码何时、何地出错。简而言之，单元测试能给你重构的信心。

敏捷方法能让你具备应对改变的能力，进而降低项目风险。这种方法将快速迭代标准化，并应用诸如“你不会有需求”（YAGNI——You Ain't Gonna Need It）以及“最简单的可能会奏效”（The Simplest Thing That Could Possibly Work）等的原则，从而让改变成为可能。但是，这些原则所依赖的基础都是强大的单元测试。

5.1.5 改进实现

单元测试是进行代码测试的第一步。被测试的 API 应该是很灵活的，而且能在独立的情况下进行单元测试。有时，你不得不重构待测试的代码，以使其能够进行单元测试。或许你会使用测试驱动开发（Test-Driven Development，TDD）方法。从定义来看，TDD 方法可以生成能够进行单元测试的代码，详细内容参见第 20 章。

在创建和修改单元测试时，对其进行监控是非常重要的。如果单元测试太长或者太笨重，那么被测试的代码通常存在一些设计上的问题，应该对其进行重构。当然，这也有可能是因为你在一个测试方法中测试了太多的特性。如果单元测试不能在独立的情况下验证某个特性，那么通常意味着代码可能不够灵活，也应该对其进行重构。修改代码并予以测试，这是正常的事情。

5.1.6 文档化预期行为

假设你要学习一个新的 API。一边是长达 300 页的 API 的描述文档，另一边是描述如何使用 API 的示例。你会选哪一个？

示例的威力是巨大的。单元测试恰恰就是“描述如何使用 API”的示例。实际上，示例是为开发人员提供的“出色”的文档。因为单元测试与产品代码保持同步，所以示例**必须**是最新的，这是与其他形式的文档不同的地方。

要检查测试如何有效地文档化预期行为，就得回到前面提到的 Calculator 类。清单 5.1 说明了单元测试如何用于提供文档。其中，expectIllegalArgumentException 方法表明，在计算一个负数的平方根时会抛出一个 IllegalArgumentException 异常；expectArithmeticException 方法表明，在将零作为除数时会抛出一个 ArithmeticException 异常。

清单 5.1 用于提供文档的单元测试

```
public class JUnit5ExceptionTester {
    private Calculator calculator = new Calculator();     ❶

    @Test
    public void expectIllegalArgumentException() {
        assertThrows(IllegalArgumentException.class,
                      () -> calculator.sqrt(-1));          ❷
    }

    @Test
    public void expectArithmeticException() {
        assertThrows(ArithmeticException.class,
                      () -> calculator.divide(1, 0));      ❸
    }
}
```

在清单 5.1 中，实现了如下操作。

- 对 Calculator 类的实例进行初始化，并测试其功能（❶处）。
- 断言：运行所提供的 calculator.sqrt(-1)可运行对象将抛出 IllegalArgumentException 异常（❷处）。
- 断言：运行所提供的 calculator.divide(1,0)可运行对象将抛出 ArithmeticException 异常（❸处）。

运行测试即可清楚地展示用例。你可以关注这些用例，并检查特定的运行会引发什么结果。由此可见，测试是项目文档的有效部分。

5.1.7 启用代码覆盖率和其他指标

如果你按下按钮，单元测试就会告诉你一切是否正常运作。单元测试还可以让你获得代码覆盖率指标（见第 6 章），这些指标逐一显示测试触发了哪些代码的运行，以及未触发哪些代码。你也可以使用工具来跟踪进度：从一次构建到下一次构建通过的测试，以及未通过的测试。当然，你也可以监视测试的性能。与前一次构建相比，如果测试的性能有所下降，你可以有意让测试失败。

5.2 测试类型

图 5.2 列出了 4 种类型的测试。当然，也有对测试进行分类的其他方法（作者不同，使用的分类名称也不同），但这里的分类方法最贴近我们的目的。注意，这里讨论的是一般意义上的测试，不是书中某些地方所说的自动化单元测试。

在图 5.2 中，最外层的测试作用范围最大，最内层的测试作用范围最小。从内层的方框到外层的方框，测试的功能更加强大，需要应用程序呈现的内容也更多。

如前所述，每个单元测试关注的是不同的工作单元。如果将不同工作单元的测试合并到一个工作流中，会怎么样？工作流的结果会符合预期吗？

对于上述问题，我们可以按照不同的软件测试类型回答，如下所示。

- 单元测试。
- 集成测试。
- 系统测试。
- 验收测试。

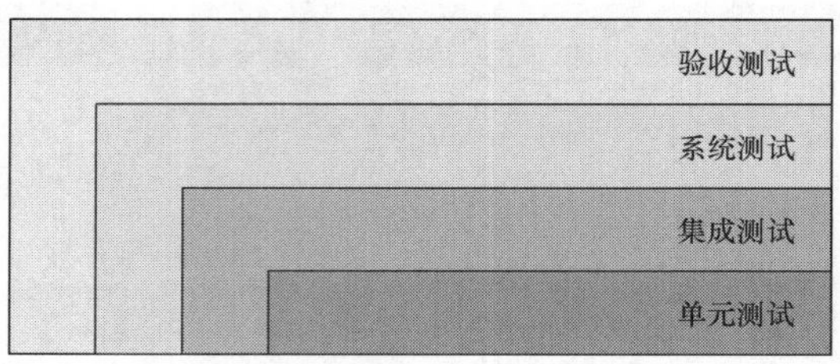

图 5.2　4 种类型的测试，从最内层到最外层测试的作用范围增大

让我们从最内层（范围最小）的测试类型开始，一直到最外层（范围最大）的测试类型，来讨论每一种测试类型。

5.2.1　单元测试

单元测试是一种软件测试方法，通过测试单个单元的源代码（方法或类）来确定单元是否满足使用要求。单元测试增强了开发人员修改代码的信心，因为从一开始，它就起到了安全防护网的作用。如果有良好的单元测试，并在每次修改代码时予以运行，我们就会肯定地认为修改不会影响现有的功能。

这里将重点放在处于独立状态的测试类和方法上。假设 Tested Data Systems 公司的开发人员要管理公司的用户，那么他们将先测试创建用户的操作，然后依次测试查找用户、将用户添加到公司数据库和删除用户的操作。由于单元测试的范围是最小的，因此仅需提供一些独立的类。

5.2.2　集成测试

单个的单元测试可以实现基本的质量控制，如果将不同工作单元的测试合并到一个工作流中，会发生什么呢？一旦你针对某个类创建了测试并加以运行，下一步就要将类与其他方法和服务连接起来。集成测试的工作就是检查组件之间的交互，这些组件可能运行在各自的目标环境中。表 5.1 列出了测试对象、服务和子系统的交互情况。

表 5.1　测试对象、服务和子系统的交互情况

交互	测试描述
测试对象	测试实例化对象，并调用这些对象上的方法。如要查看属于不同类的对象如何协作解决问题，可以使用此测试类型
服务	容器部署应用程序时，运行测试，应用程序可能连接到一个数据库或附加到任何其他外部资源或设备。如要开发部署到软件容器中的应用程序，可以使用此测试类型
子系统	一个分层的应用程序可能需要前端来处理表示，需要后端来运行业务逻辑。测试可以验证请求是否通过前端并从后端返回相应的响应。此测试类型可用于体系结构的应用程序中。该体系结构由一个表示层（例如 Web 界面）和一个业务服务层运行逻辑组成

就像交通事故多发于十字路口一样，在应用程序中对象之间的交互是出现bug的主要原因。理想情况下，你应该在编写应用程序代码之前定义集成测试。针对测试编写代码，可以极大地提高开发人员编写具有良好表现的对象的能力。Tested Data Systems 公司的开发人员将使用集成测试来检查用户对象与报价对象是否合作良好，例如，当用户仅被分配一次报价时，报价到期后，如果用户没有接受报价，则系统会自动从报价中移除该用户，如果用户端添加了一个报价，那么系统也会将该报价添加到报价端。

5.2.3 系统测试

系统测试是指在一个完整的、综合的系统上进行的测试，以评估该系统是否符合要求。其目的是检测已集成的单元之间是否一致。

测试替身或模拟对象可以模拟复杂的真实对象的行为，因此，当真实对象（例如某些依赖组件）不适合合并到一个测试中，或者因依赖组件还不可用而无法进行测试时（至少在目前如此），这样的替身或对象非常有用。**模拟对象**（mock object）可以出现在单元测试级别，其作用是替代系统中不可用的部分或者合并到一个测试中不切实际的部分。**测试替身**（test doubles）是模拟对象，可以可控的方式模拟真实对象的行为。创建这些替身或对象是为了测试使用它们的其他对象的行为。

Tested Data Systems 公司的开发人员使用测试替身的情况是：与外部服务通信；与内部服务通信，但这个内部服务不可用，或者速度慢、难以配置、难以访问；与一个还不能完全可用的服务通信，此时，使用测试替身得心应手，因为这样的替身可以减缓测试的压力，不必等到服务达到可用的状态。

例如，Tested Data Systems 公司的开发人员管理的用户和产品需要持久化到数据库中，这个数据库很难安装和配置。开发人员必须安装软件，还要创建表和填充数据，这个过程需要时间和人员。此时，团队可以为自己的程序使用 mock 数据库。

5.2.4 验收测试

程序可以顺畅运行固然重要，但也必须满足用户的需求。验收测试就是最终级的测试。通常由用户或用户代理人运行验收测试，以确保应用程序满足用户或者利益相关者所提出的所有目标。

验收测试是其他所有测试的“超集”。此测试试图回答一些基本问题，如应用程序是否满足业务目标、是否做对了事情等。

验收测试可以用假定（Given）、当（When）以及那么（Then）等关键字来表示。使用这些关键字，实际上是在实现一种场景：用户与系统的交互。那么（Then）这一步中的验证看起来像单元测试，但检查的是场景的末尾并回答问题：“我们实现了业务目标吗？”。

Tested Data Systems 公司可实现的一些验收测试，如下所示。

假定（Given）有一个经济航班
当（When）有一名普通乘客时
那么（Then）我们可以将其添加到航班中，之后也可以将其从该航班里移除

又如：

假定（Given）有一个经济航班
当（When）有一名 VIP 乘客时
那么（Then）我们可以将其添加到航班中，但之后不能将其从该航班里移除

验收测试是功能性的，是作用范围最大的测试，并且需要提供应用程序更多部分的内容。我们刚才列出的验收测试是一种行为驱动开发（Behavior-Driven Development，BDD）工作方式，详细内容见第 21 章。

5.3 黑盒测试和白盒测试的对比

在本章结束之前，我们着重讨论软件测试的另一种分类：黑盒测试和白盒测试。这种类型的测试很直观且容易掌握，但是开发人员经常会忽略这一分类。

5.3.1 黑盒测试

黑盒测试（black-box test）并不知道系统的内部状态或行为，仅依赖外部系统接口来验证其正确性。

顾名思义，黑盒测试就是把系统看作一个黑盒子——你可以把它想象成一个按钮和 LED 灯。我们并不知道系统的内部结构以及系统如何运行，只知道输入正确时系统会产生所需的输出。要正确地测试系统，我们只需要知道系统的功能规范（functional specification）。功能规范通常产生于项目的早期阶段，这说明我们可以尽早开始测试。任何人都可以参与系统测试，如 QA 工程师、开发人员，甚至用户。

黑盒测试最简单的形式之一是手动模拟用户界面中的操作。较复杂的方法是使用诸如 HttpUnit、HtmlUnit 或 Selenium 等工具完成此任务。我们将在本书第 15 章讨论部分工具。

Tested Data Systems 公司在对 Web 应用程序界面的测试中使用了黑盒测试。测试工具只知道此测试必须与前端（选择、按钮等）交互，并验证结果（操作的结果、目标页面的内容等）。

5.3.2 白盒测试

与黑盒测试对应的是**白盒测试**（white-box testing），有时也称为**玻璃盒测试**（glass-box testing)。在这种类型的测试中，我们会使用实现的具体知识来创建测试并驱动测试进程。我们不仅要了解一个组件的实现，还要知道这个测试流程是如何与其他组件交互的。出于这些原因，实现者本人是创建白盒测试的最佳人选。

白盒测试可以在较早的阶段实现，不需要等到 GUI 可用时才开始测试。开发人员可以将许多运行路径覆盖掉。再来看一下 5.2.4 节中的场景：

假定（Given）有一个经济航班
当（When）有一名普通乘客时
那么（Then）我们可以将其添加到航班中，之后也可以将其从该航班里移除

又如：

假定（Given）有一个经济航班
当（When）有一名 VIP 乘客时
那么（Then）我们可以将其添加到航班中，但之后不能将其从该航班里移除

上述场景都是白盒测试的绝佳示例。这就要求我们了解应用程序的内部（至少是 API），并覆盖外部用户不知道的不同的运行路径。每个步骤都对应于编写使用现存 API 的代码。开发人员可以在不需要 GUI 的情况下使用早期阶段的代码。

5.3.3　黑盒测试和白盒测试的优点和缺点

对于黑盒测试与白盒测试这两种方法，你会选择哪一种？没有绝对的答案，这两种方法都可使用。在有些情况下，你需要以用户为中心的测试（不需要细节）；而在另一些情况下，你需要测试系统的实现细节。黑盒测试和白盒测试的优点和缺点分别如表 5.2 和表 5.3 所示。

表 5.2　黑盒测试和白盒测试的优点

黑盒测试	白盒测试
测试以用户为中心，并暴露规范的差异	测试可以在项目的早期阶段实施
测试人员可能是非技术人员	测试不需要有 GUI
测试可以独立于开发人员进行	测试由开发人员控制，可以覆盖许多运行路径

表 5.3　黑盒测试和白盒测试的缺点

黑盒测试	白盒测试
可以测试的输入数量有限	只有具有编程知识的熟练人员才能实现测试
许多程序路径可能未覆盖	如果实现发生变化，则需要重写测试
测试可能变得冗余，缺少细节意味着可能覆盖了相同的运行路径	测试与实现紧密耦合

1．以用户为中心的方法

黑盒测试首先会满足用户需求。我们知道用户的反馈会带来巨大的价值，而且在极限编程中目标之一就是“尽早发布，经常发布”。但是，如果我们只是跟用户说，软件就是这样的，你有什么想法？就不太可能获得有用的反馈。好的做法是，通过提供一个可正常运行的手动测试脚本，让用户参与进来；让用户考察应用程序，从而明白系统应该做什么；让用户与构建的 GUI 进行交互，并将获得的结果与预期的结果相比较。这是用户参与运行的一种测试。

2．测试困难

黑盒测试更难编写和运行[1]，因为这样的测试通常需要处理图形化前端，无论是 Web 浏览器还是桌面应用程序。还有一个问题，那就是屏幕上显示的有效结果并不总是表示应用程序是正确的。白盒测试通常比黑盒测试更易编写和运行，但要求系统必须是由开发人员实现的。

3．测试覆盖率

白盒测试比黑盒测试提供的测试覆盖率更高，但黑盒测试能带来比白盒测试更大的价值。我们将在第 6 章专门讨论测试覆盖率。

尽管这些测试的分类看起来颇具学术性，但请记住，**分而治之**（divide and conquer）并不只适用于编写产品软件，也适用于测试。我们提倡使用不同类型的测试来获得可能的最佳代码覆盖率，这将给你增加信心来重构和改进应用程序。

在本书第二部分中，我们将在第 6 章介绍测试质量，也将介绍一些最佳实践，如测试覆盖率度量和编写可测试代码，还会介绍测试驱动开发、行为驱动开发和突变测试。

5.4 小结

在本章中，我们主要介绍了以下内容。

- 对单元测试的需求。单元测试可以提供比功能测试更高的测试覆盖率、提高团队的工作效率、检测出衰退迹象和减少调试次数、带来重构的信心、改进实现、文档化预期行为，以及启用代码覆盖率和其他指标。
- 对比不同类型的软件测试。从范围最小到范围最大，包括单元测试、集成测试、系统测试和验收测试。
- 对比黑盒测试和白盒测试，列举它们各自的优缺点。黑盒测试不需要了解系统的内部状态或行为，只依赖外部系统接口来验证其正确性；白盒测试由开发人员控制，可以覆盖许多运行路径，并提供更高的测试覆盖率。

[1] 使用 Selenium 与 HtmlUnit 等工具可以让黑盒测试变得更加简单，详细内容参见第 15 章。

第二部分

不同的测试策略

本书第二部分将探讨用于测试的各种策略和技术。在这里，我们将用更科学和更理论化的方法来阐释它们之间的差异，我们将讨论测试质量，阐述如何引入 mock object 和 stub 技术，并深入讨论容器内运行测试的细节。

我们将在第 6 章分析测试质量，深入介绍一些概念，如代码覆盖率、测试驱动开发、行为驱动开发和突变测试等；在第 7 章专门讨论 stub 技术，并介绍一种独立于环境和无缝测试的解决方法；在第 8 章解释 mock object，对如何构造和使用这样的对象加以概述，并给出一个真实的示例，以展示 mock object 在什么地方使用最适合，以及如何将其与 JUnit 测试集成并从中获益。

我们将在第 9 章描述一种不同的技术：容器内测试。这个解决方法与前面的解决方法有很大的不同，但同样也有优缺点。我们会先对容器内测试进行概述，然后对 stub、mock object 和容器内测试方法进行比较。

第 6 章　测试质量

本章重点

- 测试覆盖率度量。
- 编写可测试的代码。
- 测试驱动开发研究。
- 行为驱动开发研究。
- 突变测试介绍。
- 开发周期中的测试。

我认为，没有谁做的测试是全面而彻底的。

——James Gosling

在前面几章，我们介绍了测试软件，并试着用 JUnit 进行测试，还介绍了各种测试方法。既然我们要编写测试用例，就应该衡量一下这些测试的运行效果。具体做法是使用测试覆盖率工具来得出报告，看哪些代码运行了，哪些代码未运行。在本章中，我们会初步接触测试驱动开发，并以此讨论如何编写易于测试和完成的代码。

6.1　测试覆盖率度量

编写单元测试可以给人足够的信心去更改或重构应用程序。更改或重构完应用程序，接下来要做的便是运行测试，这样就会得到关于测试中的新特性以及更改是否破坏了现有测试等方面的反馈信息。但有些代码并没有被测试到，所以更改或重构仍然有可能破坏了未被测试的功能。

为了解决这个问题，我们需要准确地了解在测试时运行了哪些代码。理想情况下，测试应该百分之百地覆盖应用程序的代码。在本节中，我们就来详细介绍一下测试覆盖率。

测试覆盖率可以反映编程的质量，但它也是一个有争议的衡量标准。高代码覆盖率并不能代表测试质量的任何方面。优秀的开发人员应该能够洞察运行测试所获得的除纯百分比之外的东西。

6.1.1 测试覆盖率简介

如果使用黑盒测试，我们就能创建覆盖应用程序公共 API 的测试。例如，因为我们以文档作为指南，而不是以实现的知识作为指南，所以无法创建用特定参数值来模拟代码中特殊条件的测试。

测试覆盖率有许多度量标准。一种最基本的标准是在测试套件所运行的方法的百分比以及运行程序代码行的百分比；另一种度量标准是跟踪测试所调用的方法。测试结果并不会表明测试是否完成，但会表明是否对某个方法进行了测试。图 6.1 显示了仅使用黑盒测试所达到的部分测试覆盖率。

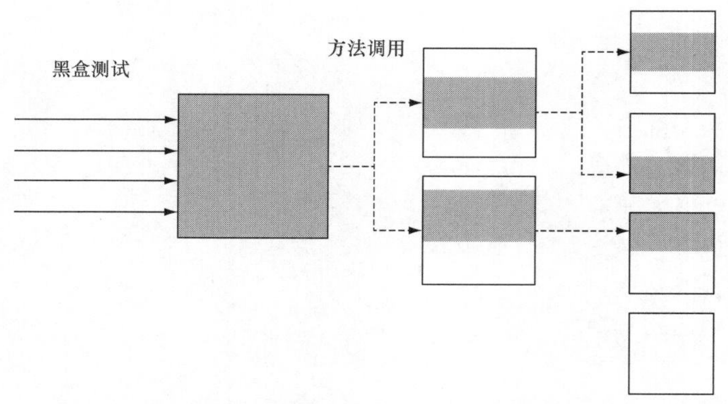

图 6.1 仅使用黑盒测试所达到的部分测试覆盖率。（方框表示组件或模块，阴影区域表示测试有效覆盖的系统部分，白色区域表示未测试的部分）

如果你对某个方法的实现比较熟悉，那么**可以**编写一个单元测试。如果一个方法包含一个条件分支，你就可以编写两个单元测试——每个分支各对应一个单元测试。你需要仔细研究这个方法的细节才可以创建这样的测试，这其实就是白盒测试。如图 6.2 所示，使用白盒测试可以达到 100%的测试覆盖率。

使用白盒单元测试，你可以获得更高的测试覆盖率（因为可以访问更多的方法），并且可以控制每个方法的输入和辅助对象的行为（用的是 stub 或 mock object，后面内容将详细介绍）。因为你可以针对受保护的（protected）、包私有的和公有的方法编写白盒单元测试，所以可以获得更高的代码覆盖率。

如果通过黑盒测试没能获得较高的代码覆盖率，那么需要做更多的测试（你可能已经发现了使用应用程序的方法），或者你有可能编写了多余的代码，这些代码对业务目标没什么贡献。在这些情况下，都需要通过分析来找出真正的原因。

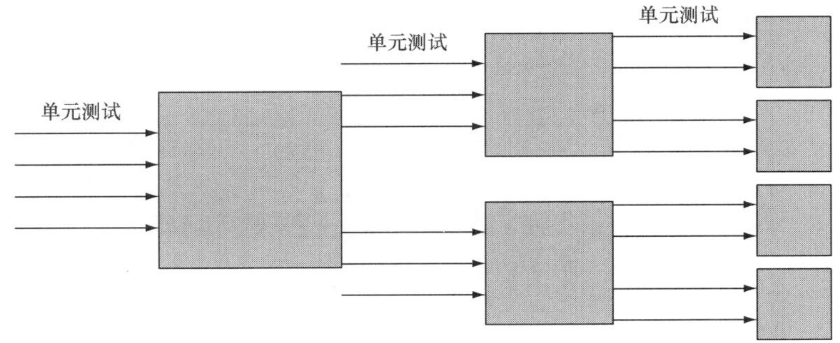

图 6.2 使用白盒测试可以达到 100%的测试覆盖率。方框表示组件或模块。盒子完全被阴影覆盖，因其完全被测试所覆盖

一个测试覆盖率（以百分比来度量）较高的程序在测试期间运行了更多的源代码，这意味着与测试覆盖率低的程序相比，这个程序包含未检测到的软件错误的概率会更低。度量标准是由工具构建的——工具运行测试套件并分析最终被有效运行的代码。

6.1.2 代码覆盖率度量工具

下面我们用本章的源代码来展示代码覆盖率度量工具的用法。这里使用 Calculator 和 CalculatorTest 类，这两个类定义在 com.manning.junitbook.ch06 包中。

有些代码覆盖率度量工具与 JUnit 很好地集成在一起了。确定代码覆盖率的一种非常方便的方法是直接使用 IntelliJ IDEA。在 IDE 中运行带覆盖率的测试，如图 6.3 所示。

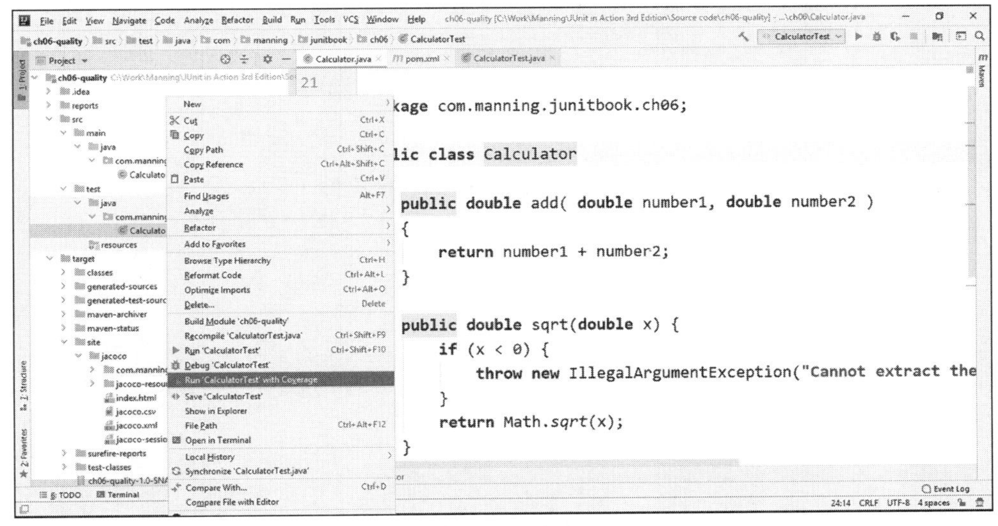

图 6.3 在 IntelliJ 中运行带覆盖率的测试

运行带覆盖率的测试结果，如图 6.4 所示。单击“Generate Coverage Report”按钮，便可创建 HTML 格式的报告。

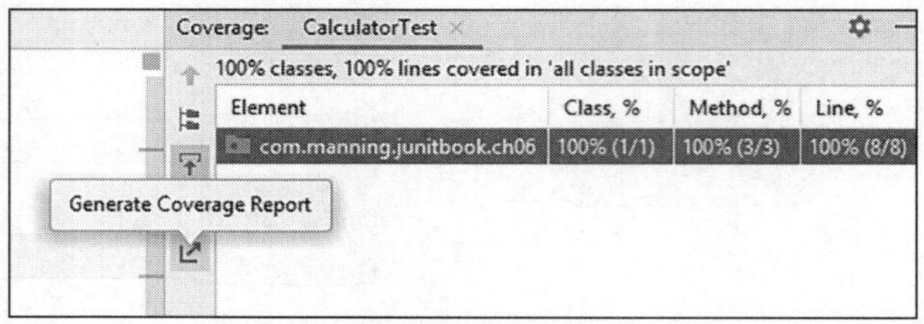

图 6.4 运行带覆盖率的测试结果

代码覆盖率的 HTML 报告可以是 com.man.junitbook.ch06 包级别的（见图 6.5）、单个的 Calculator 类级别的（见图 6.6）或单个代码行级别的（见图 6.7）。

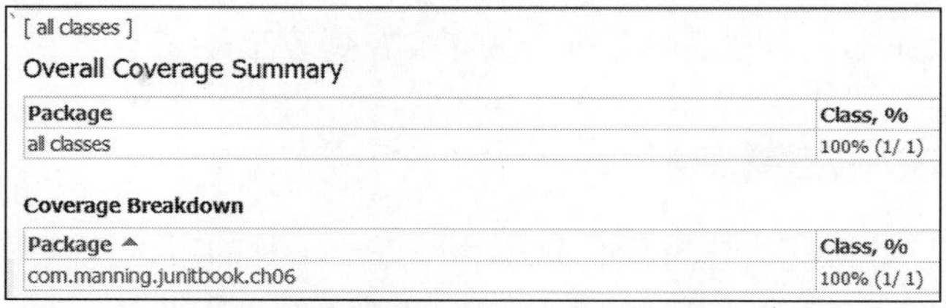

[all classes]

Overall Coverage Summary

Package	Class, %
all classes	100% (1/ 1)

Coverage Breakdown

Package ▲	Class, %
com.manning.junitbook.ch06	100% (1/ 1)

图 6.5 包级别的 HTML 报告

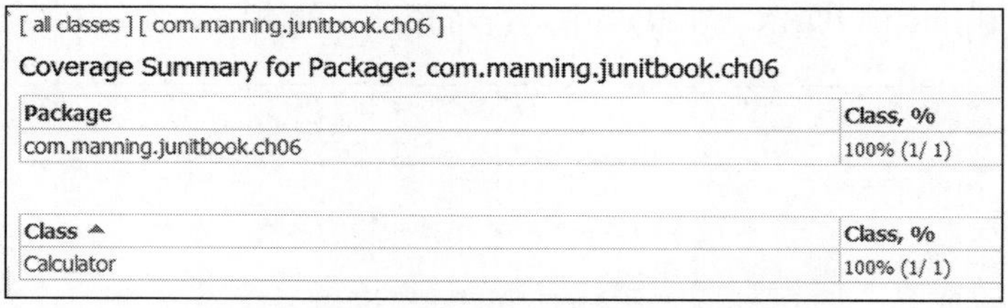

[all classes] [com.manning.junitbook.ch06]

Coverage Summary for Package: com.manning.junitbook.ch06

Package	Class, %
com.manning.junitbook.ch06	100% (1/ 1)

Class ▲	Class, %
Calculator	100% (1/ 1)

图 6.6 单个类级别的 HTML 报告

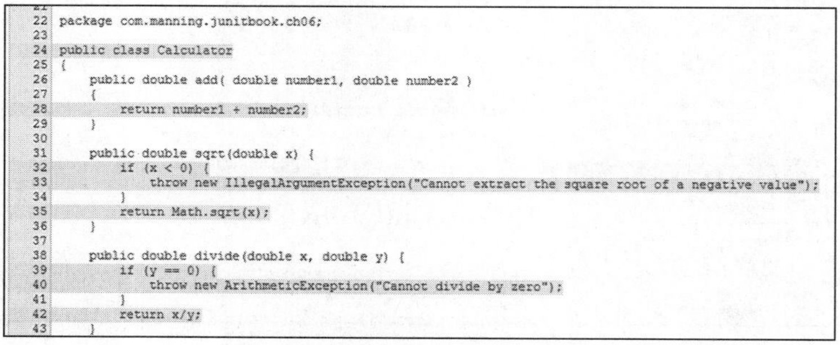

```
package com.manning.junitbook.ch06;

public class Calculator
{
    public double add( double number1, double number2 )
    {
        return number1 + number2;
    }

    public double sqrt(double x) {
        if (x < 0) {
            throw new IllegalArgumentException("Cannot extract the square root of a negative value");
        }
        return Math.sqrt(x);
    }

    public double divide(double x, double y) {
        if (y == 0) {
            throw new ArithmeticException("Cannot divide by zero");
        }
        return x/y;
    }
```

图 6.7 单个代码行级别的 HTML 报告

推荐的操作方式是从命令提示符窗口运行，来获得使用的代码覆盖率。这种方式与持续集成/持续开发（Continuous Integration/Continuous Development，CI/CD）流水线结合起来操作会更好。我们还可以使用 JaCoCo（Java 代码覆盖率）工具。JaCoCo 是一个经常更新的开源工具包，与 Maven 的集成度很好。要使 Maven 和 JaCoCo 协同工作，需要将 JaCoCo 插件信息添加到 pom.xml 文件中，如图 6.8 所示。

```
<plugin>
    <groupId>org.jacoco</groupId>
    <artifactId>jacoco-maven-plugin</artifactId>
    <version>0.7.9</version>
    <executions>
        <execution>
            <goals>
                <goal>prepare-agent</goal>
            </goals>
        </execution>
        <execution>
            <id>report</id>
            <phase>test</phase>
            <goals>
                <goal>report</goal>
            </goals>
        </execution>
```

图 6.8　将 JaCoCo 插件信息添加到 pom.xml 文件中

打开命令提示符窗口，执行 mvn test，如图 6.9 所示。该命令为 com.manning.junitbook 包和 Calculator 类生成代码覆盖率报告，可以从项目文件夹 target\site\jacoco 访问，如图 6.10 所示。这里展示的是代码覆盖率不是 100%的示例。我们还可以通过从附带的 ch06-quality 文件夹的 CalculatorTest 类中删除一些现有测试来实现这一点。

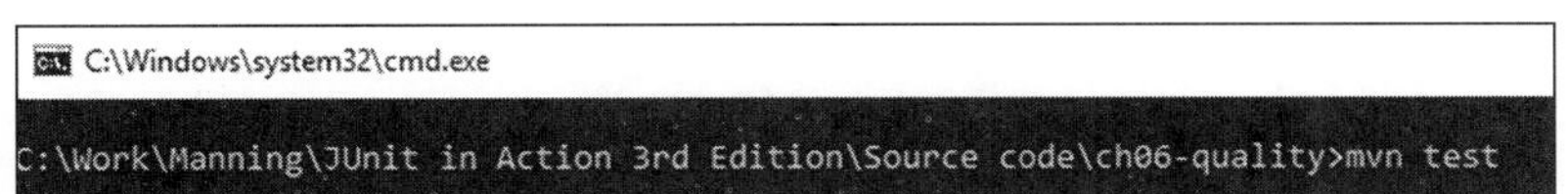

图 6.9　打开命令提示符窗口，运行 mvn test

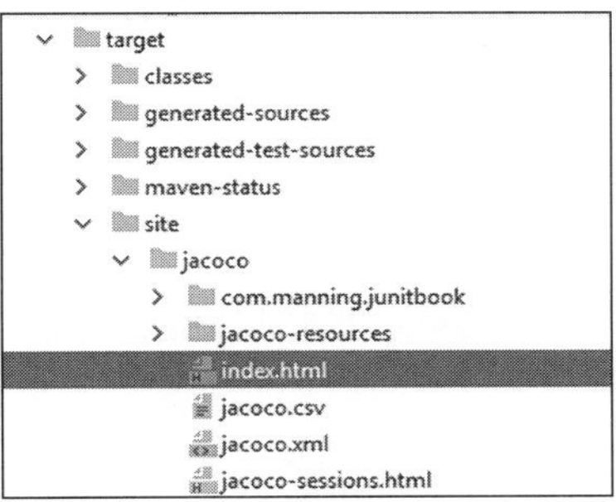

图 6.10　代码覆盖率报告可以从项目 target\site\jacoco 文件夹中访问

从这里就可以访问 com.manning.junitbook 包级别的（见图 6.11）、Calculator 类级别的（见图 6.12）、方法级别的（见图 6.13）和单个行级别的（见图 6.14）JaCoCo 报告。

ch06-quality

Element	Missed Instructions	Cov.	Missed Branches	Cov.
com.manning.junitbook.ch06		84%		75%
Total	5 of 32	84%	1 of 4	75%

图 6.11 包级别的 JaCoCo 报告

ch06-quality > com.manning.junitbook.ch06

com.manning.junitbook.ch06

Element	Missed Instructions	Cov.	Missed Branches	Cov.
Calculator		84%		75%
Total	5 of 32	84%	1 of 4	75%

图 6.12 类级别的 JaCoCo 报告

ch06-quality > com.manning.junitbook.ch06 > Calculator

Calculator

Element	Missed Instructions	Cov.	Missed Branches	Cov.
sqrt(double)		58%		50%
divide(double, double)		100%		100%
add(double, double)		100%		n/a
Calculator()		100%		n/a
Total	5 of 32	84%	1 of 4	75%

图 6.13 方法级别的 JaCoCo 报告

```
package com.manning.junitbook.ch06;

public class Calculator
{
    public double add( double number1, double number2 )
    {
        return number1 + number2;
    }

    public double sqrt(double x) {
        if (x < 0) {
            throw new IllegalArgumentException("Cannot extract the square root of a negative value");
        }
        return Math.sqrt(x);
    }

    public double divide(double x, double y) {
        if (y == 0) {
            throw new ArithmeticException("Cannot divide by zero");
        }
        return x/y;
    }


```

图 6.14 单个行级别的 JaCoCo 报告（在彩色图中，覆盖的行是绿色，未覆盖的行是红色，部分覆盖的条件是黄色）

6.2 编写易于测试的代码

本章的重点是软件测试中的最佳实践。现在，读者应该已经准备好进入下一阶段学习了：编写易于测试的代码。有时编写一个单独的测试用例很容易，有时却很困难，测试用例的编写难度完全取决于应用程序的复杂程度。最佳实践就是要尽可能地避免复杂情况发生。代码应该是易读和可测试的。

在本节中，我们将讨论一些最佳实践来改善应用程序的架构和代码。记住，比起重构现有代码使之易于测试，直接编写易于测试的代码要容易得多。

6.2.1 理解公共 API 契约

提供向后兼容性的软件的原则之一是“永远不要改变公有方法的签名”。只要查看一个应用程序代码，就会知道大多数调用来自外部应用程序，这些应用程序扮演着 API 用户端的角色。如果更改公有方法的签名，就需要更改应用程序和单元测试中每次调用的地址。即便使用 IntelliJ 或 Eclipse 等工具中的重构向导，你也必须非常谨慎地运行此任务。在最初的开发过程中，特别是在使用 TDD 时，就是根据需要重构 API 的好时机，因为此时还没有任何公共用户。之后就不同了！

在开源世界中，任何由商业产品公开的 API，情况会变得更加复杂。许多人使用你的代码，那么你应该非常小心地对待所做的更改，以确保软件的向后兼容性。公有方法成为应用程序组件、开源项目和商业产品之间的衔接点，而这些组件、开源项目和商业产品通常不知道彼此的存在。

假设一个公有方法带一个 double 型的距离（distance）参数，并用黑盒测试来验证计算。有些时候，参数的单位从英里（mile）变为千米（kilometer）。代码仍然可以编译，但运行时就会出错。如果单元测试没有失败，就不会显示哪里出了问题，你就要花很长时间来调试，并向“愤怒的用户”做出解释。

美国国家航空航天局（National Aeronautics and Space Administration，NASA）火星气候观测器于 1999 年丢失，就是由单位不匹配造成的。系统的一部分负责计算调整航向和降低速度所需的推力，另一部分用上述信息来确定推进器发射的时间。问题是，一部分使用英制计量单位（英尺、磅），而另一部分使用国际计量单位（牛顿），并没有进行测试来捕捉这种错误。这个示例说明为什么必须测试所有公有方法。对于非公有方法，你还要更深入，要使用白盒测试。

6.2.2 减少依赖

记住，单元测试要在独立的情况下验证代码。单元测试应该将所要测试的类实例化，使用这个类，并断言其正确性。测试用例要简单化。当所用的类直接或间接实例化一组新的对象时，会出现什么情况呢？现在，你所用的类会依赖这组新类。为了编写易于测试的代码，你应该尽可能减少这种依赖。如果你使用的类依赖于许多需要在某些状态下被实例化的类，那么所编写的测试就会变得极其复杂。你可能需要使用一些复杂的 mock object 来解决问题（见第 8 章）。

减少依赖的一种解决方法是将实例化 new 对象（工厂）的方法与提供应用程序逻辑的方法隔离开，如清单 6.1 所示。Tested Data Systems 公司正在开发一个汽车领域的项目，以管理车辆和驾驶员，并通过一些类对车辆和驾驶员进行模拟。

清单 6.1　减少依赖

```
class Vehicle {

    Driver d = new Driver();
    boolean hasDriver = true;

    private void setHasDriver(boolean hasDriver) {
        this.hasDriver = hasDriver;
    }
}
```

每次实例化 Vehicle 对象时，我们还要实例化 Driver 对象。我们已经把这些概念混在一起了。解决方法就是将 Driver 实例传递给 Vehicle 类，如清单 6.2 所示。

清单 6.2　将 Driver 实例传递给 Vehicle 类

```
class Vehicle {

    Driver d;
    boolean hasDriver = true;

    Vehicle(Driver d) {
       this.d = d;
    }

    private void setHasDriver(boolean hasDriver) {
       this.hasDriver = hasDriver;
    }
}
```

清单 6.2 生成一个 mock Driver 对象（见第 8 章），并在实例化 Vehicle 时将其传递给 Vehicle 类。这个过程就是**依赖注入**（dependency injection），这是一种将依赖项提供给另一个对象的技术。我们也可以 mock（模拟）其他任何类型的 Driver 实现。Tested Data Systems 公司的开发人员可能会要求引入特定的类，如 JuniorDriver 和 SeniorDriver，并将这些类传递给 Vehicle 类。清单 6.2 通过依赖注入，调用 Vehicle(Driver d)构造方法将 Driver 对象传递给 Vehicle 对象。

6.2.3　创建简单的构造方法

为了获得更好的测试覆盖率，我们增加了越来越多的测试用例。在每个测试用例中，我们都要做到以下几点。

- 实例化类，以便进行测试。
- 将类设置到某个特定的状态。
- 执行某些操作。
- 断言类的最终状态。

如清单 6.3 所示，通过在构造方法内部进行处理（而不是填充实例变量），就将上述的第一点和第二点混在一起实现了。无论是从设计的角度来看，每次实例化类时都要做同样的工作，还是因为得到类要用一种预定义的状态，这种做法都糟得很。这段代码很难维护和测试。将类设置到某一特定状态应该是一个单独的操作，如清单 6.4 所示。

清单 6.3 在构造方法内将类设置到某一特定状态

```
class Car {
   private int maxSpeed;

   Car() {
      this.maxSpeed = 180;
   }
}
```

清单 6.4 使用 setter 将类设置到某一特定状态

```
class Car {
   private int maxSpeed;

   public void setMaxSpeed(int maxSpeed) {
      this.maxSpeed = maxSpeed;
   }
}
```

6.2.4 遵循迪米特法则

迪米特法则（Law of Demeter）又称**最少知识原则**（Principle of Least Knowledge），是一项设计准则。其含义为：一个类只应知道其所需要知道的内容。

迪米特法则也可以描述如下：

只和你最亲近的朋友交谈。

或者：

不要与陌生人交谈。

违背这一法则的示例如清单 6.5 所示。

清单 6.5 违背迪米特法则的示例

```
class Car {
   private Driver driver;

   Car(Context context) {
      this.driver = context.getDriver();
   }
}
```

在本示例中，我们向 Car 构造方法传递了一个 Context 对象。这个对象包含一些环境属性，例如司机是跑长途的、上白班的，还是上夜班的。这段代码就违反了迪米特法则，因为 Car 类需要知道 Context 对象有一个 getDriver 方法。要测试这个构造方法，在调用构造方法之前还需获得一个有效的 Context 对象。如果 Context 对象有许多变量和方法，那就不得不使用 mock object（见第 8 章）来模拟上下文环境。

正确的解决方法是应用最少知识原则，仅在需要的时候传递对方法和构造方法的引用。在这个示例中，我们应该将 Driver 对象传递给 Car 构造方法，代码如下所示。

```
Car(Driver driver) {
   this.driver = driver;
}
```

这也就解释了一个关键的概念：需要对象，但不搜索对象，而且仅要求应用程序所需要的对象。

Miško Hevery 的社会类比

在你生活的社会中，可能每个人（每个类）都宣称谁是自己的朋友（协作对象）。如果 Joe 认识 Mary，但 Joe 和 Mary 都不认识 Tim，那么我就有把握断定，如果我告诉 Joe 一些消息，他可能会把消息告诉 Mary，但 Tim 绝对不会知晓这些消息。现在想象一下，每个人（每个类）都公布出自己的一些朋友（协作对象），但对自己的另一些朋友却秘而不宣。现在，我们不禁有些纳闷：Tim 到底是怎么得到了你透露给 Joe 的信息的。这个类比是 Miško Hevery 在他的博客上提供的。

接下来就非常有趣了。如果你是那个最初构建关系（代码）的人，那么你知道真正的依赖关系，但是后来者就会感到比较困惑，因为那些公布出来的朋友并非对象的所有朋友。对你而言，你并不清楚某些隐秘的信息流路径。你生活在一个充满“骗子”的世界里。

6.2.5 避开隐藏的依赖项和全局状态

对全局状态一定要谨慎，因为全局状态使许多用户端可以共享全局对象。如果这个全局对象不是为共享访问而编写的，或者用户端希望对全局对象进行独占访问，那么这种共享可能会导致一些意外。

在 Tested Data Systems 公司中，内部组织必须安装一个在数据库管理器控制下的数据库，且必须为内部会议和预约留有余地，如清单 6.6 所示。

清单 6.6 实际应用中的全局状态

```
public void makeReservation() {
    Reservation reservation = new Reservation();
    reservation.makeReservation();
}

public class Reservation {
public void makeReservation() {
    manager.initDatabase(); //manager is a reference to a global
                            //DBManager, already initialized
    //require the global DBManager to do more action
}
}
```

DBManager 意味着一个全局状态。如果不先实例化数据库，就无法进行预约。从内部来看，Reservation 使用 DBManager 访问数据库。除非有文档记录，否则 Reservation 类会对开发人员隐藏其对数据库管理器的依赖，因为 API 没有提供任何线索。

清单 6.7 提供了一个更好的实现。通过提供一个参数来调用构造方法，将依赖项 DBManager 注入 Reservation 对象中。

清单 6.7　避开全局状态

```
public void makeReservation() {
    DBManager manager = new DBManager();
    manager.initDatabase();
    Reservation reservation = new Reservation(manager);
    reservation.makeReservation();
}
```

在清单 6.7 中，reservation 对象是用给定的数据库管理器来构造的。严格来说，只有配置了数据库管理器，reservation 对象才能正常工作。

应尽量避免使用全局状态。一旦提供了对全局对象的访问权限，你不仅共享了这个对象，也共享了这个对象所引用的任何对象。

6.2.6　优先使用泛型方法

静态方法（如工厂方法）非常有用，但是大量使用静态方法可能会引发其自身的问题。回想一下，单元测试是在独立状态下进行的。为了实现独立，我们需要在代码中设置一些关键点，以便可以轻松地用测试代码替代原有代码。这些关键点用到了**多态性**（polymorphism）。一旦用了多态性（也就是一个对象通过多个 IS-A 测试的能力），你就不能在编译时确定所调用的方法，但你可以很容易地用测试代码替换应用程序代码，以强制测试某些代码模式。

如果只使用静态方法，就会出现截然相反的情况——实际上，你做的是**过程化编程**（procedural programming），所有方法调用都在编译时才被确定，也就不会再有可替代的关键点了。

有时，静态方法对测试的危害并不大，尤其是当你选择某些结束运行的方法时，如 Math.sqrt。另外，你可以选择一个位于应用程序逻辑核心的方法。在这种情况下，每个在静态方法中运行的方法都会变得难以测试。

在应用程序中使用静态代码和不使用多态性，对应用程序和测试的影响是一样的。没有多态性，就意味着应用程序和测试都没有代码重用。这种情况可能导致应用程序和测试代码重复，应该尽量避免。

因此，操作参数化类型的静态实用程序方法应该是泛型的。请看下面的方法，此方法返回两个集合的并集。

```
public static Set union(Set s1, Set s2) {
   Set result = new HashSet(s1);
   result.addAll(s2);
```

```
    return result;
}
```

这个方法可以编译，但是会产生两个警告。

```
Union.java:5: warning: [unchecked] unchecked call to
HashSet(Collection<? extends E>) as a member of raw type HashSet
Set result = new HashSet(s1);
^
Union.java:6: warning: [unchecked] unchecked call to
addAll(Collection<? extends E>) as a member of raw type Set
result.addAll(s2);
                       ^
```

如果希望方法类型是安全的并消除警告，可修改代码以声明一个类型参数，该类型参数表示的是有 3 个集合（两个参数和一个返回值）的元素类型，并将用于整个方法。类型参数列表是<E>，返回类型指定为 Set<E>：

```
public static <E> Set<E> union(Set<E> s1, Set<E> s2) {
    Set<E> result = new HashSet<>(s1);
    result.addAll(s2);
    return result;
}
```

这个方法不仅在编译时不会产生任何警告，还具备类型安全性、易用性以及易测试性等。

6.2.7 组合优于继承

许多人选择将继承作为代码重用机制。但是我们认为组合可能更易于测试。运行时，代码不能改变继承的层次结构，但是我们可以组合不同的对象。我们要努力使代码在运行时尽可能灵活，这样就能保证对象很容易从一个状态切换到另一个状态，也使得代码易于测试。

在一个包中使用继承是安全的，因为子类和超类都在同一个开发人员的控制之下。跨越包的界限来继承一般的具体类，有可能存在风险。

继承只适用于子类是超类的子类型的情况。当需要 A 和 B 两个类时，我们可能会问：能否把两者联系起来？只有两个类之间存在 IS-A 关系时，B 类才应该扩展 A 类。

在 Java 平台类库中也有违反这一原则的情况：栈不是向量，因此 Stack 不应该扩展 Vector。类似地，属性列表不是散列表，所以 Properties 不应该扩展 Hashtable 类。在这两种情况下，使用组合更为可取。

6.2.8 多态优于条件

如前所述，在测试中，我们仅需要做到以下几点。

- 实例化要测试的类。

- 将类设置到某个特定的状态。
- 断言类的最终状态。

实现以上任何一点时，我们都有可能遇到难题，例如，如果类十分复杂，实例化就会比较困难。

一种降低复杂度的常用方法就是尽量避免使用冗长又具多选性的 switch 和 if 语句。附带条件的糟糕设计示例如清单 6.8 所示。

清单 6.8 附带条件的糟糕设计示例

```
public class DocumentPrinter {
  [...]
    public void printDocument() {
        switch (document.getDocumentType()) {
        case WORD_DOCUMENT:
            printWORDDocument();
            break;
        case PDF_DOCUMENT:
            printPDFDocument();
            break;
        case TEXT_DOCUMENT:
            printTextDocument();
            break;
            default:
               printBinaryDocument();
               break;
            }
        }
     [...]
}
```

这个实现很糟糕，代码难于测试与维护，原因有多个。每次要添加一种新的文档类型时，都需要增加额外的 case 语句。如果代码中经常出现这种情况，那么就不得不在出现这种情况的每个地方都做修改。

提示： 每次遇到很长的条件语句时，请考虑使用多态性。多态是一种很自然的面向对象方法，通过将一个类分解成几个更小的类来避开较长的条件。几个较小的组件比一个庞大的复杂组件更容易测试。

对于清单 6.8 所示的示例，我们可以通过创建不同的文档类型来避开条件，如 WordDocument、PDFDocument 和 TextDocument 等，使其都实现 printDocument 方法（见清单 6.9）。这种解决方法降低了代码的复杂度，使其更容易阅读。当调用 DocumentPrinter 类的 printDocument(Document)方法时，此方法便从 Document 中代理给 printDocument 方法。在清单 6.9 中，要运行的方法是否有效在运行时通过多态来确定，并且代码更容易理解和测试，因为代码中并没有成堆的条件。

清单 6.9　用多态替换条件

```
public class DocumentPrinter {
  [...]
    public void printDocument(Document document) {
         document.printDocument();
     }
}

public abstract class Document {
  [...]
    public abstract void printDocument();
}

public class WordDocument extends Document{
  [...]
    public void printDocument() {
         printWORDDocument();
     }
  }

  public class PDFDocument extends Document {
  [...]
      public void printDocument() {
           printPDFDocument();
     }
  }

  public class TextDocument extends Document {
    [...]
      public void printDocument() {
           printTextDocument();
      }
}
```

6.3 测试驱动开发

在设计应用程序时，测试有助于改进初始设计。随着编写的单元测试数量越来越多，正反馈的良性循环会激励你尽早编写单元测试。在设计和实现时，我们自然想知道如何测试类。基于这一方法论，越来越多的开发人员正从测试友好型的设计过渡到测试驱动开发。

定义：测试驱动开发（TDD）是一种编程实践，旨在引导开发人员先编写测试，再编写代码，使软件通过这些测试。然后，开发人员应该检查并重构代码，以“清理乱局”并做出改进。TDD 的目标是：编写可运行的整洁代码。

6.3.1 调整开发周期

开发代码时，我们通常会设计 API，然后实现 API 所提供的功能。在进行单元测试时，我们将通过 API 验证约定的行为。测试实际上是方法的 API 的用户，正如域代码是方法的 API 的用户一样。

传统的开发周期流程如下：

[编码，测试，(重复)]

开发人员使用 TDD 后，对开发周期的流程进行了一个看似微小但实际上非常有效的调整：

[测试，编码，(重复)]

这里，测试驱动设计成了方法的首个用户，因此可避免“开发出不能满足需求的软件”。这种方法有许多优点，如下所示。

- 编写的代码是由清晰的目标驱动的，并且可以确保准确地处理应用程序需要做的事情。测试是设计代码的一种方法。
- 我们可以更快地引入新功能。测试驱动着我们去实现运行预期功能的代码。
- 测试可防止将错误引入正常工作的现有代码中。
- 测试可充当文档。因此，我们可以跟踪测试，并理解代码所能解决的问题。

6.3.2 TDD 的两个核心步骤

前文提到，TDD 将开发周期调整成如下所示的流程：

[测试，编码，(重复)]

上述流程的问题是漏掉了一个关键步骤，实际流程更应该是下面这样的：

[测试，编码，**重构**，(重复)]

重构（refactoring）是在不改变代码的外部行为的情况下改进软件系统内部结构的过程。要确保外部行为不受影响，势必要依赖测试。

TDD 的两个核心步骤如下。

- 在编写新代码之前先编写一个失败的测试。
- 编写能够通过新测试的最少代码。

遵循这种实践的开发人员发现，经过测试的、构造良好的代码，就其本质而言，修改起来既容易又安全。TDD 给了你信心：今天的问题今天解决，明天的问题明天解决。我们将在第 20 章专门介绍如何在 JUnit 5 中使用 TDD。

JUnit 最佳实践：首先编写失败的测试

如果认真研究 TDD 开发模式，你就会发现一件有趣的事情：写代码之前，必须编写一个失败的测试。为什么会失败呢？因为没有写出可走向成功的代码。

面对这种情况，大多数人会写一个简单的实现来使测试通过。现在，测试成功之后，我们就能止步并转移到下一个问题。专业人员需要花几分钟来重构实现，以消除冗余，明确意图，并优化在新代码中的投入。但是，一旦测试成功，从技术上来讲，任务就完成了。

如果总是测试先行，那么在没有失败的测试出现的情况下，我们将永远不会编写一行新的代码。

6.4 行为驱动开发

行为驱动开发（Behavior Driven Development，BDD）由 Dan North 提出。BDD 是一种方法论，用于开发直接满足业务需求的 IT 解决方法。BDD 的理念由业务策略、需求和目标所驱动。这些业务策略、需求和目标被细化并转换为 IT 解决方法。TDD 用于构建高质量的软件，而 BDD 则用于构建值得构建的软件，以解决用户的问题。

BDD 有助于软件的构建，让开发人员去发现并将精力集中在真正重要的事情上。开发人员会发现哪些特性对组织真正有利，且如何有效地加以实现。开发人员应该超越用户的要求，构建用户真正需要的东西。

这样，问题自然而然地出现了：是什么赋予了软件商业价值。答案是工作特性赋予了软件商业价值。一种特性是帮助企业实现其业务目标的切实的、可交付的功能。另外，容易维护和增强的软件比那些若不毁坏就很难更改的软件更有价值，因此遵循 BDD 或 TDD 这样的实践可以增加价值。

为了实现业务目标，业务分析人员可以与用户一起决定利用哪些软件特性来实现这些目标。这些特性是高层次的需求，例如相对“为用户提供一种方案，找出到达目的地的路线”，“为用户提供一种方案，找出到达目的地的最佳路线”是高层次的需求。这些特性需要分解成一些描述。这些描述可以是“查找出发地和目的地之间航班变更数量最少的路线”，或者“查找出发地和目的地之间最快的路线”。描述需要用具体的示例来说明，这些示例将成为描述的验收标准。

验收测试（见第 5 章）是 BDD 的表达风格，这种风格以后可以实现自动化处理。关键字包括 Given、When 和 Then 等。以下是验收标准的示例。

假设（Given）航班由 X 公司运营

当（When）我们想找出 5 月 15 日至 20 日从布加勒斯特到纽约的最快路线时

那么（Then）系统给我们提供的路线是：布加勒斯特—法兰克福—纽约

第 21 章将讨论如何在 JUnit 5 中使用 BDD。

6.5 突变测试

如果试图在不同的级别进行测试（从单元测试到验收测试），并获得较高的代码覆盖率（尽可能接近 100%），那么如何确定所编写的代码近乎完美呢？坏消息是：完美程度可能还不够！

即使 100%的代码覆盖率，也不代表代码就能完美地运行，因为测试可能不够好。让这种情况发生的最简单的方法之一是在测试中省掉断言。例如，输出太复杂，测试无法验证，所以我们将输出结果显示出来并记录在案，然后让开发人员决定下一步要做什么。

如何检查测试的质量，并让测试做应该做的事情？可以使用突变测试。**突变测试**（mutation testing）（**突变分析**或**程序突变**）用于设计新的软件测试并评估现存软件测试的质量。

突变测试的基本思路是以较小的方式修改程序。每个突变的版本称为一个**突变体**（mutant）。原始版本的行为不同于突变体。测试可以检测并拒绝突变体，这被称为**杀死突变体**。测试套件是通过测试杀死突变体的百分比来衡量的。可以设计新的测试来杀死额外的突变体。

突变是由定义良好的突变操作符生成的，这些操作符可将现有操作符改为其他操作符或反转某些条件。其目标是支持有效测试的创建，或者定位程序或代码部分使用的测试数据中的弱点，这些数据在运行期间很少或从未被访问。因此，突变测试是一种白盒测试。

给定下面这段代码。

```
if(a) {
   b = 1;
} else {
   b = 2;
}
```

通过突变操作可以反转条件，反转后的新测试代码段如下。

```
if(!a) {
    b = 1;
} else {
    b = 2;
}
```

强突变测试应满足以下条件。

- 测试达到了突变的 if 条件。
- 测试从初始正确分支运行到一个不同的分支。
- b 值的改变可传播到程序的输出，并受测试检查。
- 测试将失败，因为方法返回的 b 值是错误的。

欲编写良好的测试，必须使突变测试失败，以证明其最初覆盖了必要的逻辑条件。

比较经典的 Java 突变测试框架是 Pitest，这个框架通过改变 Java 字节码来生成突变。本书不赘述突变测试的相关内容。

6.6 开发周期中的测试

在开发周期的不同地方和时间点都会有测试。在本节中，我们先介绍一下开发生命周期，然后以此为基础来决定在什么时候运行什么类型的测试。典型的应用程序开发生命周期如图

6.15 所示。

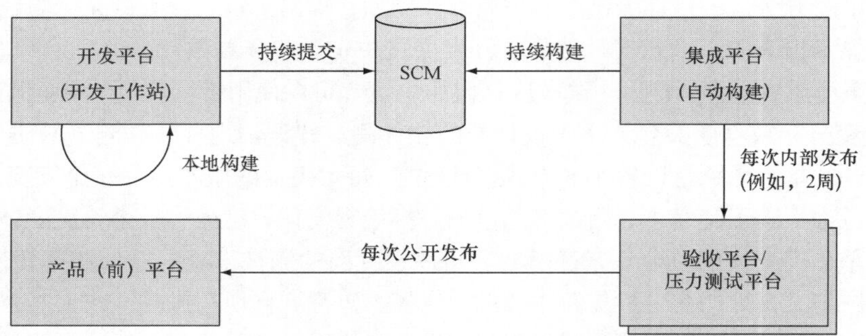

图 6.15　典型的应用程序开发生命周期（用到了持续集成原则）

开发生命周期分为以下几个平台。

- **开发平台**（development platform）——这是在开发工作站上进行编码的地方。一条重要的规则是每天向源代码控制管理（Source Control Management，SCM）系统（如 Git、SVN、CVS、ClearCase 等）提交（签入）代码，这样的提交每天可有多次。你提交之后，其他人就能使用你提交的代码。只提交能够运行的代码很重要。为了确保这一点，你应该先将更改与存储库中当前的代码合并，然后用 Maven 或 Gradle 运行一个本地构建。你还应该查看基于 SCM 存储库的、最新更改的自动构建的结果。
- **集成平台**（integration platform）——该平台从组件（可能由不同团队开发）构建应用程序，并确保组件可以协同工作。这一步极具价值，因为经常在此步发现各种问题，需要将此步自动化。自动化之后，这个过程称为**持续集成**。你可以将自动构建应用程序作为构建过程的一部分来实现持续集成（见第 13 章）。
- **验收/压力测试平台**（acceptance/stress test platform）——取决于项目可用的资源，此平台可以是一个或两个。压力测试平台在负载下测试应用程序，并验证其正确性（从规模和响应时间来看）。验收平台是项目用户验收（签收）的系统。强烈建议系统尽可能地部署在验收平台上，以获得用户反馈。
- **产品（前）平台**[（Pre）Production Platform]——该平台是产品前的最后一个测试地。这个平台不是必须有的，小型或非关键的项目也可以没有它。

接下来，我们将讨论测试如何适应开发周期。在开发周期的各个平台上运行不同类型的测试如图 6.16 所示。

在**开发平台**上，运行逻辑单元测试（在独立于环境的情况下运行的测试）。这些测试运行得很快，通常在 IDE 中运行，以验证在代码中所做的任何更改没有造成任何破坏。在将代码提交到 SCM 系统之前，这些测试也可由自动构建运行。在开发平台上，还可以运行集成测试，但这通常会花费更长的时间，因为集成测试需要建立环境（数据库、应用程序服务器等）。实际上，在开发平台上，只运行所有集成测试（包括编写的任何新的集成测试）的子集。

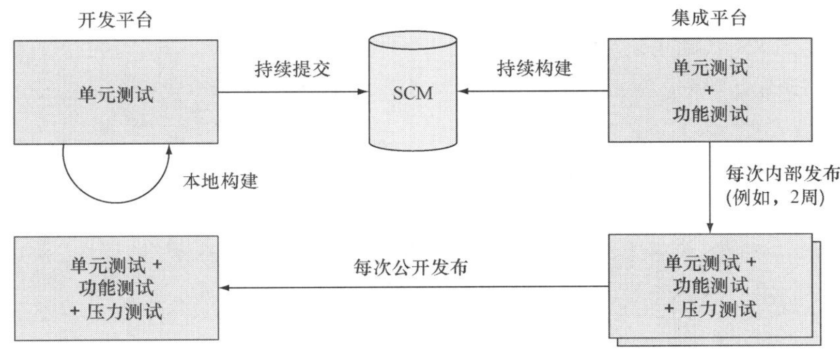

图 6.16 在开发周期的各个平台上运行不同类型的测试

在**集成平台**上，通常自动运行构建过程来打包和部署应用程序，然后运行单元测试和功能测试。功能测试用于评估系统或组件是否与需求相符合。这种黑盒测试类型通常描述系统所做的工作。通常，在集成平台上只运行所有功能测试的一个子集，因为与目标产品平台相比，集成平台是一个缺少元素的简单平台（例如，可能缺少与正在访问的外部系统的连接）。测试都在集成平台上运行。时间的长短并不那么重要，整个构建过程可能会花费几个小时，这对开发没有任何影响。

在**验收平台/压力测试平台**上，除运行单元测试和功能测试外，还要运行压力测试（以验证代码的健壮性和软件的性能）。验收平台非常接近产品平台，可以在这里运行更多的功能测试。

在**产品（前）平台**上，“运行与验收平台上相同的测试”是一个好习惯，这相当于做了一次全面检查，以验证一切是否构建得正确。

人类难免会忽略细节。在“完美世界”中，我们应有 4 个平台来运行测试。然而在现实世界中，软件公司大多会跳过这里列出的一些平台，或者从整体上跳过测试的概念。一旦购买了本书，作为开发人员，你已经做出了正确的决定：做更多的测试和更少的调试！

现在，决定权再一次回到了我们的手中。你能力求完美，利用迄今为止所学到的一切，让你的代码从中受益吗？

JUnit 最佳实践：持续回归测试

大部分测试是为当下所写的。如果添加了一个新特性，我们就要写一个新的测试。我们可以查看该特性是否可以很好地与其他特性融合，以及用户是否满意。如果每个人都满意，那么我们可以锁定该特性并继续往下进行。大部分软件是以一种渐进的方式编写的：先添加一个特性，再添加另一个特性，不断丰富。

通常情况下，每个新特性都是在现有特性铺平的道路上构建的。如果一个现有方法可以服务于一个新特性，那么你可重用这个方法，并节省编写新方法的成本。当然，这并非那么简单。有时我们需要更改现有的方法，使其与新特性一起运作。在这种情况下，我们需要确认旧的特性在修改后的方法中仍然可以运作。

JUnit 一个强大的优点是使测试用例易于自动化。当对方法进行更改时，我们可以运行该方法的测试。如果测试通过，则可以运行其他测试；如果测试失败，则需要修改代码（或测试），直到所有测试再次通过。

使用旧的测试防止新的变化是**回归测试**（regression test）的一种形式。任何一种测试都可以采用回归测试的方法，但是在每次修改后进行单元测试是首要的、最好的防御方式之一。

确保回归测试进行的最佳方法之一是将测试套件自动化。我们将在第 7 章讨论测试粒度并介绍 stub：一种程序，用以模拟被测试模块所依赖的软件组件的行为。

6.7 小结

在本章中，我们主要讨论了以下内容。

- 检查测试质量的单元测试中的技术。
- 代码覆盖率的概念和检查工具：可以通过 IntelliJ IDEA 或 JaCoCo 来完成检查。
- 设计代码的实现，以使其易于测试。
- 将 TDD 和 BDD 作为关注质量的软件开发过程进行研究。
- 介绍突变测试，一种通过微小方式修改程序来评估现有软件测试质量的技术。
- 使用持续集成原则检查开发周期中的测试如何从编码（常规开发周期）或测试（TDD）开始。

第 7 章　用 stub 进行粗粒度测试

本章重点

- 用 stub 测试。
- 用嵌入式服务器代替真正的 Web 服务器。
- 用 stub 实现带 HTTP 连接的单元测试。

但是它还在运动啊。

——Galileo Galilei

在开发应用程序时，我们可能会遇到这样的情况：想要测试的应用程序依赖于其他类，而这些类本身又依赖于另一些类，另一些类又依赖于开发环境，如图 7.1 所示。你可能正在开发一个使用 Hibernate 访问数据库的应用程序、一个 Java EE 应用程序（一种依赖于 Java EE 容器以获取安全性、持久性和其他服务的应用程序）、一个访问文件系统的应用程序，或者一个使用 HTTP 或其他协议连接到某些资源的应用程序。

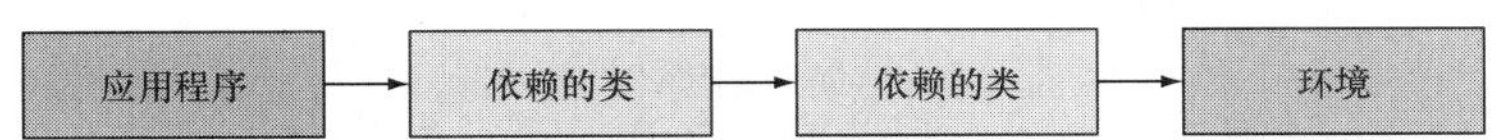

图 7.1　应用程序依赖于其他类，这些类又依赖于另一些类，而另一些类又依赖于环境

在本章中，我们开始研究如何用 JUnit 5 测试依赖于外部资源的应用程序。外部资源包括 HTTP 服务器、数据库服务器和物理设备等。

对依赖特定运行时环境的程序，编写单元测试是一项挑战。测试要稳定，并且重复运行时，需要产生相同的结果。这需要一种方法来控制运行测试的环境。一种解决方法是建立真正的环境作为测试的一部分，并在该环境中运行测试。在某些情况下，这种方法是行之有效的，并且有实用性（见第 9 章）。只有在开发中建立真实的环境并构建平台时，这种方法才能正常工作。事实上，这种方法并不总是行得通的。

如果应用程序使用 HTTP 连接到另一家公司提供的 Web 服务器，那么通常在开发环境中服务器应用程序并不可用，所以我们需要一种方法来模拟该服务器，以便可以为代码编写和运行测试。

还有另外一种情况，假设我们正在一个项目中与其他开发人员一起工作，如果想要测试应用程序中我们自己负责的那一部分，但是其他部分尚未完成，该怎么办？一种解决方法是用一个具有类似行为的替代对象替换缺失的部分。提供这些替代对象有两种策略：使用 stub 和使用 mock object。

当编写 stub 时，从一开始就有一个预先确定的行为。stub 代码是在测试的外部编写的，并且总是有固定的行为——无论编写多少次或在哪里使用 stub。其方法通常会返回硬编码的值。使用 stub 进行测试的模式是：*初始化 stub>运行测试>验证断言*。

mock object 预先没有确定的行为。在运行测试时，有效使用 mock 之前，我们应在 mock 上设置预期。我们可以运行不同的测试，可以重新初始化一个 mock 并对其设置不同的预期。使用 mock object 进行测试的模式是：*初始化 mock>设置预期>运行测试>验证断言*。

我们将在本章中介绍 stub，然后在第 8 章中介绍 mock object。

7.1　stub 简介

stub 是一种机制，用来模拟真实代码或尚未完成的代码所产生的行为。换句话说，stub 允许用户在系统的其他部分不可用时测试系统的某一部分。stub 通常不会改变所测试的代码，而是适应代码以提供无缝集成。

定义：stub 是一段代码，在运行期间使用插入的 stub 来替代真实的代码，以便将其调用者与真正的实现隔离开来。其目的是用一个简单行为替换一个复杂行为，从而让我们可以独立地测试真实代码的某一部分。

一些可以用到 stub 的情况如下。

- 当不能修改一个现有系统时，因为它太复杂，很容易崩溃。
- 当程序依赖于一个无法控制的环境时。
- 当正在替换一个成熟的外部系统，如文件系统、到服务器的连接或数据库时。
- 当正在运行粗粒度的测试时，例如，不同子系统之间的集成测试。

建议在以下情况下不要使用 stub。

- 需要细粒度的测试来提供精确的消息，主要强调失败的原因。
- 需要单独测试一小部分代码。

在上述情况下，应该使用 mock object（见第 8 章）。

stub 通常可以在被测系统中提供非常好的可靠性。使用 stub，不需要修改被测对象，并且所测试的对象同将来在产品中运行的一样。自动构建或开发人员手动构建时通常在运行环境中运行包含 stub 的测试，并提供额外的可靠性。

stub 的缺点之一是，当要替代的系统很复杂时，stub 通常很难编写。stub 需要以一种简短的方式实现与它要替代的代码相同的逻辑，这对复杂的逻辑来说很难正确实现。下面是 stub 的一些缺点。

- stub 通常编写起来很复杂，并且它自身也需要调试。
- stub 很难维护，因为它很复杂。
- stub 并不适合细粒度的单元测试。
- 每种情况都需要一种不同的 stub 策略。

一般来说，stub 比 mock 更适合替换代码的粗粒度部分。

7.2　用 stub 测试一个 HTTP 连接

为了展示 stub 能够做什么，我们讨论一下 Tested Data Systems 公司的开发人员如何为一个应用程序（该程序打开一个到 URL 的 HTTP 连接并读取其内容）构建 stub。该程序（仅限于一个 WebClient.getContent 方法）打开一个到远程 Web 资源的 HTTP 连接。远程 Web 资源是一个 Servlet，它生成 HTML 响应。图 7.2 中的 Web 资源就是 stub 定义中所指的“真实代码”。

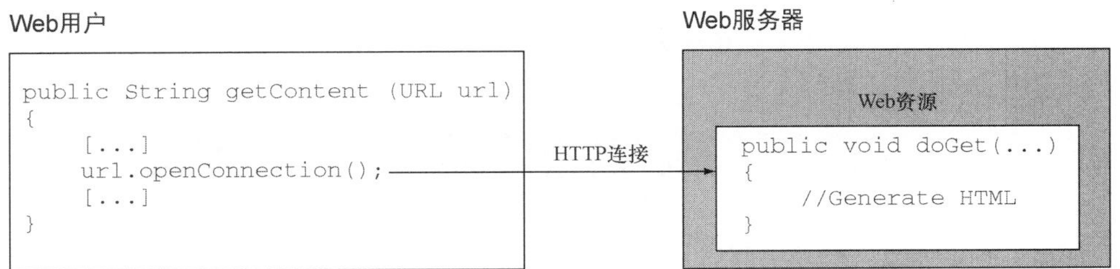

图 7.2　该程序打开一个到远程 Web 资源的 HTTP 连接，该 Web 资源就是 stub 定义中所指的“真实代码”

Tested Data Systems 公司的开发人员旨在使用 stub 替代远程 Web 资源对 getContent 方法进行单元测试，如图 7.3 所示。远程 Web 资源目前还不可用，而开发人员需要在缺少该资源的情况下继续完成他们那部分工作。因此，他们用 stub 替代 Servlet Web 资源——这个 stub 是一个简单的 HTML 页面，它可以返回 TestWebClient 测试用例所需的任何内容。这种方法允许独立于 Web 资源的实现来测试 getContent 方法（这可依次调用运行链上的其他一些对象，还可能是一个数据库）。

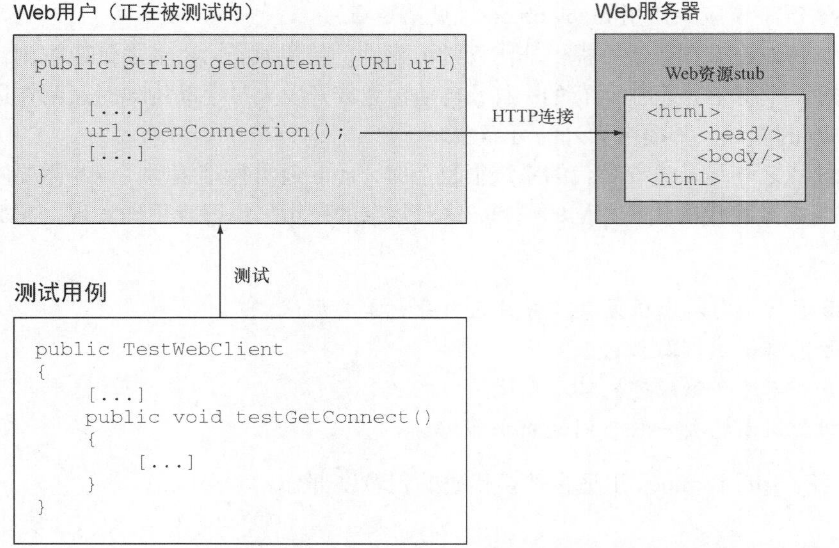

图 7.3 添加一个测试用例，并使用 stub 替代远程 Web 资源

使用 stub 时要注意的一个重点是，没有修改 getContent 去接受 stub。对被测应用程序的更改是透明的。为允许使用 stub，目标代码需要有一个定义良好的接口，并允许插入不同的实现（本示例就是一个 stub）。接口实际是 java.net.URLConnection 这个公共抽象类，它彻底将页面的实现与其调用者隔离开来。

下面的示例使用简单 HTTP 连接运行这个 stub。清单 7.1 所示的代码段可以用于在给定的 URL 上打开一个 HTTP 连接并读取该 URL 上的内容。该方法是需要进行单元测试的大型应用程序的一部分。

清单 7.1 打开一个 HTTP 连接的示例

```
[...]
import java.net.URL;
import java.net.HttpURLConnection;
import java.io.InputStream;
import java.io.IOException;

public class WebClient {
   public String getContent(URL url) {
      StringBuffer content = new StringBuffer();
      try {
         HttpURLConnection connection = (HttpURLConnection)
            url.openConnection();                              ❶
         connection.setDoInput(true);
         InputStream is = connection.getInputStream();
         byte[] buffer = new byte[2048];
         int count;                                            ❷
         while (-1 != (count = is.read(buffer))) {
```

```
            content.append(new String(buffer, 0, count));
         }
      } catch (IOException e) {
         throw new RuntimeException(e);
      }
      return content.toString();
   }
}
```

清单 7.1 所示的代码实现了如下操作。

- 我们先用 HttpURLConnection 类打开一个 HTTP 连接（❶处）。
- 读取流数据，直到没有数据可读为止（❷处）。
- 如果发生错误，将它打包到 RuntimeException 中并再次抛出（❸处）。

7.2.1 选择 stub 的使用方案

本节开头所讲的示例应用程序有两种可能的场景：远程 Web 服务器（见图 7.2）可能位于开发平台的外部（例如，在合作伙伴的站点上），也可能是部署应用程序的平台的一部分。对于这两种场景，都需要在开发平台中引入服务器，以便能够对 WebClient 类进行单元测试。一个相对简单的解决方法是安装一个 Apache 测试服务器，并将一些待测试的 Web 页面存放在其文档根目录中。这是典型的、广泛采用的使用 stub 替代 Web 资源的解决方法，但它有一些缺点，如表 7.1 所示。

表 7.1 使用 stub 替代 Web 资源解决方法的缺点

缺点	说明
对环境的依赖性	在测试开始运行之前，我们需要确保完整的环境已经启动并正在运行。如果 Web 服务器宕机，测试的运行将失败，我们需花时间确定失败的原因。我们会发现代码工作正常，问题仅是一个产生错误失败的设置问题。 当进行单元测试时，能够尽可能多地控制运行测试的环境是很重要的，这样测试结果就可再现
分离的测试逻辑	测试逻辑分散在两个不同的位置：在 JUnit 5 测试用例中和在测试 Web 页面上。要使测试成功，我们需要保持这两种类型的资源同步
难以实现自动化的测试	自动运行测试是很困难的，因为它需要在 Web 服务器上部署 Web 页面、启动 Web 服务器，以及进行单元测试

幸运的是，有一个简单的方法可以弥补上述缺点：使用一个嵌入式 Web 服务器。因为测试是用 Java 编写的，所以最简单的解决方法之一是使用可以嵌入测试用例中的 Java Web 服务器（可以使用免费、开源的 Jetty 服务器实现这个目的）。Tested Data Systems 的开发人员将用 Jetty 来建立 stub。

7.2.2 用 Jetty 充当嵌入式服务器

这里选择使用 Jetty，是因为它的运行速度快（这在运行测试时非常重要），它是轻量级的，并且测试用例可以通过编程控制。此外，Jetty 是一个非常优秀的 Web、Servlet 和 JSP 容器，可以在实际产品中使用它。

使用 Jetty 可以弥补上文所提到的缺点：JUnit 5 测试用例启动服务器，所有测试在一个位置用 Java 编写，测试套件的自动运行也可实现。由于 Jetty 是模块化的，Tested Data Systems 公司的开发人员面临的实际任务是替代 Jetty 的处理器，而不是完全替代整个服务器。

为了理解 Jetty 的运行机制，我们来完成一个简单的示例。清单 7.2 展示了如何在 Java 程序中以嵌入式模式启动 Jetty，以及如何定义文档根目录（/），并从该根目录启动服务文件。

清单 7.2 JettySample 类：以嵌入式模式启动 Jetty

```
[...]
import org.mortbay.jetty.Server;
import org.mortbay.jetty.handler.ResourceHandler;
import org.mortbay.jetty.servlet.Context;

public class JettySample {
   public static void main(String[] args) throws Exception {
      Server server = new Server(8081);                                ❶

      Context root = new Context(server, "/");
      root.setResourceBase("./pom.xml");                          ❷
      root.setHandler(new ResourceHandler());

      server.start();                         ❸
   }
}
```

清单 7.2 所示的代码实现了如下操作。

- 首先，创建 Jetty Server 对象，并在构造方法中指定监听 HTTP 请求的端口（端口号为 8081）（❶处）。一定要检查 8081 端口是否被使用——如果有必要，可以在源文件中更改它。
- 然后，创建一个 Context 对象来处理 HTTP 请求并将其传递给各种处理程序（❷处）。我们将上下文映射到已经创建的服务器实例，并映射到根 URL（/）；用 setResourceBase 方法设置用于提供资源的文档根目录；将 ResourceHandler 处理程序附加到根目录，为来自文件系统的文件提供服务。
- 最后，启动服务器（❸处）。

启动清单 7.2 的程序，在浏览器地址栏输入 http://localhost:8081，应该能看到 pom.xml 文件的内容，如图 7.4 所示。修改代码，使用 root.setResourceBase(".")设置基目录，重新启动服务器，然后在浏览器地址栏输入“http://localhost:8081/pom.xml”，则可获得类似的效果。

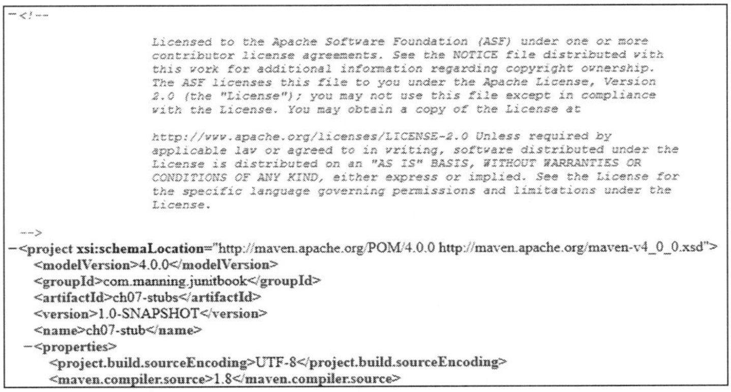

```
-<!--
                    Licensed to the Apache Software Foundation (ASF) under one or more
                    contributor license agreements. See the NOTICE file distributed with
                    this work for additional information regarding copyright ownership.
                    The ASF licenses this file to you under the Apache License, Version
                    2.0 (the "License"); you may not use this file except in compliance
                    with the License. You may obtain a copy of the License at

                    http://www.apache.org/licenses/LICENSE-2.0 Unless required by
                    applicable law or agreed to in writing, software distributed under the
                    License is distributed on an "AS IS" BASIS, WITHOUT WARRANTIES OR
                    CONDITIONS OF ANY KIND, either express or implied. See the License for
                    the specific language governing permissions and limitations under the
                    License.

  -->
-<project xsi:schemaLocation="http://maven.apache.org/POM/4.0.0 http://maven.apache.org/maven-v4_0_0.xsd">
   <modelVersion>4.0.0</modelVersion>
   <groupId>com.manning.junitbook</groupId>
   <artifactId>ch07-stubs</artifactId>
   <version>1.0-SNAPSHOT</version>
   <name>ch07-stub</name>
  -<properties>
     <project.build.sourceEncoding>UTF-8</project.build.sourceEncoding>
     <maven.compiler.source>1.8</maven.compiler.source>
```

图 7.4　在浏览器地址栏输入 http:// localhost:8081，显示了 pom.xml 文件的内容，以展示 Jetty 作为嵌入式服务器是如何工作的

图 7.4 展示了打开浏览器访问 http://localhost:8081 之后清单 7.2 所示代码的运行结果。现在我们已经了解了如何将 Jetty 作为嵌入式服务器运行，在 7.3 节中，我们将展示如何用 stub 替换服务器资源。

7.3　用 stub 替换服务器资源

在本节中，我们主要讨论 HTTP 连接的单元测试。Tested Data Systems 公司的开发人员将编写测试来验证他们可以调用一个有效的 URL，并获取其内容。这些测试是检查与外部用户交互的 Web 应用程序功能的第一步。

7.3.1　构建第一个 stub 测试

为了验证 WebClient 能与一个有效的 URL 一起工作，我们需要在测试之前启动 Jetty 服务器。这可以在测试用例的 setUp 方法中实现，也可以在 tearDown 方法中停止服务器。有关代码如清单 7.3 所示。

清单 7.3　验证 WebClient 是否使用有效 URL 的第一个测试框架

```
[...]
import java.net.URL;
import org.junit.jupiter.api.*;

public class TestWebClientSkeleton {

   @BeforeAll
   public static void setUp() {
        // Start Jetty and configure it to return "It works" when
         // the http://localhost:8081/testGetContentOk URL is
```

```
        // called
    }

    @AfterAll
    public static void tearDown() {
        // Stop Jetty
    }

    @Test
    @Disabled(value = "This is just the initial skeleton of a test.
            Therefore, if we run it now, it will fail.")
    public void testGetContentOk() throws MalformedURLException {
        WebClient client = new WebClient();
        String workingContent = client.getContent(new URL(
            "http://localhost:8081/testGetContentOk"));

        assertEquals ("It works", workingContent);
    }
}
```

要实现@BeforeAll 和@AfterAll 标注的方法，有两种选择：一是可以准备一个包含"It works"文本的静态页面，将它存储在文档根目录中，由清单 7.2 中的 root.setResourceBase(String)调用和控制；二是配置 Jetty，使用一个自定义处理程序，它返回"It works"而不是从文件中得到这个字符串。这种技术功能更强大，因为当远程 HTTP 服务器返回一个错误代码到 WebClient 用户端应用程序时，它允许对这个用例进行单元测试。

1. 创建一个 Jetty 处理器

清单 7.4 所示的代码用于创建一个 Jetty 处理器，返回一个字符串"It works"。

清单 7.4 创建一个 Jetty 处理器，它返回"It works"

```
private static class TestGetContentOkHandler extends AbstractHandler {

    @Override
    public void handle(String target, HttpServletRequest request,
        HttpServletResponse response, int dispatch) throws IOException {    ❶

        OutputStream out = response.getOutputStream();
        ByteArrayISO8859Writer writer = new ByteArrayISO8859Writer();   ❷
        writer.write("It works");
        writer.flush();    ❸
        response.setIntHeader(HttpHeaders.CONTENT_LENGTH, writer.size());
        writer.writeTo(out);    ❹
        out.flush();
}
```

清单 7.4 所示的代码实现了如下操作。

- 这个类通过扩展 Jetty 的 AbstractHandler 类并实现它的 handle 方法来创建一个处理器（❶处）。

- Jetty 调用 handle 方法将传入的请求转发给处理器。之后，使用 Jetty ByteArrayISO8859Writer 类（❷处）返回字符串“It works”，这是在 HTTP 响应中编写的（❸处）。
- 最后一步是将响应内容长度设置为写入输出流的字符串的长度（由 Jetty 所要求），然后发送该响应（❹处）。

编写了这个处理器，我们就可以告诉 Jetty 通过调用 context.setHandler(new TestGetContentOkHandler())来使用这个处理器。

2. 编写测试类

现在我们差不多已经准备好了运行测试。该测试是验证 Web 应用程序与 Tested Data Systems 公司的外部用户交互功能的基础，如清单 7.5 所示。

清单 7.5　将所有代码组合在一起的测试

```
[...]
import java.net.URL;
[...]

public class TestWebClient {
    private WebClient client = new WebClient();

   @BeforeAll
   public static void setUp() throws Exception() {
      Server server = new Server(8081);

      Context contentOkContext = new Context(server, "/testGetContentOk");
      contentOkContext.setHandler(new TestGetContentOkHandler());

      server.setStopAtShutDown(true);
      server.start();
   }

   @AfterAll
   public static void tearDown() {
      // Empty
   }


   @Test
   public void testGetContentOk() throws Exception {
      String workingContent = client.getContent(new URL(
         "http://localhost:8081/testGetContentOk"));
      assertEquals("It works", workingContent);
   }

   private static class TestGetContentOkHandler extends AbstractHandler {
      //Listing 7.4 here
   }
}
```

这个测试类非常简单。@BeforeAll 标注的 setUp 方法以与清单 7.2 相同的方式构造 Server 对象。接下来是@Test 标注的方法，并且这里故意将@AfterAll 标注的方法留为空，因为我们已经通过编程使服务器关闭时停止。当 JVM 关闭时，服务器实例显式地停止。

运行该测试，我们将看到图 7.5 中的结果，这表明测试通过。

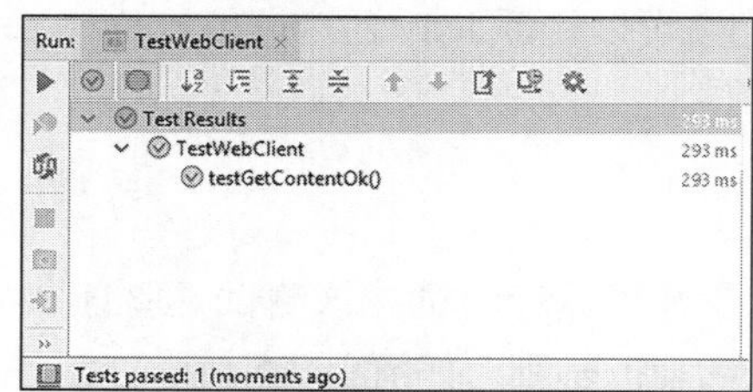

图 7.5 运行该测试的结果。JUnit 5 在第一次测试运行前启动服务器，服务器在最后一次测试运行后关闭自身

7.3.2 回顾第一个 stub 测试

我们现在已经能用 stub 替换 Web 资源，以独立的方式对 getContent 方法进行完全的单元测试。在这个过程中，真正测试了什么？进行的是哪种类型的测试？我们实现了一些非常强大的功能：对方法进行了单元测试，同时运行了集成测试。我们不仅测试了代码逻辑，还测试了代码之外的连接部分（通过 Java 的 HttpURLConnection 类）。

这种方法的缺点是它很复杂。在 Tested Data Systems 公司，一个 Jetty 新手可能要花半天时间来学习足够多的关于 Jetty 的知识，才能正确地设置它。在某些情况下，新手不得不调试 stub 以使它们正常工作。请记住，stub 必须保持简单，而不是变成一个需要测试和维护的、成熟的应用程序。如果调试 stub 花的时间太多，就需要另一种解决方法。

在这些示例中，我们需要一个 Web 服务器——但另一个示例和 stub 将不同，它需要一个不同的设置。虽然经验会带来一些帮助，但不同的情况需要不同的 stub 解决方法。

Tested Data Systems 公司开发的这个示例应用程序非常好，因为它允许对代码进行单元测试，同时运行一些集成测试。然而，这种功能是以复杂性为代价的。更多轻量级解决方法关注不运行集成测试而对代码进行单元测试。其基本原理是，尽管需要集成测试，但它们可以在单独的测试套件中运行或作为功能测试的一部分运行。

我们将在 7.4 节介绍另一种更简单的可以作为 stub 的解决方法，因为这种方法不需要 stub 整个 Web 服务器。这个解决方法更接近 mock object 策略（该策略将在第 8 章讨论）。

7.4 替换连接

到目前为止，我们已经可以替换 Web 服务器资源了，接下来要替换 HTTP 连接了。这样做将阻止我们有效地测试连接，但是没关系，因为这并不是此时真正的目的。这里真正想要做的是以独立的方式测试代码。在后面的阶段中，我们可以使用功能测试或集成测试来测试连接。

当不需要改变代码就可以替换连接时，我们就会发现，得益于 Java 的 URL 和 HttpURLConnection 类，我们可以插入自定义的协议处理器来处理任何类型的通信协议，可以使任何对 HttpURLConnection 类的调用指向自己的类，这些类会返回测试中需要的任何内容。

7.4.1 创建自定义的 URL 协议处理器

要创建自定义的 URL 协议处理器，需要调用 URL 的 setURLStreamHandlerFactory 方法，并给它传递一个自定义的 URLStreamHandlerFactory。Tested Data Systems 公司的开发人员正在使用这种方法来实现他们的 URL 流处理器的 stub。无论何时调用 URL 类的 openConnection 方法，都会调用 URLStreamHandlerFactory 类返回一个 URLStreamHandler。清单 7.6 展示了执行此操作的代码。其思想是在 JUnit 5 的 setUp 方法中调用 URL 的 setURLStreamHandlerFactory 静态方法。

清单 7.6 提供用于测试的自定义流处理器类

```
[...]
import java.net.URL;
import java.net.URLStreamHandlerFactory;
import java.net.URLStreamHandler;
import java.net.URLConnection;
import java.net.MalformedUrlException;

public class TestWebClient1 {

   @BeforeAll
   public static void setUp() {
      URL.setURLStreamHandlerFactory(new StubStreamHandlerFactory());   ❶
   }

   private static class StubStreamHandlerFactory implements
      URLStreamHandlerFactory {
      @Override
      public URLStreamHandler createURLStreamHandler(String protocol) {   ❷
         return new StubHttpURLStreamHandler();
      }
   }
   private static class StubHttpURLStreamHandler
                  extends URLStreamHandler {
      @Override
      protected URLConnection openConnection(URL url)
         throws IOException {                                             ❸
         return new StubHttpURLConnection(url);
      }
   }
   @Test
```

```
  public void testGetContentOk() throws MalformedURLException {
    WebClient client = new WebClient();
    String workingContent = client.getContent(
                                  new URL("http://localhost"));
    assertEquals("It works", workingContent);
  }
}
```

清单 7.6 所示的代码实现了如下操作。

- 先用第一个 stub 类 StubStreamHandlerFactory 调用 setURLStreamHandlerFactory 方法（❶处）。
- 用多个（内部）类（❷处和❸处）来使用 StubHttpURLConnection 类。
- 在 StubStreamHandlerFactory 中，覆盖了 createURLStreamHandler 方法（❷处）。在该方法中，返回第二个私有 stub 类 StubHttpURLStreamHandler 的一个新实例。
- 在 StubHttpURLStreamHandler 中，覆盖了 openConnection 方法，并打开了一个到给定 URL 的连接（❸处）。

注意，这里还没有编写 StubHttpURLConnection 类。

7.4.2 创建一个 JDK 的 HttpURLConnection stub

最后一步是创建一个 HttpURLConnection 类的 stub 实现，以便返回测试中所需的任何值。清单 7.7 显示了一个简单的实现，这个实现将字符串“It works”作为流返回给调用者。

清单 7.7 被替换的 HttpURLConnection 类

```
[...]
import java.net.HttpURLConnection;
import java.net.ProtocolException;
import java.net.URL;
import java.io.InputStream;
import java.io.IOException;
import java.io.ByteArrayInputStream;

public class StubHttpURLConnection extends HttpURLConnection {
   private boolean isInput = true;
   protected StubHttpURLConnection(URL url) {

      super(url);
   }

   @Override
   public InputStream getInputStream() throws IOException {
      if (!isInput) {
         throw new ProtocolException(
            "Cannot read from URLConnection"
            + " if doInput=false (call setDoInput(true))");     ❶
      }
```

```
      ByteArrayInputStream readStream = new ByteArrayInputStream(
         new String("It works").getBytes());
      return readStream;
   }

   @Override
   public void connect() throws IOException {}

   @Override
   public void disconnect() {}

   @Override
   public boolean usingProxy() {
      return false;
   }
}
```

清单 7.7 所示的代码实现了如下操作。

- HttpURLConnection 是一个抽象的公共类，它没有实现接口，因此扩展它并覆盖 stub 需要的方法。
- 这个 stub 中提供了 getInputStream 方法的实现，因为它是测试代码所使用的唯一方法。
- 如果要测试的代码使用了很多来自 HttpURLConnection 的 API，将需要 stub 这些额外的方法。这部分代码会变得很复杂。我们需要重现与真正的 HttpURLConnection 相同的行为。
- 测试在测试代码中是否调用了 setDoInput(false) 方法（❶处）。isInput 标志将告诉我们是否使用了 URL 连接进行输入。然后，对 getInputStream 方法的调用返回一个 ProtocolException 异常（HttpURLConnection 的行为）。幸运的是，在大多数情况下，只需要 stub 几个方法，而不是整个 API。

7.4.3　运行测试

下面使用 TestWebClient1（它使用了 StubHttpURLConnection 类）来测试 getContent 方法，方法是 stub 到远程资源的连接。测试的结果如图 7.6 所示。

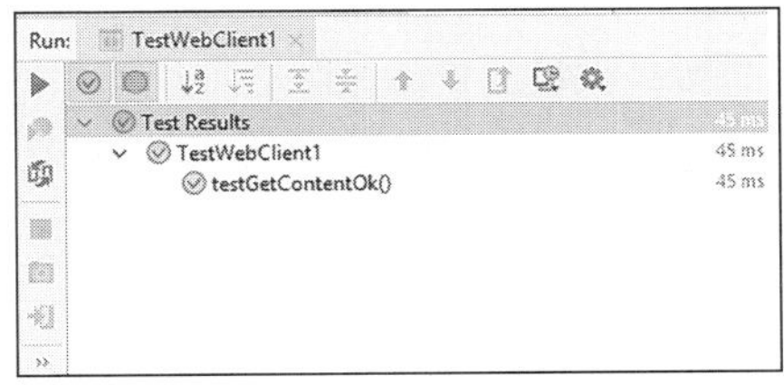

图 7.6　运行 TestWebClient1（使用 StubHttpURLConnection 类）测试的结果

可以看到，stub 连接要比 stub Web 资源容易得多。这种方法不提供相同级别的测试（它不运行集成测试)，但是能让开发人员更容易地为 WebClient 逻辑编写专门的单元测试。

我们将在第 8 章介绍一种名为 mock object 的技术。这种技术允许细粒度的单元测试，是完全通用的，并且可以让你编写更好的代码。尽管 stub 在某些情况下非常有用，但是当人们一致认为测试应该是独立的活动并且不应该修改现有的代码时，有些人认为它们成为“历史的产物”。新的 mock object 策略不但允许修改代码，而且赞成修改代码。使用 mock object 不仅是一种单元测试策略，更是一种全新的、编写代码的方式。

7.5 小结

在本章中，我们主要讨论了以下内容。

- 使用 stub 的情况：当不能修改现有的复杂或脆弱的系统时；当依赖于一个无法控制的环境时；更换一个全面运行的外部系统时；需要进行粗粒度的测试时。
- 不使用 stub 的情况：当需要细粒度的测试来提供精确的消息时；强调失败的确切原因时；当想要单独测试一小部分代码时。
- 如何使用 stub 来帮助我们使用 Java HttpURLConnection API 对访问远程 Web 服务器的代码进行单元测试。
- 如何使用开源的 Jetty 服务器替换远程 Web 服务器。Jetty 的可嵌入特性让你能专注于 Jetty 的 HTTP 请求处理器，而不是替换整个容器。
- 通过替换 Java 的 HttpURLConnection 类来实现一种更轻量级的解决方法。

第 8 章　用 mock object 进行测试

本章重点

- 介绍和展示 mock object。
- 用 mock object 运行不同的重构。
- 在 HTTP 连接示例应用程序上进行实践。
- 使用并比较 EasyMock、JMock 和 Mockito 框架。

如今，程序设计是软件工程师与现实之间的一场竞赛。软件工程师努力构建更大、更好的“傻瓜”式程序，而现实却在拼命制造出更大、更好的“傻瓜”。到目前为止，现实赢了。

——Rich Cook

独立于其他方法或环境，对每个方法进行单元测试，这当然是一个很好的目标。但如何才能实现这个目标？在第 7 章中我们看到，stub 技术通过将代码与环境隔离（例如，通过替代 Web 服务器、文件系统、数据库等手段），能够对代码的各个部分进行单元测试。但能利用某种技术做到细粒度的隔离吗？例如，隔离对另一个类的方法的调用，能做到吗？能在不大量投入的情况下实现这一点吗？这会抵消测试带来的好处吗？

答案是“可以”。这就是**模拟对象**（mock object）技术。Tim Mackinnon、Steve Freeman 和 Philip Craig 等人首次在 XP2000 中提出了 mock object 的概念。mock object 策略允许在最细级别上进行单元测试。为每个方法提供单元测试之后，我们就可以逐个开发每个方法。

8.1 mock object 简介

隔离测试确实提供了巨大的好处，例如测试还没有写完的代码（至少有一个可用的接口）。另外，隔离测试可以帮助团队对代码的一部分进行单元测试，而不必等待其他所有代码的完成。

隔离测试最大的优点是能够编写专门测试单一方法的测试代码，而不会受到被测方法调用某个对象所带来的副作用的影响。编写小型的、专门测试单一方法的测试代码非常有用，这样的测试易于理解，并且不会在代码的其他部分发生更改时被破坏。记住，进行成组单元测试的好处之一是它鼓励我们勇敢地进行重构。单元测试是防止退化的一种保障。如果测试粒度比较大，那么一旦重构引入了一个 bug，就会有多个测试失败。结果是，测试会告诉我们某个地方有 bug，但是不知道它确切的位置。而使用细粒度测试，潜在受影响的测试就会比较少，并且测试能提供精确的信息，指出错误的确切原因。

mock object（简称为 mocks），非常适合测试与代码的其余部分隔离开的一部分代码。mocks 替换与测试方法协作的对象，从而提供一个隔离层。从这点讲，它与 stub 类似。然而，相似之处也仅限于此，mock 并不实现任何逻辑：它只提供一些方法的空壳，让测试控制替代类的所有业务方法的行为。

本章通过一些实例介绍 mock object 实战，在 8.6 节讨论何时使用 mock object。

8.2 用 mock object 进行单元测试

本节介绍一个应用程序并使用 mock object 进行测试。设想一个简单的示例，在这个示例中，要从一个银行账户向另一个账户转账（见图 8.1 以及清单 8.1 和清单 8.2）。

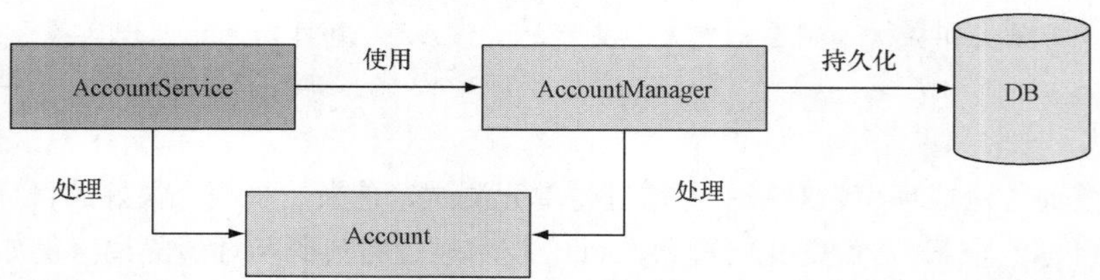

图 8.1 简单的银行账户转账示例，使用 mock object 测试账户转账方法

AccountService 类提供了与 Account 对象相关的服务，并使用 AccountManager 将数据持久化到数据库（例如，JDBC）。我们关心的服务（转账）是通过 AccountService.transfer 实现的。如果不使用 mock，则 AccountService.transfer 操作就需要安装一个数据库、为其预先准备测试数据、在容器（例如 J2EE 应用服务器）中部署代码等。尽管这一过程是确保应用程序端到端工作所必需的，但当只想对代码逻辑进行单元测试时，这样做的工作量太大了。

Tested Data Systems 公司为其他公司开发软件项目。其中一个正在开发的项目需要管理账户和资金转账，开发人员需要为它设计一些解决方法。清单 8.1 给出了一个非常简单的 Account 类，它有两个属性：账户 ID（accountId）和余额（balance）。

清单 8.1 The Account class

```
[...]
public class Account {
   private String accountId;
   private long balance;

   public Account(String accountId, long initialBalance) {
      this.accountId = accountId;
      this.balance = initialBalance;
    }

   public void debit(long amount) {
      this.balance -= amount;
    }

   public void credit(long amount) {
      this.balance += amount;
    }

   public long getBalance() {
      return this.balance;
   }
}
```

作为解决方法的一部分，可通过下面的 AccountManager 接口管理账户（account）对象的生命周期和持久性（仅限于通过 ID 查找账户和更新账户）。

```
[...]
public interface AccountManager {
     Account findAccountForUser(String userId);
     void updateAccount(Account account);
}
```

清单 8.2 给出了为在两个账户之间转账而设计的 transfer 方法。它使用前面定义的 AccountManager 接口，根据 ID 查找付款方和收款方账户并更新它们。

清单 8.2 AccountService 类

```
[...]
public class AccountService {
   private AccountManager accountManager;

   public void setAccountManager(AccountManager manager) {
      this.accountManager = manager;
    }

public void transfer(String senderId, String beneficiaryId, long amount) {
     Account sender = accountManager.findAccountForUser(senderId);
     Account beneficiary =
                    accountManager.findAccountForUser(beneficiaryId);

      sender.debit(amount);
      beneficiary.credit(amount);
```

```
        this.accountManager.updateAccount(sender);
        this.accountManager.updateAccount(beneficiary);
    }
}
```

这里希望能对 AccountService.transfer 方法的行为进行单元测试。为此，在 AccountManager 接口的实现准备好之前，使用一个 mock 来实现 AccountManager 接口，因为 transfer 方法正在使用该接口，需要对其进行隔离测试，如清单 8.3 所示。

清单 8.3 MockAccountManager 类

```
[...]
import java.util.HashMap;

public class MockAccountManager implements AccountManager {
   private Map<String, Account> accounts = new HashMap<String, Account>();

      public void addAccount(String userId, Account account) {
         this.accounts.put(userId, account);                            ❶
     }
      public Account findAccountForUser(String userId) {
         return this.accounts.get(userId);                              ❷
      }

      public void updateAccount(Account account) {
         // do nothing                                                  ❸
      }
}
```

清单 8.3 所示的代码实现了如下操作。

- addAccount 方法使用一个实例变量保存要返回的值（❶处）。因为希望能够返回多个账户对象，所以将要返回的 Account 对象存储在 HashMap 中。这一步使得 mock 被一般化，能够支持不同的测试用例。一个测试可以用一个账户建立 mock，另一个测试可以用两个或更多的账户建立 mock，等等。
- 实现了一个 findAccountForUser 方法（❷处），以便从 accounts 映射检索账户。我们只能检索前面添加的账户。
- updateAccount 方法目前不做任何事情，也不返回任何值（❸处）。因此，这里不做任何事情。

JUnit 最佳实践：不要在模拟对象中编写业务逻辑

在编写 mock 时要考虑的、最重要的一点是，它不应该有任何业务逻辑：一个 mock 必须是一个傻对象，只运行测试让它做的事情。换句话说，它纯粹由测试驱动。这个特性与 stub 相反，stub 包含所有的逻辑（见第 7 章）。

关于这一点有两个很好的结论：首先，可以很容易地生成 mock object；其次，因为 mock object 是空的外壳，它们太简单了，所以其本身不需要测试。

现在已经准备好为 AccountService.transfer 编写一个单元测试。清单 8.4 展示了一个使用 mock 的典型测试。

清单 8.4 使用 MockAccountManager 测试 transfer 方法

```
[...]
public class TestAccountService {

 @Test
  public void testTransferOk() {
      Account senderAccount = new Account("1", 200);
      Account beneficiaryAccount = new Account("2", 100);

      MockAccountManager mockAccountManager = new MockAccountManager();
      mockAccountManager.addAccount("1", senderAccount);                    ❶
      mockAccountManager.addAccount("2", beneficiaryAccount);

      AccountService accountService = new AccountService();
      accountService.setAccountManager(mockAccountManager);
      accountService.transfer("1", "2", 50);                              ❷

      assertEquals(150, senderAccount.getBalance());                 ❸
      assertEquals(150, beneficiaryAccount.getBalance());
   }
}
```

通常，一个测试分为 3 个步骤：测试准备（❶处）、测试运行（❷处）以及结果的验证（❸处）。在测试准备阶段，创建 MockAccountManager 对象，并定义当调用操作的两个账户（付款方和收款方）时它应该返回什么结果。实际上，通过向 mockAccountManager 对象添加两个账户来设置该对象的预期，会将其转换为我们自己定义的 mock。如前所述，mock 的特征之一是，运行测试时，在有效使用 mock 之前，需要在其上设置预期。

现在，我们已经成功地在与另一个域对象 AccountManager 隔离的情况下测试了 AccountService 代码。在本示例中，AccountManager 是不存在的，但在实际应用中，这个对象可由 JDBC 实现。

JUnit 最佳实践：只测试那些可能出错的代码

你可能已经注意到，这里并没有使用 mock 模拟 Account 类。原因在于，这个数据访问对象类并不需要 mock，它不依赖于环境，并且十分简单。其他测试用到了 Account 对象，因此相当于间接地测试了它。如果 Account 类无法正常工作，那么基于 Account 类的测试将失败并提示我们问题所在。

学到这里，你应该对 mock 有了较深入的理解。接下来，8.3 节将展示用 mock 编写单元测试会导致被测试代码的重构，这将是一个美好的过程。

8.3 用 mock object 进行重构

有人说过，单元测试应该对被测试的代码完全透明，而且不应该为了简化测试而更改运行时代码。**这是错误的！**单元测试是运行时代码的头等用户，应该受到与其他用户相同程度的重视。如果代码太不灵活，测试无法使用，就应该修正代码。

考虑清单 8.5 所示的由 Tested Data Systems 公司的开发人员创建的代码。开发人员负责 AccountManager 类的实现，该类是之前模拟的，直到它完全可用为止。

清单 8.5 DefaultAccountManager1 类

```
[...]
import java.util.PropertyResourceBundle;
import java.util.ResourceBundle;
import org.apache.commons.logging.Log;
import org.apache.commons.logging.LogFactory;
[...]
public class DefaultAccountManager1 implements AccountManager {
   private static final Log logger =                          ❶
      LogFactory.getLog(DefaultAccountManager1.class);

   public Account findAccountForUser(String userId) {
      logger.debug("Getting account for user [" + userId + "]");
      ResourceBundle bundle =                                  ❷
         PropertyResourceBundle.getBundle("technical");
      String sql = bundle.getString("FIND_ACCOUNT_FOR_USER");
      // Some code logic to load a user account using JDBC
      [...]
   }
   [...]
}
```

清单 8.5 创建了一个 Log 对象（❶处），并检索了一个 SQL 命令（❷处）。

这段代码看起来怎么样？这里存在两个问题，它们都与代码的灵活性以及抵制修改的能力有关。第一个问题是，你不太可能决定使用一个不同的 Log 对象，因为它在类的内部创建。例如，对于测试，你可能希望使用一个什么也不做的 Log，但是不能这样做。

一般来说，这样的类应该能够使用任何给定的 Log 对象。上面这个类的目标不是创建日志记录器，而是运行 JDBC 逻辑。同样的目标也适用于 PropertyResourceBundle。现在听起来可能不错，但是如果决定使用 XML 存储配置，会出现怎样的情况呢？决定用什么实现不应该是这个类的目标。

一种有效的设计策略是将其直接业务逻辑之外的任何对象传递给一个对象。最终，在调用层向上移动时，我们应该将使用一个给定记录器或配置的决定推到顶层。这种策略提供了很高的代码灵活性和应对变化的能力。众所周知，“唯一不变的就是变化”。考虑到这些问题，Tested Data Systems 公司的开发人员需要对它进行重构。

8.3.1 重构示例

重构所有代码以传递域对象可能非常耗时。我们可能并不准备仅为编写一个单元测试而重构整个应用程序。幸运的是，有一种简单的重构技术允许为代码保持相同的接口，且允许传递没有创建的域对象。为验证这一点，清单 8.6 给出了 DefaultAccountManager1 类的重构——DefaultAccountManager2。

清单 8.6 为测试而重构的 DefaultAccountManager2 类

```
[...]
public class DefaultAccountManager2 implements AccountManager {
   private Log logger;
   private Configuration configuration;          ❶

   public DefaultAccountManager2() {
      this(LogFactory.getLog(DefaultAccountManager2.class),
         new DefaultConfiguration("technical"));
   }

   public DefaultAccountManager2(Log logger, Configuration configuration) {
      this.logger = logger;
      this.configuration = configuration;
   }

   public Account findAccountForUser(String userId) {
      this.logger.debug("Getting account for user [" + userId + "]");
      this.configuration.getSQL("FIND_ACCOUNT_FOR_USER");
      // Some code logic to load a user account using JDBC
   [...]
   }
[...]
}
```

在❶处，将清单 8.5 中的 PropertyResourceBundle 类替换为新的 Configuration 字段。这就使代码变得更加灵活，因为它引入了一个接口（这很容易模拟），而且 Configuration 接口的实现可以是我们想要的任何东西（包括使用资源包）。现在的设计更好了，可以在 Log 和 Configuration 接口的任何实现中使用和重用 DefaultAccountManager2 类（如果使用带两个参数的构造方法），类可以从外部（由其调用者）控制，同时没有破坏现有的接口，因为只添加了一个新的构造方法。这里还保留了默认构造方法，该构造方法仍然使用默认实现初始化 logger 和 configuration 字段成员。

8.3.2 重构方面的考虑

通过重构，我们为控制测试中的域对象引入了一个陷阱（trap door）。这里保留了向后兼容性，并为将来的重构铺平了一条道路。调用类可以按照自己的情况使用新的构造方法。

引入陷阱会让代码更容易测试吗？下面是极限编程大师 Ron Jeffries 的解释：

我的汽车有一个诊断口和一个油量标尺。我的炉子侧面以及烤箱的正面都有一个检查孔。我的钢笔墨盒是透明的，所以我可以看到是否还有墨水。

如果我发现在类中添加一个方法会有助于我测试它，我就会这样做。这种情况偶尔会发生，例如在有简单的接口和复杂的内部函数的类中（可能会需要一个 Extract 类）。

我只是按照我对类的需求的理解来定义那些类，并密切关注它，看它接下来需要什么。

设计模式实战：控制反转（Inversion of Control，IoC）

将 IoC 模式应用到一个类中，意味着该类不再创建其不直接负责的对象实例，而是传递任何所需要的实例。实例可以通过构造方法传递或通过 setter 方法传递，也可以作为需要它们的方法的参数传递。在被调用的类上正确设置这些域对象是调用代码的责任。[1]

IoC 使单元测试变得轻而易举。为证明这一点，下面来看要为 findAccountByUser 方法编写一个测试有多容易，如清单 8.7 所示。

清单 8.7 testFindAccountByUser 方法

```
public void testFindAccountByUser() {
   MockLog logger = new MockLog();                                      ❶
   MockConfiguration configuration = new MockConfiguration();
   configuration.setSQL("SELECT * [...]");                              ❷
   DefaultAccountManager2 am = new DefaultAccountManager2(logger,
                                                  configuration);       ❸

   Account account = am.findAccountForUser("1234");
   // Perform asserts here
   [...]
}
```

清单 8.7 所示的代码实现了如下操作。

- 使用一个模拟 logger 对象，它实现了 Log 接口，但它什么也不做（❶处）。
- 创建了一个 MockConfiguration 实例（❷处），并将其设置为当调用 configuration.getSQL 方法时返回一个给定的 SQL 查询。
- 创建将要测试的 DefaultAccountManager2 实例（❸处），并将 Log 和 Configuration 实例传递给它。

在测试代码中，已经能够从外部的测试代码完全控制日志记录和配置行为。因此，代码更加灵活，允许使用任何日志记录和配置实现。在后文中将实现更多这样的代码重构。现在，Tested Data Systems 公司的开发人员已经用这种方法解决了之前研究的问题。

最后要注意一点，如果先编写测试，那么将自动设计出具有灵活性的代码。灵活性是编写一个单元测试的关键。如果先进行测试，以后就不需要在为灵活性而重构代码时付出代价了。

[1] 参见用于实现 IoC 模式的 Spring 框架。

8.4　模拟 HTTP 连接

要了解 mock object 在实际示例中如何工作，还是要回到 Tested Data Systems 公司所开发的应用程序，该程序打开一个到远程服务器的 HTTP 连接并读取一个页面。在第 7 章，我们使用 stub 测试了该应用程序，现在公司开发人员决定改用 mock object 模拟 HTTP 连接。此外，开发人员将为没有 Java 接口的类（HttpURLConnection 类）实现 mock。

这里将展示一个完整的场景。从一个初始测试实现开始，然后逐步改进这个实现，并且修改最初的代码使其更具灵活性。这里还使用 mock 来测试错误条件。

随着讨论的深入，我们将不断改进测试代码和示例程序，尤其是针对同一个应用程序使用不同的方法编写单元测试。在此过程中，你将学习实现一种简单而优雅的测试方案，同时使应用程序代码更灵活并易于更改。

图 8.2 介绍了引入测试之前的 HTTP 示例应用程序，它包含一个简单的 WebClient.getContent 方法，该方法用于建立一个 HTTP 连接，连接 Web 服务器上某个 Web 资源。这里希望能够以独立于 Web 资源的方式对 getContent 方法进行单元测试。

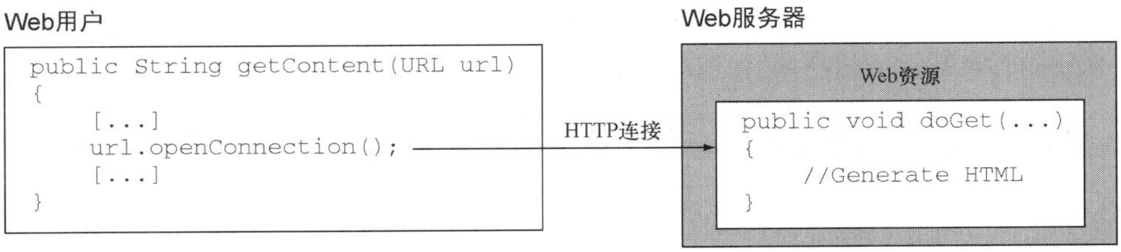

Web用户

```
public String getContent(URL url)
{
    [...]
    url.openConnection();
    [...]
}
```

HTTP连接

Web服务器

Web资源

```
public void doGet(...)
{
    //Generate HTML
}
```

图 8.2　引入测试之前的 HTTP 示例应用程序

8.4.1　mock object 的定义

图 8.3 展示了一个 mock object 的定义。MockURL 类代表真正的 URL 类，在 getContent 中对 URL 类的所有调用都会指向 MockURL 类。可以看到，测试其实是一个控制器：它创建并配置 mock 在此测试中必须具有的行为，它会（以某种方式）将真实的 URL 类替换为 MockURL 类，然后运行这个测试。

图 8.3 展示了 mock object 策略非常有趣的一面：在产品代码中需要能够被 mock 替换的能力。细心的你可能注意到了，因为 URL 是 final 类，所以不可能创建一个扩展它的 MockURL 类。

在后文中，我们会展示如何以不同的方式实现这一技巧（通过在另一个级别上使用 mock）。在任何情况下，使用 mock object 时，把真正的类替换成一个 mock 是一个难点，除非使用依赖注入。这可被视为 mock object 的一个缺点，因为通常需要修改代码来引入陷阱。具有讽刺意味的是，修改代码以提高灵活性也是使用 mock 的最大优势之一，正如 8.3.1 节和 8.3.2 节所述。

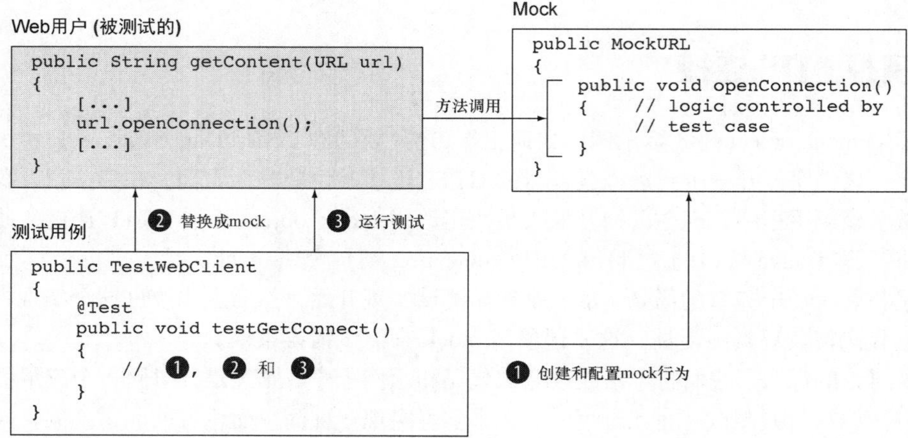

图 8.3　使用 mock object 进行测试所包含的步骤：创建和配置 mock object 的行为，将其交换进去，并运行测试

8.4.2　示例方法的测试

清单 8.8 中的示例显示了一个代码段，以打开给定 URL 的 HTTP 连接并读取该 URL 上的内容。假设这段代码是要进行单元测试的大型应用程序的一个方法（见第 7 章的 WebClient 类）。

清单 8.8　打开一个 HTTP 连接的示例方法

```
[...]
import java.net.URL;
import java.net.HttpURLConnection;
import java.io.InputStream;
import java.io.IOException;

public class WebClient {
   public String getContent(URL url) {
      StringBuffer content = new StringBuffer();
         try {
         HttpURLConnection connection =
            (HttpURLConnection) url.openConnection();
         connection.setDoInput(true);                          ❶
         InputStream is = connection.getInputStream();
         int count;
         while (-1 != (count = is.read())) {
            content.append( new String( Character.toChars( count ) ) );   ❷
         }
      } catch (IOException e) {
         return null;                   ❸
      }
      return content.toString();
   }
}
```

清单 8.8 所示的代码实现了如下操作。

- 打开一个 HTTP 连接（❶处）。读取收到的所有内容（❷处）。
- 如果发生错误，将返回 null（❸处）。诚然，这可能不是最好的处理错误的方法，但就目前而言，它已经足够好了（测试将给我们勇气，以便在以后进行重构）。

8.4.3　第一个尝试：简单的方法重构技巧

Tested Data Systems 公司应用的第一个重构技术的思想是，隔离于到一个 Web 服务器的真正 HTTP 连接来测试 getContent 方法。回忆一下 8.2 节中的知识，这意味着要编写一个模拟 URL，其中 url.openConnection 方法返回一个 mock HttpURLConnection。MockHttpURLConnection 类将提供一个实现，它让测试决定 getInputStream 方法返回什么。在理想情况下，我们可以编写以下测试，如清单 8.9 所示。

清单 8.9　testGetContentOk 方法

```
@Test
public void testGetContentOk() throws Exception {
   MockHttpURLConnection mockConnection = new MockHttpURLConnection();   ❶
   mockConnection.setupGetInputStream(
                    new ByteArrayInputStream("It works".getBytes()));
   MockURL mockURL = new MockURL();                                      ❷
   mockURL.setupOpenConnection(mockConnection);
   WebClient client = new WebClient();
   String workingContent = client.getContent(mockURL);                  ❸
   assertEquals("It works", workingContent);                            ❹
}
```

清单 8.9 所示的代码实现了如下操作。

- 创建一个 mock HttpURLConnection（❶处）。
- 创建一个 mock URL（❷处）。
- 测试 getContent 方法（❸处）。
- 最后断言结果（❹处）。

不幸的是，这个方法并不奏效！因为 JDK 的 URL 类是一个 final 类，没有 URL 接口可用。可扩展性就此而止。

这就需要找另一个解决方法，可能还需要模拟另一个对象。一个解决方法是替换 URLStreamHandlerFactory 类。我们在第 7 章探讨了这个解决方法，所以必须找到一种使用 mock object 的技术：重构 getContent 方法。这个方法做了两件事：获得一个 HttpURLConnection 对象；从中读取内容。重构得到清单 8.10 所示的类（对清单 8.8 所做的更改以粗体显示）。这里已经截取了获取 HttpURLConnection 对象的那一部分代码。

清单 8.10　从 getContent 截取的获取 HttpURLConnection 对象的代码

```
public class WebClient1 {
   public String getContent(URL url) {
```

```
    StringBuffer content = new StringBuffer();
    try {
      HttpURLConnection connection = createHttpURLConnection(url);  ❶
      InputStream is = connection.getInputStream();
      int count;
      while (-1 != (count = is.read())) {
        content.append( new String( Character.toChars( count ) ) );
      }
    }
    catch (IOException e) {
      return null;
    }
    return content.toString();
  }

  protected HttpURLConnection createHttpURLConnection(URL url)
                                            throws IOException {  ❶
    return (HttpURLConnection) url.openConnection();
  }
}
```

在清单 8.10 中，调用 createHttpURLConnection 方法来创建 HTTP 连接（❶处）。如何利用这个解决方法更有效地测试 getContent 呢？它允许我们应用一个有用的技巧，即编写一个测试辅助类，以扩展 WebClient1 类并覆盖 createHttpURLConnection 方法，如下所示。

```
private class TestableWebClient extends WebClient1 {
  private HttpURLConnection connection;
  public void setHttpURLConnection(HttpURLConnection connection) {
    this.connection = connection;
  }
  public HttpURLConnection createHttpURLConnection(URL url)
                                            throws IOException {
    return this.connection;
  }
}
```

当要模拟的类没有接口时，使用一种称为**方法工厂**（method factory）的重构方法特别有用。策略是扩展那个类，添加一些 setter 方法来控制它，并覆盖它的一些 getter 方法来返回想要的测试内容。

在测试中，我们可以调用 setHttpURLConnection 方法，并把 mock HttpURLConnection 对象传递给它。现在的测试内容如清单 8.11 所示（与清单 8.9 不同的地方用粗体显示）。

清单 8.11　修改的 testGetContentOk 方法

```
@Test
public void testGetContentOk() throws Exception {
  MockHttpURLConnection mockConnection = new MockHttpURLConnection();
  mockConnection.setupGetInputStream(
    new ByteArrayInputStream("It works".getBytes()));
  TestableWebClient client = new TestableWebClient();
  client.setHttpURLConnection(mockConnection);            ❶
  String workingContent =
              client.getContent(new URL("http://localhost"));  ❷
  assertEquals("It works", workingContent);
}
```

清单 8.11 所示的代码实现了如下操作。

- 配置 TestableWebClient（❶处），以便 createHttpURLConnection 方法返回一个 mock object。
- 调用 getContent 方法（❷处）。
- 对目前这个案例，此方法还是可以的，但它并不完美。这有点像**海森伯不确定性原理**（Heisenberg Uncertainty Principle）: 被测试的子类改变了它的行为，所以当测试子类时，能知道真正测试的是什么吗?

这种技巧对打开一个对象使之更适合测试而言很有用，但若仅止于此它其实就是测试了与原始待测试类相似的东西（并不是完全相同）。当然，这并不是在为第三方库编写测试而不能修改代码，你对测试代码有完全的控制权。因此，你可以改善代码，使之在整个过程中更易于测试。

8.4.4 第二个尝试：使用类工厂进行重构

Tested Data Systems 公司的开发人员希望通过应用 IoC 模式再次进行重构，该模式要求任何资源都要传递给 getContent 方法或 WebClient 类。这里使用的唯一资源是 HttpURLConnection 对象。我们可以通过如下语句改变 WebClient.getContent 方法的签名。

```
public String getContent(URL url, HttpURLConnection connection)
```

这一更改表示把 HttpURLConnection 对象的创建任务留给 WebClient 的调用者。但是，URL 是从 HttpURLConnection 类中检索的，签名看起来不是很好。幸运的是，一种更好的解决方法是创建一个 ConnectionFactory 接口，如清单 8.12 和清单 8.13 所示。类实现 ConnectionFactory 接口的作用是从一个连接返回一个 InputStream，无论这个连接是什么（HTTP、TCP/IP 等）。这种重构技术有时被称为**类工厂**（class factory）重构。

清单 8.12 ConnectionFactory 接口

```
[...]
import java.io.InputStream;
public interface ConnectionFactory {
   InputStream getData() throws Exception;
}
```

使用 ConnectionFactory 重构的 WebClient2 如清单 8.13 所示。

清单 8.13 使用 ConnectionFactory 重构的 WebClient2

```
[...]
import java.io.InputStream;

public class WebClient2 {
   public String getContent(ConnectionFactory connectionFactory) {
      String workingContent;
      StringBuffer content = new StringBuffer();
```

```
      try(InputStream is = connectionFactory.getData()) {
         int count;
         while (-1 != (count = is.read())) {
            content.append( new String( Character.toChars( count ) ) );
         }
         workingContent = content.toString();
      }
      catch (Exception e) {
         workingContent = null;
      }
      return workingContent;
   }
}
```

这种解决方法更好，因为对数据内容的检索与获取连接的方式无关。第一个实现仅使用 HTTP 处理 URL。新的实现可以使用任何标准协议（如 file://、http://、ftp://、jar://等），甚至可以使用自定义协议。使用 HTTP 的 ConnectionFactory 实现如清单 8.14 所示。

清单 8.14 HttpURLConnectionFactory 类

```
[...]
import java.io.InputStream;
import java.net.HttpURLConnection;
import java.net.URL;

public class HttpURLConnectionFactory implements ConnectionFactory {
   private URL url;
   public HttpURLConnectionFactory(URL url) {
      this.url = url;
   }
   public InputStream getData() throws Exception {
      HttpURLConnection connection =
         (HttpURLConnection) this.url.openConnection();
      return connection.getInputStream();
   }
}
```

现在，我们可以通过为 ConnectionFactory 编写一个 mock 来轻松地测试 getContent 方法，如清单 8.15 所示。

清单 8.15 MockConnectionFactory 类

```
[...]
import java.io.InputStream;

   public class MockConnectionFactory implements ConnectionFactory {
      private InputStream inputStream;

      public void setData(InputStream stream) {
         this.inputStream = stream;
      }
      public InputStream getData() throws Exception {
         return inputStream;
```

```
    }
}
```

通常，mock 不包含任何逻辑，完全由外部控制（通过调用 setData 方法来控制）。现在，我们可以轻松地使用 MockConnectionFactory 来重构测试，如清单 8.16 所示。

清单 8.16 使用 MockConnectionFactory 来重构 WebClient 测试

```
[...]
import java.io.ByteArrayInputStream;

public class TestWebClient {

   @Test
   public void testGetContentOk() throws Exception {
      MockConnectionFactory mockConnectionFactory =
                                          new MockConnectionFactory();
      mockConnectionFactory.setData(
                      new ByteArrayInputStream("It works".getBytes()));

      WebClient2 client = new WebClient2();
      String workingContent = client.getContent(mockConnectionFactory);
      assertEquals("It works", workingContent);
   }
}
```

我们已经实现了最初的目标：对 WebClient.getContent 的代码逻辑进行单元测试，该方法返回给定 URL 的内容。在此过程中，我们必须为测试重构方法，这导致了一个更具扩展性的实现，但这个实现能够更好地应对变化。

8.5 把 mocks 用作特洛伊木马

mock object 就是特洛伊木马，但它们并没有恶意。mocks 从内部替代真正的对象，并且调用类并不会意识到这一点。mocks 可以访问有关类的内部信息，使它们更加有用。在目前的示例中，我们仅用它们来模拟真实的行为，还没有挖掘出它们所能提供的所有信息。

我们可以把 mocks 用作探测器，监视被测试对象所调用的方法。再来看这个 HTTP 连接示例，可以监视的一个有趣的调用是 InputStream 上的 close 方法，我们希望开发人员总是关闭流，否则，可能会发生资源泄漏。当没有关闭读取器、扫描器、缓冲区或其他使用资源并需要从内存中清除进程时，就会发生**资源泄漏**（resource leak）。到目前为止，我们还没有为 InputStream 使用 mock object，但是可以轻松地创建一个，并提供一个 verify 方法来确保调用了 close 方法。然后，我们可以在测试结束时调用 verify 方法，以验证应该调用的所有方法都被调用了（见清单 8.17）。你可能还想验证 close 方法是否只被调用了一次，如果它被多次调用或者根本没有被调用，就引发一个异常。这类验证通常称为**预期**。

定义：预期（expectation）——对于 mock object，**预期**就是内嵌在 mock 中的一种特性，用于验证调用该 mock 的外部类是否具有正确的行为。例如，一个数据库连接 mock 可以验证，在任何使用该 mock 的测试中，在这个连接对象上恰好调用了一次 close 方法。

为了显示资源已被关闭并避免一次资源泄漏的预期，请看下面的清单 8.17。

清单 8.17 带期望 close 的 mock InputStream

```
[...]
import java.io.IOException;
import java.io.InputStream;

public class MockInputStream extends InputStream {
   private String buffer;
   private int position = 0;
   private int closeCount = 0;
   public void setBuffer(String buffer) {
      this.buffer = buffer;

   }
   public int read() throws IOException {
      if (position == this.buffer.length()) {
         return -1;
      }
      return this.buffer.charAt(this.position++);      ❶
   }
   public void close() throws IOException {
      closeCount++;                                      ❷
      super.close();
   }
   public void verify() throws java.lang.AssertionError {
      if (closeCount != 1) {
         throw new AssertionError ("close() should "
                      + "have been called once and once only");   ❸
      }
   }
}
```

清单 8.17 所示的代码实现了如下操作。

- 告诉 mock 读方法应该返回什么（❶处）。
- 计算 close 方法被调用的次数（❷处）。验证预期得到满足（❸处）。

在 MockInputStream 类中，对 close 方法的预期很简单：希望它总是被调用一次。然而，在大多数情况下，对 closeCount 的预期取决于被测试的代码。一个 mock 通常会有一个类似 setExpectedCloseCalls 的方法，以便测试可以告诉 mock 预期会发生什么。

接下来，我们用新的 MockInputStream 修改 testGetContentOk 测试方法，如下所示。

```
[...]

public class TestWebClientFail {
```

```
   @Test
   public void testgetContentOk() throws Exception {
      MockConnectionFactory mockConnectionFactory =
            new MockConnectionFactory();
      MockInputStream mockStream = new MockInputStream();
      mockStream.setBuffer("It works");
      mockConnectionFactory.setData(mockStream);
      WebClient2 client = new WebClient2();
      String workingContent = client.getContent(mockConnectionFactory);

      assertEquals("It works", workingContent);
      mockStream.verify();
   }
}
```

在前面的测试中，我们没有使用真正的 ByteArrayInputStream，而使用了 MockInputStream。注意，在测试的最后调用了 MockInputStream 的 verify 方法，以确保所有的预期得到满足。运行 TestWebClient1 的结果如图 8.4 所示。

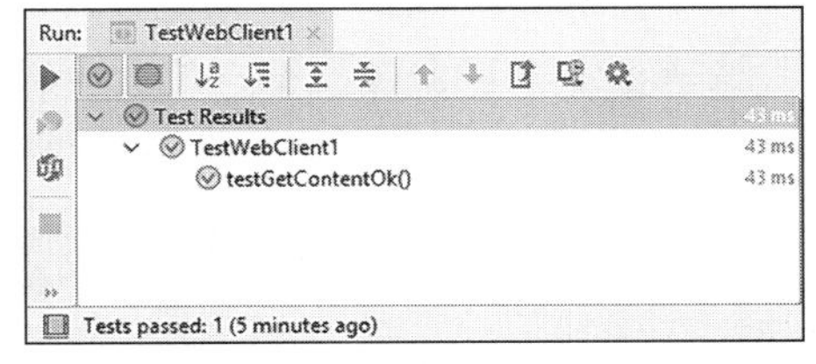

图 8.4　运行 TestWebClient1 的结果

对于预期，还有一些其他简单、方便的方法。例如，如果有一个组件管理器，在组件生命周期内调用不同的方法，那么我们可能会预期这些方法是按一定的顺序被调用的，或者可能期望某个指定的值能作为参数传递给 mock。一般可以认为，mock 除了能够在测试中提供我们想要的行为，还可以提供关于其使用情况的有用反馈。测试可以提供关于方法调用的次数、传递给方法的参数、方法调用的顺序的信息。

我们将在 8.6 节展示一些流行的开放源代码 mock 框架的用法。这些框架功能强大，完全能够满足我们的需求，不需要从一开始就实现 mock。

8.6　mock 框架简介

到目前为止，Tested Data Systems 公司的开发人员从零开始实现了 mock object。正如我们所看到的，这个工作并不那么单调、乏味，但却是一项重复性的工作。你可能已经猜到，不必在每次需要 mock 时都重新“发明轮子”。的确如此，有许多编写好的、优秀的框架可以在项目中使用 mock。本节将深入探讨 3 个使用最广泛的 mock 框架：EasyMock、JMock 和 Mockito。

Tested Data Systems 公司的开发人员尝试重写 HTTP 示例应用程序，以显示如何使用这 3 种框架，并为选择其中一种作为备选方案提供基础。人们有自己的经验、偏好和习惯，因为开发人员有这 3 种框架可选，所以会比较它们并得出一些结论。

8.6.1　使用 EasyMock

EasyMock 是一个开源框架，它为 mock 对象提供了一些有用的类。为了使用这个框架，我们需要向 pom.xml 文件添加依赖项，如清单 8.18 所示。

清单 8.18　pom.xml 配置文件的 EasyMock 依赖项

```
<dependency>
   <groupId>org.easymock</groupId>
   <artifactId>easymock</artifactId>
   <version>4.2</version>
</dependency>
<dependency>
   <groupId>org.easymock</groupId>
   <artifactId>easymockclassextension</artifactId>
   <version>3.2</version>
</dependency>
```

在尝试引入 EasyMock 时，Tested Data Systems 公司的开发人员修改了本章前几节构造的一些 mock。开始很简单：修改清单 8.2 中的 AccountService 测试，如清单 8.19 所示。

清单 8.19　使用 EasyMock 修改 TestAccountService 测试

```
[...]
import static org.easymock.EasyMock.createMock;
import static org.easymock.EasyMock.replay;
import static org.easymock.EasyMock.expect;
import static org.easymock.EasyMock.verify;          ❶

public class TestAccountServiceEasyMock
{

    private AccountManager mockAccountManager;       ❷

    @BeforeEach
    public void setUp()
    {
        mockAccountManager = createMock( "mockAccountManager",
                                    AccountManager.class );   ❸
    }

    @Test
    public void testTransferOk()
    {
        Account senderAccount = new Account( "1", 200 );
        Account beneficiaryAccount = new Account( "2", 100 );   ❹

        // Start defining the expectations
        mockAccountManager.updateAccount( senderAccount );
        mockAccountManager.updateAccount( beneficiaryAccount );   ❺
```

```
        expect( mockAccountManager.findAccountForUser( "1" ) )
                                 .andReturn( senderAccount );
        expect( mockAccountManager.findAccountForUser( "2" ) )
                                 .andReturn( beneficiaryAccount );      ❻

        // we're done defining the expectations
        replay( mockAccountManager );                                    ❼

        AccountService accountService = new AccountService();
        accountService.setAccountManager( mockAccountManager );
        accountService.transfer( "1", "2", 50 );                         ❽

        assertEquals( 150, senderAccount.getBalance() );
        assertEquals( 150, beneficiaryAccount.getBalance() );            ❾
    }

    @AfterEach
    public void tearDown()
    {
        verify( mockAccountManager );                                    ❿
    }
}
```

可以看到，上述代码的长度与清单 8.4 的长度差不多，但这里不用编写额外的 mock 类。清单 8.19 所示的代码可以实现如下操作。

- 从定义所需的 EasyMock 库导入的清单开始（❶处）。这里使用静态导入（static import）。
- 声明要 mock 的对象（❷处）。注意，这里的 AccountManager 是一个接口。背后的原因很简单：核心 EasyMock 框架只能 mock 接口对象。
- 调用 createMock 方法来创建所需类的一个 mock（❸处）。
- 创建两个 Account 对象，在测试中使用它们（❹处）。之后，开始声明我们的预期。
- 使用 EasyMock 有两种声明预期的方式。当方法返回类型为 void 时，在模拟对象上调用它（❺处）；当方法返回任何类型的对象时，使用 EasyMock API 的 expect 和 andReturn 方法（❻处）。
- 当完成对预期的定义时，调用 replay 方法。该方法将 mock 从记录预期被调用的方法的地方传递到测试的地方。以前，我们只是简单地记录行为，但是对象不能作为模拟对象工作。调用 replay 方法之后，对象将按预期工作（❼处）。
- 调用 transfer 方法在两个账户之间转账（❽处）。
- 断言预期的结果（❾处）。
- 在每个@Test 标注的方法之后运行的@AfterEach 标注的方法保存了预期的验证。使用 EasyMock，我们可以使用任何模拟对象调用 verify 方法（❿处），以验证是否触发了声明的方法调用预期。在@AfterEach 标注的方法中包含的验证使我们可以很容易地引入新的测试，而且从现在开始我们将依赖于 verify 方法的运行。

JUnit 最佳实践：创建 EasyMock 对象

这里有一个关于 createMock 方法的有用的技巧。如果查看 EasyMock 的 API，会发现 createMock 方法有多个签名。这里所用到的签名是

```
createMock(String name, Class claz);
```

但是，还有一个签名是

```
createMock(Class claz);
```

那么，到底应该用哪个签名呢？用第一个签名更好。如果用第二个签名，并且预期没有满足，就会得到一个错误信息，如下所示：

```
java.lang.AssertionError:
  Expectation failure on verify:
    read(): expected: 7, actual: 0
```

可以看到，上面的信息不像想象的那样清楚地描述了具体情况。如果使用第一个签名，并且把类映射到一个指定的名称，就会获得以下信息：

```
java.lang.AssertionError:
  Expectation failure on verify:
    name.read(): expected: 7, actual: 0
```

是不是非常简单呢？再向前迈进一步，看一个更复杂的示例，如何？清单 8.20 展示了清单 8.16 中经过重写的 WebClient 测试：验证 getContent 方法返回的值是否正确。

这里要测试 WebClient 的 getContent 方法。为此，我们需要 mock 该方法的所有依赖项。本示例有两个依赖项：ConnectionFactory 和 InputStream。这似乎是个问题，因为 EasyMock 只能模拟接口，而 InputStream 是类。

要模拟 InputStream 类，需要使用 EasyMock 的类扩展。它是 EasyMock 的扩展项目，该项目允许为类和接口生成 mock object[1]。这些类扩展由清单 8.18 中的第二个 Maven 依赖项处理。

清单 8.20 使用 EasyMock 重写 WebClient 测试

```
[...]
import static org.easymock.classextension.EasyMock.createMock;
import static org.easymock.classextension.EasyMock.replay;      ❶
import static org.easymock.classextension.EasyMock.verify;

public class TestWebClientEasyMock {
    private ConnectionFactory factory;
    private InputStream stream;          ❷

    @BeforeEach
```

[1] final 和 private 类型的方法不能够被模拟。

```
    public void setUp() {
        factory = createMock( "factory", ConnectionFactory.class );
        stream = createMock( "stream", InputStream.class );          ❸
    }

    @Test
    public void testGetContentOk() throws Exception {
        expect( factory.getData() ).andReturn( stream );
        expect( stream.read() ).andReturn( new Integer( (byte) 'W' ) );
        expect( stream.read() ).andReturn( new Integer( (byte) 'o' ) );
        expect( stream.read() ).andReturn( new Integer( (byte) 'r' ) );
        expect( stream.read() ).andReturn( new Integer( (byte) 'k' ) );   ❹
        expect( stream.read() ).andReturn( new Integer( (byte) 's' ) );
        expect( stream.read() ).andReturn( new Integer( (byte) '!' ) );
        expect( stream.read() ).andReturn( -1 );
        stream.close();                                    ❺

        replay( factory );
        replay( stream );                ❻

        WebClient2 client = new WebClient2();
        String workingContent = client.getContent( factory );       ❼

        assertEquals( "Works!", workingContent );           ❽
    }
[...]
    @Test
    public void testGetContentCannotCloseInputStream() throws Exception {
        expect( factory.getData() ).andReturn( stream );
        expect( stream.read() ).andReturn( -1 );

❾      stream.close();
        expectLastCall().andThrow(new IOException("cannot close"));    ❿

        replay( factory );
        replay( stream );
        WebClient2 client = new WebClient2();
        String workingContent = client.getContent( factory );

        assertNull( workingContent );
    }

    @AfterEach
    public void tearDown() {
        verify( factory );
        verify( stream );
    }
}
```

清单 8.20 所示的代码实现了如下操作。

- 先导入所需要的对象（❶处）。注意，因为使用 EasyMock 的类扩展，所以需要导入 org.easymock. classextension.EasyMock，而不是 org.easymock.EasyMock。现在，已经

准备好使用类扩展的静态导入方法来创建类和接口的 mock object 了。

- 声明了要 mock 的对象(❷处),而且调用了 createMock 方法来初始化这些对象(❸处)。
- 定义了调用 read 方法时流的期望(❹处)(注意,要停止从流中读取数据,最后返回的值是-1)。使用低级流时,定义如何一次读取一个字节,因为 InputStream 是按字节读取的。我们期望在流对象上调用 close 方法(❺处)。
- 为了表示声明了预期,调用 replay 方法(❻处)。replay 方法将 mock 从记录预期被调用的方法的地方传递到测试的地方。此前,我们只是简单地记录行为,但是对象并不作为 mock 工作。调用 replay 之后,对象将按预期工作。
- 剩下的就是调用被测方法(❼处),并断言预期的结果(❽处)。
- 这里添加了另一个测试来 mock 无法关闭 InputStream 的情况。定义了一个预期,期望在其中调用流的 close 方法(❾处)。
- 声明如果这个调用发生了,应该抛出一个 IOException 异常❿。

正如这个框架的名称所示,使用 EasyMock 非常容易,你可以考虑将其用在自己的项目中。

8.6.2 使用 JMock

到目前为止,我们学习了实现自己的 mock object 以及使用 EasyMock 框架。在本小节中,我们将介绍如何使用 JMock 框架。这里使用 Tested Data Systems 公司的开发人员评估模拟框架相同的场景,以比较各个框架的能力:使用 mock AccountManager 进行资金转账测试,这次使用 JMock。使用 JMock,需要向 pom.xml 配置文件添加依赖项,如清单 8.21 所示。

清单 8.21 向 pom.xml 配置文件添加依赖项

```
<dependency>
   <groupId>org.jmock</groupId>
   <artifactId>jmock-junit5</artifactId>
   <version>2.12.0</version>
</dependency>
<dependency>
   <groupId>org.jmock</groupId>
   <artifactId>jmock-legacy</artifactId>
   <version>2.5.1</version>
</dependency>
```

与 8.6.1 小节一样,这里从一个简单的示例开始:使用 JMock 重新处理清单 8.4 所示的 TestAccountService 测试,如清单 8.22 所示。

清单 8.22 使用 JMock 重新处理 TestAccountService 测试

```
[...]
import org.jmock.Expectations;
import org.jmock.Mockery;
import org.jmock.junit5.JUnit5Mockery;
```

```
public class TestAccountServiceJMock {
    @RegisterExtension
    Mockery context = new JUnit5Mockery();                          ❷

    private AccountManager mockAccountManager;                      ❸

    @BeforeEach
    public void setUp() {
        mockAccountManager = context.mock( AccountManager.class );  ❹
    }

    @Test
    public void testTransferOk() {
        Account senderAccount = new Account( "1", 200 );            ❺
        Account beneficiaryAccount = new Account( "2", 100 );

        context.checking( new Expectations()                        ❻
        {
            {
                oneOf( mockAccountManager ).findAccountForUser( "1" );   ❼
                will( returnValue( senderAccount ) );
                oneOf( mockAccountManager ).findAccountForUser( "2" );
                will( returnValue( beneficiaryAccount ) );

                oneOf( mockAccountManager ).updateAccount( senderAccount );
                oneOf( mockAccountManager )
                      .updateAccount( beneficiaryAccount );
            }
        } );

        AccountService accountService = new AccountService();
        accountService.setAccountManager( mockAccountManager );         ❽
        accountService.transfer( "1", "2", 50 );

        assertEquals( 150, senderAccount.getBalance() );                ❾
        assertEquals( 150, beneficiaryAccount.getBalance() );
    }
}
```

清单 8.22 所示的代码实现了如下操作。

- 与前面一样，首先导入所有需要的对象（❶处）。与 EasyMock 不同，JMock 框架不依赖于任何静态导入特性。
- JUnit 5 提供了一种注册扩展的编程方法。对于 JMock，这种方法是用@RegisterExtension 标注 JUnit5Mockery 的非私有实例字段（本书第四部分将详细讨论 JUnit 5 扩展模型）。context 对象用于创建 mock 和定义预期（❷处）。
- 声明了要 mock 的 AccountManager（❸处）。就像 EasyMock 一样，核心 JMock 框架只提供接口的 mock。
- 在每个@Test 标注的方法之前运行的@BeforeEach 标注的方法中，通过上下文对象以编程方式创建 mock（❹处）。

- 声明了两个账户对象，将在它们之间进行资金转账（❺处）。
- 构造一个新的 Expectations 对象来声明预期（❻处）。
- 声明第一个预期（❼处），每个预期都有以下格式：

```
invocation-count (mock-object).method(argument-constraints);
inSequence(sequence-name);
when(state-machine.is(state-name));
will(action);
then(state-machine.is(new-state-name));
```

  上面的格式中，除了粗体显示的 invocation-count 和 mock-object，所有的子句都是可选的。必须指定将有多少次调用，以及在哪个对象上调用。在此之后，如果某个方法返回某个对象，就可以使用 will(returnValue())结构来声明返回对象。

- 开始从一个账户向另一个账户转账（❽处），然后断言预期的结果（❾处）。就这么简单！

不过等一下，针对调用计数的验证该怎么办？在前面的所有示例中，都需要验证，预期调用的次数要符合预期的值。有了 JMock，就不必这样做。JMock 扩展负责此任务，如果没有运行预期的调用，测试将失败。

按照 8.6.1 小节的模式，我们重写了清单 8.20，展示了 WebClient 测试，这次使用的是 Jmock，如图 8.23 所示。

清单 8.23 使用 JMock 重写 WebClient 测试

```
[...]

public class TestWebClientJMock {
    @RegisterExtension
    Mockery context = new JUnit5Mockery() {           ❶
        {
            setImposteriser( ClassImposteriser.INSTANCE );
        }                                                  ❷
    };

    @Test
    public void testGetContentOk() throws Exception {
        ConnectionFactory factory =
                          context.mock( ConnectionFactory.class );
        InputStream mockStream =                                       ❸
                          context.mock( InputStream.class );

        context.checking( new Expectations() {
            {
                oneOf( factory ).getData();
                will( returnValue( mockStream ) );        ❹

                atLeast( 1 ).of( mockStream ).read();
                will( onConsecutiveCalls(
                     returnValue( Integer.valueOf ( (byte) 'W' ) ),
                     returnValue( Integer.valueOf ( (byte) 'o' ) ),    ❺
```

```
                    returnValue( Integer.valueOf ( (byte) 'r' ) ),
                    returnValue( Integer.valueOf ( (byte) 'k' ) ),
                    returnValue( Integer.valueOf ( (byte) 's' ) ),      ⑤
                    returnValue( Integer.valueOf ( (byte) '!' ) ),
                    returnValue( -1 ) ) );

                oneOf( mockStream ).close();
            }
        } );

        WebClient2 client = new WebClient2();                           ⑥
        String workingContent = client.getContent( factory );

        assertEquals( "Works!", workingContent );    ⑦
    }

    @Test
    public void testGetContentCannotCloseInputStream() throws Exception {

        ConnectionFactory factory =
                                context.mock( ConnectionFactory.class );
        InputStream mockStream = context.mock( InputStream.class );

        context.checking( new Expectations() {
            {
                oneOf( factory ).getData();
                will( returnValue( mockStream ) );
                oneOf( mockStream ).read();
                will( returnValue( -1 ) );                 ⑧
                oneOf( mockStream ).close();
                will( throwException(
                        new IOException( "cannot close" ) ) );    ⑨
            }
        } );

        WebClient2 client = new WebClient2();

        String workingContent = client.getContent( factory );

        assertNull( workingContent );
    }
}
```

清单 8.23 所示的代码实现了如下操作。

- 通过注册 JMock 扩展来启动测试用例。使用@RegisterExtension 注解对 JUnit5Mockery 的非私有实例字段 context 进行标注（❶处）。
- 为了告诉 JMock 为接口和类创建 mock object，我们需要设置上下文的 imposteriser 属性（❷处）。现在可以继续以正常的方式创建 mock。
- 声明并以编程方式初始化要为其创建 mock 的两个对象（❸处）。
- 开始声明预期值（❹处）。注意，这是我们声明流的 read 方法的连续运行和返回值的好方法（❺处）。

- 调用要测试的方法（❻处）。断言预期的结果（❼处）。
- 为全面了解如何使用 JMock 模拟库，我们还提供了一个用@Test 标注的方法，它在异常条件下测试 WebClient 类。声明 close 方法被触发的预期（❽处），并指示 JMock 在该触发器被触发时抛出 IOException 异常（❾处）。

可以看到，JMock 库与 EasyMock 库一样易于使用，但它提供了与 JUnit 5 更好的集成。可以通过编程方式注册 Mockery context 字段。下面介绍 Mockito 框架，它更接近 JUnit 5 范例。

8.6.3 使用 Mockito

在本小节中，我们将介绍另一个流行的模拟框架——Mockito。Tested Data Systems 公司的开发人员希望对它进行评测，并最终在项目中使用它。使用 Mockito，需向 pom.xml 配置文件添加依赖项，如清单 8.24 所示。

清单 8.24 向 pom.xml 配置文件添加依赖项

```
<dependency>
    <groupId>org.mockito</groupId>
    <artifactId>mockito-junit-jupiter</artifactId>
    <version>3.2.4</version>
    <scope>test</scope>
</dependency>
```

与 EasyMock 和 JMock 一样，重写清单 8.4 中的示例（使用 mock AccountManager 实现资金转账），这里使用 Mockito，如清单 8.25 所示。

清单 8.25 使用 Mockito 重写的 AccountService 测试

```
[...]

import org.junit.jupiter.api.extension.ExtendWith;
import org.mockito.Mock;
import org.mockito.Mockito;                                        ❶
import org.mockito.junit.jupiter.MockitoExtension;

                                                          ❷
@ExtendWith(MockitoExtension.class)
public class TestAccountServiceMockito {

    @Mock
    private AccountManager mockAccountManager;                ❸

    @Test
    public void testTransferOk() {
        Account senderAccount = new Account( "1", 200 );
        Account beneficiaryAccount = new Account( "2", 100 );      ❹
```

```
        Mockito.lenient()
            .when(mockAccountManager.findAccountForUser("1"))
            .thenReturn(senderAccount);
        Mockito.lenient()
            .when(mockAccountManager.findAccountForUser("2"))
            .thenReturn(beneficiaryAccount);

        AccountService accountService = new AccountService();
        accountService.setAccountManager( mockAccountManager );
        accountService.transfer( "1", "2", 50 );
        assertEquals( 150, senderAccount.getBalance() );
        assertEquals( 150, beneficiaryAccount.getBalance() );
    }
}
```

清单 8.25 所示的代码实现了如下操作。

- 与前面一样，从导入所需的所有对象开始（❶处）。该示例不依赖于静态导入特性。
- 使用 MockitoExtension 扩展这个测试（❷处）。@ExtendWith 是可重复的注解，用于为所标注的测试类或测试方法注册扩展。对于这个 Mockito 示例，我们只需注意到，通过注解创建 mock object 时需要此扩展（❸处）。该代码告诉 Mockito 创建一个 AccountManager 类型的 mock object。
- 声明了两个要进行资金转账的账户（❹处）。
- 开始使用 when 方法声明预期（❺处）。此外，使用 lenient 方法来修改对象模拟的严格性。如果没有这个方法，相同的 findAccountForUser 方法只允许一个预期声明，而我们需要两个（一个使用参数“1”，另一个使用参数“2”）。
- 开始从一个账户向另一个账户转账（❻处）。断言预期的结果（❼处）。

按照 8.6.1 小节和 8.6.2 小节的模式，我们重写了清单 8.20，其中展示了使用 Mockito 的 WebClient 测试。

清单 8.26 使用 Mockito 重写 WebClient 测试

```
[...]
import org.mockito.Mock;
import org.mockito.junit.jupiter.MockitoExtension;
import static org.mockito.Mockito.doThrow;
import static org.mockito.Mockito.when;

@ExtendWith(MockitoExtension.class)
public class TestWebClientMockito {
    @Mock
    private ConnectionFactory factory;

    @Mock
    private InputStream mockStream;

    @Test
```

```
    public void testGetContentOk() throws Exception {
        when(factory.getData()).thenReturn(mockStream);
        when(mockStream.read()).thenReturn((int) 'W')
                               .thenReturn((int) 'o')
                               .thenReturn((int) 'r')
                               .thenReturn((int) 'k')
                               .thenReturn((int) 's')
                               .thenReturn((int) '!')
                               .thenReturn(-1);

        WebClient2 client = new WebClient2();

        String workingContent = client.getContent( factory );

        assertEquals( "Works!", workingContent );
    }

    @Test
    public void testGetContentCannotCloseInputStream()
        throws Exception {
        when(factory.getData()).thenReturn(mockStream);
        when(mockStream.read()).thenReturn(-1);
        doThrow(new IOException( "cannot close" ))
                                .when(mockStream).close();

        WebClient2 client = new WebClient2();

        String workingContent = client.getContent( factory );

        assertNull( workingContent );
    }
}
```

清单 8.26 所示的代码实现了如下操作。

- 先导入所需的依赖项，包括静态的和非静态的（❶处）。
- 使用 MockitoExtension 扩展这个测试（❷处）。
- 在本示例中，我们需要使用扩展来通过注解创建 mock object（❸处），它告诉 Mockito 创建一个 ConnectionFactory 类型的 mock object 和一个 InputStream 类型的 mock object。
- 开始声明预期（❹处）。注意，这是声明流的 read 方法连续运行和返回值的好方法（❺处）。
- 调用被测试方法（❻处）。断言预期的结果（❼处）。
- 这里还提供了一个用@Test 标注的方法，用于在异常条件下测试 WebClient。声明 factory.getData 方法的预期（❽处），并声明 mockStream.read 方法的预期（❾处）。然后，当关闭流时（❿处），指示 Mockito 抛出 IOException 异常。

可以看到，Mockito 框架可以与新的 JUnit 5 扩展模型一起使用，不是像 JMock 那样通过编程方式实现，而是通过使用 JUnit 5 的@ExtendWith 和 Mockito 的@Mock 注解实现。在后文中，我们将更广泛地使用 Mockito，因为它可以与 JUnit 5 更好地集成。

我们将在第 9 章介绍对组件进行单元测试的另一种方法：容器内测试或者集成测试。

8.7　小结

在本章中，我们主要讨论了以下内容。

- 介绍了 mock object 技术，这种技术可以让我们在与其他域对象以及环境隔离的情况下对代码进行单元测试。当涉及编写细粒度单元测试时，这种技术有助于从运行环境中抽象出来。
- 表明了编写 mock object 测试的一个微妙的副作用：迫使我们重写一些测试代码。在实践中，代码常常写得不够好。对于 mock object，必须以不同的方式考虑代码并应用更好的设计模式，如接口和 IoC。
- 实现并比较了方法工厂和类工厂技术，以重构使用 mock HTTP 连接的代码。
- 学习了 3 种 mock 框架：EasyMock、JMock 和 Mockito。在这 3 种框架中，我们展示了 Mockito 与 JUnit 5 的最佳集成，特别是与 JUnit 5 扩展模型的最佳集成。

第 9 章　容器内测试

本章重点

- 分析 mock object 的限制。
- 使用容器内测试。
- 评价和比较 stub、mock object 和容器内测试。
- 使用 Arquillian。

成功的秘诀在于真诚。如果你能装得很像，就成功了。

——Jean Giraudoux

在本章中，我们会讨论一种在应用程序容器中对组件进行单元测试的方法，即**容器内测试**（in-container testing）或集成测试。组件是由不同的开发人员或团队开发的模块，需要进行集成测试。我们将分析容器内测试的优缺点，并展示 mock object 方法（见第 8 章，存在缺陷）可以实现的效果，以及容器内测试如何帮助我们编写集成测试；还将讨论用于集成测试的、与 Java EE 容器无关的框架 Arquillian，并展示如何使用此框架来进行集成测试；最后，将比较本书第二部分涉及的 stub、mock object 和容器内测试方法。

9.1　标准单元测试的局限性

现在我们从清单 9.1 中的 Servlet 示例开始。这个示例在 HttpServlet 中实现了 isAuthenticated 方法，它是我们要进行单元测试的方法。Servlet 是一种可以扩展服务器功能的 Java 应用程序。Tested Data Systems 公司使用 Servlet 开发 Web 应用程序，其中一个应用程序是为新用户提供服务的在线商店。要访问在线商店，用户需要连接到前端界面。在线商店需要对用户进行身份验证，以便知道是谁在进行操作。Tested Data Systems 公司的开发人员希望测试一种方法，以检验用户是否经过身份验证。

清单 9.1　使用 Servlet 实现的 isAuthenticated 方法

```
[...]
import javax.servlet.http.HttpServlet;
import javax.servlet.http.HttpServletRequest;
import javax.servlet.http.HttpSession;

public class SampleServlet extends HttpServlet {
   public boolean isAuthenticated(HttpServletRequest request) {
      HttpSession session = request.getSession(false);
      if (session == null) {
         return false;
      }
      String authenticationAttribute =
         (String) session.getAttribute("authenticated");
      return Boolean.valueOf(authenticationAttribute).booleanValue();
   }
}
```

这个 Servlet 示例非常简单，但它足以说明标准单元测试的局限性。测试 isAuthenticated 方法需要一个有效的 HttpServletRequest 对象。由于 HttpServletRequest 是一个接口，因此不能用 new 创建 HttpServletRequest 的实例。HttpServletRequest 的生命周期和实现由容器（在本示例中为 Servlet 容器）提供。对于其他服务器端对象（如 HttpSession）也是如此。一般来说，只使用 JUnit 还不足以为 isAuthenticated 方法和 Servlet 编写测试。

定义：组件和容器——组件是一个应用程序或应用程序的一部分。容器是一个隔离的空间，组件在其中运行。容器为其管理的组件提供服务，例如生命周期、安全性、事务等。

在 Servlet 和 JSP 的情况下，容器是一个 Servlet 容器，如 Jetty 和 Tomcat。其他类型的容器包括 JBoss（重命名为 WildFly），它是一种企业级 JavaBeans（Enterprise JavaBeans，EJB）容器。Java 代码可以在这些容器中运行。只要容器在运行时创建和管理对象，我们就不能使用标准的 JUnit 技术（JUnit 5、stub 和 mock object 的特性）来测试这些对象。

9.2　mock object 解决方法

Tested Data Systems 的开发人员需要测试在线商店的身份验证机制。要对 isAuthenticated 方法（见清单 9.1）进行单元测试，他们考虑的第一种方案是模拟 HttpServletRequest 类，这是第 8 章中描述的方法。尽管该方法是可行的，但需要编写大量代码来创建测试。通过使用开放源代码的 EasyMock 框架（见第 8 章），我们可以很容易地实现同样的结果，如清单 9.2 所示。

清单 9.2 用 EasyMock 测试 Servlet

```
[...]
import javax.servlet.http.HttpServletRequest;
import static org.easymock.EasyMock.createStrictMock;
import static org.easymock.EasyMock.expect;
import static org.easymock.EasyMock.replay;                    ❶
import static org.easymock.EasyMock.verify;
import static org.easymock.EasyMock.eq;
import static org.junit.jupiter.api.Assertions.assertFalse;
import static org.junit.jupiter.api.Assertions.assertTrue;
[...]
public class TestSampleServletWithEasyMock {

   private SampleServlet servlet;
   private HttpServletRequest mockHttpServletRequest;      ❷
   private HttpSession mockHttpSession;

   @BeforeEach
   public void setUp() {
      servlet = new SampleServlet();
      mockHttpServletRequest =                                ❸
         createStrictMock(HttpServletRequest.class);
      mockHttpSession = createStrictMock(HttpSession.class);
   }

   @Test
   public void testIsAuthenticatedAuthenticated() {
      expect(mockHttpServletRequest.getSession(eq(false)))
         .andReturn(mockHttpSession);                          ❹
      expect(mockHttpSession.getAttribute(eq("authenticated")))
         .andReturn("true");
      replay(mockHttpServletRequest);        ❺
      replay(mockHttpSession);                                        ❻
      assertTrue(servlet.isAuthenticated(mockHttpServletRequest)); <─┘
   }

   @Test
   public void testIsAuthenticatedNotAuthenticated() {
      expect(mockHttpSession.getAttribute(eq("authenticated")))
         .andReturn("false");
      replay(mockHttpSession);
      expect(mockHttpServletRequest.getSession(eq(false)))
         .andReturn(mockHttpSession);
      replay(mockHttpServletRequest);
      assertFalse(servlet.isAuthenticated(mockHttpServletRequest));
   }

   @Test
   public void testIsAuthenticatedNoSession() {
      expect(mockHttpServletRequest.getSession(eq(false))).andReturn(null);
      replay(mockHttpServletRequest);
         replay(mockHttpSession);
         assertFalse(servlet.isAuthenticated(mockHttpServletRequest));
```

```
    }

    @AfterEach                                  ❼
    public void tearDown() {
        verify(mockHttpServletRequest);
        verify(mockHttpSession);                ❽
    }
}
```

清单 9.2 所示的代码实现了如下操作。

- 先导入了必要的类和方法。这里使用 EasyMock 的多个类（❶处）。
- 为要模拟的对象声明实例变量：HttpServletRequest 和 HttpSession（❷处）。
- 用@BeforeEach 标注的 setUp 方法在每次调用@Test 标注的方法之前运行（❸处），这是实例化所有 mock object 的地方。
- 按照以下模式实现测试。
  - 使用 EasyMock API 设置预期（❹处）。
  - 调用 replay 方法来结束预期的声明（❺处）。replay 方法将 mock 从记录预期被调用的方法的地方传递到测试的地方。之前，我们只是简单地记录行为，但是对象不能作为 mock 对象工作。调用 replay 之后，对象将按预期工作。
  - 断言在 Servlet 上的测试条件（❻处）。
- 在每个@Test 标注的方法运行之后（❼处），调用@AfterEach 标注的 EasyMock 的 verify 方法（❽处），来检查 mock object 是否满足编程的所有期望。

模拟容器最小的部分是一个测试组件的有效方法。但是模拟可能很复杂，需要编写大量代码。本书提供的源代码还包括对该 Servlet 测试的 JMock 和 Mockito 框架版本。与其他类型的测试一样，当 Servlet 发生更改时，测试预期也必须进行更改。接下来，Tested Data Systems 公司的开发人员将尝试简化对在线商店身份验证机制的测试。

9.3　容器内测试的步骤

测试 SampleServlet 的另一种方法是，在 HttpServletRequest 和 HttpSession 对象存在的情况下运行测试用例，也就是在容器中运行。这种方法避免了模拟任何对象，只需访问真实容器中的对象和方法。

对于测试在线商店身份验证机制的示例，我们需要将 HttpServletRequest 和 HttpSession 作为由容器管理的真实对象。在容器中部署和运行测试的机制就是容器内测试。下面我们介绍容器内测试的有关内容。

9.3.1　实现策略

我们有两种架构上的选择来驱动容器内测试：服务器端和用户端。我们可以通过控制服务器端容器和单元测试来直接驱动测试，也可以从用户端驱动测试，如图 9.1 所示。

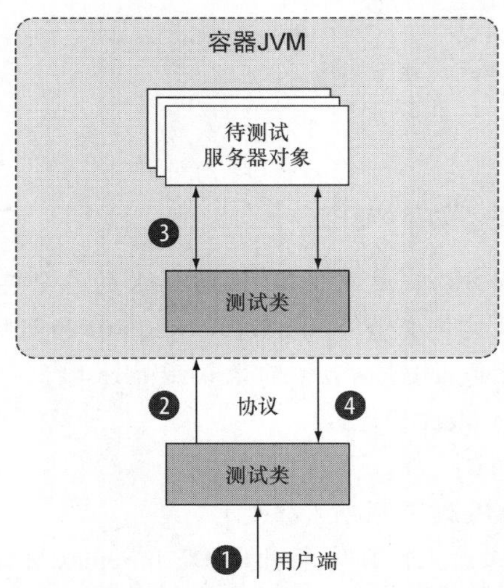

图 9.1 一个典型的容器内测试生命周期：运行用户端测试类（❶处）、在服务器端调用相同的测试用例（❷处）、测试域对象（❸处），将结果返回给用户端（❹处）

一旦测试被打包并部署到容器内和用户端，JUnit 的测试运行器就会运行用户端上的测试类（❶处）。测试类通过 HTTP（S）等协议打开一个连接，然后在服务器端调用相同的测试用例（❷处）。服务器端的测试用例操作的是服务器端的对象，它们通常是可用的（HttpServletRequest、HttpServletResponse、HttpSession 以及 BundleContext 等）并且可测试我们的域对象（❸处）。服务器端将测试结果返回给用户端（❹处），IDE 或 Maven 可以获取这些结果。

9.3.2 容器内测试框架

如前文所述，如果代码与容器交互，并且测试无法创建有效的容器对象（HttpServletRequest），就适合采用容器内测试。

我们在示例中使用了 Servlet 容器，其实也可以用其他类型的容器，包括 Java EE、Web 服务器、applet 和 EJB 等。

9.4 stub、mock object 和容器内测试的对比

在本节中，我们将比较前文提到的测试组件的方法：stub、mock object[1]和容器内测试。很多问题来自论坛和邮件列表。

[1] 想要更深入地了解 stub 和 mock object 技术的不同，请参考 Martin Fowler 的“Mocks Aren’t Stubs”。

9.4.1 对 stub 的评价

第 7 章介绍了使用 stub 作为容器外测试技术。stub 可以很好地隔离给定的类以进行测试，并断言其实例的状态。例如，替换一个 Servlet 容器可以让我们跟踪发出请求的数量、服务器的状态以及被请求的 URL。但是 stub 从一开始就有一些预定义的行为。

在使用 mock object 时，我们能对预期进行编码和验证。Tested Data Systems 的开发人员能够检查测试运行方法的每个步骤，包括业务逻辑和测试调用这些方法的次数。

与 mock object 相比，stub 最大的优点之一是，其更容易理解。与 mock object 相比，stub 只需要很少的额外代码就可以隔离一个类，而 mock object 需要一个完整的框架才能运行。stub 的缺点是依赖于外部工具和补丁，而且不能跟踪被模拟对象的状态。

从第 7 章可以看到，开发人员很容易用 stub 模拟一个 Servlet 容器。而使用 mock object 这样做就非常困难，因为需要使用状态和行为模拟出容器对象。

stub 的优缺点如下。

- stub 的优点如下。
  - 快速且轻量级。
  - 易于编写、易于理解。
  - 功能强大。
  - 测试是粗粒度的。
- stub 的缺点如下。
  - 需要特定的方法来验证状态。
  - 不能测试 mock object 的行为。
  - 进行复杂交互时很耗时。
  - 当代码更改时，它需要更多的维护。

9.4.2 对 mock object 的评价

比起容器内测试，mock object 的最大优点是“不需要一个运行的容器来运行测试”，可以快速建立测试。其主要缺点是，被测试的组件不是在要部署它们的容器中运行的。这些测试不能检查组件和容器之间的交互。

这里仍然需要一种方法来运行集成测试——检查由不同开发人员或团队开发的模块是否可以一起工作。编写和运行功能测试可以实现这一目标。功能测试的问题是它们是粗粒度的，只测试一个完整的用例，因此失去了细粒度单元测试的好处。不能像单元测试那样用那么多用例进行功能测试。

mock object 还有其他缺点。例如，可能需要创建大量的 mock object，这将是一笔不可忽略的开销——管理这些 mock 的操作成本非常大。显然，代码越清晰（方法小而集中），测试设置就越容易。

mock object 的另一个缺点是，为了构建一个测试，通常需要确切地知道被模拟 API 的行为，这可能需要了解自己领域之外的一些知识。我们知道自己的 API 的行为，但不知道其他 API

的行为，例如，Tested Data Systems 的开发人员为在线商店使用的 Servlet API。即使所有特定类型的容器都实现了相同的 API，但这些容器未必行为一致，因此还需为项目中的各种第三方库处理错误、技巧和补丁等。

作为本小节的总结，下面给出用 mock object 进行单元测试的优缺点。

- 用 mock object 进行单元测试的优点如下。
  - 不需要运行的容器来运行测试。
  - 可快速设置和运行。
  - 允许细粒度的单元测试。
- 用 mock object 进行单元测试的缺点如下。
  - 不能测试与容器或组件之间的交互。
  - 不能测试组件的部署。
  - 需要对于模拟的 API 有清楚的了解，这可能很困难（尤其是对外部库）。
  - 不能为开发人员提供代码在目标容器中运行的信心。
  - 如果提供更细粒度的测试，就可能导致测试代码被接口淹没。
  - 与 stub 一样，在代码更改时需要维护。

9.4.3 对容器内测试的评价

到目前为止，我们已经研究了容器内测试的优点，但这种方法也有以下缺点。

1. 需要特定的工具

容器内测试的一个主要缺点是，尽管概念是通用的，但是实现容器内测试的工具却是针对被测试 API 的。例如，用于 Servlet 的 Jetty 或 Tomcat，以及用于 EJB 的 WildFly。由于 mock object 的概念普遍适用，因此我们几乎可以测试任何 API。

2. 对 IDE 的支持不够

大多数容器内测试框架的一个显著缺点是缺乏良好的 IDE 集成。在大多数情况下，我们可以使用 Maven 或 Gradle 在一个嵌入式容器中运行测试，这也允许在持续集成（见第 13 章）服务器（Continuous Integration Server，CIS）运行一个构建。或者，IDE 可以运行使用了 mock object 的测试，就像运行普通的 JUnit 测试那样。

容器内测试属于集成测试的一种。这表明，不需要像运行常规单元测试那样频繁运行容器内测试，并且很有可能在一个 CIS 中运行它们，从而减少对 IDE 集成的需求。

3. 运行时间较长

容器内测试的另一个缺点是性能。对一个要在容器中运行的测试，需要启动和管理容器，这可能非常耗时。时间和内存开销取决于容器。启动开销并不只局限于容器。例如，如果单元测试需要访问数据库，那么数据库在测试开始运行之前必须处于预期的状态。就运行时间而言，集成测试的成本高于 mock object。我们可能不会像运行单元测试那样经常运行它们。

4．配置复杂

容器内测试的最大缺点是配置复杂。因为应用程序及其测试在容器中运行，所以应用程序必须打包（通常为.war 或.ear 文件）并部署到容器中。然后必须启动容器并运行测试。

另一方面，由于必须运行与产品环境相同的任务，因此最佳实践是将此过程作为构建的一部分自动化，并为测试复用它。作为 Java EE 项目中最复杂的任务之一，自动化打包和部署成为一种双赢的局面。提供容器内测试的需求驱动了在项目开始时实现这种自动化的过程，进而促进了持续集成。

为进一步实现这一目标，容器内测试框架大多包含对构建工具（如 Maven 和 Gradle）的支持，并允许嵌入式容器的启动。这种支持有助于隐藏构建各种运行时组件、运行测试和收集报告的复杂性。

考虑到对容器内测试的评价，我们将在 9.5 节介绍一个与 Java EE 容器无关的集成测试框架——Arquillian。

9.5　用 Arquillian 进行测试

Arquillian 是一个 Java 测试框架，它利用 JUnit 在 Java 容器中运行测试用例。Arquillian 框架主要被分为 3 个部分。

- 测试运行器（在我们的示例中是 JUnit）。
- 容器（WildFly、Tomcat、Glassfish 及 Jetty 等）。
- 测试充实器（将容器资源和 bean 直接注入测试类中）。

尽管缺乏与 JUnit 5 的集成（至少在本书撰写时，Arquillian 还没有 JUnit 5 扩展），但 Arquillian 非常流行，在 JUnit 4 之前的项目中被大量采用。它极大地简化了容器管理、部署和框架初始化的任务。另一方面，由于 Arquillian 用于测试 Java EE 应用程序，使用它需要一些基本知识，特别是关于上下文和依赖注入（Contexts and Dependency Injection，CDI）的知识。CDI 是一种用于控制反转设计模式的 Java EE 标准。

ShrinkWrap 是与 Arquillian 一起使用的外部依赖项，也是在 Java 中创建归档文件的一种简单方法。使用 ShrinkWrap API，开发人员可以组装.jar、.war 和.ear 文件，以便在测试期间由 Arquillian 直接部署。这些文件是包含运行应用程序所需的所有类的归档文件。ShrinkWrap 可帮助定义部署和描述符，这些是要被加载到被测试的 Java 容器中的。

Tested Data Systems 公司正在开发的一个项目是航班管理应用程序。该应用程序可创建和设置航班，还可添加和移除乘客。开发人员想要测试 Passenger 和 Flight 两个类的集成。该测试将检查每位乘客是否可以正确地加入或被移出某次航班，以及乘客数量是否超过座位数量。（没人愿意在无座位的情况下登机！）清单 9.3 和清单 9.4 给出了 Passenger 类和 Flight 类以及它们的逻辑。

清单 9.3 Passenger 类

```
public class Passenger {

   private String identifier;
   private String name;

   public Passenger(String identifier, String name) {
      this.identifier = identifier;
      this.name = name;
   }

   public String getIdentifier() {
      return identifier;
   }

   public String getName() {
      return name;
   }

   @Override
   public String toString() {
      return "Passenger " + getName() +
              " with identifier: " + getIdentifier();
   }
}
```

清单 9.3 所示的代码实现了如下操作。

- 声明了 identifier 和 name 两个字段，以描述 Passenger（❶处）。
- 声明了一个带有两个参数的构造方法（❷处）。
- 声明了两个 getter 方法（❸处）和覆盖的 toString 方法（❹处）。

清单 9.4 Flight 类

```
public class Flight {

   private String flightNumber;
   private int seats;
   Set<Passenger> passengers = new HashSet<>();

   public Flight(String flightNumber, int seats) {
      this.flightNumber = flightNumber;
      this.seats = seats;
   }

   public String getFlightNumber() {
      return flightNumber;
   }

   public int getSeats() {
      return seats;
   }

   public int getNumberOfPassengers () {
```

```
        return passengers.size();
    }

    public void setSeats(int seats) {        ❹
         if(passengers.size() > seats) {
             throw new RuntimeException(
             "Cannot reduce seats under the number of existing passengers!");
          }
          this.seats = seats;
    }
                                                        ❺
    public boolean addPassenger(Passenger passenger) {
         if(passengers.size() >= seats) {
             throw new RuntimeException(
          "Cannot add more passengers than the capacity of the flight!");
          }
          return passengers.add(passenger);
    }

    public boolean removePassenger(Passenger passenger) {    ❻
        return passengers.remove(passenger);
    }
                                                ❼
    @Override
    public String toString() {
        return "Flight " + getFlightNumber();
    }
}
```

清单 9.4 所示的代码实现了如下操作。

- 提供了 flightNumber、seats 和 passengers3 个字段，以描述航班（❶处）。
- 提供了一个带 flightNumber 和 seats 两个参数的构造方法（❷处）。
- 提供了 3 个 getter 方法（❸处）和一个 setter 方法（❹处）来处理定义的字段。处理 seat 字段的 setter 方法用于检查该字段的值是否小于现有乘客的数量。
- addPassenger 方法用于将乘客添加到航班中，还比较了乘客数量和座位数量，这样航班就不会被超额预订（❺处）。
- removePassenger 方法用于将乘客从航班中移除（❻处），覆盖了 toString 方法（❼处）。

清单 9.5 按 identifier 和 name 描述航班上的 20 名乘客，并将名单存储在一个 CSV 文件中。

清单 9.5 flights_information.csv 文件

```
1236789; John Smith
9006789; Jane Underwood
1236790; James Perkins
9006790; Mary Calderon
1236791; Noah Graves
9006791; Jake Chavez
1236792; Oliver Aguilar
9006792; Emma McCann
```

```
1236793; Margaret Knight
9006793; Amelia Curry
1236794; Jack Vaughn
9006794; Liam Lewis
1236795; Olivia Reyes
9006795; Samantha Poole
1236796; Patricia Jordan
9006796; Robert Sherman
1236797; Mason Burton
9006797; Harry Christensen
1236798; Jennifer Mills
9006798; Sophia Graham
```

清单 9.6 实现了 FlightBuilderUtil 类，用于解析 CSV 文件并将相应的乘客添加到航班中。因此，程序将信息从外部文件读到应用程序中。

清单 9.6　FlightBuilderUtil 类

```
[..]
public class FlightBuilderUtil {

    public static Flight buildFlightFromCsv() throws IOException {
        Flight flight = new Flight("AA1234", 20);                    ❶
        try(BufferedReader reader =
                new BufferedReader(new FileReader(
                    "src/test/resources/flights_information.csv")))  ❷
        {
            String line = null;
            do {
                line = reader.readLine();                            ❸
                if (line != null) {
                 String[] passengerString = line.toString().split(";");  ❹
                  Passenger passenger =
                        new Passenger(passengerString[0].trim(),
                                      passengerString[1].trim());    ❺
                  flight.addPassenger(passenger);                    ❻
                }
            } while (line != null);

        }

        return flight;                                               ❼
    }
}
```

清单 9.6 所示的代码实现了如下操作。

- 创建了一个航班对象（❶处）。打开 CSV 文件进行解析（❷处）。
- 逐行读取文件（❸处），并拆分每一行（❹处），根据已读取的信息创建一个乘客对象（❺处），并将该乘客添加到航班中（❻处）。
- 从 buildFlightFromCsv 方法返回完全填充的航班对象（❼处）。

到目前为止，为航班管理而开发并实现的所有类都是纯 Java 类，没有使用任何特定的框架和技术。作为一个针对 Java 容器运行测试用例的测试框架，Arquillian 需要知道一些与 Java EE

和 CDI 相关的概念。由于它是一个广泛应用的集成测试框架，因此这里决定引入该框架，并解释其中蕴含的重要思想，以便在项目中快速应用它。

Arquillian 从单元测试中抽象容器或应用程序启动逻辑，它使用应用程序驱动一个部署运行时范例，允许将程序部署到 Java EE 应用服务器。因此，该框架非常适合本章实现的容器内测试。此外，实现容器内测试也不需要特定的工具。

Arquillian 将应用程序部署到目标运行时，以运行测试用例。目标运行时可以是嵌入式或托管的应用程序服务器。使用 Arquillian 需要在 Maven 的 pom.xml 配置文件中添加依赖项，如清单 9.7 所示。

清单 9.7 在 pom.xml 中添加依赖项

```
<dependencyManagement>
       <dependencies>
           <dependency>
               <groupId>org.jboss.arquillian</groupId>          ❶
               <artifactId>arquillian-bom</artifactId>
               <version>1.4.0.Final</version>
               <scope>import</scope>
               <type>pom</type>
           </dependency>
       </dependencies>
</dependencyManagement>
<dependencies>
       <dependency>
           <groupId>org.jboss.spec</groupId>          ❷
           <artifactId>jboss-javaee-7.0</artifactId>
           <version>1.0.3.Final</version>
           <type>pom</type>
           <scope>provided</scope>
       </dependency>
       <dependency>
           <groupId>org.junit.vintage</groupId>          ❸
           <artifactId>junit-vintage-engine</artifactId>
           <version>5.6.0</version>
           <scope>test</scope>
       </dependency>
       <dependency>
           <groupId>org.jboss.arquillian.junit</groupId>          ❹
           <artifactId>arquillian-junit-container</artifactId>
          <scope>test</scope>
       </dependency>
       <dependency>
           <groupId>org.jboss.arquillian.container</groupId>          ❺
           <artifactId>arquillian-weld-ee-embedded-1.1</artifactId>
           <version>1.0.0.CR9</version>
           <scope>test</scope>
       </dependency>
       <dependency>
           <groupId>org.jboss.weld</groupId>          ❻
           <artifactId>weld-core</artifactId>
```

```
        <version>2.3.5.Final</version>
        <scope>test</scope>
    </dependency>
</dependencies>
```

清单 9.7 中向 pom.xml 添加了以下依赖项。

- Arquillian API 依赖项（❶处）。Java EE 7 API 依赖项（❷处）。
- JUnit Vintage Engine 依赖项（❸处）。正如前面提到的，至少在目前，Arquillian 还没有与 JUnit 5 集成。因为 Arquillian 缺少 JUnit 5 扩展，只能使用 JUnit 4 依赖项和注解来运行测试。
- Arquillian JUnit 集成依赖项（❹处）。
- 容器适配器依赖项（❺处和❻处）。要对容器运行测试，必须包括与该容器对应的依赖项。这一需求说明了 Arquillian 的一个优势：它将容器从单元测试中抽象出来，并且不与实现容器内测试的特定工具紧密耦合。

清单 9.8 中实现的 Arquillian 测试看起来就像单元测试，只是增加了一些内容。该测试被命名为 FlightWithPassengersTest，以表明对两个类进行集成测试的目标。

清单 9.8 FlightWithPassengersTest 类

```
[...]
@RunWith(Arquillian.class)                                  ❶
public class FlightWithPassengersTest {

    @Deployment
    public static JavaArchive createDeployment() {
        return ShrinkWrap.create(JavaArchive.class)
                .addClasses(Passenger.class, Flight.class)
                .addAsManifestResource(EmptyAsset.INSTANCE, "beans.xml");   ❷
    }

    @Inject
    Flight flight;                 ❸

    @Test(expected = RuntimeException.class)
    public void testNumberOfSeatsCannotBeExceeded() throws IOException {   ❹
        assertEquals(20, flight.getNumberOfPassengers());
        flight.addPassenger(new Passenger("1247890", "Michael Johnson"));
    }

    @Test
    public void testAddRemovePassengers() throws IOException {   ❺
        flight.setSeats(21);
        Passenger additionalPassenger =
            new Passenger("1247890", "Michael Johnson");
        flight.addPassenger(additionalPassenger);
        assertEquals(21, flight.getNumberOfPassengers());
        flight.removePassenger(additionalPassenger);
        assertEquals(20, flight.getNumberOfPassengers());
```

```
        assertEquals(21, flight.getSeats());
    }
}
```

如清单 9.8 所示，一个 Arquillian 测试用例必须包含 3 项内容。

- 在类上有一个@RunWith(Arquillian.class)注解（❶处）。@RunWith 注解告诉 JUnit 将 Arquillian 作为测试控制器。
- 一个带@Deployment 注解的公有静态方法，它返回一个 ShrinkWrap 归档（❷处）。测试归档的目的是隔离测试所需的类和资源。归档使用 ShrinkWrap 定义。微部署策略让我们能够精确地定位到想要测试的类。因此，该测试非常精简，易于管理。目前，航班管理应用程序只包括 Passenger 和 Flight 两个类。这里尝试使用 CDI 的@Inject 注解将 Flight 对象作为类成员注入（❸处）。@Inject 注解允许在类内部定义注入点。在本示例中，@Inject 注解指示 CDI 在测试中注入一个 Flight 类型的字段。
- 至少有一个使用@Test 注解标注的方法（❹处和❺处）。Arquillian 寻找一个用@Deployment 注解标注的公有静态方法来检索和测试归档，然后在容器环境中运行每个带@Test 注解的方法。

当 ShrinkWrap 归档部署到服务器时，它就变成了一个真正的归档。容器不知道归档是通过 ShrinkWrap 打包的。

我们已经为在项目中使用 Arquillian 提供了基础设施，下面在它的帮助下运行集成测试！如果现在运行测试，将得到一条错误信息，如图 9.2 所示。

```
org.jboss.weld.exceptions.DeploymentException: WELD-001408: Unsatisfied dependencies for type Flight with qualifiers @Default
  at injection point [BackedAnnotatedField] @Inject com.manning.junitbook.ch09.airport.FlightWithPassengersTest.flight
  at com.manning.junitbook.ch09.airport.FlightWithPassengersTest.flight(FlightWithPassengersTest.java:0)
```

图 9.2 运行 FlightWithPassengersTest 的结果

错误信息为"Unsatisfied dependencies for type Flight with qualifiers @Default"，含义是带@Default 注解的类型 Flight 不满足依赖关系。这表示容器正试图注入依赖项，正如 CDI 的@Inject 注解指示它所做的那样，但这并没有得到满足。为什么？Tested Data Systems 公司的开发人员错过了什么吗？原因是：Flight 类只提供了一个带参数的构造方法，而没有容器用于创建对象的默认构造方法。容器不知道如何使用参数调用构造方法，也不知道要传递哪些参数来创建必须注入的 Flight 对象。

在这种情况下，有什么解决方法呢？Java EE 提供了生成器方法，用于注入需要自定义初始化的对象，如清单 9.9 所示。利用该方法可以解决这个问题，而且即使是初级开发人员，也很容易付诸实践。

清单 9.9 FlightProducer 类

```
[...]
public class FlightProducer {

    @Produces
    public Flight createFlight() throws IOException {
```

```
        return FlightBuilderUtil.buildFlightFromCsv();
    }
}
```

清单 9.9 中，在 createFlight 方法中调用 FlightBuilderUtil.buildFlightFromCsv 方法创建 Flight 对象。我们可以使用这样的方法来注入需要自定义初始化的对象。在本示例中，注入了一个基于 CSV 文件配置的 flight 对象。这里用@Produces 标注了 createFlight 方法，它也是一个 Java EE 注解。容器将自动调用此方法创建配置好的 flight，然后将该方法注入 Flight 字段中，该字段使用来自 FlightWithPassengersTest 类的@Inject 进行标注。

清单 9.10 将 FlightProducer 类添加到 ShrinkWrap 归档。

清单 9.10 在 FlightWithPassengersTest 类中修改部署方法

```
[...]
@Deployment
public static JavaArchive createDeployment() {
        return ShrinkWrap.create(JavaArchive.class)
                .addClasses(Passenger.class, Flight.class,
                        FlightProducer.class)
                .addAsManifestResource(EmptyAsset.INSTANCE, "beans.xml");
}
```

现在运行测试，结果如图 9.3 所示，实际结果以绿色显示。容器注入了配置正确的航班。

考虑到容器内测试的优点（消除了与特定工具的紧密耦合），它很可能在 Tested Data Systems 公司中得到更多的关注和应用。开发人员还在期待一件事：JUnit 5 扩展的创建。（我们也很期待，祈祷吧！）

第 10 章是本书第三部分的开始，将深入研究如何把 JUnit 集成到 Maven 的构建过程中。

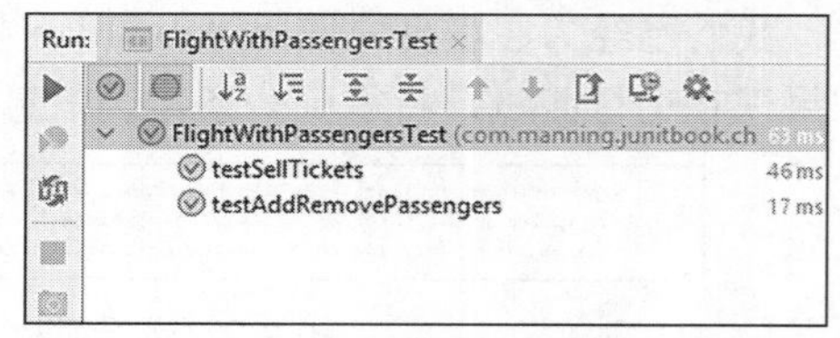

图 9.3 引入生成器方法后 FlightPassengersTest 的运行结果

9.6 小结

在本章中，我们主要讨论了以下内容。

- 分析了标准单元测试的局限，包括使用 mock object 的局限：不能使用由容器提供实现的对象，需要大量的代码，测试预期必须不断地改变以适应代码的演进，以及不能提供用于运行的隔离环境等。
- 研究了容器内测试的必要性和步骤：在对象实际存在的容器中运行测试用例。
- 使用 stub、mock object 和容器内测试评估测试，比较了每种测试技术的优缺点。
- 使用 Arquillian 框架。它是与 Java EE 容器无关的集成测试框架，使用它可实现集成测试。尽管目前缺乏与 JUnit 5 的集成（缺少 JUnit 5 的扩展），但它已经在 Java EE 项目中使用了多年，因为它使用 JUnit 针对 Java 容器运行测试用例。

第三部分

运用 JUnit 5 及其他工具

在这一部分，我们将讨论项目开发非常重要的方面：项目构建和 IDE 的使用。近年来，项目构建越来越受到重视，特别是在大型项目中。另外，适合开发人员使用的 IDE 可以极大提高开发和本地测试的速度。鉴于上述原因，本书这一部分将专门介绍 IDE、构建工具和 JUnit 5 的集成。

在第 10 章中，我们将大致介绍 Maven 及其术语，展示如何在 Maven 构建生命周期中加入测试的运行，以及如何通过 Maven 插件生成漂亮的 HTML 报告。在第 11 章中，我们将介绍如何在另一个流行的工具 Gradle 6 中运行 JUnit 测试。在第 12 章中，我们将通过当今流行的 IDE（IntelliJ IDEA、Eclipse 和 NetBeans 等）来研究开发人员如何使用 JUnit 5。在第 13 章中，我们专门讨论持续集成（CI）工具。极限开发人员强烈推荐这种实践，因为这样的工具有助于你维护代码存储库并在其上实现自动构建。对于构建依赖于许多经常变化的其他项目（如任何开放源代码的项目）的大型项目来说，CI 必不可少。

第 10 章　在 Maven 3 中运行 JUnit 测试

本章重点

- 从头开始创建 Maven 项目。
- 用 JUnit 5 测试 Maven 项目。
- 使用 Maven 插件。
- 使用 Maven Surefire 插件。

传统观点的作用就在于使我们免受思考的痛苦。

——John Kenneth Galbraith

在本章中，我们将介绍一个常见的系统构建工具——Maven。在前文中，我们利用所提供的 Maven 项目，只需查看一些外部依赖项，执行一些非常简单的命令，即可从 IDE 内运行测试。本章简要介绍 Maven 构建系统。如果你需要一种系统的方法来启动测试，这种系统非常有用。

Maven 涉及构建软件的两个方面：描述软件是如何构建的；描述所需的依赖关系。与早期的工具（如 Apache Ant）不同，它在构建过程中使用约定，只需要记录例外。它使用一个 XML 文件来描述其完整的配置，其中重要的是关于正在构建的软件项目的元信息、对其他外部组件的必要依赖以及所需的插件等。

在本章最后，我们将介绍如何用 Maven 构建 Java 项目，包括对其依赖项的管理、JUnit 测试的运行和 JUnit 报告的生成等。有关 Maven 的基本概念以及安装事项，请参阅附录 A。

10.1　建立 Maven 项目

如果已经安装了 Maven，就可以直接使用它了。第一次运行插件时，必须连接到 Internet，因为 Maven 需自动从 Web 下载插件所需的所有第三方.jar 文件。

首先，创建 C:\junitbook\文件夹，以此为工作目录，我们将在其下建立 Maven 示例。进入工作目录，在命令提示符窗口输入以下命令。

```
mvn archetype:generate -DgroupId=com.manning.junitbook
-DartifactId=maven-sampling
-DarchetypeArtifactid=maven-artifact-mojo
```

按<Enter>键后，等待 Maven 下载适当的组件，并接受默认选项，最后应该会看到 Maven 创建的一个名为 maven-sampling 的文件夹。如果用 IntelliJ IDEA 打开这个新项目，其文件夹结构如图 10.1 所示（注意，.idea 文件夹不是由 Maven 创建的，而是 IDE 创建的）。

发生了什么？从命令提示符窗口调用 maven-archetype-plugin 插件，并告诉它使用给定的参数从头开始创建一个新项目。因此，这个 Maven 插件创建了一个具有新文件夹结构的新项目，遵循文件夹结构的约定。它还创建了一个示例 App.java 文件，其中包含 main 方法，还有一个 AppTest.java 文件（该文件包含应用程序的单元测试）。查看了这个文件夹结构之后，你应该对哪些文件保存在 src/main/java 中、哪些文件保存在 src/test/java 中有所了解。

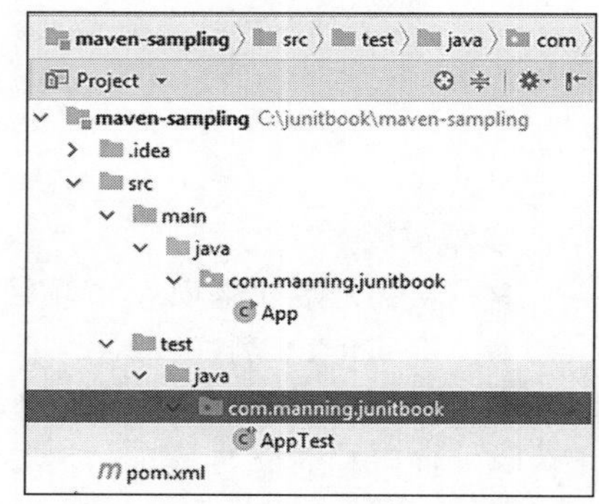

图 10.1　新项目的文件夹结构

Maven 插件还生成了一个 pom.xml 文件，该文件的部分内容如清单 10.1 所示。

清单 10.1　maven-sampling 项目的 pom.xml 文件的部分内容

```
<project xmlns="http://maven.apache.org/POM/4.0.0"
         xmlns:xsi=http://www.w3.org/2001/XMLSchema-instance
         xsi:schemaLocation="http://maven.apache.org/POM/4.0.0
         http://maven.apache.org/maven-v4_0_0.xsd">

  <modelVersion>4.0.0</modelVersion>
  <groupId>com.manning.junitbook</groupId>
  <artifactId>maven-sampling</artifactId>
  <version>1.0-SNAPSHOT</version>
  <name>maven-sampling</name>
    <!-- FIXME change it to the project's website -->
  <url>http://www.example.com</url>
  [...]
  <dependencies>
    <dependency>
     <groupId>junit</groupId>
     <artifactId>junit</artifactId>
     <version>4.11</version>
     <scope>test</scope>
    </dependency>
  </dependencies>
```

```
  [...]
</project>
```

清单 10.1 展示了项目的构建描述符。以带有适当名称空间的全局<project>标记开始，在该标记内，主要包括以下内容。

- modelVersion——表示所使用的 pom 的模型版本。目前，唯一支持的版本是 4.0.0。
- groupId——作为文件系统中的 Java 包，它把来自一个组织、公司或一组人员的不同项目分组。当调用 Maven 时在命令行中要提供这个值。
- artifactId——表示给项目取的名称。同样，这个值也要在命令行中指定。
- version——标识项目（或项目组件）的当前版本。以 SNAPSHOT 结尾的版本表示该组件仍处于开发模式，还没有发布。
- dependencies——列出项目的依赖项。

现在有了项目描述符，我们可以对其进行一些改进，如清单 10.2 所示。首先，需要修改 JUnit 依赖项的版本，因为这里使用的是 JUnit Jupiter 5.6.0，而插件生成的版本是 4.11；其次，可插入一些额外的信息，使 pom.xml 更具描述性，例如 developers 部分。这些信息不仅使 pom.xml 更具描述性，而且可在稍后构建网站时加入这些信息。

清单 10.2 对 pom.xml 修改和添加了内容

```
<dependencies>
      <dependency>
         <groupId>org.junit.jupiter</groupId>
         <artifactId>junit-jupiter-api</artifactId>
         <version>5.6.0</version>
         <scope>test</scope>
      </dependency>
      <dependency>
         <groupId>org.junit.jupiter</groupId>
         <artifactId>junit-jupiter-engine</artifactId>
         <version>5.6.0</version>
         <scope>test</scope>
      </dependency>
</dependencies>

<developers>
      <developer>
         <name>Catalin Tudose</name>
         <id>ctudose</id>
         <organization>Manning</organization>
         <roles>
            <role>Java Developer</role>
         </roles>
      </developer>
      <developer>
         <name>Petar Tahchiev</name>
         <id>ptahchiev</id>
         <organization>Apache Software Foundation</organization>
```

```
        <roles>
           <role>Java Developer</role>
        </roles>
     </developer>
</developers>
```

我们也可指定 description、organization 和 inceptionYear 等元素，如清单 10.3 所示。

清单 10.3 pom.xml 的描述元素

```
<description>
   "JUnit in Action III" book, the sample project for the "Running Junit
   tests from Maven" chapter.
</description>
<organization>
   <name>Manning Publications</name>
   <url>http://manning.com/</url>
</organization>
<inceptionYear>2019</inceptionYear>
```

现在我们可以开始开发软件了。如果想使用其他 Java IDE（如 Eclipse）而不是 IntelliJ IDEA 呢？当然可以。Maven 提供了额外的插件，可以将项目导入我们喜欢的 IDE。如果想用 Eclipse 打开一个终端并进入包含项目描述符（pom.xml）的目录，输入以下内容并按<Enter>键。

```
mvn eclipse:eclipse
```

该命令调用 maven-eclipse-plugin，在下载必要的组件之后生成两个文件（.project 文件和.classpath 文件），Eclipse 需要将项目识别为 Eclipse 项目。现在我们就可以将项目导入 Eclipse。在 pom.xml 文件中列出的所有依赖项都已添加到项目中，如图 10.2 所示。

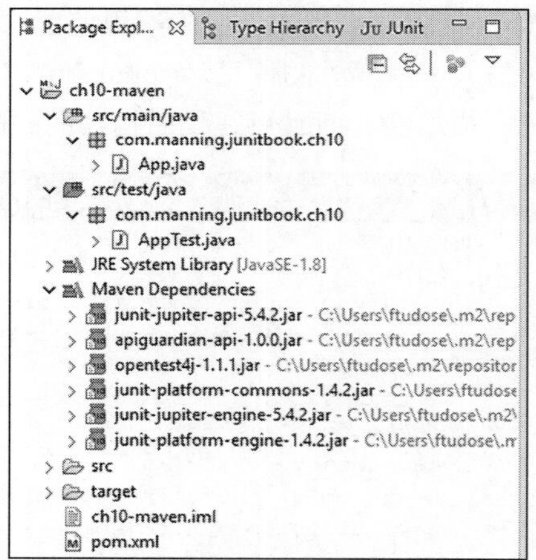

图 10.2 导入的项目，带有 Maven 目录结构和 pom.xml 文件中列出的所有依赖项（包括 JUnit 5）

使用 IntelliJ IDEA 的开发人员可以直接导入这个项目（见图 10.1），因为这个 IDE 在项目打开时调用 Maven 插件。

10.2 使用 Maven 插件

之前我们介绍了 Maven 是什么，以及如何使用它从头开始构建一个项目，还看到了如何生成项目文档，以及如何在 Eclipse 和 IntelliJ 中导入项目。无论何时，如果想清理 Maven 中的项目，可以执行以下命令：

```
mvn clean
```

该命令使 Maven 进入清理阶段，并调用附加在此阶段的所有插件，具体来说是 maven-clean-plugin 插件，它将删除 target/文件夹，即生成站点的位置。

10.2.1 Maven 的 Compiler 插件

与其他所有构建系统一样，Maven 用来构建项目（编译软件并打包到归档文件中）。Maven 中的每个任务都由一个适当的插件运行，插件在项目描述符中用<plugins>配置。要编译源代码，可以运行以下命令：

```
mvn compile
```

这将导致 Maven 运行所有附加在编译阶段的插件（它将调用 maven-compiler-plugin）。但是，正如附录 A 所述，在调用编译阶段之前，Maven 要经过验证阶段，下载 pom.xml 中列出的所有依赖项，并将它们包含在项目的类路径中。编译结束，可以在 target/classes/文件夹中看到编译后的类。

接下来，我们将尝试配置 Compiler 插件，摆脱约定优于配置的原则。到目前为止，传统的 Compiler 插件工作效果很好。但是，如果需要在编译器调用中添加-source 和-target 属性来为 JVM 的特定版本生成类文件，该怎么办呢？这时应该将清单 10.4 所示的代码添加到构建文件的<build>部分中。

清单 10.4 配置 maven-compiler-plugin 插件

```
<build>
   <plugins>
      <plugin>
         <artifactId>maven-compiler-plugin</artifactId>
          <version>2.3.2</version>
         <configuration>
            <source>1.8</source>
            <target>1.8</target>
         </configuration>
      </plugin>
   </plugins>
</build>
```

清单 10.4 展示了配置每个 Maven 插件的常用方法：在<build>部分中添加<plugins>部分，列出需要配置的每个插件——在本示例中是 maven-compiler-plugin（需要在插件配置部分输入配置参数，可以从 Maven 站点获得每个插件的参数列表）。若没有指定<source>和<target>参数，将使用 Java 5，该版本比较旧。

如清单 10.4 中 maven-compiler-plugin 的声明所示，这里没有设置 groupId 参数。maven-compiler-plugin 是 Maven 的核心插件之一，它的 groupId 是 org.apache.maven.plugins。用这个 groupId 的插件可以省去设置 groupId 参数。

10.2.2　Maven 的 Surefire 插件

为了处理来自项目的单元测试，Maven 需要使用插件。运行单元测试的 Maven 插件名为 maven-surefire-plugin。Surefire 插件用于为代码运行单元测试，但这些单元测试不一定是 JUnit 测试。

对于其他用于单元测试的框架，也可以利用 Surefire 插件运行测试。清单 10.5 显示了 Maven 的 Surefire 插件的配置。

清单 10.5　Maven 的 Surefire 插件的配置

```
<build>
   <plugins>
      <plugin>
         <artifactId>maven-surefire-plugin</artifactId>
          <version>2.22.2</version>
         </plugin>
      </plugins>
   </build>
```

启动 maven-surefire-plugin 插件的传统方法非常简单：调用 Maven 的测试阶段。Maven 首先调用测试阶段之前的所有阶段（包括确认阶段和编译阶段），然后调用添加到测试阶段的所有插件，通过这种方式调用 maven-surefire-plugin。所以可执行以下命令：

```
mvn clean test
```

Maven 首先清理 target/文件夹，然后编译源代码和测试，最后让 JUnit 5 运行 src/test/java 目录中的所有测试（记住约定）。用 Maven 3 运行 JUnit 测试的结果如图 10.3 所示。

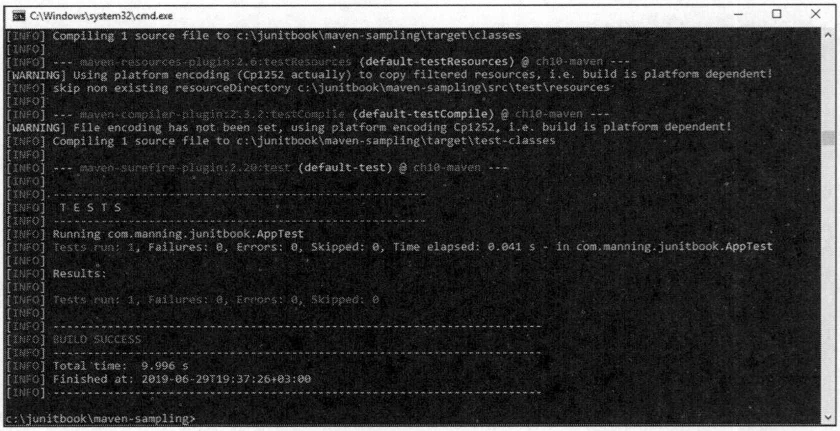

```
C:\Windows\system32\cmd.exe
[INFO] Compiling 1 source file to c:\junitbook\maven-sampling\target\classes
[INFO]
[INFO] --- maven-resources-plugin:2.6:testResources (default-testResources) @ ch10-maven ---
[WARNING] Using platform encoding (Cp1252 actually) to copy filtered resources, i.e. build is platform dependent!
[INFO] skip non existing resourceDirectory c:\junitbook\maven-sampling\src\test\resources
[INFO]
[INFO] --- maven-compiler-plugin:2.3.2:testCompile (default-testCompile) @ ch10-maven ---
[WARNING] File encoding has not been set, using platform encoding Cp1252, i.e. build is platform dependent!
[INFO] Compiling 1 source file to c:\junitbook\maven-sampling\target\test-classes
[INFO]
[INFO] --- maven-surefire-plugin:2.20:test (default-test) @ ch10-maven ---
[INFO]
[INFO] -------------------------------------------------------
[INFO]  T E S T S
[INFO] -------------------------------------------------------
[INFO] Running com.manning.junitbook.AppTest
[INFO] Tests run: 1, Failures: 0, Errors: 0, Skipped: 0, Time elapsed: 0.041 s - in com.manning.junitbook.AppTest
[INFO]
[INFO] Results:
[INFO]
[INFO] Tests run: 1, Failures: 0, Errors: 0, Skipped: 0
[INFO]
[INFO] ------------------------------------------------------------------------
[INFO] BUILD SUCCESS
[INFO] ------------------------------------------------------------------------
[INFO] Total time:  9.996 s
[INFO] Finished at: 2019-06-29T19:37:26+03:00
[INFO] ------------------------------------------------------------------------

c:\junitbook\maven-sampling>
```

图 10.3　用 Maven 3 运行 JUnit 测试的结果

这很好，但是如果只想运行一个测试用例，要怎么办呢？这种运行是非约定的，因此需要配置 maven-surefire-plugin 来运行它。

理想情况下，通过配置插件的参数可以指定要运行的测试用例的模式。配置 Surefire 插件的方式与配置 Compiler 插件的方式完全相同，如清单 10.6 所示。

清单 10.6　配置 Surefire 插件

```
<build>
   <plugins>
   [...]
      <plugin>
          <artifactId>maven-surefire-plugin</artifactId>
         <version>2.22.2</version>
          <configuration>
             <includes>**/*Test.java</includes>
          </configuration>
        [...]
      </plugin>
   [...]
   </plugins>
</build>
```

这里指定了 includes 参数，表示希望只运行与给定模式匹配的测试用例。但是如何知道 maven-surefire-plugin 接收哪些参数呢？当然，谁也无法记住所有参数，但是可以参考 Maven 站点上的 maven-surefire-plugin 文档（及任何其他插件文档）。

接下来我们为项目生成一些文档。但是等一下——在没有文件可以帮助我们生成文档的情况下，我们应该如何做到这一点呢？这是 Maven 的另一个好处：只需稍加配置和描述，就可以生成功能齐全的网站框架。

首先，将 maven-site-plugin 添加到 Maven 的 pom.xml 配置文件中：

```
<plugin>
    <groupId>org.apache.maven.plugins</groupId>
    <artifactId>maven-site-plugin</artifactId>
    <version>3.7.1</version>
</plugin>
```

然后，在 pom.xml 文件所在目录中输入以下命令：

```
mvn site
```

Maven 开始下载它的插件，成功安装之后，它会生成图 10.4 所示的漂亮网站。

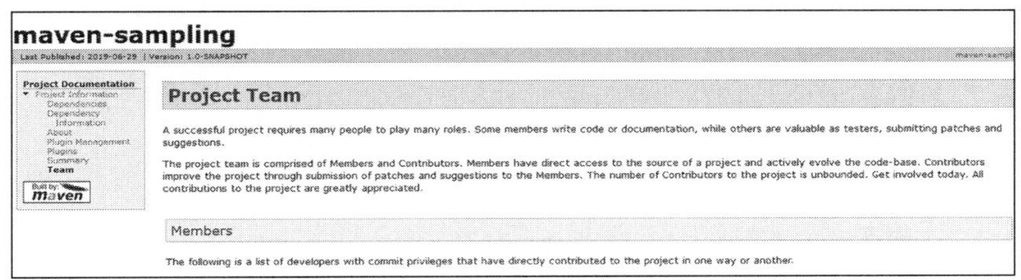

图 10.4　Maven 为项目生成的网站

这个网站是在 Maven 构建目录中生成的，这是另一个约定。Maven 使用 target/文件夹来满足构建本身的所有需求。源代码编译到 target/classes/文件夹中，文档在 target/site/中生成。

注意，Maven 生成的更像是一个网站的骨架。记住，我们先输入了少量数据。我们可以在 src/site 中添加更多的数据和 Web 页面，Maven 会将其包含在网站中，从而生成完整的文档。

10.2.3 用 Maven 生成 HTML 格式的 JUnit 报告

Maven 可以从 JUnit 的 XML 输出中生成漂亮的报告。默认情况下，Maven 生成纯文本格式和 XML 格式的输出（按照约定，它们位于 target/surefire-reports 文件夹），所以要为 JUnit 测试生成 HTML Surefire 报告（不需要其他任何配置）。

生成这些报告也是由一个 Maven 插件完成的，插件名是 maven-surefire-report-plugin。默认情况下，它没有附加到任何核心阶段（很多人在构建软件时并不需要 HTML 报告）。我们不能通过运行某个阶段来调用插件（就像对 Compiler 插件和 Surefire 插件所做的那样）。相反，我们必须从命令提示符窗口中调用它：

```
mvn surefire-report:report
```

执行该命令，Maven 先尝试编译源文件和测试用例，然后调用 Surefire 插件生成纯文本格式和 XML 格式的测试输出。之后，surefire-report 插件尝试将 target/surefire-reports/目录中的所有 XML 格式的输出转换为 HTML 报告，该报告存放在 target/site 目录中（记住，这是文件夹的约定——该目录保存项目生成的所有文档——HTML 报告被认为是文档）。

尝试打开生成的 HTML 报告，如图 10.5 所示。

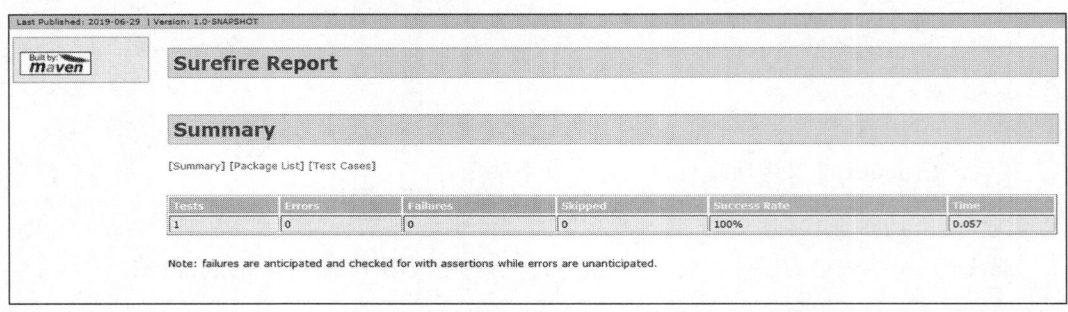

图 10.5 maven-surefire-report 插件生成的 HTML 报告

10.3 集成所有

在本节中，我们将给出创建一个由 Maven 管理的 JUnit 5 项目所需的所有步骤。如第 9 章所讨论的，Tested Data Systems 公司开发了一个航班管理应用程序。为开发该应用程序，项目开发人员 George 创建了 C:\Work\文件夹，该文件夹将作为工作文件夹以及在其中建立 Maven

项目的文件夹。在命令提示符窗口中输入以下命令。

```
mvn archetype:generate -DgroupId=com.testeddatasystems.flights
-DartifactId=flightsmanagement -DarchetypeArtifactid=maven-artifact-mojo
```

按<Enter>键，等待下载适当的组件，创建 Maven 3 项目并接受默认选项，如图 10.6 所示。项目创建完后，航班管理应用程序的结构如图 10.7 所示，其中 src/main/java/是项目的 Java 代码所在的文件夹，src/main/test/是单元测试文件夹。.idea 文件夹和 flightsmanagement.iml 文件由 IDE 创建。

```
C:\WINDOWS\system32\cmd.exe - mvn archetype:generate -DgroupId=com.testeddatasystems.flights -DartifactId=flightsmanagement -DarchetypeArtifactid=maven-artifact-mojo
2525: remote -> us.fatehi:schemacrawler-archetype-plugin-command (-)
2526: remote -> us.fatehi:schemacrawler-archetype-plugin-dbconnector (-)
2527: remote -> us.fatehi:schemacrawler-archetype-plugin-lint (-)
2528: remote -> ws.osiris:osiris-archetype (Maven Archetype for Osiris)
2529: remote -> xyz.luan.generator:xyz-gae-generator (-)
2530: remote -> xyz.luan.generator:xyz-generator (-)
2531: remote -> za.co.absa.hyperdrive:component-archetype (-)
Choose a number or apply filter (format: [groupId:]artifactId, case sensitive contains): 1449:
Choose org.apache.maven.archetypes:maven-archetype-quickstart version:
1: 1.0-alpha-1
2: 1.0-alpha-2
3: 1.0-alpha-3
4: 1.0-alpha-4
5: 1.0
6: 1.1
7: 1.3
8: 1.4
Choose a number: 8:
[INFO] Using property: groupId = com.testeddatasystems.flights
[INFO] Using property: artifactId = flightsmanagement
Define value for property 'version' 1.0-SNAPSHOT: :
[INFO] Using property: package = com.testeddatasystems.flights
Confirm properties configuration:
groupId: com.testeddatasystems.flights
artifactId: flightsmanagement
version: 1.0-SNAPSHOT
package: com.testeddatasystems.flights
 Y: :
```

图 10.6 创建 Maven 3 项目并接受默认选项

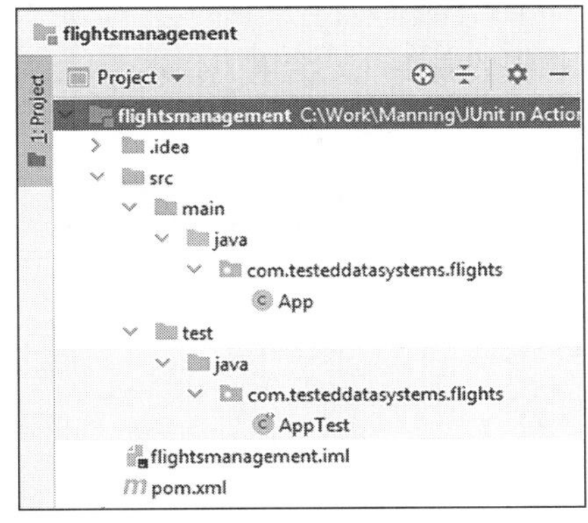

图 10.7 航班管理应用程序的结构

George 从命令提示符窗口调用 maven-archetype-plugin 插件，并告诉它使用给定的参数从头开始创建一个新项目。然后，Maven 插件创建一个具有默认文件夹结构的新项目，以及一个带 main 方法的 App.java 示例类和一个对应的 AppTest.java 文件（该文件包含应用程序的单元测试）。

Maven 插件还生成了一个 pom.xml 文件，如清单 10.7 所示。

清单 10.7 航班管理项目的 pom.xml

```
<project xmlns="http://maven.apache.org/POM/4.0.0"
         xmlns:xsi=http://www.w3.org/2001/XMLSchema-instance
         xsi:schemaLocation="http://maven.apache.org/POM/4.0.0
         http://maven.apache.org/maven-v4_0_0.xsd">

  <modelVersion>4.0.0</modelVersion>
  <groupId>com.testeddatasystems.flights</groupId>
  <artifactId>flightsmanagement</artifactId>
  <version>1.0-SNAPSHOT</version>
  <name> flightsmanagement </name>
     [...]
  <dependencies>
    <dependency>
      <groupId>junit</groupId>
      <artifactId>junit</artifactId>
      <version>4.11</version>
      <scope>test</scope>
    </dependency>
  </dependencies>
  [...]
</project>
```

清单 10.7 展示了项目的构建描述符，包括 modelVersion（正在使用的 pom 的模型版本，当前为 4.0.0）、groupId（com.testeddatasystems.flights）、artifactId（项目的名称，在本示例中为 flightsmanagement）和 version 等。1.0-SNAPSHOT 表明该组件仍处于开发模式。POM 为**项目对象模型**（project object model），POM 包含项目及其配置的信息，是 Maven 中的基本工作单元。

George 需要更改 JUnit 依赖项的版本（见清单 10.8），因为要使用 JUnit Jupiter 5.6.0，而插件生成的版本是 4.11。

清单 10.8 更改 JUnit 依赖项的版本

```
<dependencies>
   <dependency>
      <groupId>org.junit.jupiter</groupId>
      <artifactId>junit-jupiter-api</artifactId>
      <version>5.6.0</version>
      <scope>test</scope>
   </dependency>

   <dependency>
     <groupId>org.junit.jupiter</groupId>
     <artifactId>junit-jupiter-engine</artifactId>
     <version>5.6.0</version>
```

```
            <scope>test</scope>
    </dependency>
</dependencies>
```

George 删除了自动生成的 App 和 AppTest 类，添加了两个启动应用程序的类：Passenger 类（见清单 10.9）和 PassengerTest 类（见清单 10.10）。

清单 10.9　Passenger 类

```
package com.testeddatasystems.flights;

public class Passenger {

    private String identifier;          ❶
    private String name;

    public Passenger(String identifier, String name) {
        this.identifier = identifier;                     ❷
        this.name = name;
    }

    public String getIdentifier() {
        return identifier;
    }
                                        ❸
    public String getName() {
        return name;
    }

    @Override
    public String toString() {
        return "Passenger " + getName() +                 ❹
               " with identifier: " + getIdentifier();
    }
}
```

Passenger 类包含以下内容。

- 两个字段，即 identifier 和 name（❶处）。一个构造方法，将 identifier 和 name 作为参数（❷处）。
- 用于 identifier 和 name 的 getter 方法（❸处）。被覆盖的 toString 方法（❹处）。

清单 10.10　PassengerTest 类

```
package com.testeddatasystems.flights;
[...]
public class PassengerTest {

    @Test
    void testPassenger() {
        Passenger passenger =
                    new Passenger("123-456-789", "John Smith");     ❶
        assertEquals("Passenger John Smith with identifier:
```

```
                    123-456-789",
                passenger.toString());        ❶
    }
}
```

PassengerTest 类包含 testPassenger 测试方法，它用于验证被覆盖的 toString 方法的输出（❶处）。

接下来，George 在项目文件夹中执行 mvn clean install 命令，如图 10.8 所示。此命令首先清除项目，删除现有组件。然后编译项目的源代码，测试编译后的源代码（使用 JUnit 5），以 JAR 格式打包编译后的源代码（见图 10.9），并在本地 Maven 存储库中安装包（见图 10.10）。本地 Maven 存储库位于～/.m2/repository/（UNIX）或 C:\Documents and Settings\<用户名>\.m2\repository\（Windows）。

George 创建了一个功能完整的 Maven 项目来开发航班管理应用程序，并使用 JUnit 5 对其进行测试。从现在开始，他可以继续添加类和测试，执行 Maven 命令来打包应用程序并运行测试。

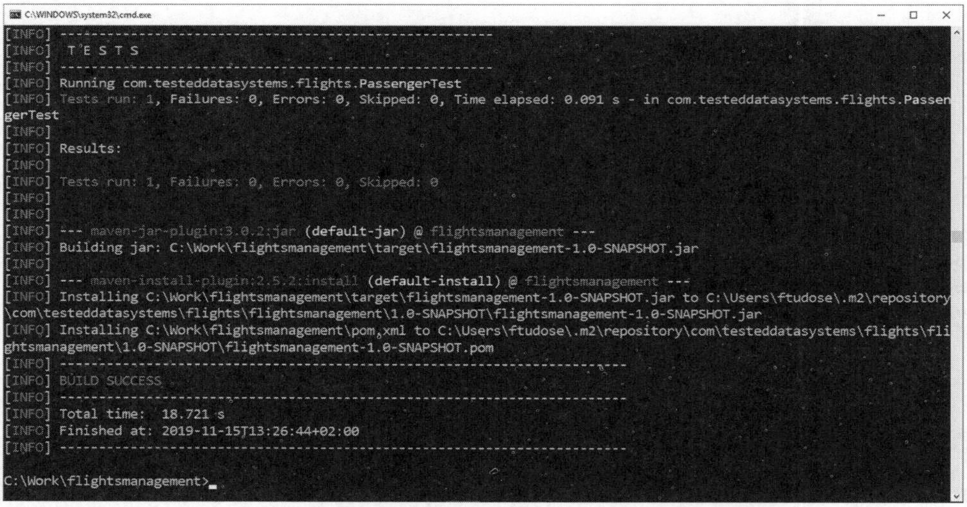

```
C:\WINDOWS\system32\cmd.exe
[INFO] -------------------------------------------------------
[INFO]  T E S T S
[INFO] -------------------------------------------------------
[INFO] Running com.testeddatasystems.flights.PassengerTest
[INFO] Tests run: 1, Failures: 0, Errors: 0, Skipped: 0, Time elapsed: 0.091 s - in com.testeddatasystems.flights.PassengerTest
[INFO]
[INFO] Results:
[INFO]
[INFO] Tests run: 1, Failures: 0, Errors: 0, Skipped: 0
[INFO]
[INFO]
[INFO] --- maven-jar-plugin:3.0.2:jar (default-jar) @ flightsmanagement ---
[INFO] Building jar: C:\Work\flightsmanagement\target\flightsmanagement-1.0-SNAPSHOT.jar
[INFO]
[INFO] --- maven-install-plugin:2.5.2:install (default-install) @ flightsmanagement ---
[INFO] Installing C:\Work\flightsmanagement\target\flightsmanagement-1.0-SNAPSHOT.jar to C:\Users\ftudose\.m2\repository\com\testeddatasystems\flights\flightsmanagement\1.0-SNAPSHOT\flightsmanagement-1.0-SNAPSHOT.jar
[INFO] Installing C:\Work\flightsmanagement\pom.xml to C:\Users\ftudose\.m2\repository\com\testeddatasystems\flights\flightsmanagement\1.0-SNAPSHOT\flightsmanagement-1.0-SNAPSHOT.pom
[INFO] ------------------------------------------------------------------------
[INFO] BUILD SUCCESS
[INFO] ------------------------------------------------------------------------
[INFO] Total time:  18.721 s
[INFO] Finished at: 2019-11-15T13:26:44+02:00
[INFO] ------------------------------------------------------------------------

C:\Work\flightsmanagement>
```

图 10.8　在 Maven 项目中执行 mvn clean install 命令

sk (C:) › Work › flightsmanagement › target ›

Name	Date modified	Type	Size
classes	9/16/2019 7:14 PM	File folder	
generated-sources	9/16/2019 7:14 PM	File folder	
generated-test-sources	9/16/2019 7:14 PM	File folder	
maven-archiver	9/16/2019 7:14 PM	File folder	
maven-status	9/16/2019 7:14 PM	File folder	
surefire-reports	9/16/2019 7:14 PM	File folder	
test-classes	9/16/2019 7:14 PM	File folder	
flightsmanagement-1.0-SNAPSHOT.jar	9/16/2019 7:14 PM	Executable Jar File	3 KB

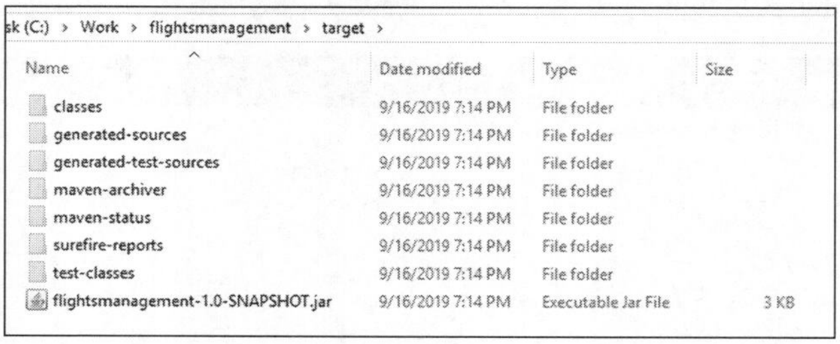

图 10.9　以 JAR 格式打包编译后的源代码

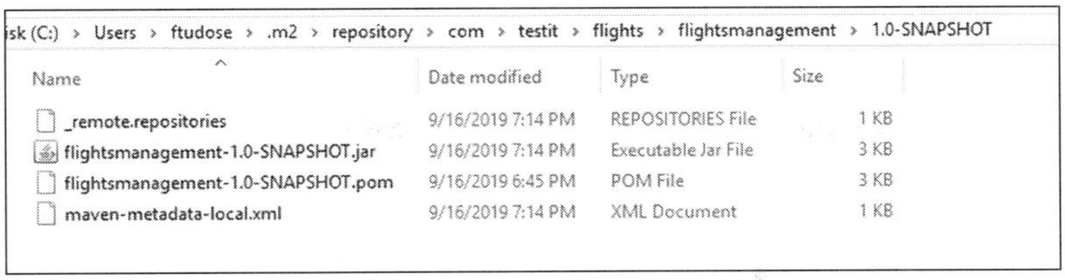

isk (C:) › Users › ftudose › .m2 › repository › com › testit › flights › flightsmanagement › 1.0-SNAPSHOT

Name	Date modified	Type	Size
_remote.repositories	9/16/2019 7:14 PM	REPOSITORIES File	1 KB
flightsmanagement-1.0-SNAPSHOT.jar	9/16/2019 7:14 PM	Executable Jar File	3 KB
flightsmanagement-1.0-SNAPSHOT.pom	9/16/2019 6:45 PM	POM File	3 KB
maven-metadata-local.xml	9/16/2019 7:14 PM	XML Document	1 KB

图 10.10 在本地 Maven 存储库中安装包

10.4 Maven 的挑战性

许多用过 Maven 的人都认为：Maven 很容易上手。Maven 背后的思想很令人惊叹。然而，当用 Maven 做一些非常规的事情时，就会面临很多的挑战。

Maven 的“伟大”之处在于，它建立了一个框架，并约束我们在这个框架内思考，也就是以 Maven 的方式思考，以 Maven 的方式做事。在大多数情况下，Maven 不会让我们运行无意义的操作。但是，如果习惯于以自己的方式做事，并且作为构建工程师拥有真正的选择自由，那么这些限制可能成为一种挑战。第 11 章将展示如何使用另一个与 Maven 类似的自动构建工具来运行 JUnit 测试，这个工具是 Gradle。

10.5 小结

在本章中，我们主要讨论了以下内容。

- Maven 的简介，以及如何在开发环境中使用 Maven 来构建源代码。
- 通过声明的方式将依赖项添加到 pom.xml（项目对象模型）中，显示如何以 Maven 的方式管理项目依赖项。
- 从头开始创建 Maven 项目，将其在 IntelliJ 中打开并使用 JUnit 5 测试。
- 如何用 Eclipse 和 IntelliJ IDEA 创建 Maven JUnit 5 项目，并加以比较。
- 分析 Maven 插件：使用 Compiler 插件和 Surefire 插件处理项目中的单元测试，使用 Site 插件从项目构建一个站点，以及使用 Surefire 插件为项目构建报告。

第 11 章　在 Gradle 6 中运行 JUnit 测试

本章重点

- Gradle 简介。
- 建立 Gradle 项目。
- 使用 Gradle 插件。
- 从头开始创建 Gradle 项目，并用 JUnit 5 来测试。
- 比较 Gradle 和 Maven。

把酒混在一起也许是错误的，但把新旧智慧结合起来，却令人钦佩。

——Bertolt Brecht

在本章中，我们将讨论另一个构建工具——Gradle。Gradle 是一个开源的自动构建系统，源于 Apache Ant 和 Apache Maven 的概念。正如第 10 章所描述的，Gradle 没有使用 Apache Maven 所使用的 XML，而是引进一种基于 Groovy 的领域特定语言（Domain-Specific Language，DSL）来声明项目配置。

DSL 是一种用于解决特定应用领域问题的专用计算机语言。其思想是提供一种语言，目的是解决特定领域的问题。在构建方面，Gradle 应用了 DSL 的思想。Groovy 是一种运行在 JVM 上的、与 Java 语法兼容的、面向对象的编程语言。

11.1　Gradle 简介

我们将研究使用 Gradle 来管理构建和测试 Java 应用程序的各个方面，这里重点关注测试。第 10 章中的 Maven 使用约定优于配置的原则。当使用 Gradle 进行构建时，它也有一系列的构建约定。这要求使用 Gradle 的开发人员遵循有关的构建约定。

这些约定很容易被覆盖。如前所述，Gradle 的构建语言基于 Groovy 的 DSL，这就使开发人员可以很容易地配置构建。DSL 取代了 Maven 提倡的 XML。XML 多年来一直用于存储信息。正如第 10 章所讨论的，在 Apache Ant 和 Apache Maven 中使用 XML 配置构建文件并不奇怪。Maven 提出了在配置上引入约定的想法，这在 Ant 中没有。Gradle 包含一种声明性的构建语言，它表达了构建的意图——这意味着我们告诉它希望发生**什么**，而不是希望它**如何**发生。

Tested Data Systems 公司的开发人员正在考虑在一些项目中使用 Gradle。为此，他们正在评测其功能，将其应用于一些试验项目，并试图将其与其他替代方案（主要是 Maven）区分开。

为了获得第一印象，Tested Data Systems 公司的开发人员考虑了一个简单的 pom.xml 配置文件（见清单 11.1）和一个简单的 build.gradle 文件（Gradle 中构建描述符的默认名称，见清单 11.2）。

清单 11.1　一个简单的 pom.xml 文件

```
<project>
   <modelVersion>4.0.0</modelVersion>
   <groupId>com.manning.junitbook</groupId>
   <artifactId>example-pom</artifactId>
   <packaging>jar</packaging>
   <version>1.0-SNAPSHOT</version>
   <dependencies>
      <dependency>
       <groupId>org.junit.jupiter</groupId>
       <artifactId>junit-jupiter-api</artifactId>
       <version>5.6.0</version>
       <scope>test</scope>
      </dependency>
       <dependency>
           <groupId>org.junit.jupiter</groupId>
           <artifactId>junit-jupiter-engine</artifactId>
           <version>5.6.0</version>
            <scope>test</scope>
        </dependency>
    </dependencies>
</project>
```

清单 11.2　一个简单的 build.gradle 文件

```
plugins {
    // Apply the java plugin to add support for Java
    id 'java'

    // Apply the application plugin to support building a CLI application
    id 'application'
}

repositories {
    // Use jcenter for resolving dependencies
    // You can declare any Maven/Ivy/file repository here
    jcenter()
}
```

```
dependencies {
    // Use JUnit Jupiter API for testing
    testImplementation 'org.junit.jupiter:junit-jupiter-api:5.6.0'

    // Use JUnit Jupiter Engine for testing
    testRuntimeOnly 'org.junit.jupiter:junit-jupiter-engine:5.6.0'
}

application {
    // Define the main class for the application
    mainClassName = 'com.manning.junitbook.ch11.App'
}

test {
    // Use junit platform for unit tests
    useJUnitPlatform()
}
```

我们来看看这个 build.gradle 配置文件到底包含什么内容，从而学习 Gradle 的工作方式。该文件中的注释说明了正在发生的事情。DSL 是 Gradle 的优势之一，这在很大程度上是不言自明的，并且这些代码容易维护和管理。有关 Gradle 的安装过程和主要概念，请参阅附录 B。

11.2 创建 Gradle 项目

Tested Data Systems 公司的开发人员之前考虑使用 Gradle 创建 JUnit 5 的 Gradle 试验项目，现在时机成熟。Oliver 正在参与开发这样一个试验项目，他创建了一个名为 junit5withgradle 的文件夹，打开一个命令提示符窗口，执行 gradle init 命令，然后选择以下选项。

- 选择要生成的项目类型：application。
- 选择实现语言：Java。
- 选择构建脚本 DSL：Groovy。
- 选择测试框架：JUnit Jupiter。

执行 gradle init 命令的结果如图 11.1 所示。

因为 Oliver 已经用 Gradle 初始化了一个新的 Java 项目，并且选择了一些选项，所以 Gradle 创建了项目的文件夹结构，它遵循 Maven 的结构：

- src/main/java 目录包含 Java 源代码。
- src/test/java 目录包含 Java 测试代码。

开始构建项目时，Oliver 打开命令提示符窗口，在项目所在的文件夹中输入 gradle build。该文件夹包含 build.gradle 文件和刚刚创建的项目。

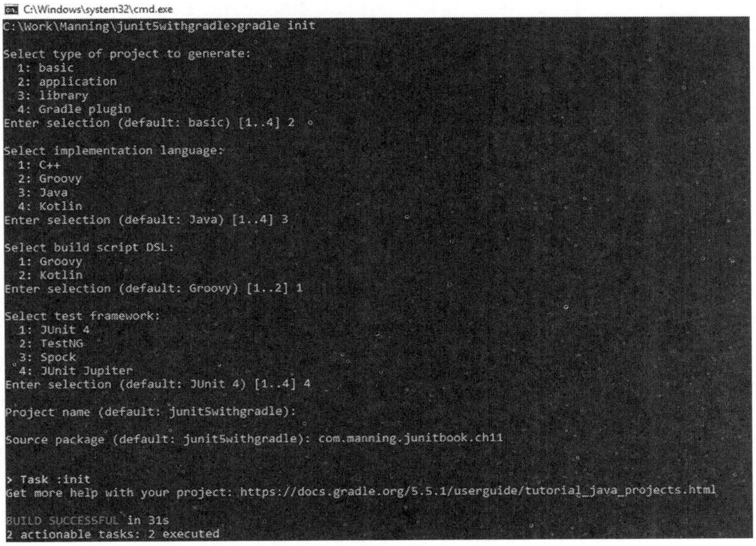

```
C:\Windows\system32\cmd.exe
C:\Work\Manning\junit5withgradle>gradle init

Select type of project to generate:
  1: basic
  2: application
  3: library
  4: Gradle plugin
Enter selection (default: basic) [1..4] 2

Select implementation language:
  1: C++
  2: Groovy
  3: Java
  4: Kotlin
Enter selection (default: Java) [1..4] 3

Select build script DSL:
  1: Groovy
  2: Kotlin
Enter selection (default: Groovy) [1..2] 1

Select test framework:
  1: JUnit 4
  2: TestNG
  3: Spock
  4: JUnit Jupiter
Enter selection (default: JUnit 4) [1..4] 4

Project name (default: junit5withgradle):

Source package (default: junit5withgradle): com.manning.junitbook.ch11


> Task :init
Get more help with your project: https://docs.gradle.org/5.5.1/userguide/tutorial_java_projects.html

BUILD SUCCESSFUL in 31s
2 actionable tasks: 2 executed
```

图 11.1　执行 gradle init 命令的结果

现在我们来看一下创建的 build.gradle 文件（见清单 11.3），解释一下它的内容，并介绍如何扩展它。

清单 11.3　在 build.gradle 文件中定义存储库

```
repositories {
    // Use jcenter for resolving dependencies
    // You can declare any Maven/Ivy/file repository here
    jcenter()
}
```

默认情况下，Gradle 将 JCenter 作为它管理的应用程序存储库。JCenter 是世界上最大的 Java 存储库之一，在 Maven 中央存储库上可用的资源在 JCenter 上也可用。当然，也可以指定使用 Maven 中央存储库、我们自己的存储库或多个存储库。如清单 11.4 所示，Oliver 选择使用 Maven 中央存储库和 Tested Data Systems 公司自己的存储库，后者允许访问专有依赖项。

清单 11.4　在 build.gradle 文件中定义两个存储库

```
repositories {
    mavenCentral()

    testit {
     url "https://testeddatasystems.com/repository"
    }
}
```

根据 Oliver 的选择，Gradle 向 build.gradle 配置文件中添加了一些依赖项，如清单 11.5 所示。

清单 11.5　向 build.gradle 配置文件中添加依赖项

```
dependencies {
    // This dependency is used by the application
    implementation 'com.google.guava:guava:27.1-jre'

    // Use JUnit Jupiter API for testing
    testImplementation 'org.junit.jupiter:junit-jupiter-api:5.6.0'

    // Use JUnit Jupiter Engine for testing
    testRuntimeOnly 'org.junit.jupiter:junit-jupiter-engine:5.6.0'
}
```

依赖项配置声明了希望从存储库或正在使用的存储库中下载的外部依赖项。标准依赖项配置及其含义如表 11.1 所示。

表 11.1　标准依赖项配置及其含义

标准依赖项配置	含义
implementation	编译项目的产品源文件所必需的依赖项
runtime	运行时产品类需要的依赖项。默认情况下，配置也包括编译时依赖项
testImplementation	所需的依赖项用于编译项目的测试源。默认情况下，配置包括已编译的产品类和编译时依赖项
testRuntime	依赖关系是运行测试所必需的。默认情况下，配置包括测试运行时和编译时的依赖关系
runtimeOnly	依赖关系只在运行时需要，在编译时不需要
testRuntimeOnly	依赖关系只在测试运行时需要，在测试编译时不需要

基于 Oliver 提供的生成的项目类型为 application 的选项，Gradle 还添加了清单 11.6 所示的配置。

清单 11.6　在 build.gradle 文件中配置应用程序主类

```
application {
    // Define the main class for the application
    mainClassName = 'com.manning.junitbook.ch11.App'
}
```

其中定义了 com.manning.junitbook.ch11.App 作为应用程序的主类，即程序运行入口点。

清单 11.7 中的代码在 build.gradle 文件中指定使用 JUnit Platform。更准确地说，它指定了 JUnit Platform 应该被用来运行测试——记住，当使用 Gradle 为我们创建项目时，我们可以在多个平台中进行选择。

清单 11.7　在 build.gradle 文件中指定使用 JUnit Platform

```
test {
    // Use junit platform for unit tests
    useJUnitPlatform()
}
```

useJUnitPlatform 可以采用其他选项，例如，可以指定在运行测试时包含或排除的标记，如清单 11.8 所示。

清单 11.8　在 build.gradle 文件中指定包含或排除的标记

```
test {
    // Use junit platform for unit tests
       useJUnitPlatform {
          includeTags 'individual'
          excludeTags 'repository'
       }
}
```

上述代码表示 JUnit 5 标记为“individual”的测试将由 Gradle 运行，而标记为“repository”的测试将被排除。Gradle 选择运行不同标记的测试如清单 11.9 所示。

清单 11.9　Gradle 选择运行不同标记的测试

```
@Tag("individual")
public class CustomerTest {
...
}

@Tag("repository")
public class CustomersRepositoryTest {
...
}
```

当 Gradle 创建一个项目时，它也创建一个**包装器**（wrapper）。这个包装器表示一个调用已声明的 Gradle 版本的脚本。如果没有包装器的话首先下载它。该脚本包含在 gradlew.bat 或 gradlew 文件中（取决于操作系统）。如果构建一个项目并将其分发给用户，用户很快就能运行该项目，不需要手动安装，并且可以肯定的是，用户将使用与创建项目完全相同的 Gradle 版本。

我们可以创建关于测试运行的报告。当执行 gradle test 命令（或者 gradlew test，如果使用包装器的话）时，在 build/reports/tests/test 文件夹中创建一个报告。访问 index.html 文件，得到图 11.2 所示的报告。我们已经在项目中加入了第 2 章中引入的标记测试，并通过 Gradle 运行它们，包括单独的测试，不包括在 build.gradle 文件中描述的存储库测试。

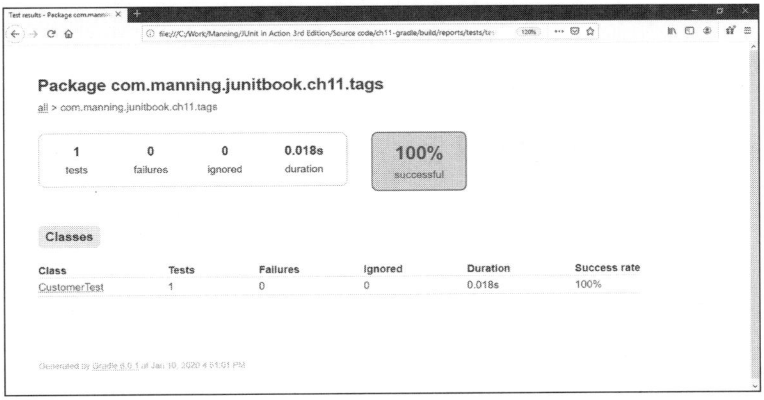

图 11.2　Gradle 生成的报告包括 CustomerTest 的运行，标记为“individual”

编写至此，关于在 Gradle 中使用 JUnit 5 有一些限制：类和测试仍然使用它们的名称而不是@DisplayName 来显示。这个问题应该在 Gradle 的未来版本中得到解决。

11.3　使用 Gradle 插件

我们已经看到了什么是 Gradle，以及 Oliver 如何使用它在 Tested Data Systems 公司从头开始构建一个试验项目，还看到了 Gradle 是如何通过使用 DSL 来管理依赖关系的。

现在 Oliver 要在项目中添加插件。Gradle 插件包含一组任务。许多常见的任务（如编译和设置源文件）都由插件处理。将插件应用到项目意味着允许插件扩展项目的功能。

Gradle 中有两种类型的插件：脚本插件和二进制插件。脚本插件表示已定义的任务，并且可以从本地文件系统或远程位置的脚本应用这些任务。作为使用 JUnit 5 的 Java 开发人员，我们对二进制插件特别感兴趣。每个二进制插件都有一个 ID 标识：核心插件使用所应用的短名称。

如清单 11.10 所示，Oliver 在 build. gradle 文件中应用了两个插件。

清单 11.10　在 build.gradle 文件中应用插件

```
plugins {
    // Apply the java plugin to add support for Java
    id 'java'

    // Apply the application plugin to add support for building a CLI
    application
    id 'application'
}
```

清单 11.10 所示的代码实现了如下操作。

- Oliver 应用 Java 插件添加对编程语言（Oliver 选择了 Java 作为实现语言）的支持——记住，使用 gradle init 命令初始化时，Gradle 已经添加了所需的支持。
- 选择“application”作为要生成的项目类型，并添加支持构建 CLI 应用程序的插件。

如果比较清单 11.3 到清单 11.10 中的代码，Oliver 会得到清单 11.2 中的 Gradle 配置文件。

11.4　从头开始创建 Gradle 项目，再用 JUnit 5 测试

现在我们给出创建一个由 Gradle 管理的 JUnit 5 项目所需的所有步骤。如前所述，Tested Data Systems 公司正在开发一个航班管理应用程序。为此，项目开发人员 Oliver 创建了 C:\Work\flightsmanagement 文件夹，并以该文件夹作为工作文件夹，在其中创建 Gradle 项目。他会在命令提示符窗口中输入以下命令：

```
gradle init
```

执行此命令的结果如图 11.3 所示。

```
C:\WINDOWS\system32\cmd.exe
Select type of project to generate:
  1: basic
  2: application
  3: library
  4: Gradle plugin
Enter selection (default: basic) [1..4] 2

Select implementation language:
  1: C++
  2: Groovy
  3: Java
  4: Kotlin
Enter selection (default: Java) [1..4] 3

Select build script DSL:
  1: Groovy
  2: Kotlin
Enter selection (default: Groovy) [1..2] 1

Select test framework:
  1: JUnit 4
  2: TestNG
  3: Spock
  4: JUnit Jupiter
Enter selection (default: JUnit 4) [1..4] 4

Project name (default: flightsmanagement):
Source package (default: flightsmanagement): com.testeddatasystems.flightsmanagement
```

图 11.3　运行 gradle init 命令的结果

航班管理应用程序的结构如图 11.4 所示。src/main/java/是项目的 Java 代码所在的 Gradle 文件夹，src/main/test/目录包含单元测试。.idea 文件夹由 IDE 创建。

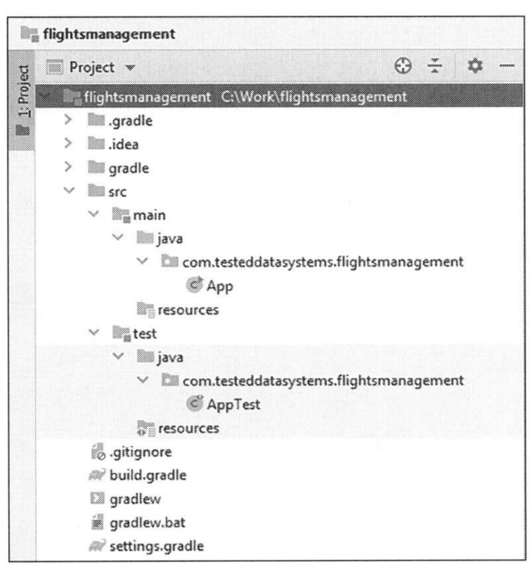

图 11.4　航班管理应用程序的结构

执行 gradle init 命令也会生成一个 build.gradle 文件，如清单 11.11 所示。

清单 11.11 航班管理项目的 build.gradle 文件

```
plugins {
    // Apply the java plugin to add support for Java
    id 'java'

    // Apply the application plugin to add support for building a CLI application
    id 'application'
}

repositories {
    // Use jcenter for resolving dependencies
    // You can declare any Maven/Ivy/file repository here
    jcenter()
}

dependencies {
    // Use JUnit Jupiter API for testing
    testImplementation 'org.junit.jupiter:junit-jupiter-api:5.6.0'

    // Use JUnit Jupiter Engine for testing
    testRuntimeOnly 'org.junit.jupiter:junit-jupiter-engine:5.6.0'
}

application {
    // Define the main class for the application
    mainClassName = 'com.testeddatasystems.flightsmanagement.App'
}

test {
    // Use junit platform for unit tests
    useJUnitPlatform()
}
```

Oliver 删除了现有的自动生成的 App 类和 AppTest 类，然后添加了启动应用程序的两个类：Passenger（见清单 11.12）和 PassengerTest（见清单 11.13）。

清单 11.12 Passenger 类

```
package com.testeddatasystems.flights;

public class Passenger {

   private String identifier;                    ❶
   private String name;

   public Passenger(String identifier, String name) {
      this.identifier = identifier;                          ❷
      this.name = name;
   }
```

```
   public String getIdentifier() {
      return identifier;
   }

   public String getName() {                                 ❸
      return name;
   }

   @Override
   public String toString() {
      return "Passenger " + getName() +                                   ❹
             " with identifier: " + getIdentifier();
   }

   public static void main (String args[]) {
      Passenger passenger = new Passenger("123-456-789", "John Smith");     ❺
      System.out.println(passenger);
}
}
```

Passenger 类包含以下内容。

- 两个字段，即 identifier 和 name（❶处）。一个构造方法，将 identifier 和 name 作为参数（❷处）。
- 用于 identifier 和 name 字段的 getter 方法（❸处）；被覆盖的 toString 方法（❹处）。
- main 方法将创建一个乘客对象并显示其信息（❺处）。

清单 11.13 PassengerTest 类

```
package com.testeddatasystems.flights;
[...]

public class PassengerTest {

   @Test
   void testPassenger() {
      Passenger passenger = new Passenger("123-456-789",
                                          "John Smith");
      assertEquals("Passenger John Smith with identifier:                ❶
                   123-456-789",
                  passenger.toString());
   }
}
```

PassengerTest 类包含一个测试方法：testPassenger。该方法用于验证被覆盖的 toString 方法的输出（❶处）。

在 build.gradle 文件中，Oliver 对主类名做出如下更改：

```
application {
      // Define the main class for the application
      mainClassName = 'com.testeddatasystems.flightsmanagement.Passenger'
}
```

随后，他在项目文件夹的级别上执行 gradle test 命令。这个命令只是运行应用程序中引入的 JUnit 5 测试，如图 11.5 所示。

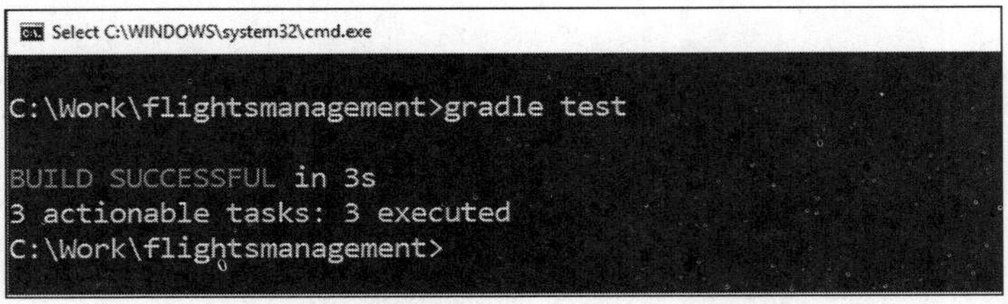

```
Select C:\WINDOWS\system32\cmd.exe

C:\Work\flightsmanagement>gradle test

BUILD SUCCESSFUL in 3s
3 actionable tasks: 3 executed
C:\Work\flightsmanagement>
```

图 11.5 为开发的 Gradle 项目执行 gradle test 命令

接下来，Oliver 在项目文件夹的级别上执行 gradle run 命令。执行此命令将运行应用程序的主类。如 build.gradle 文件描述，它显示乘客 John Smith 的信息，如图 11.6 所示。在项目文件夹的级别上执行 gradle build 命令（见图 11.7）也会在 build/libs 文件夹中创建 JAR 文件，如图 11.8 所示。

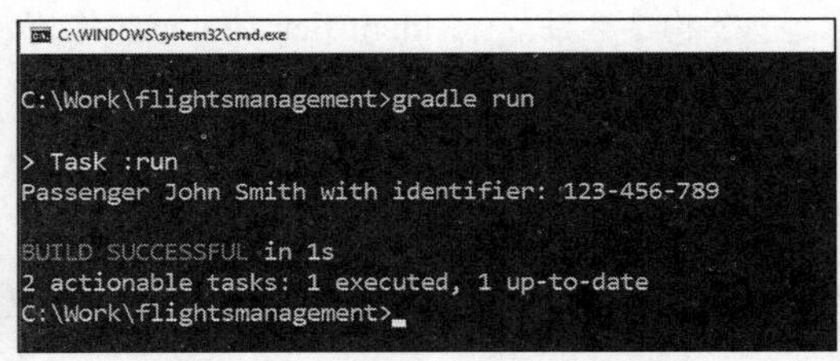

图 11.6 执行 gradle run 命令

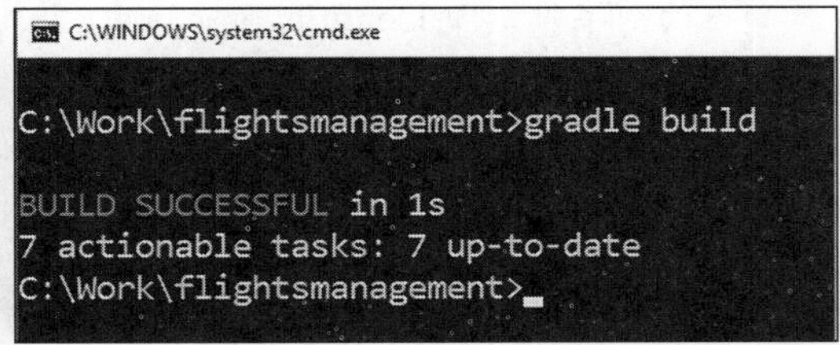

图 11.7 执行 gradle build 命令

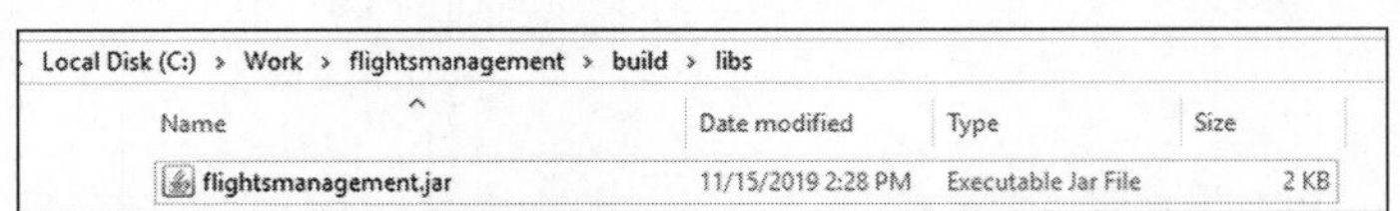

图 11.8 在 build/libs 文件夹中创建 JAR 文件

至此，Oliver 创建了一个功能齐全的 Gradle 项目来开发航班管理应用程序，并使用 JUnit 5 对其进行测试。从现在开始，他可以继续添加新的类和测试，执行 Gradle 命令来打包应用程序并运行测试。

11.5 比较 Gradle 和 Maven

现在我们已经使用并比较了两种构建工具，以期使用它们帮助我们管理 JUnit 5 项目。Tested Data Systems 公司的开发人员有一定的选择自由：有些项目可使用 Maven，因为它是一种较经典的、可靠的工具，大多数人都很熟悉。对于其他项目，当需要编写自定义任务（用 Maven

很难完成）时，如果认为 XML 配置冗长、乏味，喜欢使用接近 Java 的 DSL，或者面临采用新技术的挑战，可以决定使用 Gradle。这种选择可能是个人的选择，也可能是项目的选择——对我们来说都一样。通常，一旦掌握了这两种构建工具中的一种，加入使用另一种构建工具的项目并不困难。

前文提到，至少在本书撰写时，使用 JUnit 5 和 Gradle 存在一些问题：类和测试仍然显示它们的名称，而不是@DisplayName 指定的名称。这个问题有望在未来的版本中解决。

这里应该提到的是，许多项目仍然主要使用 Maven。据研究，有大约四分之三的人在使用 Maven。此外，这个数据相当稳定：这几年，Gradle 在市场上的发展并不快。这也是本书主要使用 Maven 的原因。

11.6 小结

在本章中，我们主要讨论了以下内容。

- 借助 Gradle，使用 JUnit 5 创建 Java 项目。
- Gradle 插件简介。
- 从头开始创建 Gradle 项目，在 IntelliJ IDEA 中打开，然后使用 JUnit 5 进行测试。
- 把 Gradle 和 Maven 当作构建工具，并加以比较。

第 12 章　IDE 对 JUnit 5 的支持

本章重点

- 在 IntelliJ 中使用 JUnit 5。
- 在 Eclipse 中使用 JUnit 5。
- 在 NetBeans 中使用 JUnit 5。

享受细微之事吧，因为有一天在你回首之际，或许你会意识到细微之事乃重大之事。

——Robert Brault

在本章中，我们将分析和比较一些主流的 IDE。这些 IDE 开发的 Java 应用程序可以用 JUnit 5 测试。IDE 是为计算机开发人员提供软件开发设施的一种应用程序。Java IDE 可以让我们更容易地编写和调试 Java 程序。

有多种 IDE 供 Java 开发人员选用。这里选择 3 个主流的 IDE 进行分析和比较：IntelliJ IDEA、Eclipse 和 NetBeans。在本书撰写时，IntelliJ IDEA 和 Eclipse 各自占有大约 40%的市场份额，NetBeans 占有大约 10%的市场份额。这里之所以将后者也拿来分析，是因为它是第三种选择，在某些地区还特别受欢迎。

选择哪种 IDE 可能是个人偏好或项目传统的问题。它们都可能在同一家公司，甚至同一个项目中使用。事实上，Tested Data Systems 公司的情况就是这样。我们将指出开发人员选择不同 IDE 的原因。

我们的分析和比较将重点关注使用 JUnit 5 的 IDE 的某些功能——迎合你需要的“即时”信息。要获得更全面的指导，有许多资源可以利用，可以从每个 IDE 的官方文档获取信息。我们先介绍 JUnit 5 与 IntelliJ IDEA 集成，然后介绍与 Eclipse 集成，最后介绍与 NetBeans 集成，因为这是它们与 JUnit 5 集成的顺序。

12.1　JUnit 5 与 IntelliJ IDEA 集成

IntelliJ IDEA 是 JetBrains 开发的 IDE。它有 Apache 2 授权社区版和私有商业版。有关 IntelliJ IDEA 安装的说明，请参阅附录 C。

我们会用第 2 章介绍的测试方法来介绍不同 IDE 中 JUnit 5 的用法，这些测试方法全面覆盖了 JUnit 5 的功能。我们选择了那些在 IDE 上下文中非常重要的测试。我们可以回顾第 2 章中 JUnit 5 的新特性及其用例。这里，我们最感兴趣的是每个 IDE 中的 JUnit 5，但是我们将简要地提醒在每种情况下为什么要使用该特性。

启动 IntelliJ IDEA，然后选择 File>Open。当打开本章源代码的项目时，IDE 如图 12.1 所示。该项目包含展示 JUnit 5 新特性的测试：为测试指定显示名称、嵌套测试、参数化测试、重复测试、动态测试，以及标记测试等。

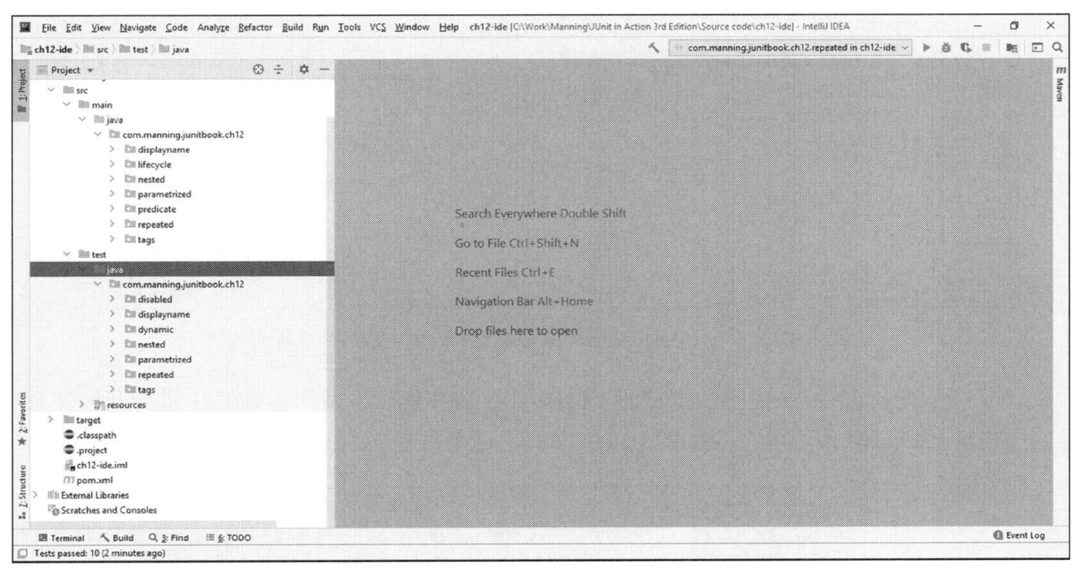

图 12.1　在 IntelliJ IDEA 中打开一个 JUnit 5 项目

在这里，可以通过右击突出显示的 test/java 文件夹，然后选择 Run>All Tests 来运行所有测试，将得到图 12.2 所示的结果。在处理特定特性的实现时，我们可能希望定期运行所有测试，以确保整个项目正常工作，并且新的不会影响之前已有的功能。

下面我们来学习如何借助 IntelliJ IDEA 运行特定的测试类型。在图 12.2 中，已禁用的测试以灰色显示，并且运行整个套件之后，将被标记为“ignored”（忽略）。不过，即便测试已禁用，我们也可以通过右击并直接运行它来强制运行特定的测试，如图 12.3 所示。我们可能希望偶尔这样做，以检查阻止正确运行该测试的条件是否已经不复存在，例如，测试可能会等待不同团队实现某个特性或者某个资源的可用性，而你可以通过上述方式验证实现情况。

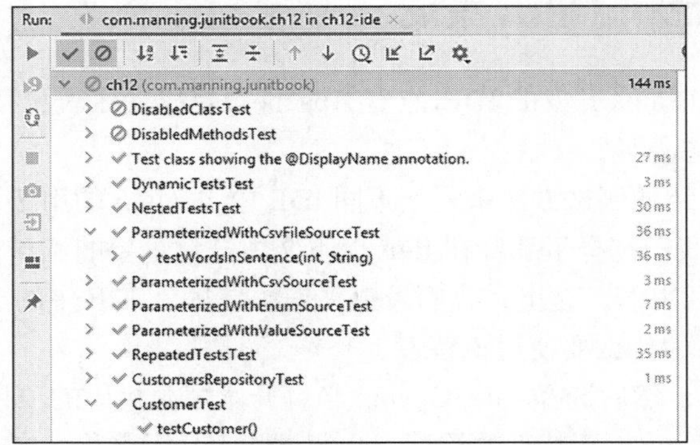

图 12.2　在 IntelliJ IDEA 中运行所有测试

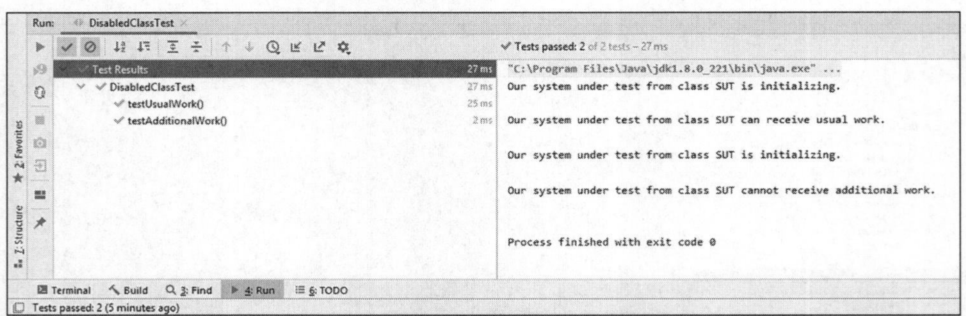

图 12.3　在 IntelliJ IDEA 中强制运行一个被禁用的测试

运行带@DisplayName 注解的测试时，结果如图 12.4 所示。当你在 IDE 中进行开发并想要查看一些重要信息时，可以在 IntelliJ IDEA 中使用这个注解运行这种测试。

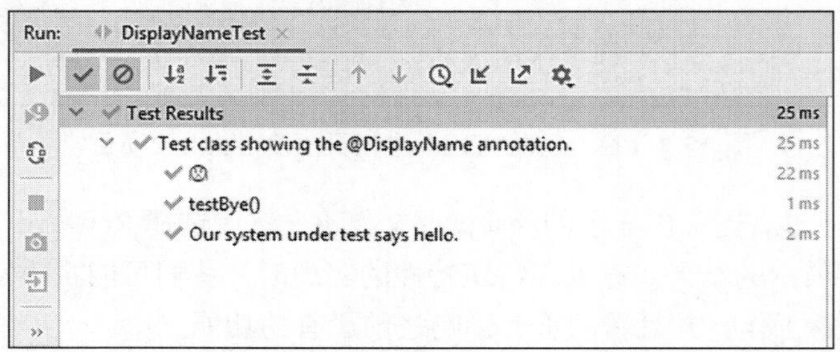

图 12.4　在 IntelliJ IDEA 中运行带@DisplayName 注解的测试

运行带@TestFactory 注解的动态测试时，结果如图 12.5 所示。当你希望编写数量合理的代码以在运行时生成测试时，可以在 IntelliJ IDEA 中使用这个注解运行这种测试。

运行嵌套测试时，它们将以分层的方式显示，结果如图 12.6 所示，其中利用了@DisplayName 注解的功能。我们可以使用嵌套测试来表示紧耦合的几个测试组之间的关系。IntelliJ IDEA 可以显示层次结构。@Nested 注解的相关内容参见第 2 章。

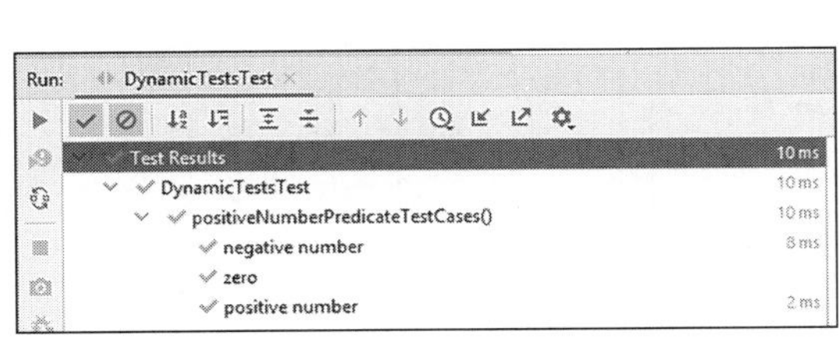

图 12.5 在 IntelliJ IDEA 中运行动态测试

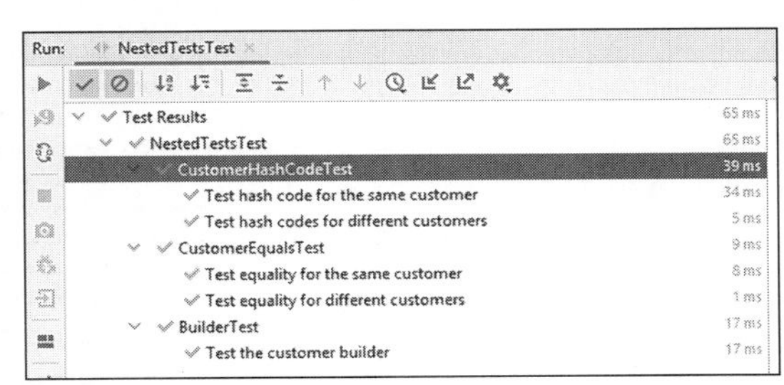

图 12.6 在 IntelliJ IDEA 中运行嵌套测试

运行参数化测试时，将详细显示它们及涉及的所有参数，结果如图 12.7 所示。我们可以使用参数化测试来编写单个测试，然后使用一组不同的参数来运行测试。与参数化测试相关的注解参见第 2 章。

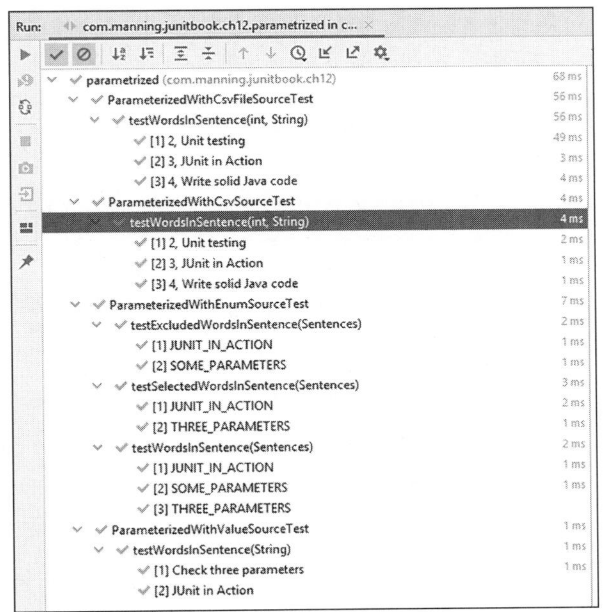

图 12.7 在 IntelliJ IDEA 中运行参数化测试

运行重复测试时，它们将会详细显示出来（显示关于当前重复测试的所有必需信息），结果如图 12.8 所示。如果运行条件在一次测试运行与下一次测试运行之间发生变化，则可以使用重复测试。@RepeatedTest 注解的相关内容参见第 2 章。

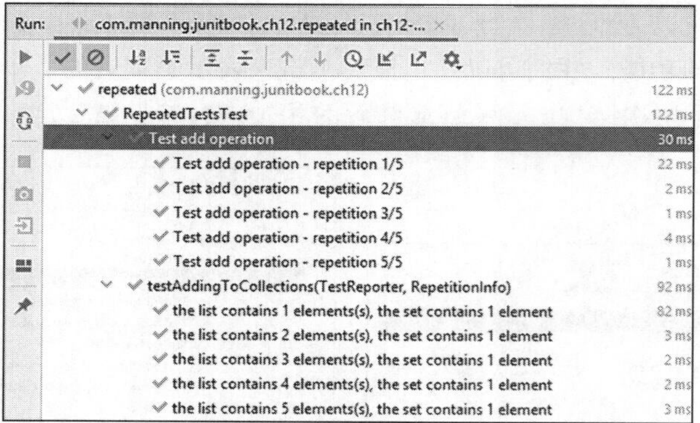

图 12.8　在 IntelliJ IDEA 中运行重复测试

在 IntelliJ IDEA 中运行整个测试套件时，也会运行带标记的测试。如果只想运行带特定标记的测试，可选择 Run>Edit Configurations 并从 Test Kind>Tags 列表中进行选择，如图 12.9 所示。如果我们需要手动创建配置并运行测试，就只能运行那个带特定标记的测试。当拥有较大的测试套件并且需要关注特定的测试而不是将时间花在整个套件上时，我们就会希望这样做。@Tag 注解的相关内容参见第 2 章。

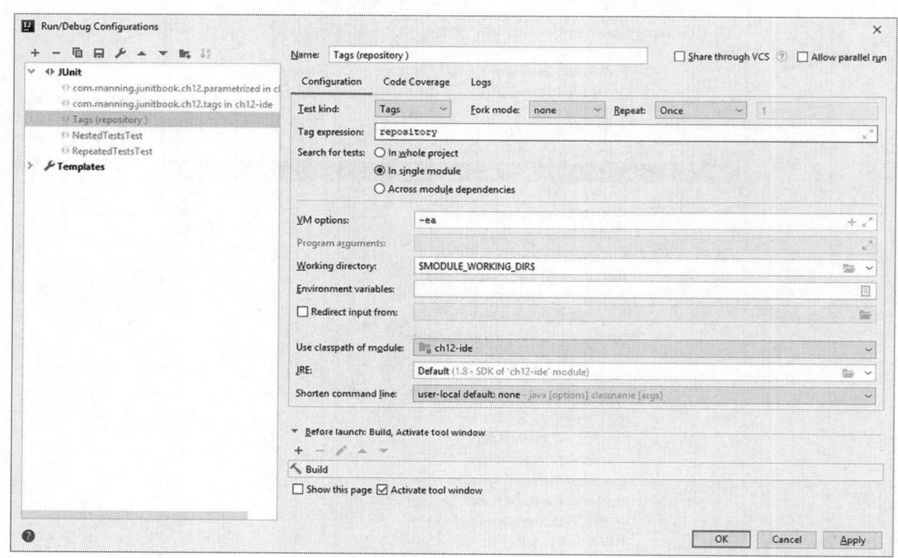

图 12.9　在 IntelliJ IDEA 中配置相应选项，以运行带标记的测试

IntelliJ IDEA 还可以很容易地运行带有代码覆盖率的测试。右击要运行的测试或套件，选择 Run with Coverage，将看到图 12.10 所示的表格。你可以在单个类级别进行研究并获得图 12.11 所示的信息，也可以单击 Generate Coverage Report 按钮获得一个 HTML 报告，如图 12.12 所示。

100% classes, 90% lines covered in 'all classes in scope'

Element	Class, %	Method, %	Line, %
com.manning.junitbook.ch12.d...	100% (1/1)	100% (3/3)	100% (4/4)
...nning.junitbook.ch12.li...	100% (1/1)	25% (1/4)	40% (4/10)
...nning.junitbook.ch12.n...	100% (3/3)	100% (16/1...	100% (35/...
com.manning.junitbook.ch12.p...	100% (1/1)	100% (1/1)	100% (2/2)
com.manning.junitbook.ch12.p...	100% (1/1)	100% (1/1)	100% (2/2)
com.manning.junitbook.ch12.r...	100% (1/1)	100% (1/1)	100% (2/2)
com.manning.junitbook.ch12.t...	100% (2/2)	100% (4/4)	100% (9/9)

Generate Coverage Report

图 12.10　选择 Runt with Coverage 后 IntelliJ IDEA 生成的表格

```
public class SUT {
    private String systemName;

    public SUT(String systemName) {
        this.systemName = systemName;
        System.out.println(systemName + " from class " + getClass().getSimpleName() + " is in
    }

    public boolean canReceiveUsualWork() {
        System.out.println(systemName + " from class " + getClass().getSimpleName() + " can r
        return true;
    }

    public boolean canReceiveAdditionalWork() {
```

图 12.11　单个类级别上的代码覆盖率

[all classes]

Overall Coverage Summary

Package	Class, %	Method, %	Line, %
all classes	100% (10/ 10)	91.4% (32/ 35)	90.6% (58/ 64)

Coverage Breakdown

Package	Class, %	Method, %	Line, %
com.manning.junitbook.ch12.displayname	100% (1/ 1)	100% (4/ 4)	100% (4/ 4)
com.manning.junitbook.ch12.lifecycle	100% (1/ 1)	25% (1/ 4)	40% (4/ 10)
com.manning.junitbook.ch12.nested	100% (3/ 3)	100% (16/ 16)	100% (35/ 35)
com.manning.junitbook.ch12.parametrized	100% (1/ 1)	100% (2/ 2)	100% (2/ 2)
com.manning.junitbook.ch12.predicate	100% (1/ 1)	100% (2/ 2)	100% (2/ 2)
com.manning.junitbook.ch12.repeated	100% (1/ 1)	100% (2/ 2)	100% (2/ 2)
com.manning.junitbook.ch12.tags	100% (2/ 2)	100% (5/ 5)	100% (9/ 9)

generated on 2020-01-02 17:54

图 12.12　使用 IntelliJ IDEA 获得带有代码覆盖率的 HTML 报告

第 6 章详细讨论了代码覆盖率。记住，代码覆盖率是对测试质量的度量，可以显示正在运行的测试覆盖了多少代码。在开发代码和测试时，我们不仅希望快速得到关于测试是否成功运行的反馈，还希望得到关于测试覆盖率的反馈。IntelliJ IDEA 完全支持这两个目标。在 Tested Data Systems 公司中，决定在项目中使用 IntelliJ 的开发人员既包括那些在迁移到 JUnit 5 之前使用过它的人，还包括那些在早期就引入了这个版本的测试框架的人。那时，IntelliJ IDEA 是唯一支持 JUnit 5 的 IDE——那是唯一的选择。

12.2 JUnit 5 与 Eclipse 集成

尽管 Eclipse 是使用 Java 编写的 IDE，但也可以用于开发用其他多种编程语言实现的应用程序，当然它的主要用途是开发 Java 应用程序。有关 Eclipse 安装的说明，请参阅附录 C。

这里将经历一个类似于 12.1 节的过程：从第 2 章选择一些测试方法，这些方法在 IDE 的环境中非常重要。启动 Eclipse，选择 File>Import>General>Existing Projects，将一个项目导入工作区，然后选择项目所在的文件夹。IDE 将如图 12.13 所示。

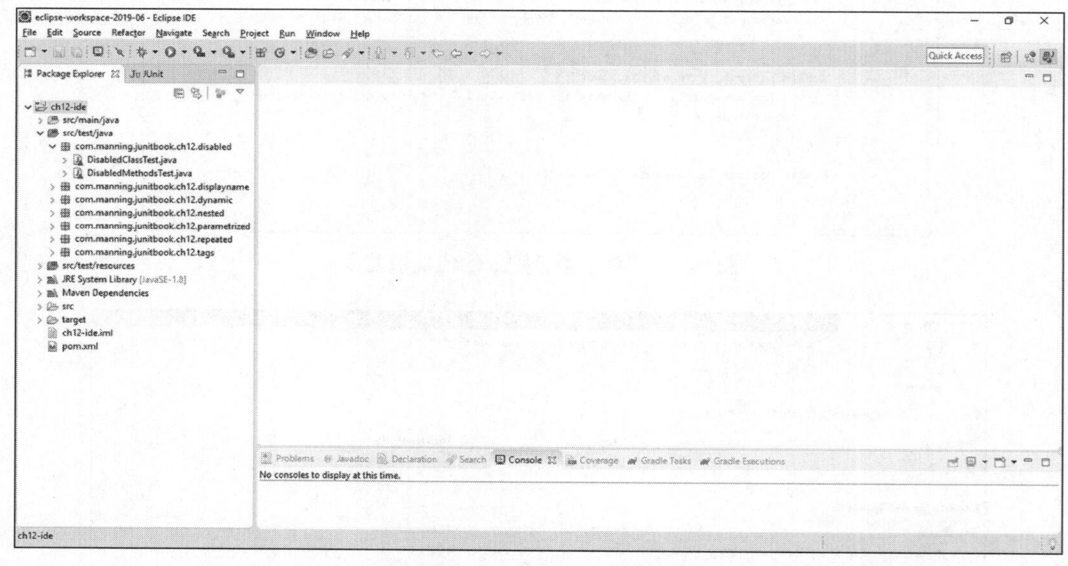

图 12.13 在 Eclipse 中打开 JUnit 5 项目

在这里，右击项目并选择 Run As>JUnit Test 来运行所有测试，可以得到图 12.14 所示的结果。在处理特定特性的实现时，我们可能希望定期运行所有测试，以确保整个项目能正常工作，并且不会影响以前已有的功能。

接下来，我们学习如何在 Eclipse 中运行特定的测试类型。在图 12.14 中，被禁用的测试以灰色显示，并且运行整个套件之后，它们被标记为“skipped”（跳过）。与 IntelliJ IDEA 不同，

Eclipse 不能强制运行一个被禁用的测试。

运行带@DisplayName 注解的测试时，结果如图 12.15 所示。当你希望在 IDE 中进行开发并查看一些重要信息时，可以在 Eclipse 中使用这个注解运行测试。@DisplayName 注解的相关内容参见第 2 章。

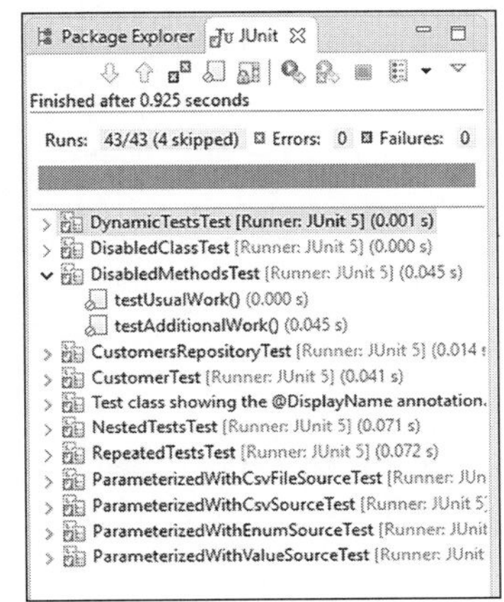

图 12.14　在 Eclipse 中运行所有测试

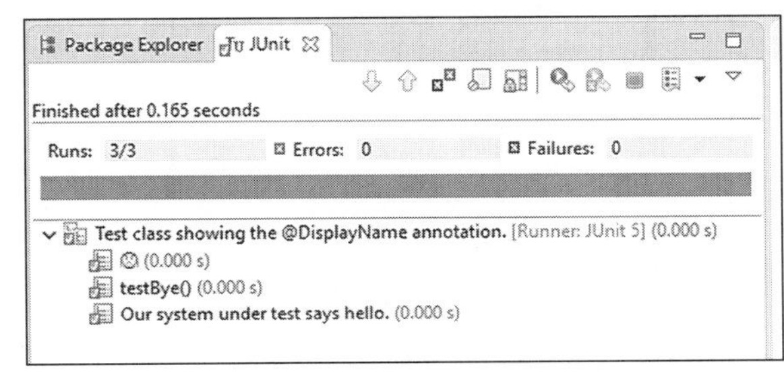

图 12.15　在 Eclipse 中运行带@DisplayName 注解的测试

运行带@TestFactory 注解的动态测试时，结果如图 12.16 所示。当你希望编写合理数量的代码在运行时生成测试时，可以在 Eclipse 中使用这个注解运行测试。@TestFactory 注解的相关内容参见第 2 章。

运行嵌套测试时，它们将以分层的方式显示，结果如图 12.17 所示，其中利用了@DisplayName 注解的功能。我们可以使用嵌套测试来表示紧密耦合的几个测试组之间的关系。Eclipse 可以显示层次结构。@Nested 注解的相关内容参见第 2 章。

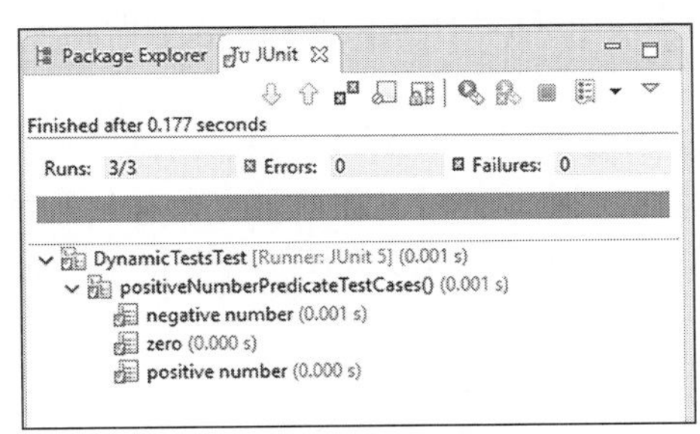

图 12.16　在 Eclipse 中运行动态测试

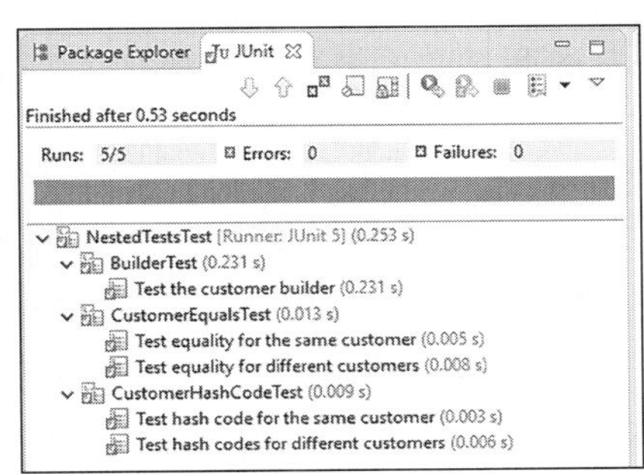

图 12.17　在 Eclipse 中运行嵌套测试

运行参数化测试时，将详细显示它们及涉及的参数，结果如图 12.18 所示。我们可以使用参数化测试来编写单个测试，然后使用一组不同的参数来运行测试。与参数化测试相关的注解参见第 2 章。

运行重复测试时，它们将会详细显示出来（显示关于当前重复测试的所有必需信息），如图 12.19 所示。如果运行条件在一次测试运行到下一次测试运行之间发生变化，则可以使用重复测试。@RepeatedTest 注解的相关内容参见第 2 章。

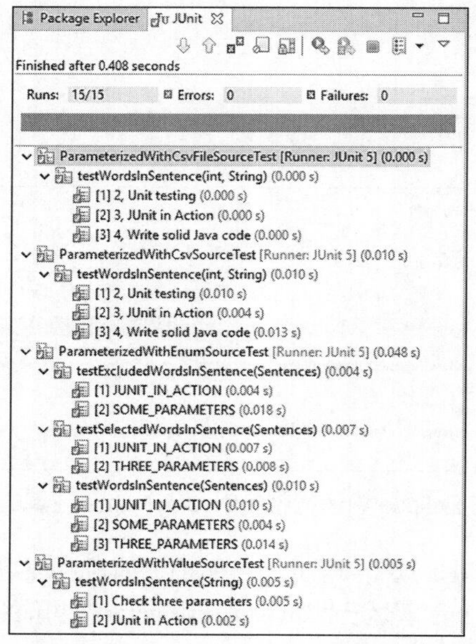

图 12.18 在 Eclipse 中运行参数化测试

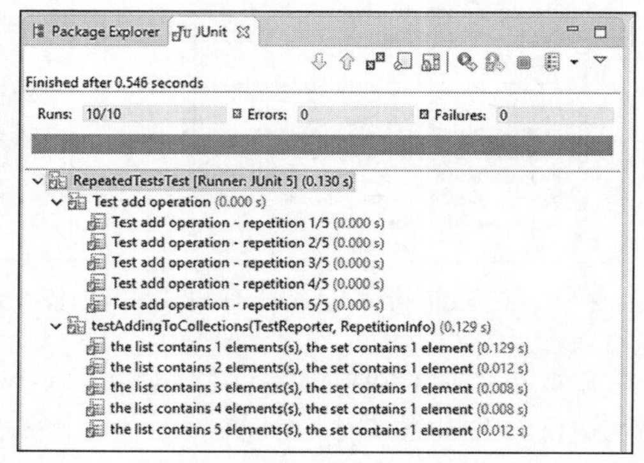

图 12.19 在 Eclipse 中运行重复测试

在 Eclipse 中运行整个测试套件时，也会运行带标记的测试。如果只想运行带特定标记的测试，可选择 Run>Run Configurations>JUnit 并从包含标记和排除标记中进行选择，如图 12.20 所示。然后可以只运行带特定标记的测试。当拥有较大的测试套件并且需要关注特定的测试而不是将时间花在整个套件上时，我们可以这样做。@Tag 注解的相关内容参见第 2 章。

Eclipse 还可以很容易地运行带有代码覆盖率的测试。右击要运行的项目、测试或套件，然后选择 Coverage As>JUnit Test，将看到图 12.21 所示的表格。你可以在单个类级别上进行研究并获得图 12.22 所示的信息，也可以右击代码覆盖率表，选择 Export Session，并获得一个 HTML 报告，如图 12.23 所示。

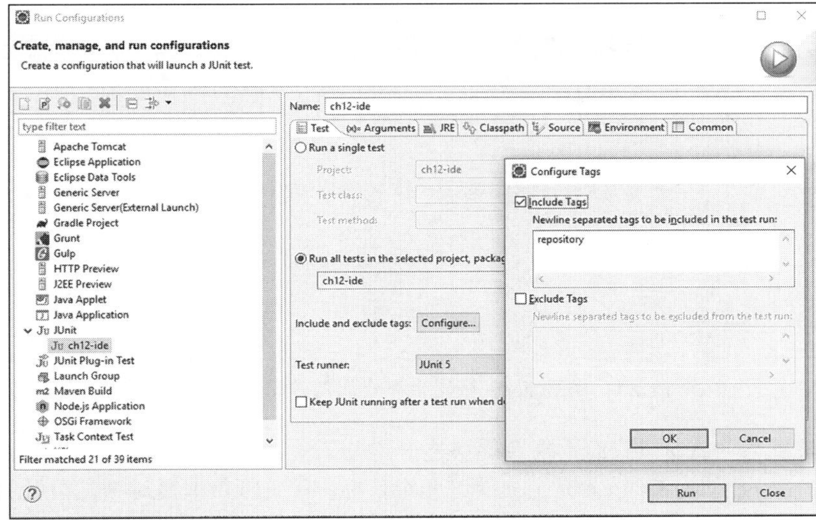

图 12.20　在 Eclipse 中进行配置，只运行标记测试

Problems　Javadoc　Declaration　Search　Console　Coverage　Gradle Tasks　Gradle Executions

Element	Coverage	Covered Instructio...	Missed Instructions	Total Instructions
ch12-ide	88.9 %	776	97	873
src/main/java	81.0 %	255	60	315
com.manning.junitbook.ch12.lifecycle	28.2 %	22	56	78
SUT.java	28.2 %	22	56	78
com.manning.junitbook.ch12.nested	97.6 %	165	4	169
Customer.java	97.2 %	141	4	145
Gender.java	100.0 %	24	0	24
com.manning.junitbook.ch12.displayname	100.0 %	9	0	9
com.manning.junitbook.ch12.parametrizec	100.0 %	8	0	8
com.manning.junitbook.ch12.predicate	100.0 %	9	0	9
com.manning.junitbook.ch12.repeated	100.0 %	7	0	7
com.manning.junitbook.ch12.tags	100.0 %	35	0	35
src/test/java	93.4 %	521	37	558

图 12.21　运行 Coverage As> JUnit Test 后由 Eclipse 生成的表

SUT.java

```
 * Licensed to the Apache Software Foundation (ASF) under one or more

package com.manning.junitbook.ch12.lifecycle;

public class SUT {
    private String systemName;

    public SUT(String systemName) {
        this.systemName = systemName;
        System.out.println(systemName + " from class " + getClass().getSimpleName() + " is initializing.");
    }

    public boolean canReceiveUsualWork() {
        System.out.println(systemName + " from class " + getClass().getSimpleName() + " can receive usual work.");
        return true;
    }

    public boolean canReceiveAdditionalWork() {
        System.out.println(systemName + " from class " + getClass().getSimpleName() + " cannot receive additional work.");
        return false;
    }

    public void close() {
        System.out.println(systemName + " from class " + getClass().getSimpleName() + " is closing.");
    }


}
```

图 12.22　单个类级别上的代码覆盖率

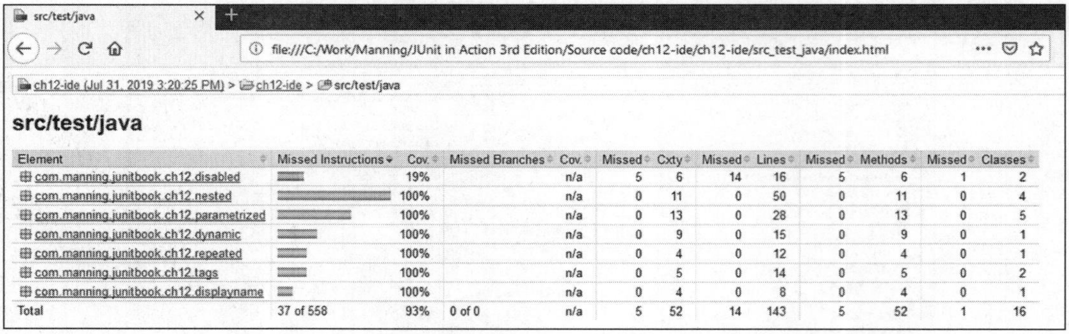

src/test/java

file:///C:/Work/Manning/JUnit in Action 3rd Edition/Source code/ch12-ide/ch12-ide/src_test_java/index.html

ch12-ide (Jul 31, 2019 3:20:25 PM) > ch12-ide > src/test/java

src/test/java

Element	Missed Instructions	Cov.	Missed Branches	Cov.	Missed	Cxty	Missed	Lines	Missed	Methods	Missed	Classes
com.manning.junitbook.ch12.disabled		19%		n/a	5	6	14	16	5	6	1	2
com.manning.junitbook.ch12.nested		100%		n/a	0	11	0	50	0	11	0	4
com.manning.junitbook.ch12.parametrized		100%		n/a	0	13	0	28	0	13	0	5
com.manning.junitbook.ch12.dynamic		100%		n/a	0	9	0	15	0	9	0	1
com.manning.junitbook.ch12.repeated		100%		n/a	0	4	0	12	0	4	0	1
com.manning.junitbook.ch12.tags		100%		n/a	0	5	0	14	0	5	0	2
com.manning.junitbook.ch12.displayname		100%		n/a	0	4	0	8	0	4	0	1
Total	37 of 558	93%	0 of 0	n/a	5	52	14	143	5	52	1	16

图 12.23 用 Eclipse 获得带有代码覆盖率的 HTML 报告

在代码开发和测试时，我们不仅希望快速得到关于测试是否成功运行的反馈，还希望得到关于测试覆盖率的反馈。Eclipse 完全支持这两个目标。代码覆盖率是对测试质量的度量，可以显示正在运行的测试覆盖了多少代码。在 Tested Data Systems 公司中，决定使用 Eclipse 的开发人员通常在迁移到 JUnit 5 之前就已经使用过 Eclipse，因此采用 Eclipse 没有压力（因为 Eclipse 对 JUnit 5 的支持比 IntelliJ IDEA 晚）。

12.3 JUnit 5 与 NetBeans 集成

NetBeans 是一个 IDE，可以用包括 Java 在内的多种编程语言编写代码。有关 NetBeans 安装的说明，请参阅附录 C。

这里将经历一个类似于 12.1 节和 12.2 节的过程。从第 2 章选择 JUnit 5 测试方法，这些测试方法在 IDE 的环境中非常重要：这些测试显示了使用标记显示名称、嵌套测试、参数化测试、重复测试和动态测试的能力。

使用 netbeans/bin 文件夹中的 netbeans 或 netbeans64（取决于操作系统）可运行文件启动 NetBeans。选择 File>Open Project，然后选择项目所在的文件夹。IDE 显示界面如图 12.24 所示。

在这里，右击项目并选择 Run/Test Project 来运行所有测试，得到图 12.25 所示的结果。在处理特定特性的实现时，我们可能希望定期运行所有测试，以确保整个项目能正常工作，并且不会影响以前已有的功能。

在图 12.25 中，被禁用的测试以灰色显示，并且运行整个套件之后，它们被标记为“skipped”（跳过）。与 IntelliJ IDEA 不同，NetBeans 不能强制运行一个被禁用的测试。

运行带@DisplayName 注解的测试时，结果如图 12.26 所示。与 IntelliJ IDEA 和 Eclipse 不同，NetBeans 不能使用这个注解提供的信息，只能显示已经运行的测试的名称。@DisplayName 注解的相关内容参见第 2 章。

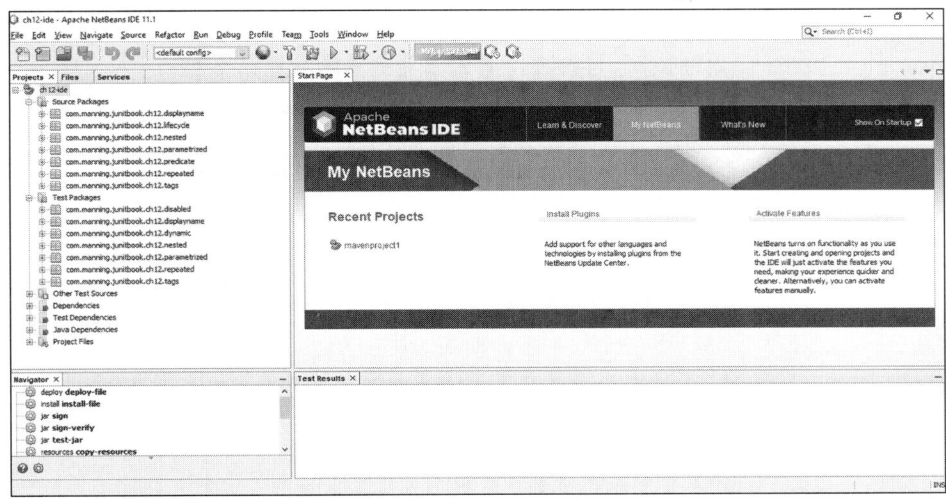

图 12.24　在 NetBeans 中打开一个 JUnit 5 项目

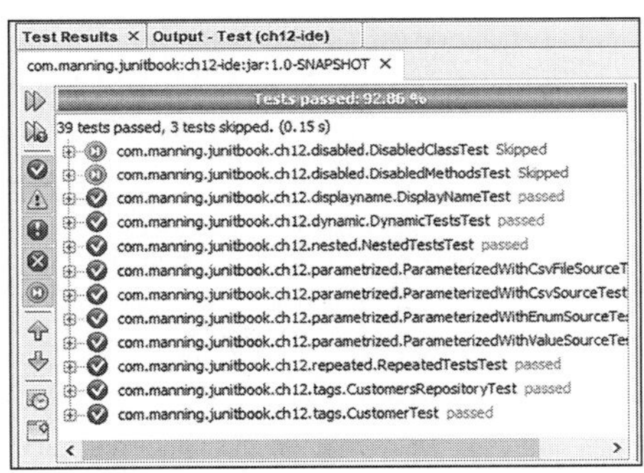

图 12.25　在 NetBeans 中运行所有测试

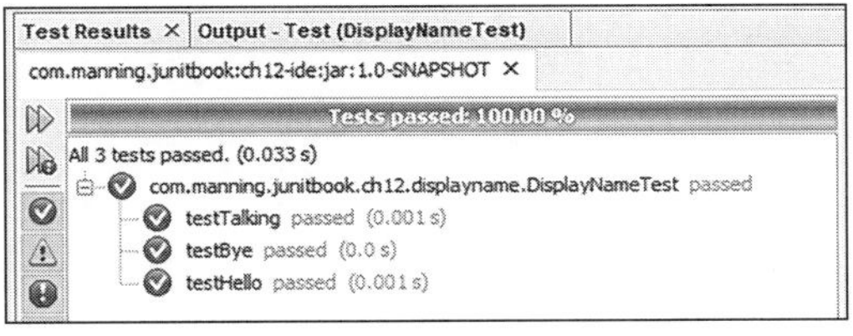

图 12.26　在 NetBeans 中运行带@DisplayName 注解的测试

运行带@TestFactory 注解的动态测试时，结果如图 12.27 所示。与 IntelliJ IDEA 和 Eclipse 不同，NetBeans 不能使用动态生成的测试名称，而只是简单地为它们编号。@TestFactory 注解的相关内容参见第 2 章。

运行嵌套测试时，NetBeans 甚至无法识别它们，如图 12.28 所示。@Nested 注解的相关内容参见第 2 章。

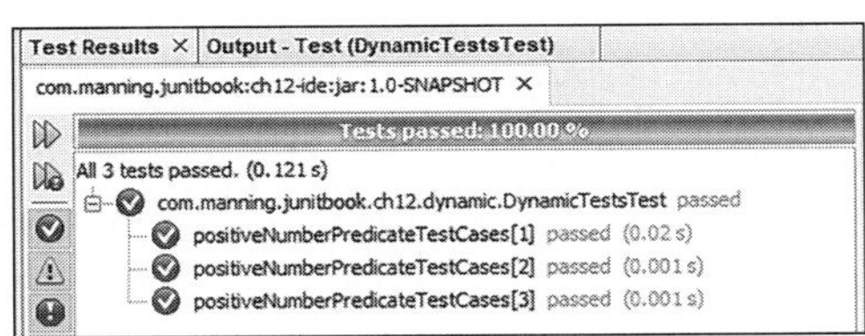

图 12.27　在 NetBeans 中运行动态测试

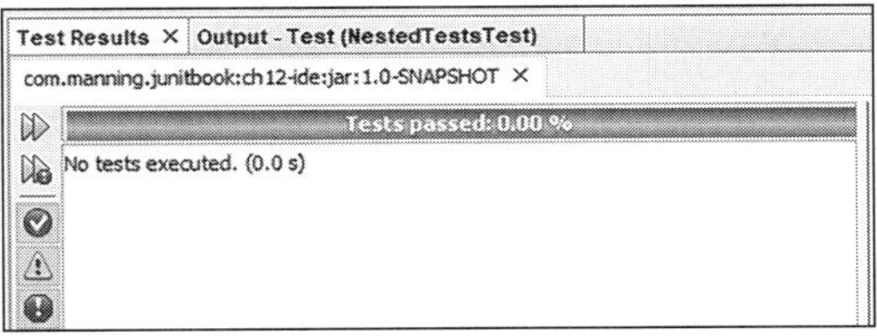

图 12.28　在 NetBeans 中运行嵌套测试

运行参数化测试时，NetBeans 将会显示数字，但没有参数的详细信息，这与 IntelliJ IDEA 和 Eclipse 不同，如图 12.29 所示。与参数化测试相关的注解参见第 2 章。

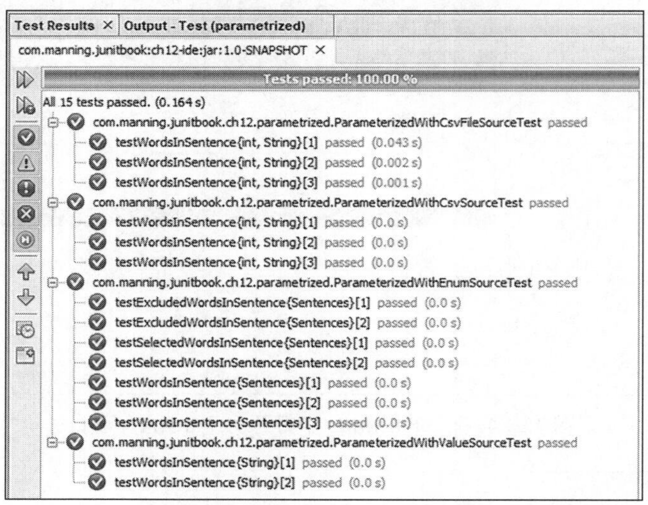

图 12.29 在 NetBeans 中运行参数化测试

运行重复测试时，会显示它们，但不会显示当前重复测试所需的任何信息，就像在 IntelliJ IDEA 和 Eclipse 中那样，如图 12.30 所示。@RepeatedTest 注解的相关内容参见第 2 章。

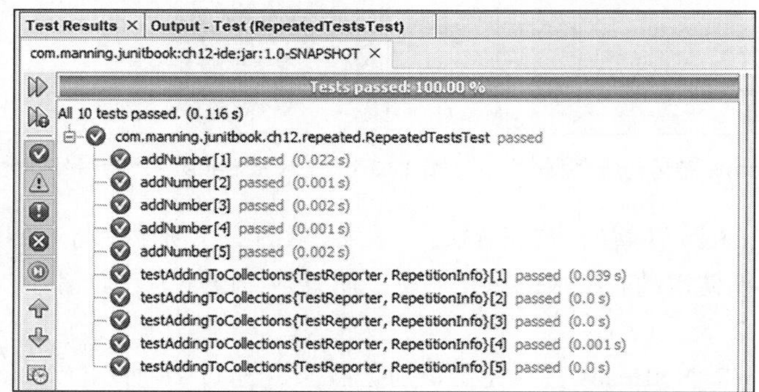

图 12.30 在 NetBeans 中运行重复测试

在 NetBeans 中运行整个测试套件时，也会运行带标记的测试。IDE 不提供仅运行带特定标记的测试的选项。如果正在运行一个 Maven 项目，则必须在 Surefire 插件的帮助下在 pom.xml 文件级别上进行更改。此插件在项目的测试阶段用于运行应用程序的单元测试，它可能会过滤一些已运行的测试或生成报告。清单 12.1 中显示了一个可能的配置，包括标记为“individual”的测试，但不包括标记为“repository”的测试。@Tag 注解的相关内容参见第 2 章。

清单 12.1　Maven Surefire 插件可能的过滤配置

```
<build>
   <plugins>
      <plugin>
          <artifactId>maven-surefire-plugin</artifactId>
          <version>2.22.2</version>
          <configuration>
              <groups>individual</groups>
              <excludedGroups>repository</excludedGroups>
          </configuration>
   </plugin>
   </plugins>
</build>
```

在 NetBeans 中直接运行带有代码覆盖率的测试是不可能的，可以使用 JaCoCo 做到这一点。JaCoCo 是一个用于测量和报告 Java 代码覆盖率的开放源代码工具包。如果正在运行一个 Maven 项目，则必须使用 JaCoCo 在 pom.xml 文件级别上进行更改。清单 12.2 给出了 JaCoCo 插件的配置。

清单 12.2　JaCoCo 插件的配置

```
<plugin>
    <groupId>org.jacoco</groupId>
    <artifactId>jacoco-maven-plugin</artifactId>
    <version>0.7.7.201606060606</version>
    <executions>
        <execution>
            <goals>
                <goal>prepare-agent</goal>
            </goals>
        </execution>
        <execution>
            <id>report</id>
            <phase>prepare-package</phase>
            <goals>
                <goal>report</goal>
            </goals>
        </execution>
    </executions>
</plugin>
```

构建项目之后（右击并选择 Build），当再次右击该项目时，Code Coverage 命令就会出现，如图 12.31 所示。我们可以选择 Show Report（结果见图 12.32）或在单个类级别上进行研究，如图 12.33 所示。

使用 NetBeans 可以得到关于代码覆盖率的反馈，但是通过使用独立的插件来实现的，正如在 JaCoCo 中显示的那样。在 Tested Data Systems 公司中，决定使用 NetBeans 的开发人员通常使用了 NetBeans 很长时间并且很晚才迁移到 JUnit 5（这个 IDE 最后引入 JUnit 5 支持）。总体来说，这些人对测试框架的新特性是否对用户友好不是很感兴趣。

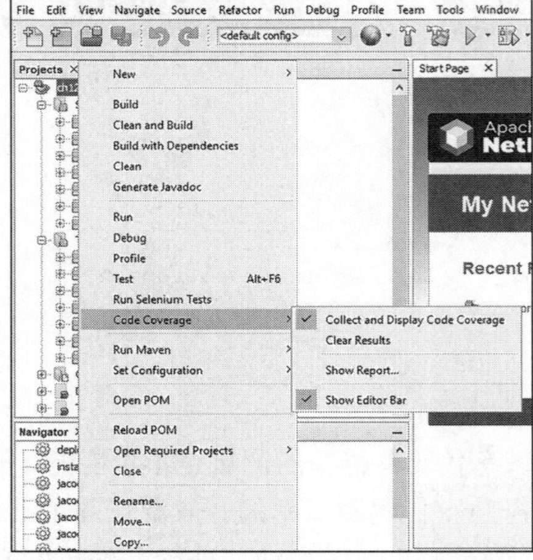

图 12.31 新添加的 Code Coverage 命令

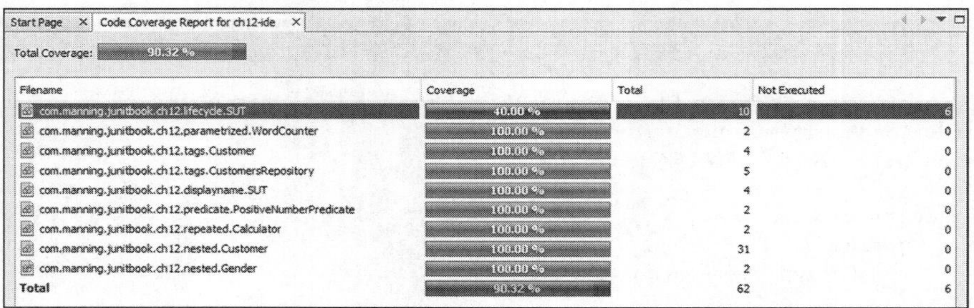
Start Page | Code Coverage Report for ch12-ide

Total Coverage: 90.32 %

Filename	Coverage	Total	Not Executed
com.manning.junitbook.ch12.lifecycle.SUT	40.00 %	10	6
com.manning.junitbook.ch12.parametrized.WordCounter	100.00 %	2	0
com.manning.junitbook.ch12.tags.Customer	100.00 %	4	0
com.manning.junitbook.ch12.tags.CustomersRepository	100.00 %	5	0
com.manning.junitbook.ch12.displayname.SUT	100.00 %	4	0
com.manning.junitbook.ch12.predicate.PositiveNumberPredicate	100.00 %	2	0
com.manning.junitbook.ch12.repeated.Calculator	100.00 %	2	0
com.manning.junitbook.ch12.nested.Customer	100.00 %	31	0
com.manning.junitbook.ch12.nested.Gender	100.00 %	2	0
Total	90.32 %	62	6

图 12.32 使用 JaCoCo 插件后，在 NetBeans 中显示的代码覆盖率

```
package com.manning.junitbook.ch12.lifecycle;

public class SUT {
    private String systemName;

    public SUT(String systemName) {
        this.systemName = systemName;
        System.out.println(systemName + " from class " + getClass().getSimpleName() + " is initializing.");
    }

    public boolean canReceiveUsualWork() {
        System.out.println(systemName + " from class " + getClass().getSimpleName() + " can receive usual w
        return true;
    }

    public boolean canReceiveAdditionalWork() {
        System.out.println(systemName + " from class " + getClass().getSimpleName() + " cannot receive addi
        return false;
    }

    public void close() {
        System.out.println(systemName + " from class " + getClass().getSimpleName() + " is closing.");
    }
```

Code Coverage: 40.00 % Test All Tests Clear Report... Disable

图 12.33 单个类级别上的代码覆盖率

12.4　JUnit 5 与 IntelliJ IDEA、Eclipse 和 NetBeans 集成的比较

表 12.1 归纳了 JUnit 5 与 3 种 IDE 集成的比较，它们可以帮助开发 JUnit 5 项目。在编写本书时，作者用了每个 IDE 的最新版本。IDE 开发人员将来可能会关注更多的集成。IntelliJ IDEA 现在实现了很好的集成，紧随其后的是 Eclipse。NetBeans 忽略了 JUnit 5 提供的大多数功能和用户友好的行为。

表 12.1　JUnit 5 与 3 种 IDE 集成的比较

特性	IntelliJ IDEA	Eclipse	NetBeans
强制运行禁用的测试	是	否	否
对用户友好的@DisplayName 测试	是	是	否
对用户友好的动态测试	是	是	否
对用户友好的嵌套测试	是	是	不运行嵌套测试
对用户友好的参数化测试	是	是	否
对用户友好的重复测试	是	是	否
对用户友好的标记测试	是	是	只有在 Surefire 插件的帮助下才可以
在 IDE 内运行带有代码覆盖率的测试	是	是	只有在 JaCoCo 插件的帮助下才可以

选用哪种 IDE 取决于个人偏好或项目需求。要做出好的决策，需要考虑 IDE 的其他功能，而不仅是它们与 JUnit 5 的集成。我们的研究应该从官方文档开始，它包括对每个 IDE 源代码的详细介绍。这里的目的是从与框架（本书的主题 JUnit 5）关系的角度，根据其提供的“即时”信息来评价 IntelliJ IDEA、Eclipse 和 NetBeans。

我们将在第 13 章研究 JUnit 5 与另一种重要的软件相关的功能：持续集成工具。

12.5　小结

在本章中，我们主要讨论了以下内容。

- IDE 以及在 Java 和 JUnit 5 中使用 IDE 来提高生产率的重要性。
- 在 IntelliJ IDEA 中运行 JUnit 5 测试，以及这个 IDE 应对测试框架特性的能力。
- 在 Eclipse 中运行 JUnit 5 测试，以及这个 IDE 应对测试框架特性的能力。
- 在 NeatBeans 中运行 JUnit 5 测试，以及这个 IDE 应对测试框架特性的能力。
- 通过项目来比较 JUnit 5 与 3 个 IDE（包括 IntelliJ IDEA、Eclipse 和 NetBeans 等）集成的情况，重点关注它们如何与测试框架的新特性集成。

第 13 章　JUnit 5 的持续集成

本章重点

- 定制和配置 Jenkins。
- 在开发团队中实践持续集成。
- 在持续集成环境中处理任务。

生活是持续的操练——对创造性地解决问题的操练。

——Michael J. Gelb

在第 10 章和第 11 章中，我们通过使用 Maven 和 Gradle 等工具实现了自动运行测试的方法。随后引发了我们所做的测试。现在进入下一个层次：使用其他流行的工具定期自动构建和运行测试。本章将探索持续集成的范例，并介绍如何在某个特定时间自动构建项目。

13.1　持续集成测试

集成测试通常很耗时，而且如果我们孤军奋战，则可能无法在自己的机器上构建所有不同的模块。由于在开发阶段，我们专注于自己的模块，且我们只想知道它是否作为单个单元运行，我们通常关心的是，如果提供了正确的输入数据，模块是否会按照预期的方式运行并产生预期的结果，因此，在开发阶段运行所有集成测试没有意义。

如果使用 TDD，JUnit 测试运行的集成是开发周期的一部分——［编码，运行，测试，编码］或者［测试，编码，运行，测试］。集成是一个非常重要的概念，因为 JUnit 测试是单元测试，是在隔离状态下测试项目的单个组件。但是许多项目都采用模块化架构，团队中不同的开发人员负责项目不同的模块和单元测试，以确保对模块进行了良好的测试。Tested Data Systems

公司也不例外。这家公司正在开发一个项目，相关任务被分配给一些独立工作的开发人员，他们使用 JUnit 5 测试自己的代码。

由于不同的模块相互交互，因此需要组装所有模块，看它们如何一起工作。为了对应用程序进行测试验证，我们需要其他类型的测试：集成测试或功能测试。我们在第 5 章中看到了这些测试在不同模块之间的交互。在 Tested Data Systems 公司，开发人员还需要测试代码，并在对独立开发的模块集成后进行测试。

TDD 告诉我们要尽早进行测试，并经常进行测试。如果我们每做一个小小的改变，都要运行所有的单元测试、集成测试和功能测试，就会大大降低开发速度。为了避免这种情况发生，我们只在开发时运行单元测试——尽可能早，尽可能频繁。那么集成测试有什么用呢？

集成测试应该独立于开发过程运行。最好是每隔一段时间（如 15 分钟）运行一次。这样，如果哪里出现了问题，我们就会在 15 分钟内找到它，然后及时修复它。

定义：持续集成（continuous integration，CI）——“一种软件开发实践。团队成员经常集成他们的工作，通常每个人每天都要集成，这会导致每天集成多次。每个集成都要由自动构建（包括测试）来验证，以尽可能快地检测集成错误。许多团队发现，这种方法显著减少了集成问题，并允许团队更快地开发具有内聚性的软件。”[1]

为了定期运行集成测试，我们还需要准备并构建系统模块。构建模块并运行集成测试之后，我们希望尽快看到运行结果。这就需要一个软件工具来自动运行以下步骤。

（1）从源代码控制系统中检出项目。

（2）构建每个模块并运行所有单元测试，以验证不同模块是否按预期独立地工作。

（3）运行集成测试以验证不同模块是否如预期的那样彼此集成。

（4）发布第（3）步中运行的测试结果。

这里可能会出现几个问题。首先，人运行这些步骤与工具运行这些步骤有什么区别？答案是：没有区别，也不应该有区别（只不过没有人能忍受做这样的工作）。如果仔细看第（1）步，我们就会发现只是从源代码控制系统中检出了项目。这样做就好像我们是团队的新成员，刚刚开始项目——在一个空的文件夹中有一个干净的检出项目。然后，在继续之前，我们希望确保所有模块在相互隔离的状态下正常工作——如果它们不能正常工作，那么测试它们是否与其他模块集成就没有太大意义。建议第（4）步是通知开发人员测试结果。通知可以通过电子邮件完成，也可以通过在 Web 服务器上发布测试报告来完成。

CI 方案如图 13.1 所示。CI 工具与源代码控制系统交互得到项目（❶处）。之后，使用项目所用的构建工具构建项目并运行不同类型的测试（❷处）和（❸处）。最后（❹处），CI 工具发布结果和通知，以便每个人都能看到它们。

这 4 个步骤非常宽泛，因此可以进一步改进。例如，开始构建之前，我们最好检查源代码控制系统中的项目是否有任何更改，否则，会浪费机器的 CPU 资源，因此我们需要确保检出

[1]这个定义来自 Martin Fowler 和 Matthew Foemmel 的文章“Continuous Integration”。

的项目是相同的。

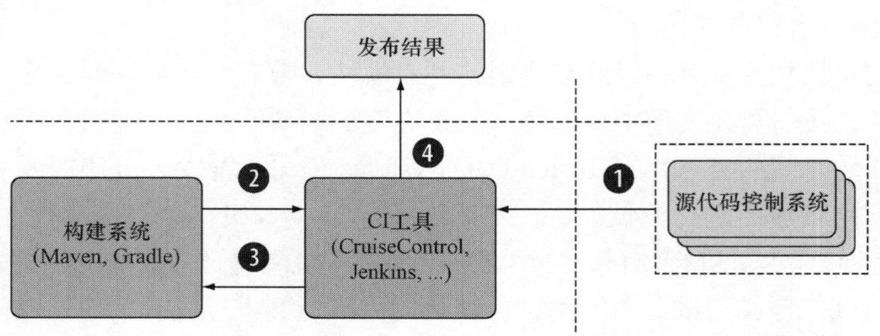

图 13.1　CI 方案：检出项目、构建并运行测试、发布结果

既然我们都认为需要一个工具来持续集成项目，那么来看一个可能会用到的开源解决方法：Jenkins（在已经有好的工具的情况下，重新发明轮子没有意义）。

13.2　Jenkins 简介

Jenkins 是一个 CI 工具，值得考虑使用。它源于一个名为 Hudson 的 CI 项目。Hudson 最初由 Sun 公司开发，是免费软件。Oracle 收购 Sun 公司后，打算将 Hudson 变成商业版本。2011 年初，大多数开发社区决定用 Jenkins 这个名称继续这个项目。之后，人们对 Hudson 的兴趣急剧下降，Jenkins 取代了 Hudson。自 2017 年 2 月起，Hudson 不再受到维护。

关于 Jenkins 的安装，请参阅附录 D。安装完成后，创建一个文件夹，其中 jenkins.war 是最重要的文件之一（见图 13.2）。

Program Files (x86) › Jenkins ›

Name	Date modified	Type	Size
users	8/15/2019 5:22 PM	File folder	
war	8/15/2019 5:14 PM	File folder	
workflow-libs	8/15/2019 5:19 PM	File folder	
.lastStarted	8/15/2019 5:15 PM	LASTSTARTED File	0 KB
.owner	8/15/2019 9:26 PM	OWNER File	1 KB
config.xml	8/15/2019 5:23 PM	XML Document	2 KB
hudson.model.UpdateCenter.xml	8/15/2019 5:14 PM	XML Document	1 KB
hudson.plugins.git.GitTool.xml	8/15/2019 5:19 PM	XML Document	1 KB
identity.key.enc	8/15/2019 5:14 PM	Wireshark capture...	2 KB
jenkins.err.log	8/15/2019 8:49 PM	Text Document	157 KB
jenkins.exe	7/17/2019 6:08 AM	Application	363 KB
jenkins.exe.config	4/5/2015 10:05 AM	CONFIG File	1 KB
jenkins.install.InstallUtil.lastExecVersion	8/15/2019 5:23 PM	LASTEXECVERSIO...	1 KB
jenkins.install.UpgradeWizard.state	8/15/2019 5:23 PM	STATE File	1 KB
jenkins.model.JenkinsLocationConfigura...	8/15/2019 5:22 PM	XML Document	1 KB
jenkins.out.log	8/15/2019 5:14 PM	Text Document	1 KB
jenkins.pid	8/15/2019 5:13 PM	PID File	1 KB
jenkins.telemetry.Correlator.xml	8/15/2019 5:14 PM	XML Document	1 KB
jenkins.war	7/17/2019 6:08 AM	WAR File	75,566 KB
jenkins.wrapper.log	8/15/2019 9:57 PM	Text Document	3 KB
jenkins.xml	7/17/2019 6:08 AM	XML Document	3 KB
nodeMonitors.xml	8/15/2019 5:14 PM	XML Document	1 KB
secret.key	8/15/2019 5:14 PM	KEY File	1 KB
secret.key.not-so-secret	8/15/2019 5:14 PM	NOT-SO-SECRET ...	0 KB

图 13.2　带 jenkins.war 文件的 Jenkins 文件夹

在命令行中，从 Jenkins 安装文件夹的安装位置运行以下命令启动服务器（见图 13.3）。

```
java -jar jenkins.war
```

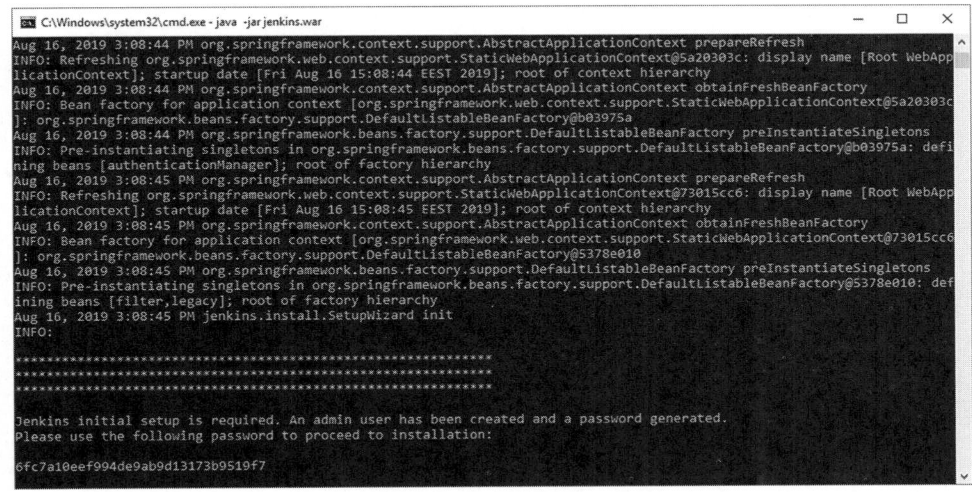

图 13.3　从命令行启动 Jenkins 服务器

要开始使用服务器，需导航到 http://localhost:8080/，将看到图 13.4 所示的内容。使用上一步生成的密码解锁 Jenkins（见图 13.3）。

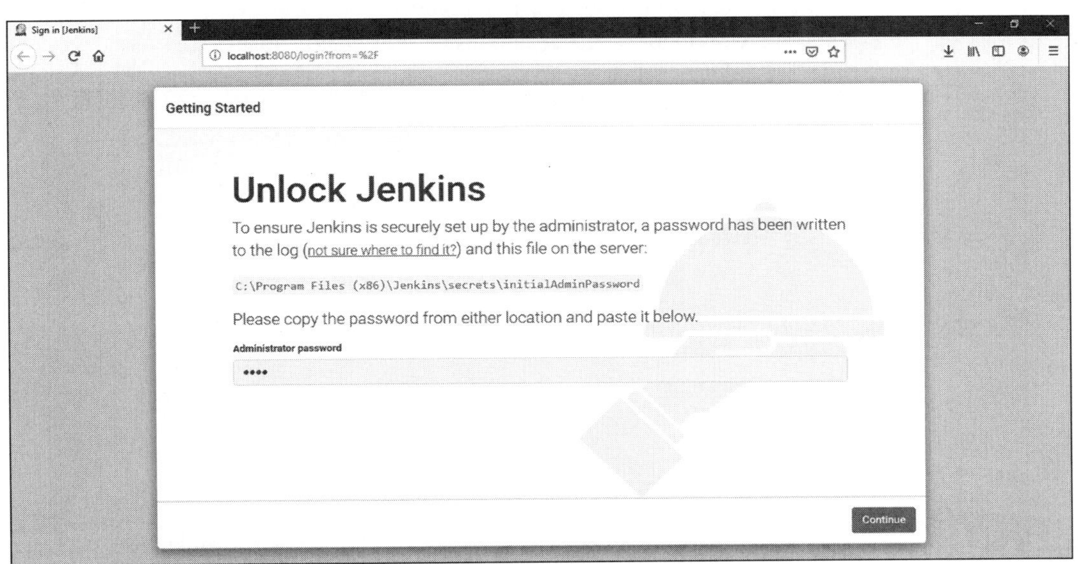

图 13.4　通过 Web 界面访问 Jenkins

输入密码后，出现图 13.5 所示的窗口。选择建议安装的插件以在典型配置中安装几个有用的插件：其中包括文件夹插件（用于分组任务）、监视插件（用于管理 CPU、HTTP 响应时间和内存图表等）和 metrics 插件（提供运行状况检查）等。

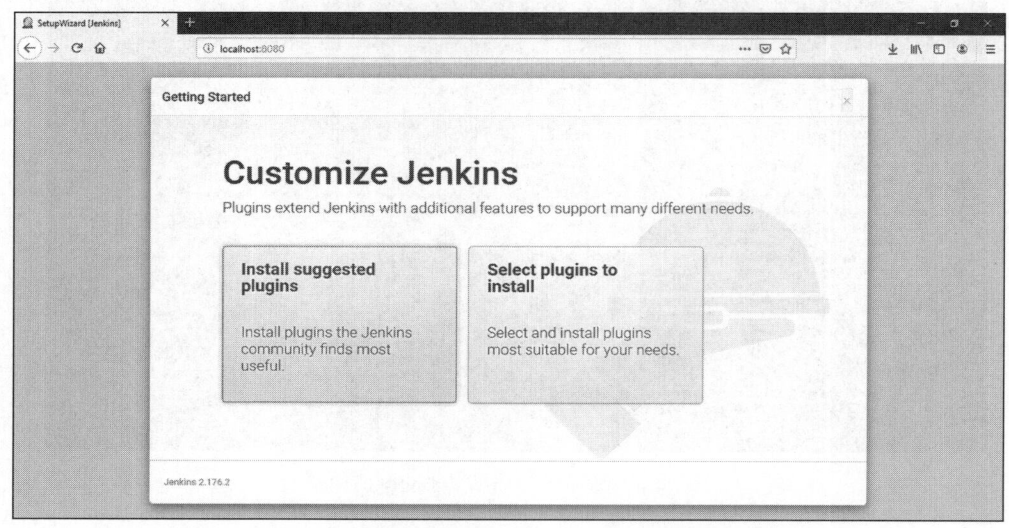

图 13.5　定制 Jenkins 窗口：选择要安装的插件

安装插件之后，会打开一个窗口，在其中通过提供新的密码来创建第一个 admin 用户，如图 13.6 所示。单击 Save and Continue，会出现 Jenkins 的欢迎页面，如图 13.7 所示。

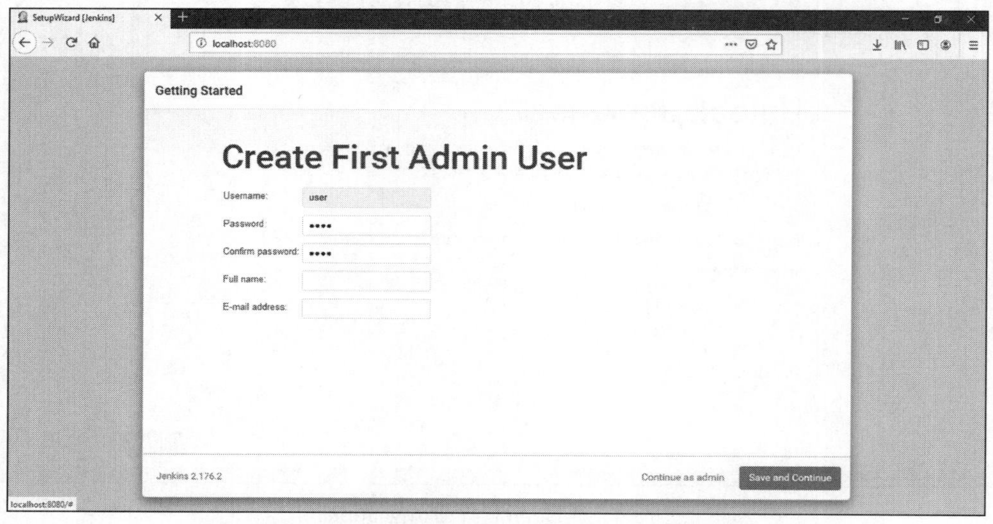

图 13.6　通过提供新的凭证来创建第一个 admin 用户

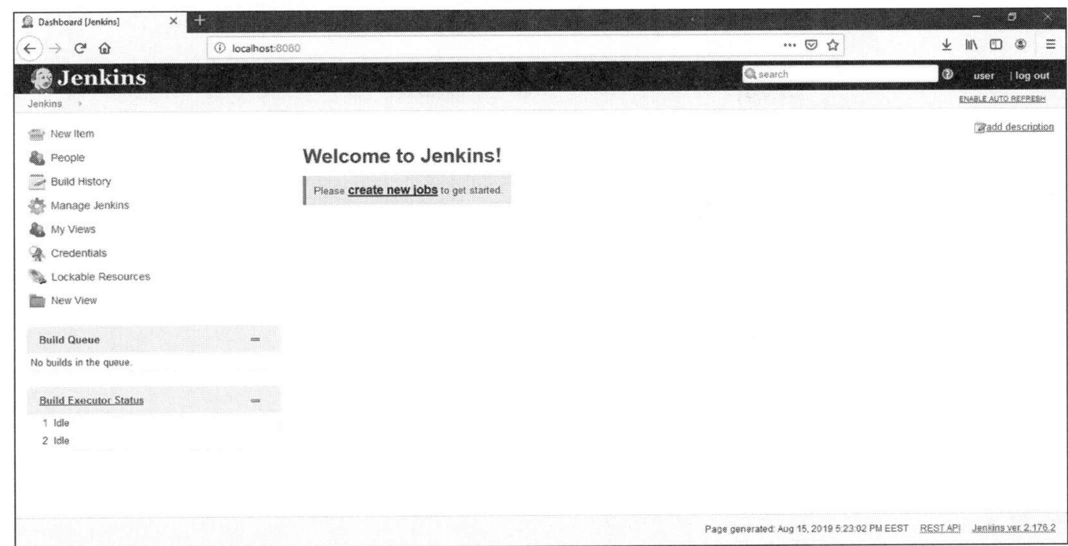

图 13.7　Jenkins 的欢迎页面

13.3　团队实践持续集成

Tested Data Systems 公司决定在一些项目中使用 Jenkins，它们选择了航班管理应用程序。John 和 Beth 都是这个项目的开发人员，但各自的任务不同：John 负责开发有关乘客的部分；Beth 负责开发有关航班的部分。他们独立工作，编写自己的代码和测试。

John 实现了如清单 13.1 和清单 13.2 所示的 Passenger 和 PassengerTest 类。

清单 13.1　Passenger 类

```
[...]
public class Passenger {

    private String identifier;
    private String name;                          ❶
    private String countryCode;
     [...]

    public Passenger(String identifier, String name,
                                    String countryCode) {
       if(!Arrays.asList(Locale.getISOCountries())
                               .contains(countryCode)) {      ❷
          throw new RuntimeException("Invalid country code");
          }
          this.identifier = identifier;
          this.name = name;
          this.countryCode = countryCode;
    }
```

```
    public String getIdentifier() {
        return identifier;
    }

    public String getName() {
        return name;
    }                                                          ❸

    public String getCountryCode() {
        return countryCode;
    }

    @Override
    public String toString() {
        return "Passenger " + getName() + " with identifier: " +
                getIdentifier() + " from " + getCountryCode();      ❹
    }
}
```

清单 13.1 所示的代码实现了如下操作。

- 乘客使用 identifier、name 和 countryCode 进行描述（❶处）。
- Passenger 的构造方法用于验证国家代码的有效性，如果验证通过，则设置前面定义的字段：identifier、name 和 countryCode（❷处）。
- 为之前定义的 3 个字段 identifier、name 和 countryCode 定义 getter 方法（❸处）。
- 覆盖 toString 方法，以显示乘客的信息（❹处）。

清单 13.2 PassengerTest 类

```
[...]
public class PassengerTest {

    @Test
    public void testPassengerCreation() {
        Passenger passenger = new Passenger("123-45-6789",
                                            "John Smith", "US");    ❶
        assertNotNull(passenger);
    }

    @Test
    public void testInvalidCountryCode() {
        assertThrows(RuntimeException.class,                  ❷
                ()->{
                    Passenger passenger = new Passenger("900-45-6789",
                                            "John Smith", "GJ");       ❷
                });
    }

    @Test
    public void testPassengerToString() {
        Passenger passenger = new Passenger("123-45-6789",        ❸
```

```
                                        "John Smith", "US");
        assertEquals("Passenger John Smith with identifier:
                     123-45-6789 from US", passenger.toString());   ❸
    }
}
```

清单 13.2 所示的代码实现了如下操作。

- 测试方法将检查使用正确参数创建的乘客对象（❶处）。
- 调用时，测试将检查当 countryCode 参数无效时，Passenger 构造方法是否抛出异常（❷处）。
- 测试将检查 toString 方法的正确行为（❸处）。

Beth 实现了 Flight 和 FlightTest 类，如清单 13.3 和清单 13.4 所示。

清单 13.3　Flight 类

```
[...]
public class Flight {

   private String flightNumber;
   private int seats;
   private Set<Passenger> passengers = new HashSet<>();   ❶

   private static String flightNumberRegex = "^[A-Z]{2}\\d{3,4}$";   ❷
   private static Pattern pattern =
                           Pattern.compile(flightNumberRegex);   ❸

   public Flight(String flightNumber, int seats) {   ❹
       Matcher matcher = pattern.matcher(flightNumber);
       if(!matcher.matches()) {
           throw new RuntimeException("Invalid flight number");   ❺
       }
     this.flightNumber = flightNumber;
     this.seats = seats;   ❻
   }

   public String getFlightNumber() {
     return flightNumber;
   }
                                                ❼
   public int getNumberOfPassengers () {
     return passengers.size();
   }

   public boolean addPassenger(Passenger passenger) {
       if(getNumberOfPassengers() >= seats) {
           throw new RuntimeException("Not enough seats for flight "
                                      + getFlightNumber());   ❽
       }
       return passengers.add(passenger);
   }

   public boolean removePassenger(Passenger passenger) {
       return passengers.remove(passenger);   ❾
   }
}
```

清单 13.3 所示的代码实现了如下操作。

- 使用航班号、座位数和乘客集合来描述一个航班（❶处）。
- flightNumberRegex 是一个正则表达式，描述了航班号的正确格式（❷处）。**正则表达式**（regular expression）是定义查找模式的字符序列。在本示例中，正则表达式要求航班号以 2 个大写字母开头，后跟 3 或 4 位数字。这个正则表达式对于所有航班都是相同的，因此该字段定义为 static 的。
- 用字符串正则表达式创建一个 Pattern 实例（❸处）。Pattern 类属于 java.util.regex 包，是 Java 正则表达式 API 的主要参考。无论何时使用 Java 的正则表达式，都可以从创建这样一个对象开始。这个字段对所有航班号都一样，所以也是 static 的。
- 在 Flight 类的构造方法中，创建一个 Matcher 对象（❹处）。Matcher 对象用于在文本中查找通过 Pattern 定义的正则表达式的匹配项。
- 如果 flightNumber 与所需的正则表达式不匹配，则抛出一个异常（❺处），否则，实例字段将使用参数的值设置（❻处）。
- 该类为航班号和乘客数定义了 getter 方法（❼处）。
- addPassenger 方法用于向当前航班添加乘客。如果乘客数超过座位数，则抛出一个异常。如果乘客被成功添加，返回 true。如果该乘客已经存在，则返回 false（❽处）。
- removePassenger 方法用于从当前航班中移除乘客。如果乘客被成功移除，返回 true。如果该乘客不存在，则返回 false（❾处）。

清单 13.4 FlightTest 类

```
[...]
public class FlightTest {
    @Test
    public void testFlightCreation() {
        Flight flight = new Flight("AA123", 100);
        assertNotNull(flight);                          ❶
    }

    @Test
    public void testInvalidFlightNumber() {
        assertThrows(RuntimeException.class,
                ()->{
                    Flight flight = new Flight("AA12", 100);   ❷
                });
    }
}
```

清单 13.4 所示的代码实现了如下操作。

- 测试使用正确的参数检查航班的创建（❶处）。
- 测试将检查 Flight 构造方法在 flightNumber 参数无效时是否会抛出一个异常（❷处）。

此外，Beth 编写了一个 Passenger 类和 Flight 类的集成测试，因为她正在处理 Flight 类（它也与 Passenger 对象一起工作）。

清单 13.5　FlightWithPassengersTest 类

```
[...]
public class FlightWithPassengersTest {

    private Flight flight = new Flight("AA123", 1);                    ❶

    @Test
    public void testAddRemovePassengers() throws IOException {
        Passenger passenger = new Passenger("124-56-7890",
                                  "Michael Johnson", "US");            ❷
        assertTrue(flight.addPassenger(passenger));
        assertEquals(1, flight.getNumberOfPassengers ());              ❸

        assertTrue(flight.removePassenger(passenger));
        assertEquals(0, flight.getNumberOfPassengers ());              ❹
    }

    @Test
    public void testNumberOfSeats() {
        Passenger passenger1 = new Passenger("124-56-7890",
                                  "Michael Johnson", "US");            ❺
        flight.addPassenger(passenger1);
❻       assertEquals(1, flight.getNumberOfPassengers ());

        Passenger passenger2 = new Passenger("127-23-7991",
                                  "John Smith", "GB");                 ❼
        assertThrows(RuntimeException.class,
                () -> flight.addPassenger(passenger2));                ❽
    }
}
```

清单 13.5 所示的代码实现了如下操作。

- 创建一个具有正确航班号和一个座位的航班对象（❶处），目的是方便测试。
- 测试将创建一个乘客对象（❷处），并将其添加到航班中（❸处），再将其从航班中移除（❹处）。在每个步骤中，都检查操作是否成功，以及航班上的乘客数量是否正确。
- 测试将创建另一个要添加到航班的乘客对象（❺处），然后将其添加到航班中，导致乘客数超过航班座位数（❼处）。这里首先检查正确的乘客数（❻处），然后检查当乘客数超过座位数时是否会抛出异常（❽处）。

为这个项目开发的代码在一台 CI 机器上由 Git 管理。Git 是一个分布式版本控制系统，可以跟踪源代码的变化。文件夹 Git/cmd 包含了 Git 的可运行文件，该文件夹位于 CI 机器操作系统的路径上。在我们的示例中，将使用一些基本的 Git 命令，并解释其作用和原因。有关 Git 的更详细信息，请查看文档。

项目源代码所在的文件夹是一个 Git 存储库。为了使该文件夹成为一个 Git 存储库，机器管理员在该文件夹中执行以下命令：

```
git init
```

执行该命令可创建一个新的 Git 存储库。这个存储库的结构如图 13.8 所示。它包含 Maven 的 pom.xml 文件、存放 Java 源代码的 src 文件夹，以及包含 Git 分布式版本控制系统元信息的.git 文件夹。

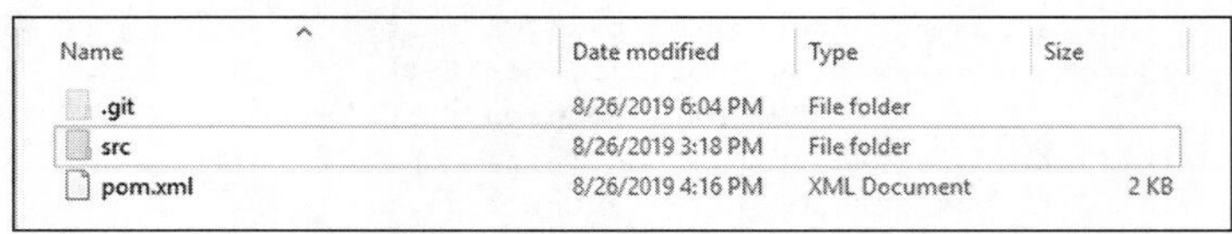

图 13.8 Git 存储库的结构

13.4 配置 Jenkins

Jenkins 的配置是通过 Web 界面完成的。这里要建立一个由 Jenkins 管理的项目。由于 Jenkins 运行在 CI 机器上，因此需要首先访问 http://localhost:8080/，进入它的 Web 界面（见图 13.9）。目前为止还没有定义任何条目，因此单击左侧的 New Item 选项来新建一个 CI 作业。

图 13.9 没有创建任务的 Jenkins 的 Web 界面

选择 Freestyle project 选项，输入项目名称 ch13-continuous（见图 13.10），然后单击 OK 按钮。在新的页面中，选择 Git 来管理源代码，填写 Repository URL（见图 13.11）。回到页面底部，选择 Build>Add Build Step>Invoke Top Level Maven Targets，输入 clean install（见图 13.12），最后单击 Save 按钮。

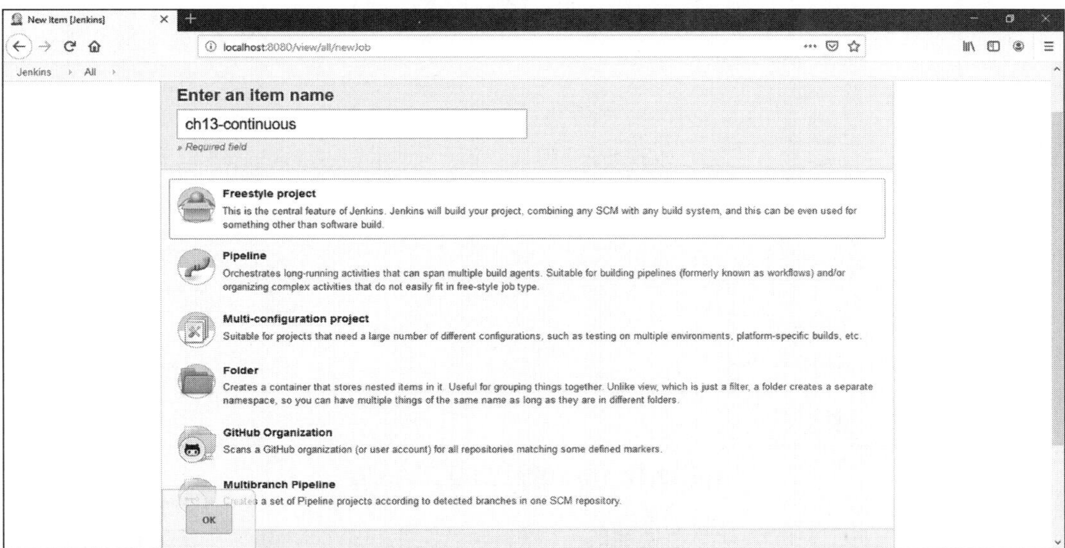

图 13.10　在 Jenkins 中创建一个新的 CI 作业

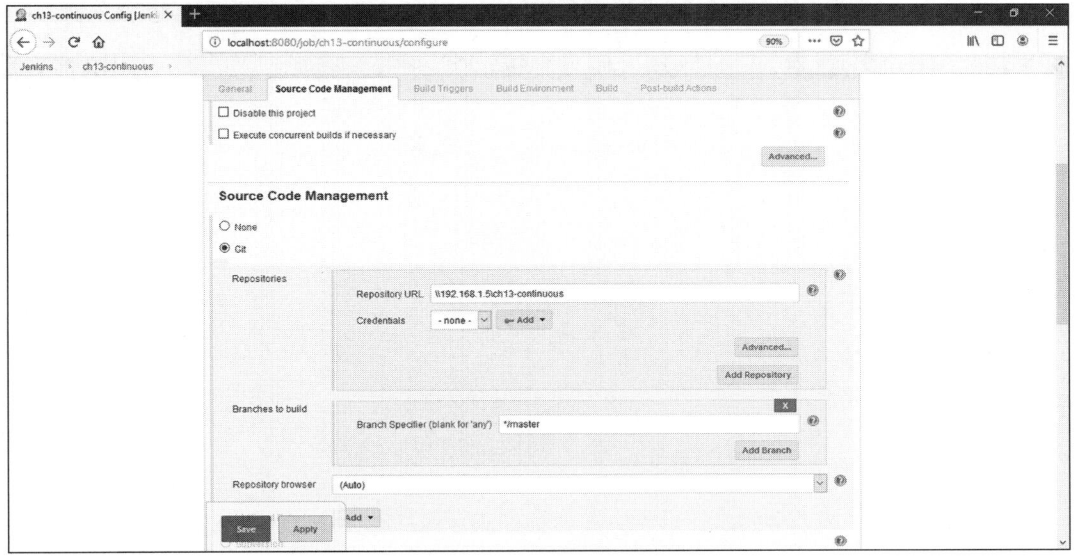

图 13.11　定义包含源代码的 Repository URL

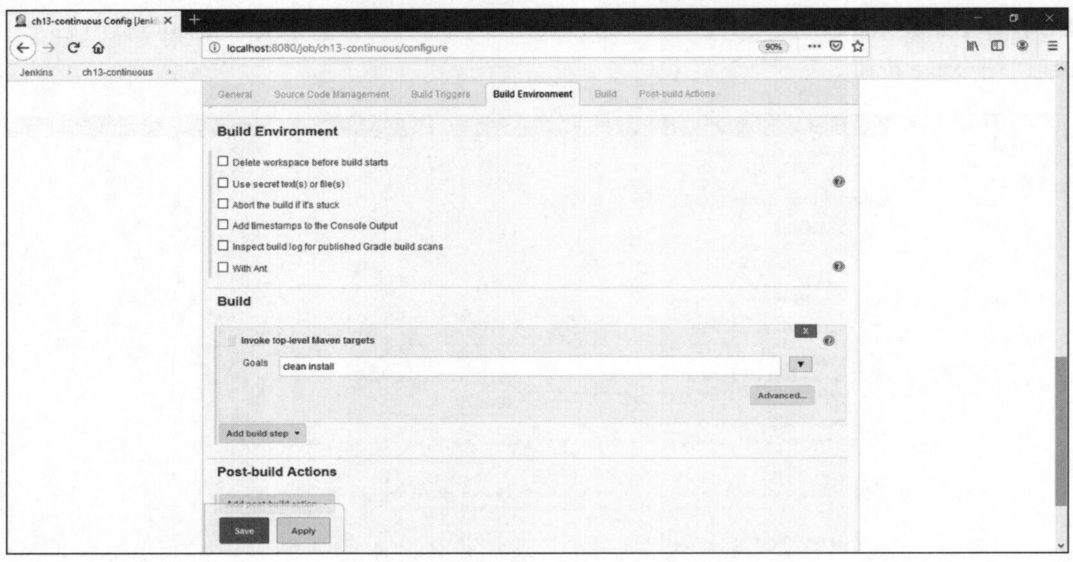

图 13.12　新创建的 CI 项目的配置

在 Jenkins 主页上，可以看到新创建的 CI 项目（见图 13.13）。单击项目右侧的 Build 按钮，等待项目运行，运行结果如图 13.14 所示。

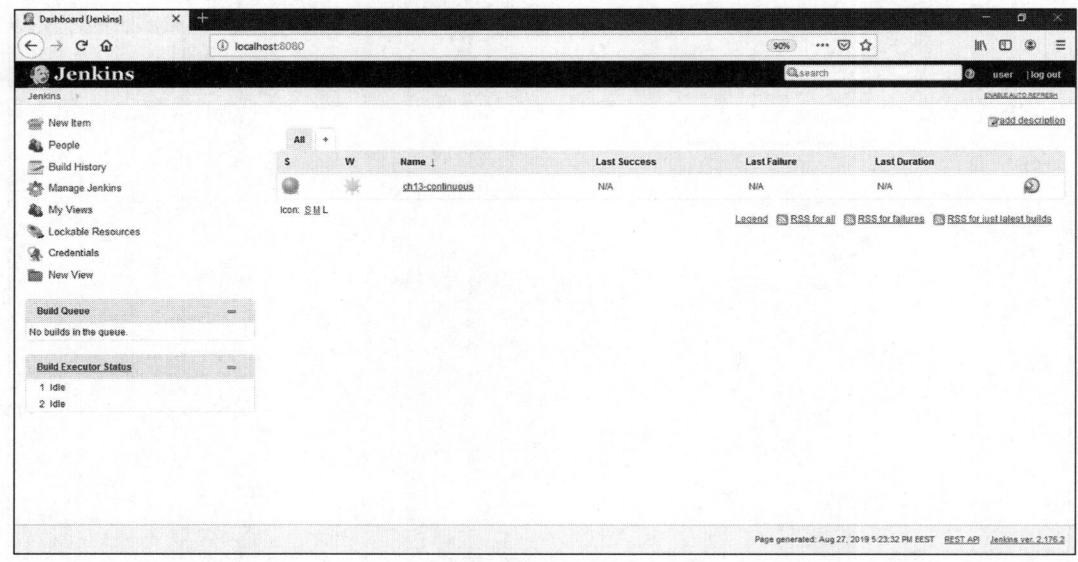

图 13.13　新创建的 CI 项目

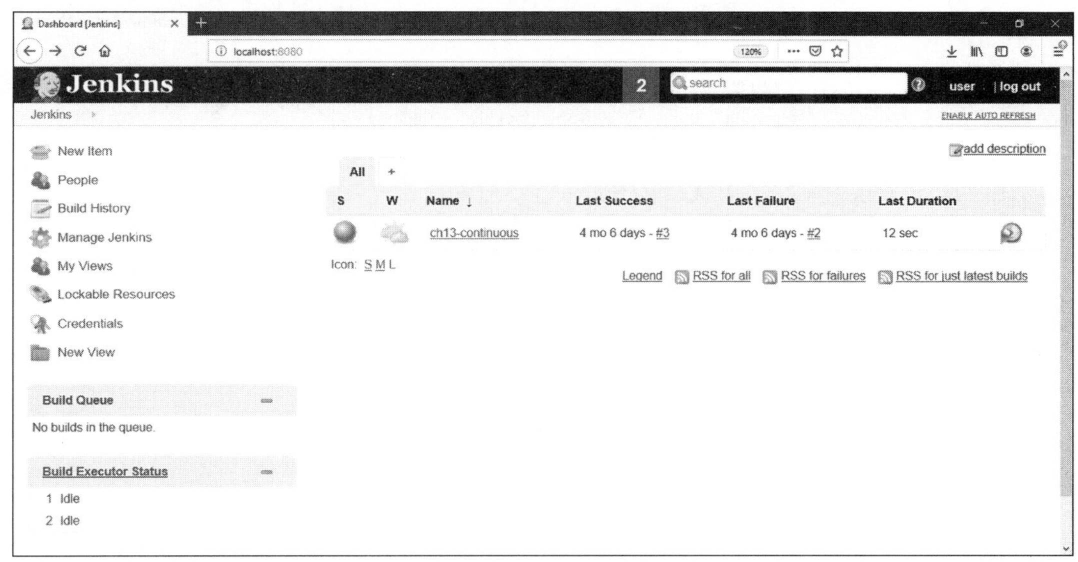

图 13.14　使用 Jenkins 在 CI 机器上第一次运行项目的结果

以 CI 的观点来看，现在可以确信一切都很好。John 和 Beth 所做的工作运行效果很好，而且集成效果很好。

在本章的开始就说过，开发人员在开发的时候，通常专注于自己的模块，并只想知道它作为一个单独的单元能否工作。开发人员在开发时，只运行单元测试。集成测试独立于开发过程运行——现在有一个配置好的 Jenkins 项目可处理这个问题。下面将介绍 CI 如何帮助 John 和 Beth 快速轻松地解决集成测试的问题。

13.5　在 CI 环境中处理任务

航班管理应用程序有一项新任务：乘客必须能够自己选择要加入的航班，而不仅仅是加入航班。目前，可以将乘客添加到航班中，但如果查看一个 Passenger 对象，则无法知道他在哪个航班中。

为了完成这个任务，John 考虑将 Flight 定义为 Passenger 类的实例变量。通过这种方式，一个乘客可以按照新的交互系统的要求，自主选择和加入某个航班。注意，Flight 和 Passenger 类之间有一个双向引用。Flight 类中已包含一个 Passenger 的集合。

```
private Set<Passenger> passenger = new HashSet<>();
```

John 在清单 13.6 所示的 FlightWithPassengersTest 类中添加了一个测试，并修改了现有的 testAddRemovePassengers 方法。

清单 13.6　FlightWithPassengersTest 的 testPassengerJoinsFlight 方法

```
@Test
public void testPassengerJoinsFlight() {
    Passenger passenger = new Passenger("123-45-6789",
                                        "John Smith", "US");   ❶
    Flight flight = new Flight("AA123", 100);                  ❷
    passenger.joinFlight(flight);                              ❸
    assertEquals(flight, passenger.getFlight());               ❹
    assertEquals(1, flight.getNumberOfPassengers());           ❺
}

@Test
public void testAddRemovePassengers() throws IOException {
    Passenger passenger = new Passenger("124-56-7890",
                              "Michael Johnson", "US");
    flight.addPassenger(passenger);
    assertEquals(1, flight.getNumberOfPassengers());
    assertEquals(flight, passenger.getFlight());               ❻

    flight.removePassenger(passenger);
    assertEquals(0, flight.getNumberOfPassengers());
    assertEquals(null, passenger.getFlight());                 ❼
}
```

清单 13.6 所示的代码实现了如下操作。

- 创建一个乘客对象（❶处）和一个航班对象（❷处）。然后让乘客加入航班（❸处）。
- 检查该乘客是否分配了之前定义的航班（❹处），以及该航班现有乘客的数量（❺处）。
- 在现有的 testAddRemovePassengers 中，当航班添加了一名乘客之后，还要检查是否在该乘客端也设置了航班（❻处）。当航班从乘客端移除后，则该乘客端就不再有任何航班（❼处）。

John 还将清单 13.7 所示的代码添加到 Passenger 类中。

清单 13.7　对 Passenger 类的更改

```
[...]
private Flight flight;                         ❶
[...]

public Flight getFlight() {
    return flight;                             ❷
}

public void setFlight(Flight flight) {
    this.flight = flight;                      ❸
}

public void joinFlight(Flight flight) {
    Flight previousFlight = this.flight;
    if (null != previousFlight) {              ❹
```

```
        if(!previousFlight.removePassenger(this)) {
            throw new RuntimeException("Cannot remove passenger");    ❹
        }
    }
    setFlight(flight);
    if(null != flight) {                                                ❺
        if(!flight.addPassenger(this)) {
            throw new RuntimeException("Cannot add passenger");       ❻
        }
    }
}
```

清单 13.7 所示的代码实现了如下操作。

- 给 Passenger 类添加 Flight 字段（❶处）。为新添加的字段创建 getter（❷处）和 setter 方法（❸处）。
- 在 joinFlight 方法中，检查该乘客之前加入的航班是否存在，如果存在，则将该乘客从该航班中移除。如果移除不成功，该方法将抛出异常（❹处）。然后，为乘客设置航班（❺处）。如果新航班不为 null，则将该乘客添加到其中。如果不能添加乘客，则抛出一个异常（❻处）。

John 需要将他的代码推送到位于 192.168.1.5 的 CI 服务器上。本地项目由 Git 服务器管理，它是 CI 服务器上代码的副本。这个副本最初使用以下 Git 命令创建。

```
git clone \\192.168.1.5\ch13-continuous
```

为了实现代码推送，John 执行几个 Git 命令，首先是以下命令：

```
git add *.java
```

git add 命令用于对下一次提交中的一个特定文件进行更改。执行该命令后将为下一次提交中的所有.java 文件进行更改。在执行 git commit 之前，更改不会被实际记录。

因此，John 执行以下命令将更改记录到他的本地存储库中。

```
git commit -m "Allow the passenger to make the individual choice of a flight"
```

更改被提交到本地存储库，并附带一条说明更改所属任务的消息：“Allow the passenger to make the individual choice of a flight”（允许乘客对某次航班进行自主选择）。

现在，John 只需要再做一件事，代码就可以推送到 CI 服务器上。执行以下命令：

```
git push
```

将代码推送到 CI 服务器后，在该服务器上启动新的构建，它将失败（见图 13.15）。通过 Jenkins 访问项目的控制台（单击 ch13-continuous 链接，然后在 Build History 中单击 build number 下拉图标，然后是 Console Output），将看到修改后的测试失败（见图 13.16）。

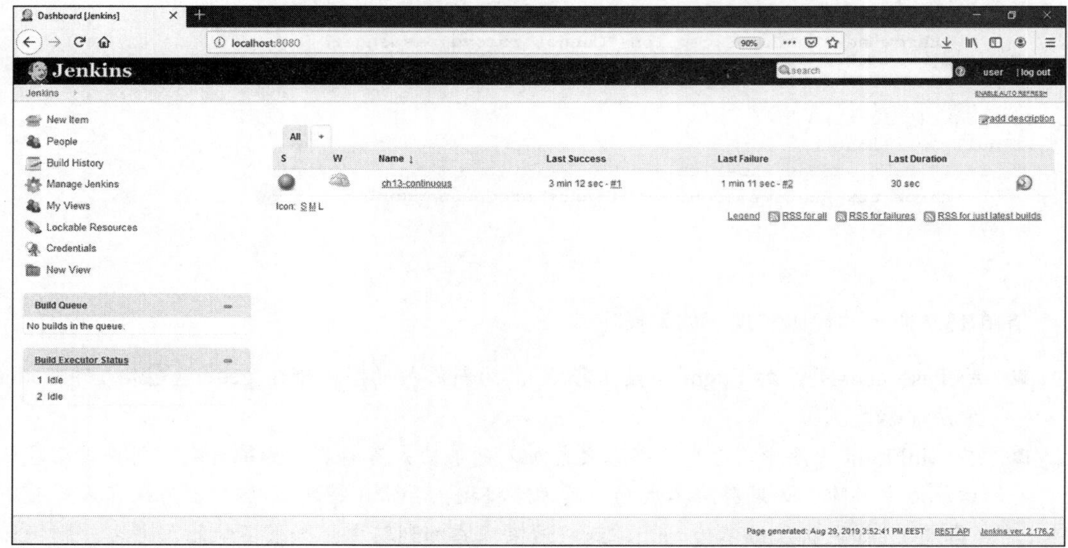

图 13.15 将代码推送到 CI 服务器后，启动新的构建失败

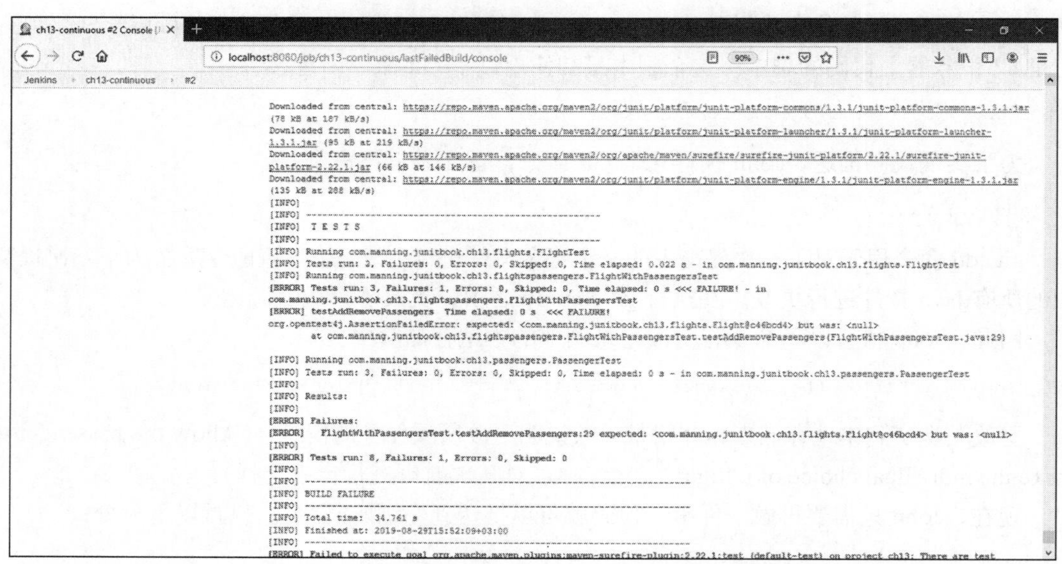

图 13.16 通过 Jenkins 访问项目的控制台看到修改后的测试失败

显示如下错误信息：

```
[INFO] Running
    com.manning.junitbook.ch13.flightspassengers.FlightWithPassengersTest
[ERROR] Tests run: 3, Failures: 1, Errors: 0, Skipped: 0,
Time elapsed: 0 s <<< FAILURE! - in
```

```
    com.manning.junitbook.ch13.flightspassengers.FlightWithPassengersTest
[ERROR] testAddRemovePassengers Time elapsed: 0 s <<< FAILURE!
org.opentest4j.AssertionFailedError: expected:
    <com.manning.junitbook.ch13.flights.Flight@c46bcd4> but was:
<null> at
     com.manning.junitbook.ch13.flightspassengers.FlightWithPassengersTest.
testAddRemovePassengers(FlightWithPassengersTest.java:29)
```

在对构建失败的原因及控制台输出的错误信息进行研究后，开发人员发现这是 Flight 和 Passenger 集成的问题。他们需要确保 Flight 和 Passenger 之间的关系是双向的：如果 Passenger 对 Flight 有一个引用，那么 Flight 也应对 Passenger 有一个引用，反之亦然。

Beth 开发 Flight，所以她来处理这个问题。Beth 的本地项目也在 Git 的管理之下。它是 CI 服务器上代码的副本。这个副本最初使用以下 Git 命令创建。

```
git clone \\192.168.1.5\ch13-continuous
```

为了从 John 那里获得更新后的代码，Beth 执行以下 Git 命令。

```
git pull
```

这样，Beth 就有了更新后的代码。为了解决集成问题，Beth 修改了现有的 Flight 类：确切地说，是修改了 addPassenger 和 removePassenger 方法。

清单 13.8 修改后的 Flight 类

```
public boolean addPassenger(Passenger passenger) {
    if(getNumberOfPassengers() >= seats) {
        throw new RuntimeException("Not enough seats for flight "
                                   + getFlightNumber());
    }
    passenger.setFlight(this);          ❶
    return passengers.add(passenger);
}

public boolean removePassenger(Passenger passenger) {
    passenger.setFlight(null);          ❷
    return passengers.remove(passenger);
}
```

清单 13.8 中 Beth 添加了两行代码来完成以下工作。

- 当一名乘客被添加到一个航班时，该航班也被设置在该乘客端（❶处）。
- 当一名乘客被从航班移除时，航班也从乘客端移除（❷处）。

Beth 通过执行以下 Git 命令将她的更改发送到 CI 服务器：

```
git add *.java
git commit -m "Adding integration code for a passenger join/unjoin"
git push
```

将代码推送到 CI 服务器后，在该服务器上启动新的构建，并且成功（见图 13.17）。

这里可以看到 CI 的好处：集成问题可以很快被发现，开发人员也可以立即修复这些问题。JUnit 5 和 Jenkins 的结合非常完美！

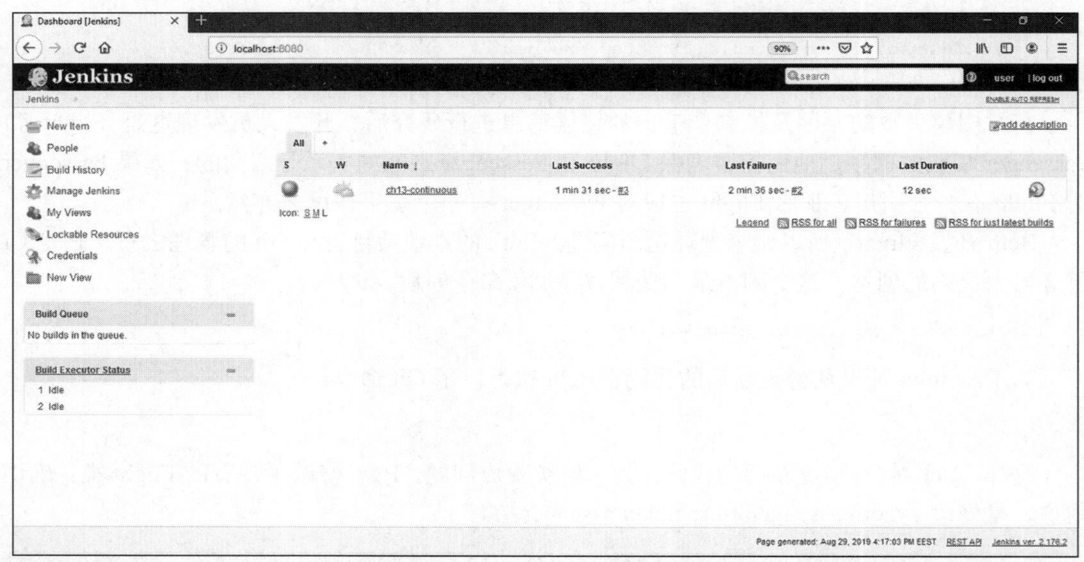

图 13.17　在 Flight 类中引入了必要的集成代码后，Jenkins 构建成功

从第 15 章开始，我们将进入本书的第四部分，集中讨论现代框架和 JUnit 5 的使用，但首先研究的是 JUnit 5 扩展模型。

13.6　小结

在本章中，我们主要讨论了以下内容。

- CI 是一种软件开发实践，用于团队成员的集成工作。
- 在 Java 开发中，CI 为开发团队提供的好处是：使用自动构建来检测每个集成，从而尽快检测到集成错误，减少集成问题并让开发人员立即修复问题。
- 在协作项目中将 Jenkins 作为 CI 工具（Jenkins 构建使用 JUnit 5 运行）。
- 一个团队在实践 CI 的过程中展示了协同机制：将 Jenkins 作为 CI 服务器，将 Git 作为版本控制系统来运行任务。

第四部分

使用现代框架和 JUnit 5

我们将在这一部分探讨如何使用 JUnit 5 和常用的框架。

在第 14 章中，我们会专门介绍 JUnit 5 扩展的实现，以替代 JUnit 4 规则和运行器。这对于使用自定义测试扩展以及轻松使用现代框架非常有用，这些框架可为创建高效的 JUnit 5 测试提供自身的扩展。

在第 15 章中，我们将介绍 HtmlUnit 和 Selenium。这里将展示如何使用这些工具测试表示层。本章将详细介绍如何设置项目，以及表示层测试的一些最佳实践。

在第 16 章和第 17 章中，我们将讨论如何测试当今最流行的框架之一——Spring。Spring 是一个用于 Java 平台的开源应用程序框架和控制反转容器。Spring 目前主要用于创建 Java SE 和 Java EE 应用程序。Spring 包括几个独立的框架，诸如 Spring Boot——遵循约定优于配置的原则，用于创建可直接运行的应用程序。

在第 18 章中，我们将介绍 REST 应用程序的测试。REST 表示应用程序的程序接口，需使用 HTTP 请求来获取、放置、修补、发布和删除数据。

在第 19 章中，我们将讨论测试数据库应用程序的各种方案，包括 JDBC、Spring 和 Hibernate 等。

第 14 章　JUnit 5 扩展模型

本章重点
- 创建 JUnit 5 扩展。
- 使用可用的扩展点编写 JUnit 5 测试。
- 使用由 JUnit 5 的扩展而延伸出的测试来开发应用程序。

轮子是脚的延伸，图书是眼睛的延伸，衣服是皮肤的延伸，电路是中枢神经系统的延伸。

——Marshall McLuhan

在第 4 章中，我们展示了扩展测试的方法，仔细研究了 JUnit 4 规则和 JUnit 5 扩展，并分析了如何从旧的 JUnit 4 规则模型迁移到 JUnit 5 的新扩展模型，还重点强调了一些扩展，如 MockitoExtension 和 SpringExtension。在第 8 章中，我们用 mock object 和 MockitoExtension 实现了测试。接下来，我们会用 SpringExtension 实现更多的测试，还将显示定制扩展的系统性创建，以及定制扩展对创建 JUnit 5 测试的适用范围。

14.1　JUnit 5 扩展模型简介

尽管 JUnit 4 通过规则和运行器提供了扩展点（见第 3 章），但 JUnit 5 扩展模型由单一的概念组成：Extension API。Extension 本身是**标记接口**（**标记**或**令牌接口**），是没有字段或方法的接口。它用于标记实现该接口的类具有的某种特殊行为。Serializable 和 Cloneable 就是 Java 著名的标记接口。

JUnit 5 可以扩展测试类或方法的行为，并且这种扩展可以被许多测试重用。一个 JUnit 5 扩展与测试运行期间发生的某个特定事件连接。这种特定事件被称为**扩展点**（extension point）。

当在一个测试的生命周期中遇到这样一个点时，JUnit 引擎会自动调用注册的扩展。

可用的扩展点如下所示。

- 条件测试运行——控制是否应该运行测试。
- 生命周期回调——对测试生命周期中的事件做出反应。
- 参数解析——在运行时，解析测试接收到的参数。
- 异常处理——定义测试在遇到某些类型的异常时的行为。
- 测试实例后处理——创建一个测试实例之后再运行。

注意，扩展主要在框架和构建工具中使用，也可用于应用程序编程，但使用的程度不同。扩展的创建和使用遵循共同的原则。在本章中，我们会给出适合常规应用程序开发的示例。

14.2　创建 JUnit 5 扩展

Tested Data Systems 公司正在开发一个航班管理应用程序。Harry 参与了这个项目，他负责开发和测试与乘客有关的部分。目前，Passenger 和 PassengerTest 类分别如清单 14.1 和清单 14.2 所示。

清单 14.1　Passenger 类

```
public class Passenger {

   private String identifier;
   private String name;                                    ❶

   public Passenger(String identifier, String name) {
      this.identifier = identifier;                                ❷
      this.name = name;
   }
   public String getIdentifier() {
      return identifier;
   }
                                                           ❸
   public String getName() {
      return name;
   }

   @Override
   public String toString() {
      return "Passenger " + getName() + " with identifier: " +     ❹
            getIdentifier();
   }
}
```

清单 14.1 所示的代码实现了如下操作。

- 乘客通过标识符（identifier）和姓名（name）来描述（❶处）。用 Passenger 类的构造方法设置 identifier 和 name 字段值（❷处）。
- Passenger 类为 identifier 和 name 定义了 getter 方法（❸处）。覆盖了 toString 方法，以显示乘客信息（姓名和标识符）（❹处）。

清单 14.2 PassengerTest 类

```
public class PassengerTest {

    @Test
    void testPassenger() throws IOException {
        Passenger passenger = new Passenger("123-456-789", "John Smith");
        assertEquals("Passenger John Smith with identifier: 123-456-789",
                     passenger.toString());
    }
}
```

PassengerTest 类只有一个测试方法，用以检查 toString 方法的行为。

Harry 的下一个任务是根据上下文有条件地运行测试。根据一个特定时期的乘客数量，有 3 种情况——正常、低峰和高峰期。该任务要求仅在正常和低峰期运行测试。之所以在高峰期不运行测试，是因为过载的系统会给公司带来一些问题。

为了完成这项任务，Harry 创建了一个 JUnit 扩展来控制是否应该运行一个测试，并在这个扩展的帮助下扩展了测试。这种扩展是通过 ExecutionCondition 接口实现的。Harry 定义了一个 ExecutionContextExtension 类，该类实现了 ExecutionCondition 接口并覆盖了 evaluateExecutionCondition 方法。该方法用于验证当前上下文名称的属性值是否等于“regular”或“low”，如果都不等于，则禁用测试。

清单 14.3 ExecutionContextExtension 类

```
public class ExecutionContextExtension implements ExecutionCondition {     ❶

    @Override
    public ConditionEvaluationResult
         evaluateExecutionCondition(ExtensionContext context) {            ❷
        Properties properties = new Properties();
        String executionContext = "";

        try {
            properties.load(ExecutionContextExtension.class
                                                .getClassLoader()
                     .getResourceAsStream("context.properties"));          ❸
            executionContext = properties.getProperty("context");
            if (!"regular".equalsIgnoreCase(executionContext) &&
                !"low".equalsIgnoreCase(executionContext)) {
                return ConditionEvaluationResult.disabled(                 ❹
                     "Test disabled outside regular and low contexts");
```

```
        }
    } catch (IOException e) {
        throw new RuntimeException(e);
    }
    return ConditionEvaluationResult.enabled("Test enabled on the "+
                                  executionContext + " context");      ❺
  }
}
```

清单 14.3 所示的代码实现了如下操作。

- 通过实现 ExecutionCondition 接口，创建了一个条件测试来运行扩展（❶处）。
- 覆盖了 evaluateExecutionCondition 方法，返回了一个 ConditionEvaluationResult 对象，它决定是否启用一个测试（❷处）。
- 创建了一个 Properties 对象，该对象从 context.properties 资源文件中加载属性。保留了 context 属性的值（❸处）。
- 如果 context 属性的值不等于“regular”或“low”，则返回 ConditionEvaluationResult，表示测试被禁用（❹处），否则，返回的 ConditionEvaluationResult 表示启用了测试（❺处）。

上下文用 resources/context.properties 配置文件配置如下：

```
context=regular
```

对于目前的业务逻辑，“regular”值表示测试将在当前上下文中运行。

最后要做的是用新的扩展标注现有的 PassengerTest 类：

```
@ExtendWith({ExecutionContextExtension.class})
public class PassengerTest {
[...]
```

因为测试是在当前值为“regular”的上下文中运行的，所以测试像以前那样运行。在高峰期间，上下文的设置是不同的（context=peak）。如果尝试在高峰期运行测试，会得到图 14.1 所示的结果：测试被禁用，并给出了原因。

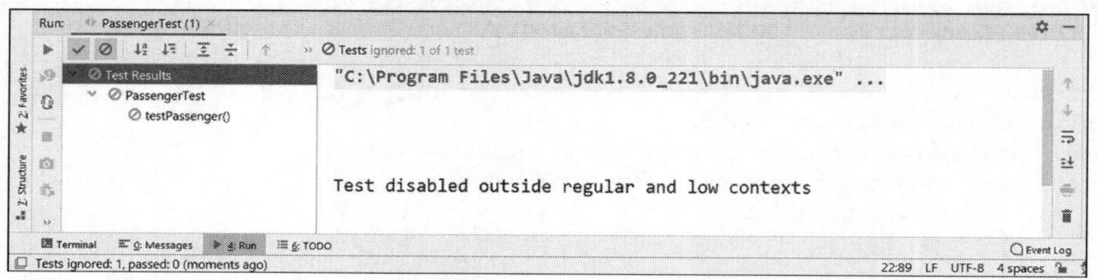

图 14.1 在高峰期进行测试的结果，通过 ExecutionContextExtension 进行扩展

我们可以指示 JVM 绕过条件运行的影响。例如，通过将 junit.jupiter.conditions.deactivate 设置为匹配条件的模式来停用条件运行。在 Run>Edit Configurations 菜单中，我们可以设置 junit.jupiter.conditions.deactivate=*，用于停用所有条件（见图 14.2）。运行的结果不再受任何条件影响，因此将运行所有测试。

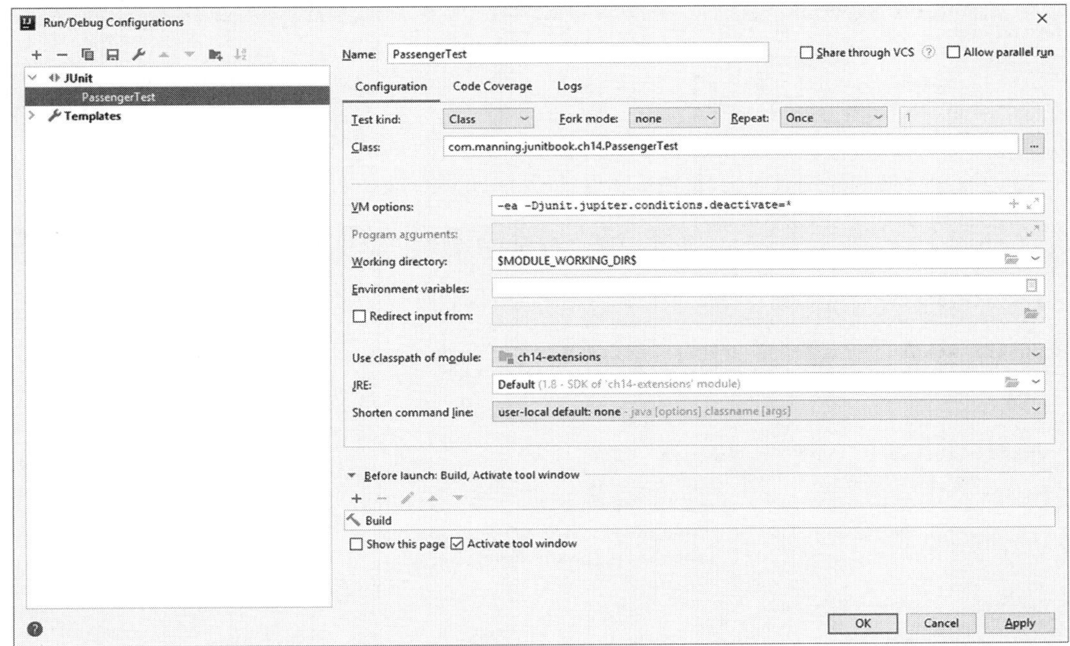

图 14.2　通过设置 junit.jupiter.conditions.deactivate 来停用条件运行

14.3　使用可用的扩展点编写 JUnit 5 测试

Harry 负责实现和测试乘客业务逻辑，包括将乘客信息持久化到数据库中。本节将介绍他使用 JUnit 5 扩展实现这些任务的过程。

14.3.1　将乘客信息持久化到数据库中

Harry 的下一个任务是在一个测试数据库中保存乘客信息。在整个测试套件运行之前，必须重新初始化数据库，并且打开与数据库的连接。在套件运行之后，必须关闭与数据库的连接。在测试运行之前，必须将数据库设置为已知状态，这样可以确保它的内容被正确地测试。Harry 决定使用 H2 数据库、JDBC 和 JUnit 5 扩展。

H2 是一个用 Java 开发的关系数据库管理系统，允许创建内存中数据库，在进行测试时，还可以将其嵌入 Java 应用程序。JDBC 是一个 Java API，它定义了用户如何访问数据库，属于 Java 标准版。

要完成这个任务，Harry 首先需要将 H2 依赖项添加到 pom.xml 文件中，如清单 14.4 所示。

清单 14.4 添加到 pom.xml 文件中的 H2 依赖项

```
<dependency>
  <groupId>com.h2database</groupId>
  <artifactId>h2</artifactId>
  <version>1.4.199</version>
</dependency>
```

为了管理到数据库的连接，Harry 实现了 ConnectionManager 类，如清单 14.5 所示。

清单 14.5 ConnectionManager 类

```
public class ConnectionManager {
   private static Connection connection;

   public static Connection getConnection() {                 ❶
       return connection;
    }

   public static Connection openConnection() {
        try {
           Class.forName("org.h2.Driver"); // this is driver for H2    ❷
           connection = DriverManager.
              getConnection("jdbc:h2:~/passenger",
              "sa", // login                                  ❸
              "" // password
              );
           return connection;
      } catch(ClassNotFoundException | SQLException e) {
           throw new RuntimeException(e);
        }
     }

     public static void closeConnection() {
        if (null != connection) {
            try {
               connection.close();                    ❹
            } catch(SQLException e) {
               throw new RuntimeException(e);
            }
        }
     }
}
```

清单 14.5 所示的代码实现了如下操作。

- 声明一个 java.sql.Connection 字段和一个 getter 方法返回它（❶处）。
- openConnection 方法用于加载 org.h2.Driver 类，即 H2 数据库的驱动程序（❷处），并使用 URL jdbc: h2:~/passenger 和默认凭证（用户名为 sa，无密码）创建到数据库的一个连接（❸处）。
- closeConnection 方法用于关闭之前打开的连接（❹处）。

为了管理数据库表，Harry 实现了 TablesManager 类，如清单 14.6 所示。

清单 14.6 TablesManager 类

```
public class TablesManager {

    public static void createTable(Connection connection) {
        String sql =
            "CREATE TABLE IF NOT EXISTS PASSENGERS (ID VARCHAR(50), " +
            "NAME VARCHAR(50));";

        executeStatement(connection, sql);
    }                                                                  ❶

    public static void dropTable(Connection connection) {
        String sql = "DROP TABLE IF EXISTS PASSENGERS;";

        executeStatement(connection, sql);
    }                                                                  ❷

    private static void executeStatement(Connection connection,
                                         String sql)
    {
        try(PreparedStatement statement =
            connection.prepareStatement(sql))
        {
            statement.executeUpdate();
        } catch (SQLException e) {
            throw new RuntimeException(e);
        }
    }                                                                  ❸
}
```

清单 14.6 所示的代码实现了如下操作。

- createTable 方法在数据库中创建 PASSENGERS 表。该表包含 ID 和 NAME 字段，类型都是 VARCHAR(50)（❶处）。
- dropTable 方法将 PASSENGERS 表从数据库中删除（❷处）。
- executeStatement 方法可以在数据库上执行任何 SQL 命令（❸处）。

为了管理对数据库的操作，Harry 实现了 PassengerDao 接口（见清单 14.7）和 PassengerDaoImpl 类（见清单 14.8）。数据访问对象（DAO）提供了访问数据库的接口，并将应用程序调用映射到特定的数据库操作，而不公开持久层的细节。

清单 14.7 PassengerDao 接口

```
public interface PassengerDao {
   public void insert(Passenger passenger);          ❶
   public void update(String id, String name);       ❷
   public void delete(Passenger passenger);          ❸
   public Passenger getById(String id);              ❹
}
```

在清单 14.7 中，insert（❶处）、update（❷处）、delete（❸处）和 getById（❹处）方法声

明了针对数据库实现的操作。

清单 14.8 PassengerDaoImpl 类

```
public class PassengerDaoImpl implements PassengerDao {

    private Connection connection;

    public PassengerDaoImpl(Connection connection) {        ❶
        this.connection = connection;
    }

    @Override
    public void insert(Passenger passenger) {
        String sql = "INSERT INTO PASSENGERS (ID, NAME) VALUES (?, ?)";   ❷

        try (PreparedStatement statement = connection.prepareStatement(sql)){
            statement.setString(1, passenger.getIdentifier());
            statement.setString(2, passenger.getName());      ❸
            statement.executeUpdate();                 ❹
        } catch (SQLException e) {
            throw new RuntimeException(e);
        }
    }

    @Override
    public void update(String id, String name) {
        String sql = "UPDATE PASSENGERS SET NAME = ? WHERE ID = ?";   ❺

        try (PreparedStatement statement = connection.prepareStatement(sql)){
            statement.setString(1, name);
            statement.setString(2, id);        ❻
            statement.executeUpdate();         ❼
        } catch (SQLException e) {
            throw new RuntimeException(e);
        }
    }

    @Override
    public void delete(Passenger passenger) {
        String sql = "DELETE FROM PASSENGERS WHERE ID = ?";   ❽

❾       try (PreparedStatement statement = connection.prepareStatement(sql)){
            statement.setString(1, passenger.getIdentifier());

            statement.executeUpdate();                ❿
        } catch (SQLException e) {
            throw new RuntimeException(e);
        }
    }

    @Override
    public Passenger getById(String id) {
        String sql = "SELECT * FROM PASSENGERS WHERE ID = ?";   ⓫
```

```
        Passenger passenger = null;

        try (PreparedStatement statement = connection.prepareStatement(sql)){
            statement.setString(1, id);                              ⓬
            ResultSet resultSet = statement.executeQuery();        ⓭

            if (resultSet.next()) {
                passenger = new Passenger(resultSet.getString(1),     ⓮
                                          resultSet.getString(2));
            }
        } catch (SQLException e) {
            throw new RuntimeException(e);
        }
                                                   ⓯
        return passenger;
    }
}
```

清单 14.8 所示的代码实现了如下操作。

- 在类中定义一个 Connection 字段，并作为构造方法的参数提供（❶处）。
- insert 方法用于插入乘客记录（❷处），将乘客的标识符和姓名设置为语句的参数（❸处），并运行语句（❹处）。
- update 方法用于更新乘客记录（❺处），将乘客的标识符和姓名设置为语句的参数（❻处），并运行语句（❼处）。
- delete 方法用于删除乘客记录（❽处），将乘客的标识符设置为语句的参数（❾处），并运行语句（❿处）。
- getById 方法用于查询乘客记录（⓫处），将乘客的标识符设置为查询的参数（⓬处），运行查询（⓭处），并使用从数据库（⓮处）返回的参数创建一个新的乘客对象。然后返回新对象（⓯处）。

现在 Harry 需要实现 JUnit 5 扩展来完成以下工作。

- 在运行整个测试套件之前，重新初始化数据库并打开到它的连接。
- 在套件运行之后，关闭与数据库的连接。
- 在运行一个测试之前，确保数据库处于已知状态，以便开发人员可以正确地测试其内容。

针对这些需求，要求基于测试套件的生命周期进行操作，Harry 很自然地选择实现生命周期回调。为了实现与测试生命周期相关的扩展，必须添加以下接口。

- BeforeEachCallback 和 AfterEachCallback——分别在每个测试方法运行之前和之后运行。
- BeforeAllCallback 和 AfterAllCallback——分别在所有测试方法运行之前和之后运行。

Harry 实现了 DatabaseOperationsExtension 类，如清单 14.9 所示。

清单 14.9 DatabaseOperationsExtension 类

```
public class DatabaseOperationsExtension implements
        BeforeAllCallback, AfterAllCallback, BeforeEachCallback,
        AfterEachCallback {                                          ❶

    private Connection connection;
    private Savepoint savepoint;                                     ❷

    @Override
    public void beforeAll(ExtensionContext context) {
        connection = ConnectionManager.openConnection();
        TablesManager.dropTable(connection);
        TablesManager.createTable(connection);                       ❸
    }

    @Override
    public void afterAll(ExtensionContext context) {
        ConnectionManager.closeConnection();                         ❹
    }

    @Override
    public void beforeEach(ExtensionContext context)
                        throws SQLException {
        connection.setAutoCommit(false);                             ❺
        savepoint = connection.setSavepoint("savepoint");            ❻
    }

    @Override
    public void afterEach(ExtensionContext context)
                        throws SQLException {
        connection.rollback(savepoint);                              ❼
    }
}
```

清单 14.9 所示的代码实现了如下操作。

- DatabaseOperationsExtension 类实现了 4 个生命周期接口：BeforeAllCallback、AfterAllCallback、BeforeEachCallback 和 AfterEachCallback（❶处）。
- 该类声明了一个 Connection 字段来连接数据库，声明了一个 Savepoint 字段来跟踪数据库在运行测试之前的状态，并在测试运行之后恢复该状态（❷处）。
- BeforeAll 方法继承自 BeforeAllCallback 接口，在整个套件运行之前运行。它打开数据库的连接，删除现有的表，并重新创建表（❸处）。
- AfterAll 方法继承自 AfterAllCallback 接口，在整个套件运行之后运行。它关闭数据库的连接（❹处）。
- BeforeEach 方法继承自 BeforeEachCallback 接口，在每个测试运行之前运行。它禁用了自动提交模式，因此运行测试导致的数据库更改不应该提交（❺处）。然后，该方法在运行测试之前保存了数据库的状态，以便在测试运行之后，开发人员可以使状态回滚（❻处）。

- AfterEach 方法继承自 AfterEachCallback 接口，在每个测试运行之后运行。它可以使数据库回滚到运行测试之前保存的状态（❼处）。

Harry 更新了 PassengerTest 类（见清单 14.10），并引入了验证新引入的数据库功能的测试。

清单 14.10 更新的 PassengerTest 类

```
@ExtendWith({ExecutionContextExtension.class,
            DatabaseOperationsExtension.class })            ❶
public class PassengerTest {

    private PassengerDao passengerDao;

    public PassengerTest(PassengerDao passengerDao) {        ❷
        this.passengerDao = passengerDao;
    }

    @Test
    void testPassenger(){
        Passenger passenger = new Passenger("123-456-789", "John Smith");
        assertEquals("Passenger John Smith with identifier: 123-456-789",
                     passenger.toString());
    }

    @Test
    void testInsertPassenger() {
        Passenger passenger = new Passenger("123-456-789",
                                            "John Smith");    ❸
❹       passengerDao.insert(passenger);
        assertEquals("John Smith",
             passengerDao.getById("123-456-789").getName())   ❺
    }

    @Test
    void testUpdatePassenger() {
        Passenger passenger = new Passenger("123-456-789",
                                            "John Smith");    ❻
❼       passengerDao.insert(passenger);
        passengerDao.update("123-456-789", "Michael Smith");   ❽
        assertEquals("Michael Smith",
           passengerDao.getById("123-456-789").getName());    ❾
    }

    @Test
    void testDeletePassenger() {
        Passenger passenger = new Passenger("123-456-789",
                                            "John Smith");    ❿
        passengerDao.insert(passenger);                        ⓫
        passengerDao.delete(passenger);                        ⓬
        assertNull(passengerDao.getById("123-456-789"));       ⓭
    }

}
```

清单 14.10 所示的代码实现了如下操作。

- 该测试由 DatabaseOperationsExtension 扩展（❶处）。
- PassengerTest 类的构造方法接收一个 PassengerDao 参数（❷处）。PassengerDao 用于对数据库运行测试。
- testInsertPassenger 方法用于创建一个乘客对象（❸处），用 PassengerDao 将其信息插入数据库中（❹处），并检查是否能在数据库中找到他的信息（❺处）。
- testUpdatePassenger 方法用于创建一个乘客对象（❻处），用 PassengerDao 将其信息插入数据库中（❼处），更新他的信息（❽处），并检查更新后的信息是否能在数据库中找到（❾处）。
- testDeletePassenger 方法用于创建一个乘客对象（❿处），用 PassengerDao 将其信息插入数据库中（⓫处），删除该乘客的信息（⓬处），并检查在数据库中是否能找到该乘客的信息（⓭处）。

如果这个时候运行 PassengerTest，结果如图 14.3 所示。

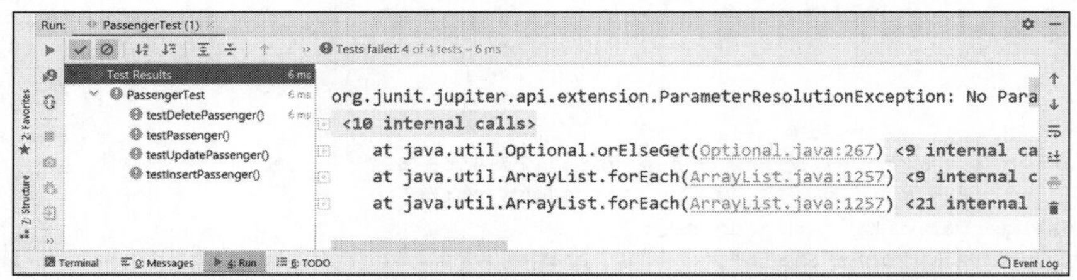

图 14.3　运行用 DatabaseOperationsExtension 扩展后的 PassengerTest 的结果

显示的测试失败的消息如下：

```
org.junit.jupiter.api.extension.ParameterResolutionException:
No ParameterResolver registered for parameter
    [com.manning.junitbook.ch14.jdbc.PassengerDao arg0]
in constructor
```

出现此消息是因为 PassengerTest 类的构造方法正在接收一个 PassengerDao 类型的参数，但这个参数不是由任何参数解析器提供的。为了完成这项任务，Harry 必须实现一种参数解析的扩展。

清单 14.11　DataAccessObjectParameterResolver 类

```
public class DataAccessObjectParameterResolver implements        ❶
        ParameterResolver{

    @Override
    public boolean supportsParameter(ParameterContext parameterContext,
                                     ExtensionContext extensionContext)
        throws ParameterResolutionException {
```

```
        return parameterContext.getParameter()
            .getType()
            .equals(PassengerDao.class);                    ❷
    }

    @Override
    public Object resolveParameter(ParameterContext parameterContext,
                                   ExtensionContext extensionContext)
            throws ParameterResolutionException {
        return new PassengerDaoImpl(ConnectionManager.getConnection());   ❸
    }
}
```

清单 14.11 所示的代码实现了如下操作。

- 该类实现了 ParameterResolver 接口（❶处）。
- 如果参数的类型是 PassengerDao，supportsParameter 方法返回 true。这是 PassengerTest 类的构造方法缺少的参数（❷处），因此参数解析器只支持一个 PassengerDao 对象。
- resolveParameter 方法返回一个新初始化的 PassengerDaoImpl，它作为构造方法的参数接收 ConnectionManager 提供的连接（❸处）。这个参数将在运行时注入测试的构造方法中。

此外，Harry 使用 DataAccessObjectParameterResolver 扩展了 PassengerTest 类。清单 14.12 展示了扩展 PassengerTest 类的前几行。

清单 14.12　扩展 PassengerTest 类

```
@ExtendWith({ExecutionContextExtension.class,
             DatabaseOperationsExtension.class,
             DataAccessObjectParameterResolver.class})
public class PassengerTest {
[...]
```

运行 PassengerTest 的结果如图 14.4 所示。测试都是绿色的，表示与数据库的交互工作正常。使用生命周期回调和参数解析扩展，Harry 成功地实现了针对数据库运行的测试的附加行为。

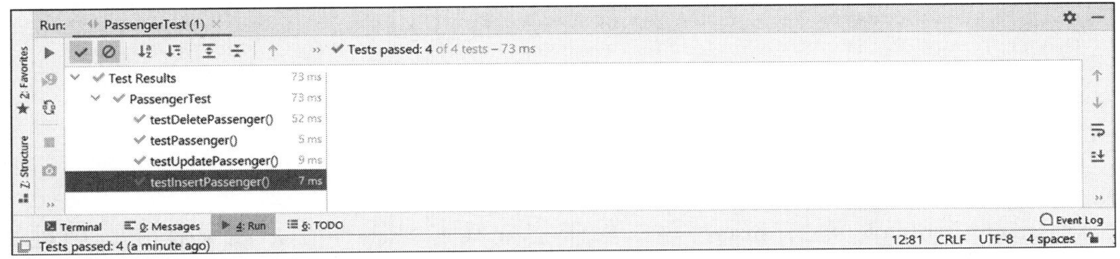

图 14.4　运行用 DatabaseOperationsExtension 和 DataAccessObjectParameterResolver 扩展后的 PassengerTest 的结果

14.3.2 检查乘客的唯一性

接下来，Harry 必须防止一名乘客的信息被多次插入数据库。为实现这个任务，他决定创建自定义异常，以及一个异常处理扩展。之后，他希望引入这个自定义异常，因为它比常规 SQLException 更有表现力。首先，Harry 创建这个自定义异常，如清单 14.13 所示。

清单 14.13 PassengerExistsException 类

```
public class PassengerExistsException extends Exception {
    private Passenger passenger;                                    ❶

    public PassengerExistsException(Passenger passenger, String message) {
        super(message);                                             ❷
        this.passenger = passenger;                                 ❸
    }
}
```

清单 14.13 所示的代码实现了如下操作。

- 保留了现有的乘客作为异常的字段（❶处）。
- 调用超类的构造方法，保留消息参数（❷处），然后设置乘客字段（❸处）。

接下来，Harry 修改了 PassengerDao 接口和 PassengerDaoImpl 类，使 insert 方法抛出 PassengerExistsException 异常，如清单 14.14 所示。

清单 14.14 修改了 PassengerDao 接口和 PassengerDaoImpl 类的 insert 方法

```
public void insert(Passenger passenger) throws PassengerExistsException {
    String sql = "INSERT INTO PASSENGERS (ID, NAME) VALUES (?, ?)";

    if (null != getById(passenger.getIdentifier()) ) {
      throw new PassengerExistsException
                (passenger, passenger.toString());              ❶
    }

    try (PreparedStatement statement = connection.prepareStatement(sql)){
        statement.setString(1, passenger.getIdentifier());
        statement.setString(2, passenger.getName());
        statement.executeUpdate();
    } catch (SQLException e) {
        throw new RuntimeException(e);
    }
}
```

PassengerDaoImpl 类的 insert 方法用于检查乘客是否存在，如果存在，则抛出 PassengerExistsException 异常（❶处）。

Harry 想引入一个测试，试图将同一名乘客的信息向数据库添加两次。因为他期望这个测试抛出一个异常，所以实现了一个异常处理扩展来记录它，如清单 14.15 所示。

清单 14.15 LogPassengerExistsExceptionExtension 类

```
public class LogPassengerExistsExceptionExtension implements
        TestExecutionExceptionHandler {                              ❶
    private Logger logger = Logger.getLogger(this.getClass().getName());
 ❷
    @Override
    public void handleTestExecutionException(ExtensionContext context,
                  Throwable throwable) throws Throwable {            ❸
        if (throwable instanceof PassengerExistsException) {
            logger.severe("Passenger exists:" + throwable.getMessage());
            return;                                                  ❹
        }
        throw throwable;     ❺
    }
}
```

清单 14.15 所示的代码实现了如下操作。

- 该类实现了 TestExecutionExceptionHandler 接口（❶处）。
- 声明了类的一个日志程序（❷处），并覆盖了从 TestExecutionExceptionHandler 接口继承来的 handleTestExecutionException 方法（❸处）。
- 检查抛出的异常是否是 PassengerExistsException 的一个实例，如果是，简单地记录它并从方法返回（❹处）；否则，重新抛出异常，以便在其他地方处理（❺处）。

更新后的 PassengerTest 类如清单 14.16 所示。

清单 14.16 更新后的 PassengerTest 类

```
@ExtendWith({ExecutionContextExtension.class,
             DatabaseOperationsExtension.class,
             DatabaseAccessObjectParameterResolver.class,
             LogPassengerExistsExceptionExtension.class})
public class PassengerTest {
[...]
```

运行 PassengerTest 的结果如图 14.5 所示。测试都是绿色的。新的扩展捕获并记录了 PassengerExistsException 异常。表 14.1 归纳了 JUnit 5 提供的扩展点和对应的接口。

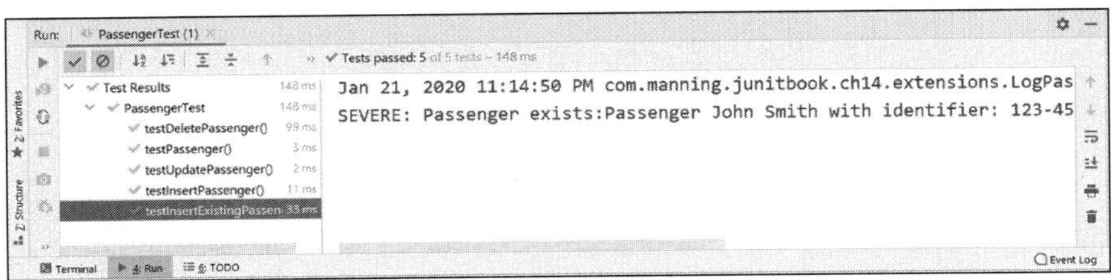

图 14.5 运行用 LogPassengersExistsExceptionExtension 扩展后的 PassengerTest 的结果

表 14.1 JUnit 5 提供的扩展点和对应的接口

扩展点	实现的接口
条件测试运行	ExecutionCondition
生命周期回调	BeforeAllCallback、AfterAllCalback、BeforeEachCallback、AfterEachCallback
参数解析	ParameterResolver
异常处理	TestExecutionExceptionHandler
测试实例后处理	TestInstancePostProcessor

第 15 章将专门介绍表示层测试和在应用程序的 GUI 中寻找代码错误。

14.4 小结

在本章中，我们主要讨论了以下内容。

- JUnit 5 扩展模型和可用的扩展点（条件测试运行、生命周期回调、参数解析、异常处理和测试实例后处理）。
- 需要创建 JUnit 5 扩展的开发任务：条件测试运行的上下文扩展；用于生命周期回调的乘客数据库设置扩展；用于参数解析的参数解析器扩展；用于异常处理的日志异常扩展。
- 使用扩展来实现开发场景所需的 JUnit 5 测试。

第 15 章　表示层测试

本章重点

- 编写 HtmlUnit 测试。
- 编写 Selenium 测试。
- HtmlUnit 与 Selenium 的对比。

如果说调试是消除软件错误的过程，那么编程就是制造错误的过程。

——Edsger Dijkstra

简单来说，表示层测试就是从应用程序的 GUI 中找出错误。找出这一层的错误与找出应用程序其他应用层的错误同样重要。一次糟糕的用户体验可能会让我们失去一位用户或者使一名网上冲浪者不再访问网站。此外，用户界面中的错误可能导致应用程序其他部分的运行故障。

由于其本质和与用户交互的特性，GUI 测试需要使用自己的工具和技术，且有一些特别的要求。本章将介绍 Web 应用程序用户界面的测试。我们在此讨论什么可以客观地或以编程方式（通过编写显式的 Java 代码）对 GUI 进行断言。而对于主观元素的选择，如字体、颜色和布局等，则不在本章讨论的范围之内。

从稳定性的角度来看，测试与网站的交互具有挑战性。如果网站内容随时间变化，或者 Internet 连接遇到问题，这种测试可能会偶尔或永久失败。本章中介绍的测试访问的是已知的网站，具有较高的长期稳定性，在短时间内改变的可能性较小。

我们需要测试以下内容。

- 网页内容的所有细节（甚至包括拼写）。
- 应用程序结构或导航（例如，通过链接可以到达预期目的地）。

■ 使用验收测试[1]来验证用户故事的能力。

用户故事（user story）是用自然语言对软件系统的一个或多个功能进行非正式描述。**验收测试**（acceptance test）是为了确定应用程序是否符合需求规范而进行的一种测试。我们还可以验证站点是否可以使用所需的浏览器和操作系统。

15.1 选择测试框架

下面我们来看两个用于实现 JUnit 表示层测试的、免费的、开源的工具：HtmlUnit 和 Selenium。HtmlUnit 是一个“纯 Java”的无头浏览器框架，它可以与测试运行在相同的虚拟机上。**无头浏览器**（headless browser）是一种不带 GUI 的浏览器。当应用程序独立于操作系统特性和特定浏览器的 JavaScript、DOM、CSS 等特定实现时，我们使用 HtmlUnit。

Selenium 能以编程方式驱动各种 Web 浏览器，并检查运行 JUnit 5 测试的结果。当需要对特定浏览器和操作系统进行验证时，尤其是当应用程序利用或依赖于 JavaScript、DOM、CSS 等特定浏览器的实现时，使用 Selenium。下面我们先介绍 HtmlUnit。

15.2 HtmlUnit 简介

HtmlUnit 是一个开源的无头浏览器框架。它允许测试以编程方式模拟基于浏览器的 Web 应用程序的用户。JUnit 5 测试不显示用户界面。在本节其余部分，当讨论“使用 Web 浏览器进行测试”时，就可理解为：通过模拟一个特定的 Web 浏览器进行测试。

一个实例

我们首先介绍 ManagedWebClient 基类（见清单 15.1），将它作为使用 JUnit 5 注解的 HtmlUnit 测试的基类。

清单 15.1 ManagedWebClient 基类

```
[...]
import com.gargoylesoftware.htmlunit.WebClient;
[...]

public abstract class ManagedWebClient {            ❶
    protected WebClient webClient;

    @BeforeEach
    public void setUp() {
        webClient = new WebClient();                ❷
    }
```

[1] 要了解极限编程验收测试，请参阅 extremeprogramming 网站。

```
    @AfterEach
    public void tearDown() {              ❸
        webClient.close();
    }
}
```

清单 15.1 所示的代码实现了如下操作。

- 定义一个受保护的 WebClient 字段，它将被子类继承（❶处）。com.gargoylesoftware.htmlunit.WebClient 类是 HtmlUnit 测试的主要起点。
- 在每个测试运行前，初始化一个新的 WebClient 对象（❷处）。它模拟一个 Web 浏览器，并将用于运行所有测试。
- 在每个测试运行后，确保在使用 WebClient 实例运行测试时关闭模拟浏览器（❸处）。

下面我们使用清单 15.2 所示的示例。如果能连接到 Internet，就可以进行测试。我们将跳转到 HtmlUnit 的网站并测试主页，还将导航到 Javadoc 文档，并确保类出现在文档类列表的顶部。

清单 15.2　我们的第一个 HtmlUnit 示例

```
[...]
public class HtmlUnitPageTest extends ManagedWebClient {

    @Test
    public void homePage() throws IOException {
        HtmlPage page = webClient.
                          getPage("http://htmlunit.sourceforge.net");      ❶
        assertEquals("HtmlUnit - Welcome to HtmlUnit",
                          page.getTitleText());

        String pageAsXml = page.asXml();
        assertTrue(pageAsXml.
                      contains("<div class=\"container-fluid\">"));          ❷

        String pageAsText = page.asText();
        assertTrue(pageAsText.contains(                                      ❸
            "Support for the HTTP and HTTPS protocols"));
    }

    @Test
    public void testClassNav() throws IOException {
        HtmlPage mainPage = webClient.getPage(                               ❹
              "http://htmlunit.sourceforge.net/apidocs/index.html");
        HtmlPage packagePage = (HtmlPage)                                    ❺
              mainPage.getFrameByName("packageFrame").getEnclosedPage();
        HtmlListItem htmlListItem = (HtmlListItem)                           ❻
              packagePage.getElementsByTagName("li").item(0);
        assertEquals("AboutURLConnection", htmlListItem.getTextContent());  ❼
    }
}
```

清单 15.2 所示的代码实现了如下操作。

- 在第一个测试中，访问 HtmlUnit 网站主页并检查页面的标题是否与预期相符（❶处）。
- 以 XML 格式获取 HtmlUnit 网站的主页，并检查它是否包含一个特定的标签（❷处）。
- 以文本格式获取 HtmlUnit 网站的主页，并检查它是否包含一个特定的字符串（❸处）。
- 在第二个测试中，我们从 HtmlUnit 网站访问一个 URL（❹处）。
- 从 packageFrame 框架中获取页面（❺处）。
- 在获得的页面中（❺处），我们查找标记为 “li” 的第一个元素（❻处）。
- 检查获得的元素的文本（❻处）是否为 “AboutURLConnection”（❼处）。

这个示例涵盖了基本内容：获取一个 Web 页面、导航 HTML 对象模型以及断言结果。15.3 节将给出更多示例。

15.3 编写 HtmlUnit 测试

编写 HtmlUnit 测试时，我们通过编写代码模拟用户与 Web 浏览器交互的动作：访问一个 Web 页面、输入数据、阅读文本，并单击按钮和链接。这里不是手动操作浏览器，而是通过编程控制一个模拟浏览器。在每个步骤中，我们都可以查询 HTML 对象模型，并断言值是否与预期相符。如果遇到问题，框架将抛出异常，这允许测试用例不去检查这些错误，从而减少混乱。

15.3.1 HTML 断言

JUnit 5 提供 Assertions 类，它允许测试在检测到错误条件时失败。断言是任何单元测试的根本。HtmlUnit 可以与 JUnit 5 协同工作，它还提供了一个类似的类（WebAssert），其中包含 HTML 的标准断言，如 assertTitleEquals、assertTextPresent 和 notNull 等。

15.3.2 对特定的 Web 浏览器进行测试

在 HtmlUnit 的 2.36 版本中，支持表 15.1 列出的浏览器。

表 15.1　　HtmlUnit 支持的浏览器

Web 浏览器及版本	HtmlUnit 的 BrowserVersion 常量
Internet Explorer 11	BrowserVersion.INTERNET_EXPLORER
Firefox 5.2（已废弃）	BrowserVersion.FIREFOX_52
Firefox 6.0	BrowserVersion.FIREFOX_60
最新的 Chrome	BrowserVersion.CHROME
目前最受支持的浏览器	BrowserVersion.BEST_SUPPORTED

默认情况下，WebClient 模拟 BrowserVersion.BEST_SUPPORTED。为了指定模拟的浏览器，我们可以为 WebClient 构造方法提供一个 BrowserVersion 常量。例如，对 Firefox 6.0，可以使用以下代码。

```
WebClient  webClient = new WebClient(BrowserVersion.FIREFOX_60);
```

15.3.3 对多个 Web 浏览器进行测试

Tested Data Systems 公司有许多用户，每个用户都使用其喜欢的浏览器访问为其开发的应用程序页面。因此，Tested Data Systems 的开发人员希望用多种浏览器来测试他们的应用程序。John 负责为此编写测试。他将定义一个测试矩阵，其中包含所有支持 HtmlUnit 的 Web 浏览器。

清单 15.3 使用 JUnit 5 参数化测试对测试矩阵中的所有浏览器进行相同的测试。JUnit 5 参数化测试将使用 Firefox 6.0、Internet Explorer 11、最新的 Chrome（撰写本书时为 79）和目前最受支持的浏览器（同样为 Chrome，在撰写本书时为 79，但将来这可能会改变）。

清单 15.3 测试所有支持 HtmlUnit 的浏览器

```
[...]
public class JavadocPageAllBrowserTest {

    private static Collection<BrowserVersion[]> getBrowserVersions() {
        return Arrays.asList(new BrowserVersion[][] {
                                { BrowserVersion.FIREFOX_60 },
                                { BrowserVersion.INTERNET_EXPLORER },        ❶
                                { BrowserVersion.CHROME },
                                { BrowserVersion.BEST_SUPPORTED } });
    }

    @ParameterizedTest                                   ❷
    @MethodSource("getBrowserVersions")                  ❸
    public void testClassNav(BrowserVersion browserVersion)
                                        throws IOException     ❹
    {
❺       WebClient webClient = new WebClient(browserVersion);

        HtmlPage mainPage = (HtmlPage)webClient
                .getPage(
                "http://htmlunit.sourceforge.net/apidocs/index.html");   ❻
❼       WebAssert.notNull("Missing main page", mainPage);

        HtmlPage packagePage = (HtmlPage) mainPage
                .getFrameByName("packageFrame").getEnclosedPage();       ❽
❾       WebAssert.notNull("Missing package page", packagePage);

        HtmlListItem htmlListItem = (HtmlListItem) packagePage
                        .getElementsByTagName("li").item(0);
        assertEquals("AboutURLConnection",                               ❿
                        htmlListItem.getTextContent());
    }
}
```

清单 15.3 所示的代码实现了如下操作。

- 定义 getBrowserVersions 方法，它返回 HtmlUnit 所支持的所有 Web 浏览器的集合（❶处）。
- 定义 testClassNav 方法，该方法将 BrowserVersion 作为参数接收（❹处）。这是一个参数化测试，如@ParameterizedTest 注解所示（❷处）。BrowserVersion 参数是由 getBrowserVersions 方法注入的，如@MethodSource 注解所示（❸处）。
- 定义 WebClient 构造方法，接收注入的 BrowserVersion（❺处），访问 Internet 上的一个页面（❻处），并检查该页面是否存在（❼处）。
- 在之前访问的页面中，查找名称为 packageFrame 的框架（❽处），并检查它是否存在（❾处）。
- 在 packageFrame 框架中，查找所有 HtmlUnit 类的列表，并检查列表中的第一个类是否命名为 AboutURLConnection❿。

15.3.4 创建独立的测试

我们可能并不是总希望使用页面的实际 URL 作为测试的输入，因为外部页面可能会在没有通知的情况下发生改变。网站上的一个小变动就可能使测试中断。本小节将展示如何在单元测试代码本身嵌入和运行 HTML。

这个框架允许我们在 Web 用户端插入 mock（见第 8 章）HTTP 连接。在清单 15.4 中，创建了一个 JUnit 5 测试，它使用默认的 HTML String 响应设置 mock 连接（com.gargoylesoftwire.htmlunit. MockWebConnection 类的实例）。然后，JUnit 5 测试可以使用任何 URL 值来获得这个默认页面。我们将用 mock 连接测试 Web 用户端获得的 HTML 响应的标题，该连接可避免使用可能在未通知的情况下发生更改的实际 URL。

清单 15.4 配置一个独立的测试

```
[...]
public class InLineHtmlFixtureTest extends ManagedWebClient {

    @Test
    public void testInLineHtmlFixture() throws IOException {        ❶
        final String expectedTitle = "Hello 1!";
        String html = "<html><head><title>" +                      ❷
                      expectedTitle +
                      "</title></head></html>";
        MockWebConnection connection = new MockWebConnection();    ❸
  ❹     connection.setDefaultResponse(html);
        webClient.setWebConnection(connection);                    ❺
        HtmlPage page = webClient.getPage("http://page");          ❻
        WebAssert.assertTitleEquals(page, expectedTitle);          ❼
    }

}
```

清单 15.4 所示的代码实现了如下操作。

- 创建预期的 HTML 页面标题（❶处）和预期的 HTML 响应（❷处）。
- 创建 MockWebConnection(❸处)，并将 HTML 响应设置为模拟连接的默认响应(❹处)，然后将 Web 用户端连接设置为模拟连接（❺处）。
- 获取测试页面（❻处）。这里可以使用任何 URL，因为我们将 HTML 响应设置为默认响应。
- 检查页面标题是否与 HTML 响应匹配（❼处）。

要配置具有多个页面的 JUnit 5 测试，为每个页面调用一次 MockWebConnection 的 setResponse 方法。清单 15.5 所示的代码在一个模拟连接中设置了 3 个 Web 页面。这里用模拟连接测试 Web 用户获得的 HTML 响应的标题，从而避免使用可能在没有通知的情况下发生更改的实际 URL。

清单 15.5　使用多页面 fixture 来配置测试

```
@Test
public void testInLineHtmlFixtures() throws IOException {
    final URL page1Url = new URL("http://Page1/");
    final URL page2Url = new URL("http://Page2/");      ❶
    final URL page3Url = new URL("http://Page3/");
                                                                  ❷
    MockWebConnection connection = new MockWebConnection();
    connection.setResponse(page1Url,

        "<html><head><title>Hello 1!</title></head></html>");
    connection.setResponse(page2Url,                                  ❸
        "<html><head><title>Hello 2!</title></head></html>");
    connection.setResponse(page3Url,
        "<html><head><title>Hello 3!</title></head></html>");
    webClient.setWebConnection(connection);
❹
    HtmlPage page1 = webClient.getPage(page1Url);
    WebAssert.assertTitleEquals(page1, "Hello 1!");

    HtmlPage page2 = webClient.getPage(page2Url);
    WebAssert.assertTitleEquals(page1, "Hello 2!");      ❺

    HtmlPage page3 = webClient.getPage(page3Url);
    WebAssert.assertTitleEquals(page1, "Hello 3!");
}
```

清单 15.5 所示的代码实现了如下操作。

- 创建 3 个 URL 页面（❶处）和一个模拟连接（❷处），并为每个 URL 页面设置 3 个响应（❸处）。
- 将 Web 用户连接设置为模拟连接（❹处）。
- 测试将获取每个页面并验证每个页面标题（❺处）。

警告：不要忘记 URL 后面的斜杠（/），使用“http://Page1/”可以工作，但使用“http://Page1”就无法找到 mock 连接。还会抛出 IllegalStateException 异常，显示“没有指定可处理 URL 的响应”。

15.3.5 测试表单

HTML 表单支持内建于 HtmlPage API 中，可以通过 getForms 方法（返回 List<HtmlForm>）获得所有的表单元素，而通过 getFormByName 可以获得给定名称的第一个 HtmlForm。可以调用 HtmlForm 的一个 getInput 方法来获取 HTML 输入元素，然后用 setValueAttribute 模拟用户输入。

清单 15.6 所示的示例重点展示 HtmlUnit 测试表单的技术。首先，创建一个简单的页面，显示一个带输入字段和提交按钮的表单。这里使用 JavaScript 警告实现表单测试。

清单 15.6 表单测试示例

```
<!doctype html>
<html lang="en">
<head>
<meta charset="utf-8">
<script>
function validate_form(form) {
    if (form.in_text.value=="") {
        alert("Please enter a value.");
        form.in_text.focus();
        return false;
    }
}
</script>
<title>Form</title></head>
<body>
<form name="validated_form" action="submit.html"
      onsubmit="return validate_form(this);" method="post">
  Value:
  <input type="text" name="in_text" id="in_text" size="30"/>
  <input type="submit" value="Submit" id="submit"/>
</form>
</body>
</html>
```

在表单字段没有任何输入的情况下单击 OK 按钮，结果如图 15.1 所示。

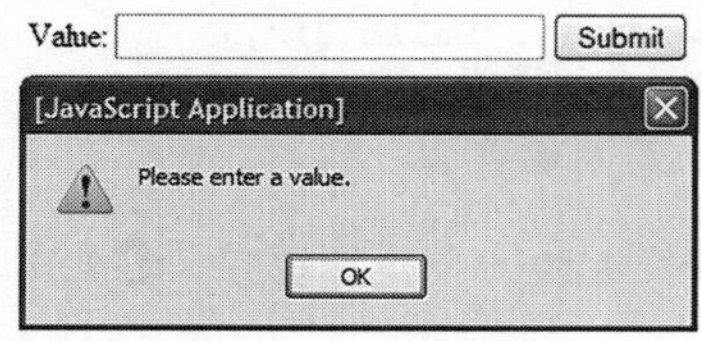

图 15.1 带输入字段和提交按钮的示例表单，当单击没有输入的按钮时，会触发警报

清单 15.7 所示的代码用于测试普通用户与表单的交互。

清单 15.7　测试普通用户与表单的交互

```
[...]
public class FormTest extends ManagedWebClient {

@Test
public void testForm() throws IOException {
   HtmlPage page =
        webClient.getPage("file:src/main/webapp/formtest.html");   ❶
   HtmlForm form = page.getFormByName("validated_form");   ❷
   HtmlTextInput input = form.getInputByName("in_text");   ❸
   input.setValueAttribute("typing...");   ❹
   HtmlSubmitInput submitButton = form.getInputByName("submit");
   HtmlPage resultPage = submitButton.click();   ❺
   WebAssert.assertTitleEquals(resultPage, "Result");   ❻
}
}
```

清单 15.7 所示的代码实现了如下操作。

- 通过从父类 ManagedWebClient 继承的 Web 用户获取包含表单的页面（❶处），然后获取表单（❷处）。
- 从表单获取输入文本字段（❸处），模拟用户输入值（❹处），然后获取并单击 submit 按钮（❺处）。
- 通过单击按钮返回一个页面，并确保返回的是预期的页面（❻处）。

如果在所有步骤中框架都没有找到对象，API 将抛出一个异常，测试自动失败。这允许我们将注意力集中在测试上，如果页面或表单不符合预期，则让框架处理失败的测试。

15.3.6　测试 JavaScript

HtmlUnit 可以自动处理 JavaScript。例如，即使 HTML 由 Document.write 生成，也要遵循通常的模式：调用 getPage、找到一个元素，单击此元素，然后检查结果。

可以通过以下调用在 Web 用户端打开和关闭 JavaScript 支持。

```
webClient.getOptions().setJavaScriptEnabled(true);
```

或者

```
webClient.getOptions().setJavaScriptEnabled(false);
```

HtmlUnit 默认启用 JavaScript 支持。还可以通过调用以下方法设置脚本在终止之前允许运行多长时间：

```
webClient.setJavaScriptTimeout(timeout);
```

为了处理 JavaScript 告警和确认调用，我们可以为框架提供回调例程。接下来我们将探讨这些问题。

测试 JavaScript 告警

测试可以检查发生了哪些 JavaScript 告警。这里将重用我们的示例来测试清单 15.7 中的表单，它包含 JavaScript 验证代码，用于提醒用户输入值为空。

清单 15.8 所示的代码将加载表单页面，并在表单检测到错误条件时调用告警。我们的测试设置了一个告警处理程序，该处理程序收集所有告警，并在页面加载后检查结果。CollectingAlertHandler 类负责保存告警消息，供以后检查。

清单 15.8 断言预期的告警

```
[...]
public class FormTest extends ManagedWebClient {
[...}

@Test
public void testFormAlert() throws IOException {
    CollectingAlertHandler alertHandler =
            new CollectingAlertHandler();                          ❶
    webClient.setAlertHandler(alertHandler);                       ❷
    HtmlPage page = webClient.getPage(
            "file:src/main/webapp/formtest.html");                 ❸
    HtmlForm form = page.getFormByName("validated_form");          ❹
    HtmlSubmitInput submitButton = form.getInputByName("submit");  ❺

    HtmlPage resultPage = submitButton.click();                    ❻
    WebAssert.assertTitleEquals(resultPage, page.getTitleText());  ❼
    WebAssert.assertTextPresent(resultPage, page.asText());        ❽

    List<String> collectedAlerts =
                alertHandler.getCollectedAlerts();                 ❾
    List<String> expectedAlerts = Collections.singletonList(
                                  "Please enter a value.");        ❿
    assertEquals(expectedAlerts, collectedAlerts);                 ⓫
}
}
```

清单 15.8 所示的代码实现了如下操作。

- 创建告警处理程序（❶处），将其设置在从父类继承的 Web 用户中（❷处）。
- 调用 getPage 方法获得表单页面（❸处）、表单对象（❹处）和提交按钮（❺处），然后单击按钮（❻处）。这将调用 JavaScript，而 JavaScript 将调用告警。
- 单击该按钮将返回一个页面对象，使用该对象比较当前和上一页标题（❼处）来检查页面是否已更改。我们还可以通过比较当前和上一个页面对象来检查页面是否已更改（❽处）。
- 将获得发出的告警消息列表（❾处），创建预期的告警消息列表❿，并比较预期的和实际的列表⓫。

接下来，我们重写清单 15.7 中的原始表单测试，以确保表单的正常操作不会引发告警，如清单 15.9 所示。

清单 15.9　断言在表单的正常操作下不会引发告警

```
[...]
public class FormTest extends ManagedWebClient {
[...]

    @Test
    public void testFormNoAlert() throws IOException {
        CollectingAlertHandler alertHandler =
                                 new CollectingAlertHandler();      ❶
        webClient.setAlertHandler(alertHandler);
        HtmlPage page = webClient.getPage(
                "file:src/main/webapp/formtest.html");
        HtmlForm form = page.getFormByName("validated_form");
        HtmlTextInput input = form.getInputByName("in_text");      ❷
        input.setValueAttribute("typing...");
        HtmlSubmitInput submitButton = form.getInputByName("submit");
        HtmlPage resultPage = submitButton.click();
        WebAssert.assertTitleEquals(resultPage, "Result");
        assertTrue(alertHandler.getCollectedAlerts().isEmpty(),     ❸
                   "No alerts expected");
    }

}
```

清单 15.9 所示的代码实现了如下操作。

- 在 Web 用户中设置 CollectingAlertHandler（❶处）。
- 模拟用户输入值（❷处），并在测试结束时检查告警消息列表是否为空（❸处）。

要定制告警行为，需要实现自己的自定义告警处理器。设置如清单 15.10 所示的自定义告警处理器将导致测试在脚本发出第一个告警时失败。

清单 15.10　自定义告警处理器

```
webClient.setAlertHandler((page, message) ->
                          fail("JavaScript alert: " + message));
```

现在，通过在 Web 用户中使用 setConfirmHandler 设置一个确认处理程序，我们应用相同的原则测试 JavaScript 确认调用。

清单 15.11　断言期望的确认消息

```
[...]
public class WindowConfirmTest extends ManagedWebClient {

    @Test
    public void testWindowConfirm() throws FailingHttpStatusCodeException,
                                           IOException {
        String html = "<html><head><title>Hello</title></head>
                       <body onload='confirm(\"Confirm Message\")'>     ❶
                       </body></html>";
❷      URL testUrl = new URL("http://Page1/");
```

```
        MockWebConnection mockConnection = new MockWebConnection();        ❸
        final List<String> confirmMessages = new ArrayList<String>();   ❹

        webClient.setConfirmHandler((page, message) -> {
            confirmMessages.add(message);
            return true;                                                 ❺
        });
        mockConnection.setResponse(testUrl, html);                       ❻
        webClient.setWebConnection(mockConnection);                      ❼

        HtmlPage firstPage = webClient.getPage(testUrl);                 ❽
        WebAssert.assertTitleEquals(firstPage, "Hello");                 ❾
        assertArrayEquals(new String[] { "Confirm Message" },
                          confirmMessages.toArray());                   ❿
    }
}
```

清单 15.11 所示的代码实现了如下操作。

- 创建包含确认消息的 HTML 页面（❶处）和要访问的测试 URL（❷处）。
- 创建一个 mock 连接（❸处），并初始化一个空的确认消息列表（❹处）。
- 使用定义为 Lambda 表达式的确认处理程序来设置从超类继承的 WebClient，该处理程序简单地将消息添加到列表中（❺处）。在访问测试 URL 时设置连接的响应（❻处），然后将 Web 用户连接设置为 mock 连接（❼处）。
- 获得页面（❽处），然后检查其标题（❾处）并确认消息数组（❿处）。

接下来，修改前面的代码，以在模拟网站的 JavaScript 中引入一个函数和一个收集告警的处理程序，修改后的代码如清单 15.12 所示。

清单 15.12 断言来自 JavaScript 函数的预期确认消息

```
public class WindowConfirmTest extends ManagedWebClient {

  @Test
  public void testWindowConfirmAndAlert() throws
               FailingHttpStatusCodeException, IOException {
    String html = "<html><head><title>Hello</title>
            <script>function go(){
               alert(confirm('Confirm Message'))
            }</script>\n" +                                          ❶
            "</head><body onload='go()'></body></html>";
    URL testUrl = new URL("http://Page1/");
    MockWebConnection mockConnection = new MockWebConnection();
    final List<String> confirmMessages = new ArrayList<String>();
    webClient.setAlertHandler(new CollectingAlertHandler());        ❷
    webClient.setConfirmHandler((page, message) -> {
        confirmMessages.add(message);
        return true;
    });
    mockConnection.setResponse(testUrl, html);
    webClient.setWebConnection(mockConnection);
```

```
    HtmlPage firstPage = webClient.getPage(testUrl);
    WebAssert.assertTitleEquals(firstPage, "Hello");
    assertArrayEquals(new String[] { "Confirm Message" },             ❸
                confirmMessages.toArray());
    assertArrayEquals(new String[] { "true" },
                ((CollectingAlertHandler)
                webClient.getAlertHandler())                          ❹
                .getCollectedAlerts().toArray());
  }
}
```

清单 15.12 所示的代码实现了如下操作。

- 创建 HTML 页面，其中包括 JavaScript 函数提供的确认消息（❶处）。
- 为继承自超类的 webClient 设置告警处理程序（❷处）。CollectingAlertHandler 是一个简单的告警处理程序，用于跟踪列表中的告警。
- 除了确认消息列表（❸处），还要检查收集的告警（❹处）。

提示：运行这几节中的某些 HtmlUnit 测试时，可能会得到一系列告警。问题不在于测试，而在于所访问的 Web 页面的 CSS。

15.4 Selenium 简介

Selenium 是一个免费的开源工具集，用于测试 Web 应用程序。Selenium 的优势在于，它能在特定操作系统上针对真实浏览器运行测试。这与 HtmlUnit 不同，HtmlUnit 是在与测试相同的虚拟机上模拟浏览器。Selenium 允许用各种编程语言编写测试，包括 JUnit 5 使用的 Java。

WebDriver 是 Selenium 的关键接口，应该根据该接口编写测试。WebDriver 是 W3C 推荐的。当前许多浏览器都实现了它，包括 Chrome、Firefox、Internet Explorer 等。为实现自动测试，WebDriver 使用每种浏览器的本地支持直接调用浏览器。如何直接调用浏览器，以及它们所支持的特性，取决于使用的浏览器。每种浏览器都有不同的逻辑来执行相关操作。图 15.2 显示了 Selenium WebDriver 架构的各个组件。

WebDriver 包括以下 4 个组件。

- **Selenium 用户库**——Selenium 支持多种编程语言库，如 Java、C#、PHP、Python 和 Ruby 等。
- **HTTP 之上的 JSON 有线协议**——JSON（JavaScript 对象表示法）用于在 Web 上的服务器和用户机之间传输数据。JSON 有线协议是一个将信息传输到 HTTP 服务器的 REST API。每个 WebDriver（如 FirefoxDriver、ChromeDriver 和 InternetExplorerDriver 等）都有自己的 HTTP 服务器。
- **浏览器驱动程序**——每种浏览器都有一个单独的浏览器驱动程序。浏览器驱动程序与各自的浏览器通信，而不展示浏览器功能的内部逻辑。当浏览器驱动程序接收到一个命令时，该命令将在浏览器上执行，并且响应以 HTTP 响应的形式返回。

- 浏览器——Selenium 支持多种浏览器，如 Firefox、Chrome、Internet Explorer 以及 Safari 等。

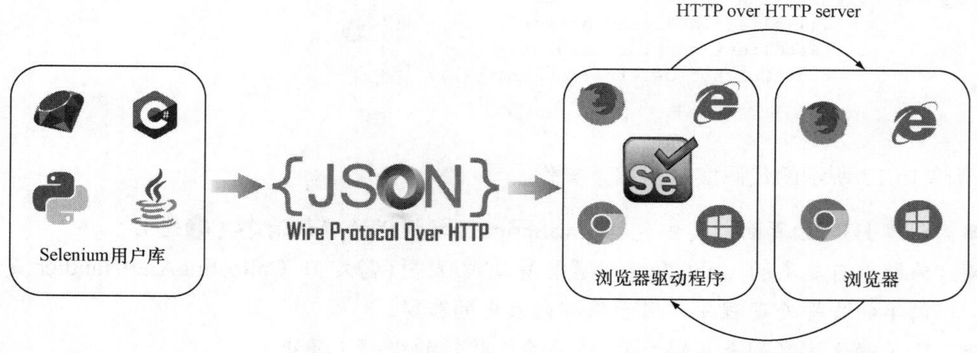

图 15.2 Selenium WebDriver 架构的各个组件，包括 Selenium 用户库、浏览器驱动程序、浏览器和 HTTP 通信

15.5 编写 Selenium 测试

在本节中，我们将探索使用 Selenium 编写单独的测试。我们将看到如何针对多个浏览器进行测试，以及如何导航对象模型，并完成一些 JUnit 5 测试示例。建立 Selenium Java 项目，要做的第一件事是将 Maven 依赖项添加到项目中，如清单 15.13 所示。

清单 15.13 pom.xml 配置中的 Selenium 依赖项

```
<dependency>
    <groupId>org.seleniumhq.selenium</groupId>
    <artifactId>selenium-java</artifactId>
    <version>3.141.59</version>
</dependency>
```

表 15.2 列出了 Selenium 支持的浏览器。

表 15.2 Selenium 支持的浏览器

Web 浏览器	浏览器驱动程序类
Google Chrome	ChromeDriver
Internet Explorer	InternetExplorerDriver
Safari	SafariDriver
Opera	OperaDriver
Firefox	FirefoxDriver
Edge	EdgeDriver

为了能够针对特定浏览器进行测试，我们需要下载该浏览器的 Selenium 驱动程序，并在操作系统中包含它的访问路径。

方便起见，这里使用 3 种流行的浏览器：Chrome、Internet Explorer 和 Firefox。请下载这几种浏览器的 Selenium 驱动程序，并将它们复制到一个专用文件夹中，如图 15.3 所示。

Local Disk (C:) › Work › Manning › drivers

Name	Date modified	Type	Size
chromedriver.exe	8/19/2019 6:32 AM	Application	8,498 KB
IEDriverServer.exe	8/2/2018 7:40 AM	Application	3,228 KB
geckodriver.exe	1/29/2019 12:49 AM	Application	14,140 KB

Local Disk (C:) › Work › Manning › drivers

Name	Date modified	Type	Size
chromedriver.exe	11/13/2019 6:06 AM	Application	7,559 KB
geckodriver.exe	1/29/2019 12:49 AM	Application	14,140 KB
IEDriverServer.exe	8/2/2018 7:40 AM	Application	3,228 KB

图 15.3　包含 Selenium 驱动程序的文件夹

注意：必须使用与安装浏览器的版本对应的驱动程序。例如，如果 Chrome 版本是 79，只能使用 79 版本的驱动程序，使用 77、78 和 80 版本的将不能工作。

需要在操作系统路径中包含 Selenium 驱动程序所在的文件夹的路径。在 Windows 上，可以选择 This PC（此计算机）>Properties（属性）>Advanced System Settings（高级系统设置）> Environment Variables（环境变量）>Path>Edit（编辑）（见图 15.4）来实现这一需求。若使用其他操作系统，请参阅有关文档。

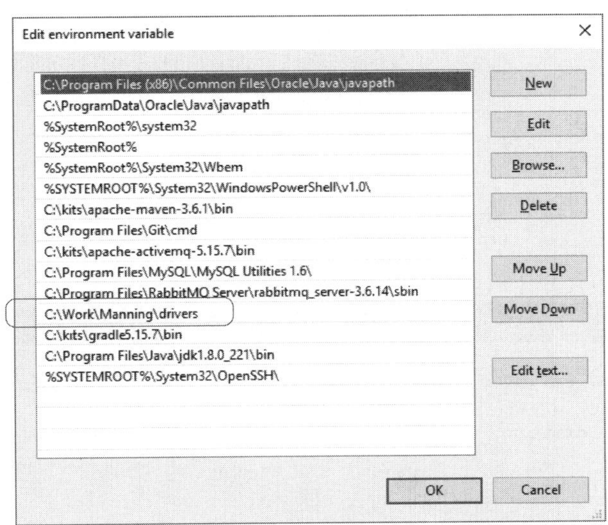

图 15.4　添加到操作系统路径上的 Selenium 驱动程序所在的文件夹的路径

至此，我们已经设置好了环境，可以编写 Selenium 测试了。

15.5.1 对特定的 Web 浏览器进行测试

我们测试时会用到特定的浏览器。我们先尝试访问 Manning 和 Google 网站主页的两个测试，验证它们的标题是否与预期的一致。清单 15.14 和清单 15.15 在两个独立的测试类中使用 Chrome 和 Firefox 以及使用 JUnit 5 注解标注的方法。

清单 15.14 用 Chrome 访问 Manning 和 Google 网站主页

```
[...]
public class ChromeSeleniumTest {

    private WebDriver driver;                                   ❶

    @BeforeEach
    void setUp() {
        driver = new ChromeDriver();                            ❷
    }

    @Test
    void testChromeManning() {
        driver.get("https://www.manning.com/");
        assertThat(driver.getTitle(), is("Manning | Home"));    ❸
    }

    @Test
    void testChromeGoogle() {
        driver.get("https://www.google.com");
        assertThat(driver.getTitle(), is("Google"));            ❹
    }


    @AfterEach
    void tearDown() {                                           ❺
        driver.quit();
    }
}
```

清单 15.15 用 Firefox 访问 Manning 和 Google 网站主页

```
[...]
public class FirefoxSeleniumTest {

    private WebDriver driver;                                   ❶'

    @BeforeEach
    void setUp() {
        driver = new FirefoxDriver();                           ❷'
    }
    @Test
    void testFirefoxManning() {
```

```
        driver.get("https://www.manning.com/");
        assertThat(driver.getTitle(), is("Manning | Home"));       ❸'
    }

    @Test
    void testFirefoxGoogle() {
        driver.get("https://www.google.com");
        assertThat(driver.getTitle(), is("Google"));       ❹'
    }

    @AfterEach
    void tearDown() {
        driver.quit();       ❺'
    }
}
```

清单 15.14 和清单 15.15 所示的代码实现了如下操作。

- 分别声明 Web 驱动程序（❶处）（❶'处），然后分别初始化 ChromeDriver（❷处）和 FirefoxDriver 对象（❷'处）。
- 第一个测试访问 Manning 网站的主页，检查页面的标题是否为 “Manning |Home”（❸处）（❸'处）。这里使用 Hamcrest 匹配器来实现（见第 2 章）。
- 第二个测试访问 Google 网站的主页，检查页面的标题是否为 “Google”（❹处）（❹'处）。这里也使用 Hamcrest 匹配器来实现。
- 运行每个 JUnit 5 测试之后，要确保调用了 Web 驱动程序的 quit 方法，该方法可以关闭所有打开的浏览器窗口。驱动程序实例可变成垃圾被收集，也就是可以从内存中清除（❺处）（❺'处）。

如果运行每个测试，可分别打开 Chrome 和 Firefox 浏览器，访问 Manning 和 Google 网站的主页，并验证它们的标题。

15.5.2 使用 Web 浏览器测试导航

在下一个测试中，我们将访问维基百科（Wikipedia）网站，在页面上找到一个元素，然后单击它。这里使用 JUnit 5 注解标注的方法和 Firefox 来完成这项工作。

清单 15.16 使用 Firefox 在页面上查找一个元素

```
[...]
public class WikipediaAccessTest {

    private RemoteWebDriver driver;       ❶

    @BeforeEach
    void setUp() {
        driver = new FirefoxDriver();       ❷
    }
```

```
    @Test
    void testWikipediaAccess() {
        driver.get("https://en.wikipedia.org/");
        assertThat(driver.getTitle(),
                 is("Wikipedia, the free encyclopedia"));        ❸

        WebElement contents = driver.findElementByLinkText("Contents");
        assertTrue(contents.isDisplayed());                      ❹

        contents.click();
        assertThat(driver.getTitle(),
                         is("Wikipedia:Contents - Wikipedia "));  ❺
    }

    @AfterEach
    void tearDown() {
        driver.quit();   ❻
    }
}
```

清单 15.16 所示的代码实现了如下操作。

- 声明一个 Web 驱动程序 RemoteWebDriver（❶处），它实现了 WebDriver 接口。浏览器类（如，FirefoxDriver、ChromeDriver 或 InternetExplorerDriver）扩展了 RemoteWebDriver。将 Web 驱动程序声明为 RemoteWebDriver，以便调用在 Web 页面上未由 WebDriver 接口声明的元素的方法。
- 使用 FirefoxDriver 初始化该 Web 驱动程序（❷处）。
- 访问维基百科的主页，检查页面的标题是否为 "Wikipedia, the free encyclopedia"（❸处）。
- 查找 Contents 元素并检查它是否可被显示（❹处）。
- 单击 Contents 元素并检查新显示的页面的标题是否为 "Wikipedia:Contents- Wikipedia"（❺处）。
- 运行测试之后，要确保调用了 Web 驱动程序的 quit 方法，该方法可以关闭所有打开的浏览器窗口。驱动程序实例可变成垃圾被收集，也就是可以从内存中清除（❻处）。

提示：若要使用其他 Web 驱动程序（如 ChromeDriver 或 InternetExplorerDriver），可以修改这个程序。请你自行完成。

15.5.3 测试多个 Web 浏览器

为了强调 JUnit 5 新特性的优点并在 Selenium 测试中实践它们，我们可在多个浏览器中运行相同的测试类。清单 15.17 修改了访问 Manning 和 Google 网站的主页的示例，这里对在不同浏览器上运行的测试进行了参数化。

清单 15.17 使用不同的浏览器访问 Manning 和 Google 网站的主页

```
public class MultiBrowserSeleniumTest {

    private WebDriver driver;                                   ❶

    public static Collection<WebDriver> getBrowserVersions() {
        return Arrays.asList(new WebDriver[] {new FirefoxDriver(), new
              ChromeDriver(), new InternetExplorerDriver()});    ❷
    }

    @ParameterizedTest
    @MethodSource("getBrowserVersions")                         ❸
    void testManningAccess(WebDriver driver) {
        this.driver = driver;
        driver.get("https://www.manning.com/");
        assertThat(driver.getTitle(), is("Manning | Home"));   ❹
    }

    @ParameterizedTest
    @MethodSource("getBrowserVersions")                         ❸
    void testGoogleAccess(WebDriver driver) {
        this.driver = driver;
        driver.get("https://www.google.com");
        assertThat(driver.getTitle(), is("Google"));           ❺
    }

    @AfterEach
    void tearDown() {
        driver.quit();                                          ❻
    }
}
```

清单 15.17 所示的代码实现了如下操作。

- 定义 WebDriver 字段，它将在测试运行期间被初始化（❶处）。
- 创建 getBrowserVersions 方法，作为注入每个参数化测试的参数的方法源（❷处）。该方法返回一个 Web 驱动程序的集合（包括 FirefoxDriver、InternetExplorerDriver 和 ChromeDriver 等），这些 Web 驱动程序被依次注入参数化测试中。
- 定义两个参数化测试，getBrowserVersions 方法为它们提供了测试参数（❸处）。这表示每个参数化方法运行的次数等于 getBrowserVersions 返回的集合的大小，并且每次运行时使用不同的浏览器。
- 第一个测试在字段变量中保存对 Web 驱动程序的引用，访问 Manning 网站的主页并检查页面标题是否为“Manning | Home”（❹处）。这里使用 Hamcrest 匹配器（见第 2 章）完成这个任务。JUnit 5 参数化测试运行 3 次：对 getBrowserVersions 方法提供的每个 Web 驱动程序运行一次。
- 第二个测试在字段变量中保存对 Web 驱动程序的引用，访问 Google 网站的主页并检查页面的标题是否为“Google”（❺处）。测试也运行 3 次，对 getBrowserVersions 方法提供的每个 Web 驱动程序运行一次。这里也使用 Hamcrest 匹配器来完成这个任务。

■ 每个测试运行后，调用 Web 驱动程序的 quit 方法（❻处）。

如果运行这个测试类，运行过程将为每个测试打开 Firefox、Chrome 和 Internet Explorer，访问 Manning 和 Google 网站的主页，并检查它们的标题。两个测试分别通过 3 个浏览器运行，一共运行了 6 次测试。

15.5.4 用不同的 Web 浏览器测试 Google 搜索和导航

接下来，我们将看到如何通过单击从搜索引擎获得的一个链接，然后在新页面中导航来测试 Google 搜索。在清单 15.18 中，使用 Google 搜索“en.wikipedia.org”，跳转到第一个新页面，然后导航到其中的一个元素。

清单 15.18 测试 Google 搜索和 Wikipedia 网站导航

```
public class GoogleSearchTest {

    private RemoteWebDriver driver;                                    ❶

   public static Collection<RemoteWebDriver> getBrowserVersions() {
      return Arrays.asList(new RemoteWebDriver[] {new FirefoxDriver(),
         new ChromeDriver(), new InternetExplorerDriver()});           ❷
   }

   @ParameterizedTest
   @MethodSource("getBrowserVersions")                                 ❸
   void testGoogleSearch(RemoteWebDriver driver) {
      driver.get("http://www.google.com");                             ❹
      WebElement element = driver.findElement(By.name("q"));
      element.sendKeys("en.wikipedia.org");                            ❺
      driver.findElement(By.name("q")).sendKeys(Keys.ENTER);

      WebElement myDynamicElement = (new WebDriverWait(driver, 10))
               .until(ExpectedConditions
               .presenceOfElementLocated(By.id("result-stats")));     ❻

      List<WebElement> findElements =
              driver.findElements(By.xpath("//*[@id='rso']//a/h3"));   ❼

      findElements.get(0).click();

      assertEquals("https://en.wikipedia.org/wiki/Main_Page",
                        driver.getCurrentUrl());                       ❽
      assertThat(driver.getTitle(),
               is("Wikipedia, the free encyclopedia"));

      WebElement contents = driver.findElementByLinkText("Contents");  ❾
      assertTrue(contents.isDisplayed());

      contents.click();
      assertThat(driver.getTitle(),
                        is("Wikipedia:Contents - Wikipedia"));          ❿
```

```
    }

@AfterEach
void tearDown() {
    driver.quit();    ⑪
}

}
```

清单 15.18 所示的代码实现了如下操作。

- 声明一个 RemoteWebDriver 字段，它将在测试运行期间初始化（❶处）。
- 创建 getBrowserVersions 方法，作为注入每个参数化测试的参数的方法源（❷处）。该方法返回一个 RemoteWebDriver 的集合（包括 FirefoxDriver、ChromeDriver 和 Internet ExplorerDriver 等），它们将依次注入参数化测试中。这里需要 RemoteWebDriver 调用在 Web 页面上未由 WebDriver 接口声明的元素的方法。
- 定义一个 JUnit 5 参数化测试，getBrowserVersions 为其提供了测试参数（❸处）。这意味着参数化的方法将被运行多次，次数等于 getBrowserVersions 返回的集合的大小。
- 访问 Google 网站，搜索名字为“q”的元素（❹处）。这是输入编辑框的名称，需要在其中插入要搜索的文本。通过右击元素并选择“检查”或“检查元素”（取决于浏览器）来获得它。得到的结果如图 15.5 所示。
- 插入文本“en.wikipedia.org”，使用 Google 来搜索，然后按<Enter>键（❺处）。
- 等待 Google 页面显示结果，但时间不超过 10 秒（❻处）。
- 使用 XPath 来获取 Google 搜索返回的所有元素（❼处）。XPath 是一种用于在 XML 中查找元素的查询语言。现在，所需要知道的是“//*[@id='rso']//a/h3”XPath 提供了 Google 搜索返回的所有元素的列表。
- 单击列表上的第一个元素，检查 URL 和访问的新页面的标题（❽处）。
- 在这个新页面中，查找带有“Contents”文本的元素，并检查它是否被显示（❾处）。然后，单击该元素并检查访问的新页面的标题是否为“Wikipedia:Contents - Wikipedia”（❿处）。
- 运行测试之后，要调用 Web 驱动程序的 quit 方法，它可以关闭所有打开的浏览器窗口。驱动程序实例可变成垃圾被收集，这意味着它可以从内存中清除（⓫处）。

如果运行这个测试，将打开 Firefox、Chrome 和 Internet Explorer。这里使用 3 个浏览器运行测试，一共运行了 3 次测试。

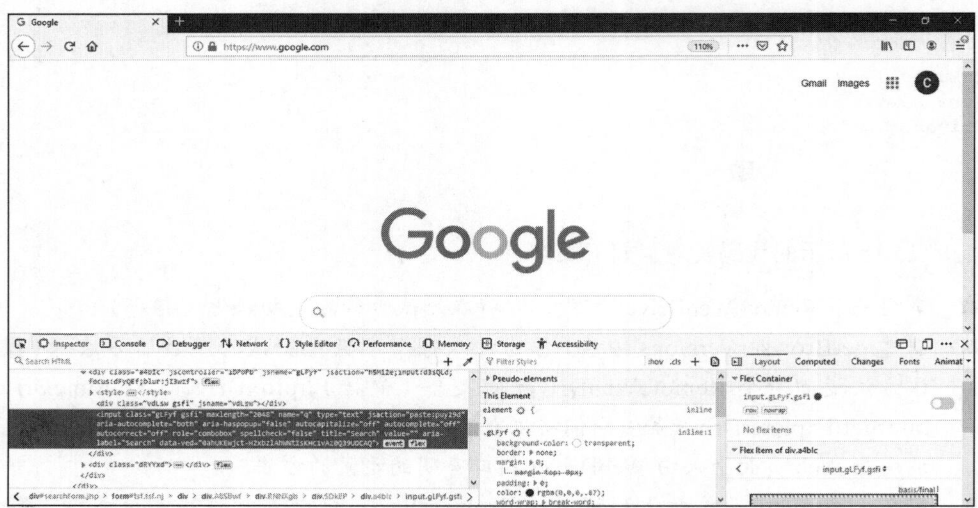

图 15.5　使用 Firefox 检查 Google 网站的主页上输入编辑框的名称

15.5.5　测试网站的身份验证

Tested Data System 公司的许多用户使用网站与他们的应用程序交互，访问这些网站需要进行身份验证。身份验证对此类应用程序至关重要，因为只有用户的身份通过验证才允许访问网站。因此，John 需要按照成功和失败的场景来编写身份验证的测试。John 选择使用 Selenium，因为他还想在视觉上跟踪与网站的交互。

John 使用链接为 https://the-internet.herokuapp.com 的网站，该网站提供了许多可以自动测试的功能，包括表单身份验证。清单 15.19 中的类描述了与网站主页的交互（见图 15.6）。

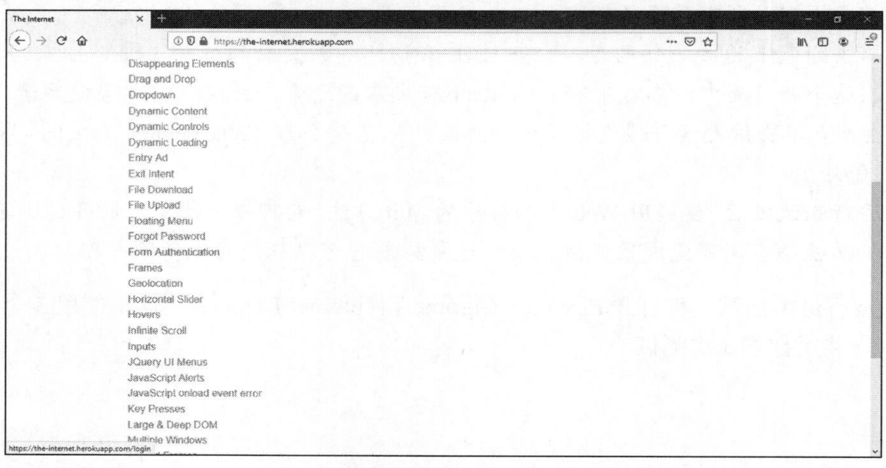

图 15.6　网站主页

清单 15.19 描述与网站主页交互的类

```
[...]
public class Homepage {
    private WebDriver webDriver;                                    ❶

    public Homepage(WebDriver webDriver) {
        this.webDriver = webDriver;                                 ❷
    }

    public LoginPage openFormAuthentication() {
        webDriver.get("https://the-internet.herokuapp.com/");       ❸
        webDriver.findElement(By.cssSelector("[href=\"/login\"]"))  ❹
                .click();
        return new LoginPage(webDriver);                            ❺
    }
}
```

清单 15.19 所示的代码实现了如下操作。

- Homepage 类包含一个私有的 WebDriver 字段，用于与网站交互（❶处）。它由类的构造方法初始化（❷处）。
- 在类的 openFormAuthentication 方法中，访问 https://the-internet.herokuapp.com/（❸处）。查找具有 login 的超链接（href）元素，并单击它（❹处）。该方法返回一个新的 LoginPage（❺处）（在清单 15.20 中描述）并接收 Web 驱动程序作为构造方法的一个参数。

清单 15.20 中的类描述了与网站登录页面的交互（见图 15.7）。

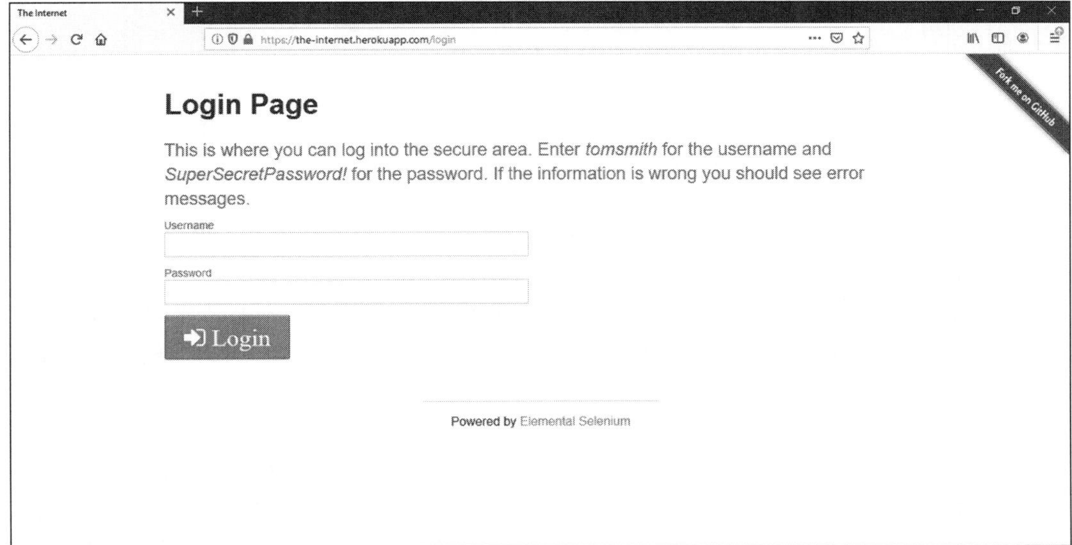

图 15.7 网站的登录页面

清单 15.20 描述与网站登录页面交互的类

```
[...]
public class LoginPage {

    private WebDriver webDriver;                                    ①

    public LoginPage(WebDriver webDriver) {                         ②
        this.webDriver = webDriver;
    }

    public LoginPage loginWith(String username, String password) {
        webDriver.findElement(By.id("username")).sendKeys(username);   ③
        webDriver.findElement(By.id("password")).sendKeys(password);

        webDriver.findElement(By.cssSelector("#login button")).click();   ④

        return this;                                                  ⑤
    }

    public void thenLoginSuccessful() {
        assertTrue(webDriver
                .findElement(By.cssSelector("#flash.success"))
                .isDisplayed());
        assertTrue(webDriver                                          ⑥
                .findElement(By.cssSelector("[href=\"/logout\"]"))
                .isDisplayed());
    }

    public void thenLoginUnsuccessful() {
     assertTrue(webDriver.findElement(By.id("username"))
                    .isDisplayed());                                  ⑦
     assertTrue(webDriver.findElement(By.id("password"))
                    .isDisplayed());
    }
}
```

清单 15.20 所示的代码实现了如下操作。

- LoginPage 类包含一个私有的 WebDriver 字段，用于与网站交互（❶处）。它由类的构造方法初始化（❷处）。
- loginWith 方法找到 id 为 username 和 password 的元素，并将方法中的 username 和 password 字符串参数的内容写入其中（❸处）。然后，使用 CSS 选择器找到 Login 按钮并单击它（❹处）。该方法返回相同的对象，因为这里打算在其上运行 thenLoginSuccessful 和 thenLoginUnsuccessful 方法（❺处）。
- 通过确认使用“#flash.success”CSS 选择器的元素（图 15.8 中的阴影条），以及 logout 超链接（href）（图 15.8 中的 Logout 按钮）都显示在页面上来验证登录成功（❻处）。记住，可以通过右击元素并选择“检查”或“检查元素”（取决于浏览器）来获得元素的名称。

- 通过 id 验证 username 和 password 元素是否显示在页面上来检查登录是否失败(❼处)。这是因为尝试一次不成功的登录之后，我们仍然停留在同一个页面上（见图 15.9）。

定义：CSS **选择器**是一个元素选择器和一个选择器值的组合，用于标识 Web 页面中的一个 Web 元素。现在，只需要知道 CSS 选择器“#login button”，就可在 Web 页面上找到这个元素。

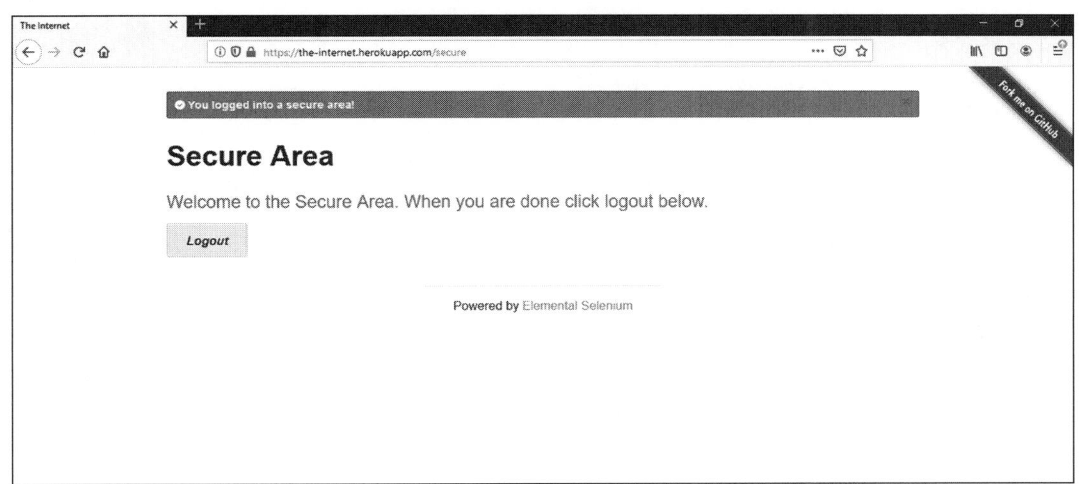

图 15.8　成功登录网站

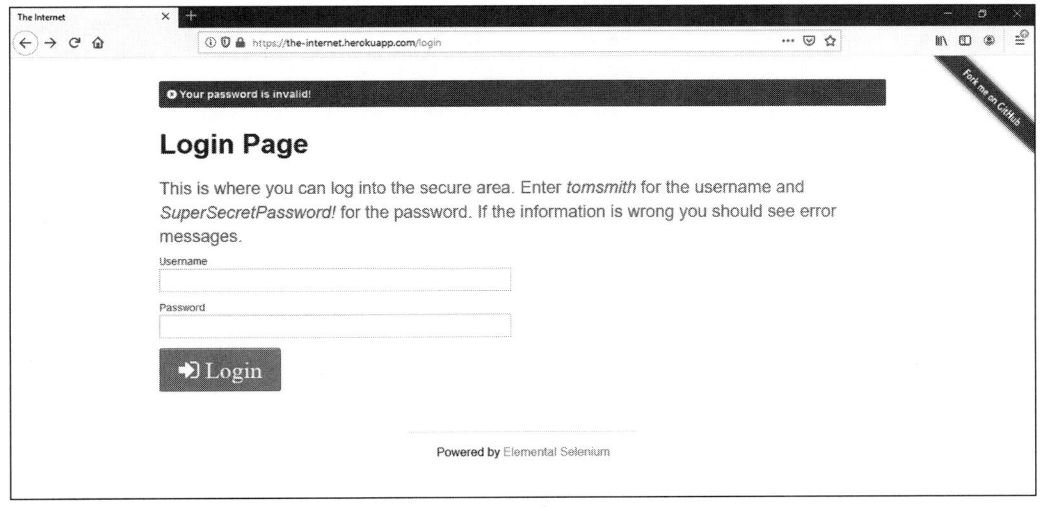

图 15.9　登录网站失败

John 使用 Homepage 和 LoginPage 类运行成功和失败的登录测试场景，如清单 15.21 所示。Tom Smith 是一个测试用户，他访问航班管理应用程序的一个 Web 页面。允许登录的凭据是用户名“tomsmith”和密码“SuperSecretPassword!”。John 使用登录凭据测试用户（在测试中永远不要使用真正的凭据，那样做不安全）：他用测试用户的正确凭据创建一个测试（永远不要修改正确的凭据，否则测试将失败），用不正确的凭据创建另一个测试。

清单 15.21 成功和失败的登录测试

```
[...]
public class LoginTest {

    private Homepage homepage;                                    ❶
    private WebDriver webDriver;

    public static Collection<WebDriver> getBrowserVersions() {
        return Arrays.asList(new WebDriver[] {new FirefoxDriver(),
                new ChromeDriver(), new InternetExplorerDriver()});   ❷
    }

    @ParameterizedTest
    @MethodSource("getBrowserVersions")                              ❸
    public void loginWithValidCredentials(WebDriver webDriver) {
            this.webDriver = webDriver;                         ❹
        homepage = new Homepage(webDriver);
        homepage
                .openFormAuthentication()
                .loginWith("tomsmith", "SuperSecretPassword!")        ❺
                .thenLoginSuccessful();
    }

    @ParameterizedTest
    @MethodSource("getBrowserVersions")                                ❸
    public void loginWithInvalidCredentials(WebDriver webDriver) {
            this.webDriver = webDriver;                         ❹
        homepage = new Homepage(webDriver);
        homepage
                .openFormAuthentication()
                .loginWith("tomsmith", "SuperSecretPassword")         ❻
                .thenLoginUnsuccessful();
    }

    @AfterEach
    void tearDown() {                                   ❼
        webDriver.quit();                             <-┘
        }

}
```

清单 15.21 所示的代码实现了如下操作。

- 声明了 Homepage 字段和 WebDriver 字段，它们在测试运行期间初始化（❶处）。
- 创建了 getBrowserVersions 方法，该方法将用作注入参数化测试的参数的方法源（❷处）。这个方法返回一个 WebDriver 的集合（包括 FirefoxDriver、ChromeDriver 和

InternetExplorerDriver 等），这些 WebDriver 被依次注入参数化测试中。

- 定义了两个 JUnit 5 参数化测试，getBrowserVersions 为它们提供了测试参数（❸处）。这意味着参数化方法被运行的次数等于 getBrowserVersions 方法返回的集合的大小。
- 通过在测试中保留对 Web 驱动程序的引用来启动每个参数化测试，并初始化 Homepage 变量，将 Web 驱动程序的构造方法作为参数传递（❹处）。
- 第一个测试打开表单身份验证，使用有效的用户名和密码登录，并检查登录是否成功（❺处）。
- 第二个测试打开表单身份验证，使用无效的用户名和密码登录，并检查登录是否失败（❻处）。
- 运行每个测试之后，运行 Web 驱动程序的 quit 方法，关闭所有打开的浏览器窗口。驱动程序实例可变成垃圾被收集（❼处）。

John 现在实现了两个场景：成功的和失败的网站登录。他所做的远不止这些，他还通过 Homepage 和 LoginPage 类创建了测试的基础库，其他加入该项目的开发人员也可以使用这些库。在清单 15.21 中，对测试方法的调用依次进行：测试场景对于任何新手来说都很容易理解。这会真正加速 Tested Data System 公司 Selenium 测试的开发！

15.6 HtmlUnit 与 Selenium 的对比

我们来对比一下 HtmlUnit 和 Selenium。二者都是免费和开源的，在本书撰写时，它们的版本（HtmlUnit 2.36.0 和 Selenium 3.141.59）都要求将 Java 8 作为运行的最低平台。二者的主要区别是 HtmlUnit 模拟一个特定的 Web 浏览器，而 Selenium 驱动一个真正的 Web 浏览器进程。

HtmlUnit 的优点在于它是一个无头 Web 浏览器框架，所以测试运行速度更快，并且提供了特定于领域的断言集合。

Selenium 的优点在于 API 更简单，可驱动本地浏览器，这保证了测试的行为尽可能接近与真实用户的交互。Selenium 还支持多种编程语言，并通过运行真正的浏览器为运行更大的场景提供了“视觉效果”，这就是它在现实世界中测试身份验证功能时受到青睐的原因。

一般来说，当应用程序独立于操作系统特性和浏览器特定实现时，使用 HtmlUnit，而在需要验证具体浏览器和操作系统时使用 Selenium（特别是当应用程序依赖于特定浏览器的实现时）。

我们将在第 16 章用 Spring 来构建和测试应用程序。Spring 是当今最流行的 Java 框架之一。

15.7 小结

在本章中，我们主要讨论了以下内容。

- 关于表示层的测试。
- 如何使用 HtmlUnit——一个开放源代码的无头浏览器框架。
- 如何使用 Selenium——一种以编程方式驱动各种浏览器的开源工具集。
- 测试 HTML 断言（assertTitleEquals、assertTextPresent、notNull）和不同 Web 浏览器的功能，并使用 HtmlUnit 创建独立的测试。
- 测试表单、网页导航和框架，以及使用 HtmlUnit 和 JavaScript 开发的网站。
- 如何使用 Selenium 和不同的 Web 浏览器测试在 Google 上搜索、选择链接和导航的操作。
- 如何使用 Selenium 创建和测试网站身份验证场景。

第 16 章　Spring 应用程序测试

本章重点

- 理解依赖注入。
- 构建和测试 Spring 应用程序。
- 为 JUnit Jupiter 使用 SpringExtension。
- 使用 JUnit 5 测试 Spring 应用程序特性。

“依赖注入”是一个 25 美元的术语，但却是一个 5 美分的概念。

——James Shore

Spring 是一个轻量级的开源框架，也是灵活和通用的开源框架，用于创建 Java 应用程序。Spring 不是专用于某个特定层的，也就是说，Spring 可以在 Java 应用程序的任何层上使用。本章将重点讨论 Spring 的基础：依赖注入（或称控制反转）模式，以及如何用 JUnit 5 测试核心 Spring 应用程序。

16.1　Spring 框架简介

库（library）是允许代码重用的类或函数的集合。我们可以使用别的开发人员创建的代码。通常，库针对某个特定领域。例如，计算机图形库可快速构建三维场景并在计算机屏幕上显示图形。

另外，软件**框架**（framework）是一种抽象概念，其中，具有通用功能的软件可以通过用户编写的代码更改，这样就可以创建特定的软件。框架可以提供某种工作范例来支持应用程序软件的开发。

库和框架之间的主要区别是 IoC。当调用一个库中的方法时，一切都在我们的控制之中。

但是在框架中，控制是反向的：框架调用代码，如图 16.1 所示。我们必须遵循框架提供的范例并填写自己的代码。框架构建了一个骨架，我们加入特性来填充这个骨架。我们的代码在框架的控制下，框架调用它。通过这种方式，开发人员可以将重点放在实现业务逻辑上，而不是设计上。

Spring 是 Rod Johnson 于 2003 年创建的，参见他的 *Expert One-on-One J2EE Design and Development* 一书。Spring 的基本思想是简化传统企业应用程序的设计方法。

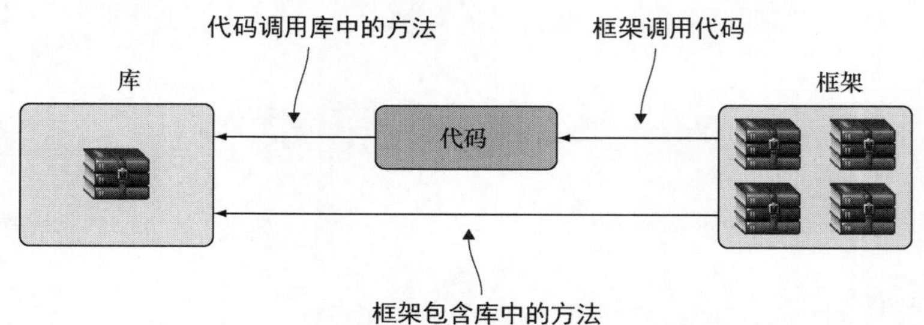

图 16.1 代码调用库中的方法，框架调用代码

Spring 框架为开发 Java 应用程序提供了一个系统的基础设施。框架处理基础设施，以便我们可以专注于应用程序，并可以用普通的 Java 对象（POJO）构建应用程序。

16.2 依赖注入简介

Java 应用程序通常包括多个相互协作的对象。应用程序中的对象相互依赖。Java 不能组织这些应用程序的构建块，它把这个任务留给了开发人员和架构师。可以使用设计模式（工厂模式、构建器模式、代理模式、装饰器模式等）来组合类和对象，但是这个任务要由开发人员来完成。

Spring 本身实现了多种设计模式。其中，依赖注入（也称为 IoC）模式提供了一种方法，将不同的组件组合成一个完全可以运行的应用程序。

本节先介绍传统方法，在这个过程中需要由开发人员在代码级别上管理依赖关系。可在本章的源代码的 ch16-traditional 文件夹中找到第一个示例。在 Tested Data Systems 公司开发的航班管理应用程序示例中，一个乘客来自一个国家。一个 Passenger 对象依赖于一个 Country 对象，如图 16.2 所示。清单 16.1 和清单 16.2 直接初始化了这个依赖项。

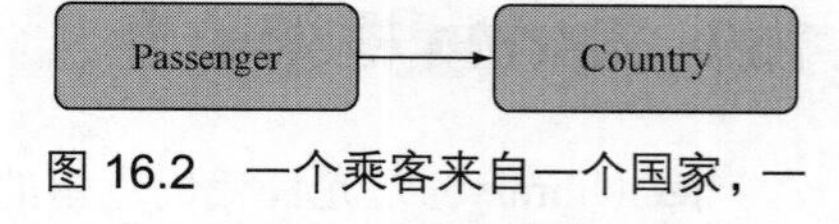

图 16.2 一个乘客来自一个国家，一个 Passenger 对象依赖于一个 Country 对象

清单 16.1 Country 类

```
public class Country {
    private String name;          ❶
    private String codeName;      ❷
```

```
    public Country(String name, String codeName) {
        this.name = name;
        this.codeName = codeName;                                  ❸
    }

    public String getName() {
        return name;                           ❶
    }

    public String getCodeName() {
        return codeName;                          ❷
    }
}
```

清单 16.1 所示的代码实现了如下操作。

- 为 Country 类定义 name 字段并为其定义一个 getter 方法（❶处），定义 codeName 字段和一个 getter 方法（❷处）。
- 创建一个构造方法来初始化 name 和 codeName 字段（❸处）。

清单 16.2　Passenger 类

```
public class Passenger {                              ❶
    private String name;                          ◁        ❷
    private Country country;                           ◁

    public Passenger(String name) {
        this.name = name;                                          ❸
        this.country = new Country("USA", "US");
    }

    public String getName() {
        return name;                              ❶
    }
    public Country getCountry() {
        return country;                           ❷
    }

}
```

清单 16.2 所示的代码实现了如下操作。

- 为 Passenger 类定义 name 字段和它的 getter 方法（❶处），定义 country 字段和它的 getter 方法（❷处）。
- 创建一个构造方法初始化 name 和 country 字段（❸处）。在 Passenger 类的构造方法中，国家被有效地初始化，这就表明国家和乘客之间存在紧耦合。

对于这种方法，一般情况如图 16.3 所示，这种方法有如下缺点。

- A 类直接依赖于 B 类。A 和 B 就不可能分开测试。

- B 的对象的生命周期依赖于 A 的对象，不可能在其他地方使用 B 的对象（尽管 B 类可以重用）。
- 不可能用另一个实现替换 B。

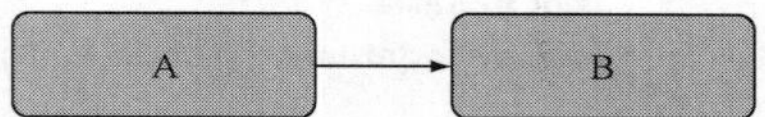

图 16.3 A 和 B 之间的直接依赖关系（对应前面示例中的 Passenger 和 Country）

由于存在这些缺点，开发人员就提出了一个新的方法：依赖注入。使用依赖注入方法，对象被添加到容器中，容器在创建对象时注入依赖项。这一过程基本与传统的过程相反，因此被称为**控制反转**。Martin Fowler 建议用**依赖注入**这个术语，因为它更好地反映了模式的本质。其基本思想是消除应用程序组件对某个实现的依赖，并将控制类实例化的权限委托给容器。

对以上示例，要消除对象之间的直接依赖关系，可重写 Passenger 类。清单 16.3 所示的代码放在 ch16-spring-junit4 文件夹中。

清单 16.3 Passenger 类，消除了与 Country 的紧耦合

```
public class Passenger {
    private String name;
    private Country country;

    public Passenger(String name) {
        this.name = name;                    ❶
    }

    public String getName() {
        return name;
    }

    public Country getCountry() {
        return country;
    }

    public void setCountry(Country country) {
        this.country = country;                    ❷
    }

}
```

构造方法发生了变化：它不再创建依赖的国家对象（❶处）。国家对象可以通过 setCountry 方法来设置（❷处），结果如图 16.4 所示，这样就可以消除直接依赖关系。

使用 XML 文件是配置 Spring 应用程序的传统方法。其优点是非侵入，也就是代码不知道正在被框架使用，也不与外部依赖混合。此外，当配置更改时，不需要重新编译代码。这对技术知识较少的测试人员非常有益。

Passenger　Country

图 16.4 无直接依赖关系的 Passenger 和 Country 类

完整起见，本章将展示配置 Spring 的可选方案，这里先从 XML 开始，XML 更容易理解和掌握（至少开始是这样的）。这里把依赖关系的管理委托给容器，容器通过清单 16.4 中的 application-context.xml 的配置信息来指导如何进行管理。Spring 框架使用此文件创建和管理对象及其依赖关系。

注意：在 Spring 容器控制下的对象通常称为 bean。根据 Spring 框架文档的定义，“bean 是来自应用程序主体的对象，它由 Spring IoC 容器管理”。

清单 16.4 application-context.xml 配置文件

```
<bean id="passenger" class="com.manning.junitbook.spring.Passenger">   ❶
    <constructor-arg name="name" value="John Smith"/>                  ❷
    <property name="country" ref="country"/>                           ❸
</bean>                                                                ❹

<bean id="country" class="com.manning.junitbook.spring.Country">       ❺
    <constructor-arg name="name" value="USA"/>                         ❻
    <constructor-arg name="codeName" value="US"/>
</bean>                                                                ❼
```

清单 16.4 所示的代码实现了如下操作。

- 声明了一个 passenger bean，它属于 com.manning.junitbook.spring.Passenger 类（❶处）。通过将 John Smith 作为构造方法的参数来初始化它（❷处），并通过将 country bean 的引用传递给 setCountry 方法来设置国家属性（❸处）。最后结束 bean 的定义（❹处）。
- 声明了一个 country bean，它属于 com.manning.junitbook.spring.Country 类（❺处）。通过将“USA”和“US”作为构造方法的参数来初始化它（❻处）。最后结束 bean 的定义（❼处）。

为了访问容器创建的 bean，让我们运行清单 16.5 所示的代码。

清单 16.5 访问 application-context.xml 文件中定义的 bean

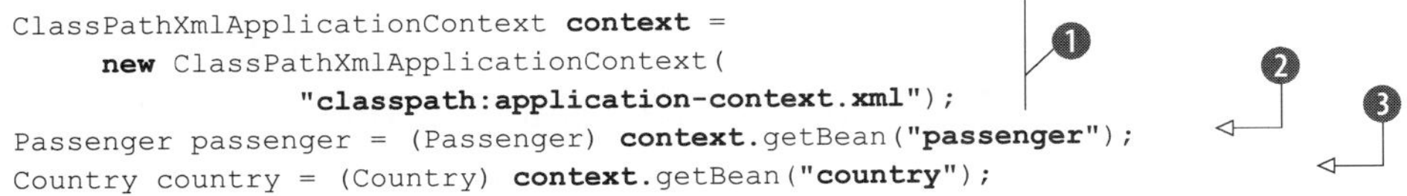

```
ClassPathXmlApplicationContext context =
    new ClassPathXmlApplicationContext(                                ❶
            "classpath:application-context.xml");
Passenger passenger = (Passenger) context.getBean("passenger");       ❷
Country country = (Country) context.getBean("country");               ❸
```

清单 16.5 所示的代码实现了如下操作。

- 创建了一个类型为 ClassPathXmlApplicationContext 的变量 context，并初始化它以指向类路径中的 application-context.xml 文件（❶处）。ClassPathXmlApplicationContext 类属于 Spring 框架。稍后，我们将展示如何在 Maven 的 pom.xml 文件中引入它所属的依赖项。
- 从容器请求 passenger bean（❷处），然后请求 country bean（❸处）。现在就可以在程序中使用 passenger 和 country 变量了。

以下是这种传统方法的优点。

- 当请求任何类型的对象时，容器将返回它。

- Passenger 和 Country 不相互依赖，也不依赖于任何外部库，它们是 POJO。
- application-context.xml 文件记录了系统和对象的依赖关系。
- 容器可控制所创建对象的生存期。
- 促进了类和组件的重用。
- 代码更清晰（类不需要初始化辅助对象）。
- 简化了单元测试。这些类更简单，而且不与依赖项纠缠在一起。
- 在系统中更改对象依赖关系非常容易。只需更改 application-context.xml 文件，不需要重新编译 Java 源文件。建议在 DI（IoC）容器中添加可能更改其实现的任何对象。

因此，这里从传统方法（依赖关系存在于代码中）向 DI（IoC）方法（对象之间不了解彼此的信息）迈出了一大步，如图 16.5 所示。

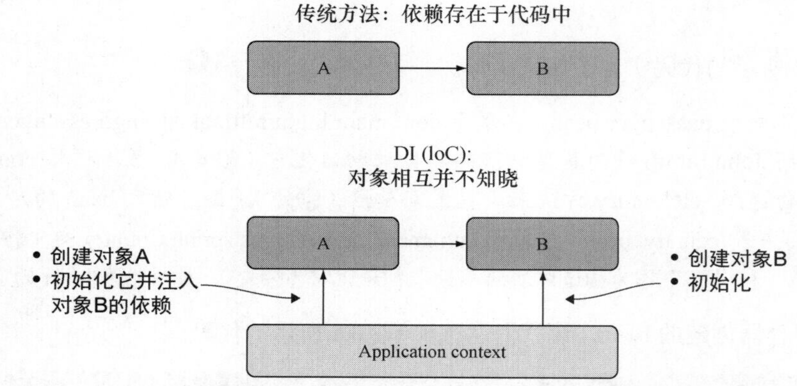

图 16.5 从传统方法过渡到 DI（IoC）方法

通常，Spring 容器的工作流程可以用图 16.6 表示。当实例化和初始化容器时，应用程序类与元数据结合在一起（容器配置）；输出是一个配置完整的、随时可以工作的应用程序。

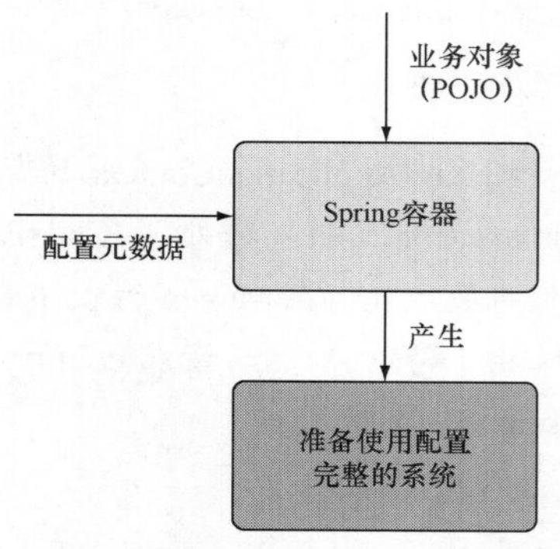

图 16.6 Spring 容器的工作流程

16.3　构建和测试 Spring 应用程序

前文提到，由于 Spring 框架的优势，Tested Data Systems 公司已经将它引入一些项目，包括航班管理应用程序。该公司对 Spring 的第一次引入是在开始使用 JUnit 5 之前，所以首先看它是如何引入的。

16.3.1　以编程方式创建 Spring 上下文

几年前，Ada 负责将航班管理应用程序迁移到 Spring 4，并使用 JUnit 4 对其进行测试。了解 Ada 是如何完成这项任务的很有用，因为在某些情况下，需要使用 Spring 4 和 JUnit 4 开发应用程序，然后继续它的开发，或将它迁移到 Spring 5 和 JUnit 5。因此，我们将仔细研究这样的应用程序。

Ada 使用 Spring 4 和 JUnit 4 时，必须做的第一件事是在 Maven 的 pom .xml 文件中引入所需的依赖项。

清单 16.6　Spring 4 和 JUnit 4 在 pom.xml 中的依赖项

```
<dependency>
    <groupId>org.springframework</groupId>
    <artifactId>spring-context</artifactId>        ❶
    <version>4.2.5.RELEASE</version>
</dependency>

<dependency>
    <groupId>org.springframework</groupId>
    <artifactId>spring-test</artifactId>           ❷
    <version>4.2.5.RELEASE</version>
</dependency>

<dependency>
    <groupId>junit</groupId>
    <artifactId>junit</artifactId>                 ❸
    <version>4.12</version>
</dependency>
```

清单 16.6 所示的代码实现了如下操作。

- 添加了 Maven 的依赖项 spring-context（❶处）。必须用 ClassPathXmlApplicationContext 类加载应用程序上下文或使用@Autowired 注解。
- 添加了 Maven 的依赖项 spring-test（❷处），以便使用 SpringJUnit4ClassRunner 运行器（我们将展示它的使用）。
- 添加了 JUnit 4.12 依赖项（❸处）。记住，Spring 第一次被添加到航班管理应用程序中是几年前的事，那时还没有 JUnit 5。

Ada 当时为 Spring 应用程序编写的第一个测试是从 Spring 容器加载一名乘客，并验证了其正确性，如清单 16.7 所示。

清单 16.7　Spring 应用程序的第一个测试

```
[...]
public class SimpleAppTest {                                          ❶

   private static final String APPLICATION_CONTEXT_XML_FILE_NAME =    ❷
         "classpath:application-context.xml";

   private ClassPathXmlApplicationContext context;                    ❸

   private Passenger expectedPassenger;                               ❹

   @Before
   public void setUp() {

      context = new ClassPathXmlApplicationContext(                   ❺
            APPLICATION_CONTEXT_XML_FILE_NAME);
      expectedPassenger = getExpectedPassenger();                     ❻
   }

   @Test
   public void testInitPassenger() {
      Passenger passenger = (Passenger) context.getBean("passenger"); ❼
      assertEquals(expectedPassenger, passenger);                     ❽
   }

}
```

清单 16.7 所示的代码实现了如下操作。

- 创建 SimpleAppTest 类（❶处），其中定义了用于访问类路径中 application- context.xml 文件的字符串（❷处）、Spring 上下文对象（❸处）和 expectedPassenger 对象（❹处）等，expectedPassenger 对象以编程方式构造，并与从 Spring 上下文提取的一个对象进行比较。
- 在每个测试运行之前，根据类路径中要访问的 application-context.xml 文件的字符串创建上下文对象（❺处），然后以编程方式创建 expectedPassenger 对象（❻处）。
- 在测试中，从上下文获取 passenger bean（❼处），并将其与用编程方式构造的 bean 对象进行比较（❽处）。Spring 上下文如清单 16.4 所示。

为准确比较从容器中提取的 bean 和用编程方式构造的 bean，Ada 覆盖了 Passenger 类和 Country 类中的 equals 和 hashCode 方法（清单 16.8 和清单 16.9）。

清单 16.8　覆盖了 Passenger 类的 equals 和 hashCode 方法

```
public class Passenger {
   [...]
   @Override
```

```
    public boolean equals(Object o) {
        if (this == o) return true;
        if (o == null || getClass() != o.getClass()) return false;
        Passenger passenger = (Passenger) o;
        return name.equals(passenger.name) &&
               Objects.equals(country, passenger.country);
    }

    @Override
    public int hashCode() {
        return Objects.hash(name, country);
    }
}
```

在清单 16.8 中，Ada 根据 name 和 country 字段覆盖了 Passenger 类的 equals 方法（❶处）和 hashCode 方法（❷处）。

清单 16.9 覆盖了 Country 类的 equals 和 hashCode 方法

```
public class Country {
    [...]
    @Override
    public boolean equals(Object o) {
        if (this == o) return true;
        if (o == null || getClass() != o.getClass()) return false;

        Country country = (Country) o;

        if (codeName != null ?
           !codeName.equals(country.codeName) :
            country.codeName != null) return false;
        if (name != null ?
           !name.equals(country.name) :
           country.name != null) return false;

        return true;
    }

    @Override
    public int hashCode() {
        int result = 0;
        result = 31 * result + (name != null ? name.hashCode() : 0);
        result = 31 * result + (codeName != null ?
                 codeName.hashCode() : 0);
        return result;
    }
}
```

在清单 16.9 中，Ada 基于 name 和 codeName 覆盖了 Country 类的 equals 方法（❶处）和 hashCode 方法（❷处）。

expectedPassenger 对象是使用 PassengerUtil 类的 getexpectedPassenger 方法以编程方式创建的，如清单 16.10 所示。

清单 16.10　PassengerUtil 类

```
public class PassengerUtil {

    public static Passenger getExpectedPassenger() {
        Passenger passenger = new Passenger("John Smith");   ❶

        Country country = new Country("USA", "US");   ❷
        passenger.setCountry(country);   ❸

        return passenger;   ❹
    }
}
```

在 getExpectedPassenger 方法中，Ada 首先创建乘客“John Smith”（❶处）和国家“USA”（❷处），并将其设置为乘客的国家（❸处）。在方法的最后返回这位乘客（❹处）。

成功运行新创建的 SimpleAppTest，结果如图 16.7 所示。Ada 已经验证了从 Spring 容器中提取的 bean 与用编程方式构造的 bean 相同。

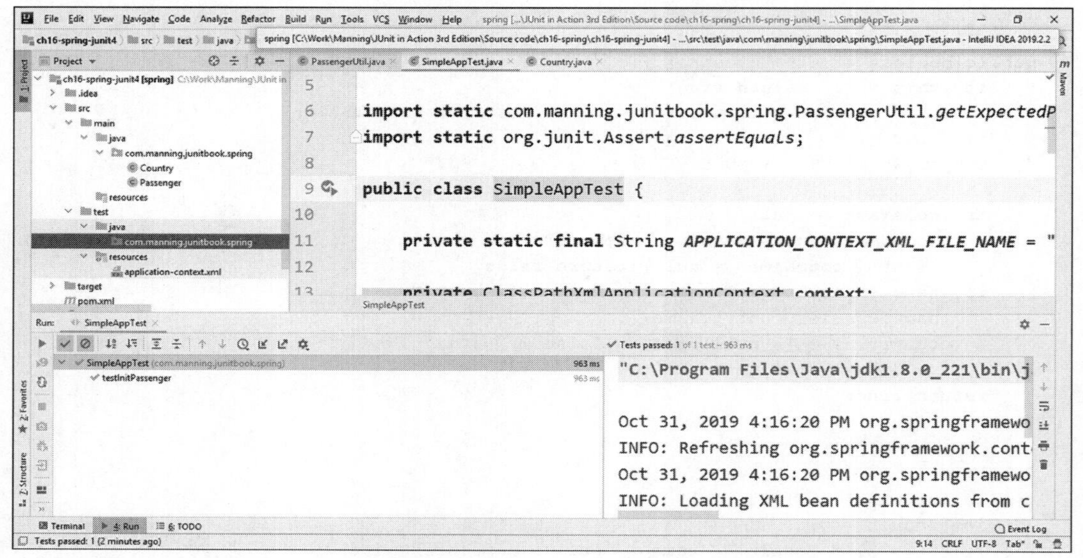

图 16.7　成功运行 SimpleAppTest 的结果

16.3.2　使用 Spring TestContext 框架

Spring TestContext 框架提供了单元和集成测试支持，它独立于所使用的测试框架，如 JUnit 3.x、JUnit 4.x、TestNG 等。TestContext 框架遵循约定优于配置的原则：它提供了可以通过配置覆盖的默认行为。对于 JUnit 4.5+，TestContext 框架还提供了一个定制的运行器。

Ada 决定重构最初的测试，以使用 TestContext 框架的功能，如清单 16.11 所示。

清单 16.11　SpringAppTest 类

```
[...]
@RunWith(SpringJUnit4ClassRunner.class)                              ❶
@ContextConfiguration("classpath:application-context.xml")           ❷
public class SpringAppTest {

    @Autowired
    private Passenger passenger;                                      ❸
    private Passenger expectedPassenger;

    @Before
    public void setUp() {
        expectedPassenger = getExpectedPassenger();
    }

    @Test
    public void testInitPassenger() {
        assertEquals(expectedPassenger, passenger);
    }

}
```

清单 16.11 所示的代码实现了如下操作。

- 在 SpringJUnit4ClassRunner 的帮助下运行测试（❶处）。对测试类用@ContextConfiguration 进行标注，以在类路径中的 application-context.xml 文件中查找上下文配置（❷处）。上述注解属于依赖项 spring-test，用于替代编程方式创建上下文（见清单 16.7）。使用这些注解，就可从类路径中的 application-context.xml 文件中创建上下文，并将定义的 bean 注入测试。
- 声明一个类型为 Passenger 的字段，并在其上使用@Autowired 注解（❸处）。Spring 将自动在容器中查找声明的 Passenger 字段，并尝试自动将声明的 passenger 字段注入容器中类型相同的 bean 中。重要的是，容器中只能有一个 Passenger 类型的 bean，否则会产生歧义，测试将失败并抛出 UnsatisfiedDependencyException 异常。

SpringAppTest 类的代码比 SimpleAppTest 类的代码更少，因为 Ada 使用了@RunWith 和@ContextConfiguration 注解，它们可用于自动初始化上下文，从而将更多的控制交给 Spring 框架。

成功运行新创建的 SpringAppTest 类，结果如图 16.8 所示。Ada 已经以两种方式验证了从 Spring 容器中提取的 bean 与用编程方式构造的 bean 相同。

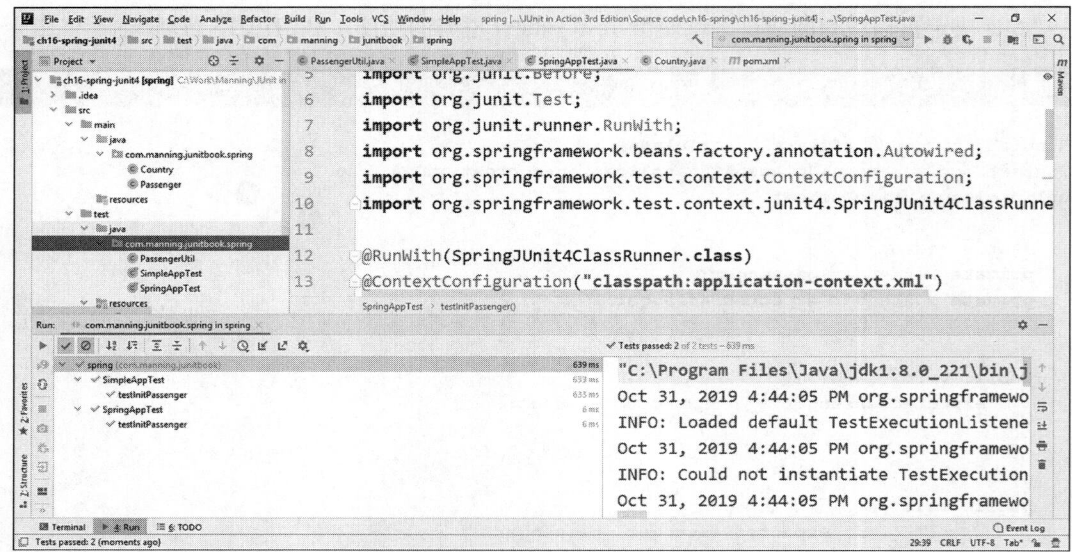

图 16.8　成功运行 SpringAppTest 和 SpringAppTest 类的结果

16.4　为 JUnit Jupiter 使用 SpringExtension

Spring 5 引入的 SpringExtension 用于 Spring TestContext 和 JUnit Jupiter Test 集成。SpringExtension 与 JUnit Jupiter 的@ExtendWith 注解一起使用。

Ada 将继续开发和测试她的 Spring 航班管理应用程序。她首先按照第 4 章介绍的步骤将应用程序迁移到 JUnit 5，然后，继续向应用程序添加新特性，这些新特性将用 JUnit 5 测试。可在本章的 ch16-spring-junit5 文件夹中找到这个示例。

Ada 必须做的第一件事是将 pom.xml 文件中 Spring 4 和 JUnit 4 的依赖项替换为 Spring 5 和 JUnit 5 的依赖项，如清单 16.12 所示。

清单 16.12　使用 Spring 5 和 JUnit 5 的依赖项的 pom.xml 文件

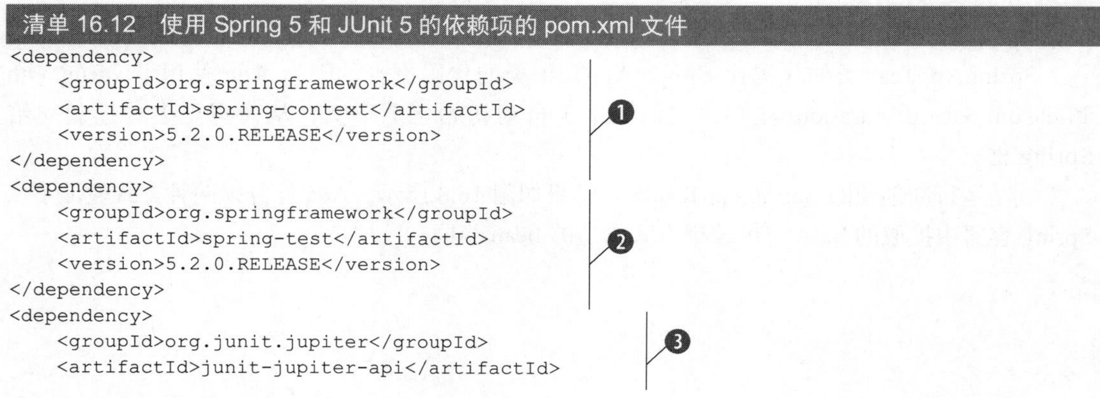

```
<dependency>
    <groupId>org.springframework</groupId>
    <artifactId>spring-context</artifactId>          ❶
    <version>5.2.0.RELEASE</version>
</dependency>
<dependency>
    <groupId>org.springframework</groupId>
    <artifactId>spring-test</artifactId>             ❷
    <version>5.2.0.RELEASE</version>
</dependency>
<dependency>
    <groupId>org.junit.jupiter</groupId>
    <artifactId>junit-jupiter-api</artifactId>           ❸
```

```
        <version>5.6.0</version>
        <scope>test</scope>
    </dependency>
    <dependency>
        <groupId>org.junit.jupiter</groupId>
        <artifactId>junit-jupiter-engine</artifactId>
        <version>5.6.0</version>
        <scope>test</scope>
    </dependency>
```

清单 16.12 所示的代码实现了如下操作。

- 引入了依赖项 spring-context（❶处）和 spring-test（❷处），它们的版本都是 5.2.0。使用@Autowired 注解需要 spring-context，使用 SpringExtension 和@ContextConfiguration 注解需要 spring-test。替换了 4.2.5 版本的相同的依赖项。
- 引入了依赖项 junit-jupiter-api（❸处）和 junit-jupiter-engine（❹处），它们是 JUnit 5 测试应用程序所必需的。替换了之前使用的 JUnit 4.12 依赖项，就像在从 JUnit 4 向 JUnit 5 迁移的过程中所做的那样（见第 4 章）。

然后 Ada 将代码从使用 Spring 4 和 JUnit 4 迁移到使用 Spring 5 和 JUnit 5。

清单 16.13 SpringAppTest 类

```
[...]
@ExtendWith(SpringExtension.class)
@ContextConfiguration("classpath:application-context.xml")
public class SpringAppTest {

    @Autowired
    private Passenger passenger;
    private Passenger expectedPassenger;

    @BeforeEach
    public void setUp() {
        expectedPassenger = getExpectedPassenger();
    }

    @Test
    public void testInitPassenger() {
        assertEquals(expectedPassenger, passenger);
        System.out.println(passenger);
    }
}
```

清单 16.3 所示的代码实现了如下操作。

- 使用 SpringExtension 类扩展了测试（❶处）。对测试类进行标注，以便在类路径中的 application-context.xml 文件中查找上下文配置（❷处）。上述注解属于依赖项 spring-test（现在是 5.2.0 版本），它用于替代 JUnit 4 的运行器所做的工作。通过这些注解，Ada

从类路径中的 application-context.xml 文件中创建上下文，并将定义的 bean 注入测试。有关 JUnit 5 扩展更多的细节，请见第 14 章。

- 保留了类型为 Passenger 的字段，并使用@Autowired 进行标注（❸处）。Spring 将自动在容器中查找声明的 passenger 字段，并尝试自动将声明的 passenger 字段注入容器中类型相同的 bean。重要的是，容器中只能有一个 Passenger 类型的 bean，否则会产生歧义，测试将失败并抛出 UnsatisfiedDependencyException 异常。
- 将 JUnit 4 的@Before 注解替换为 JUnit 5 的@BeforeEach 注解（❹处）。这不是 Spring 应用程序特有的，它与从 JUnit 4 向 JUnit 5 的迁移有关（见第 4 章）。

运行 JUnit 5 的 SpringAppTest 的结果如图 16.9 所示。Ada 验证了从 Spring 4 和 JUnit 4 向 Spring 5 和 JUnit 5 的迁移是正确的。现在她已经准备好继续工作，向 Spring 航班管理应用程序添加新特性。

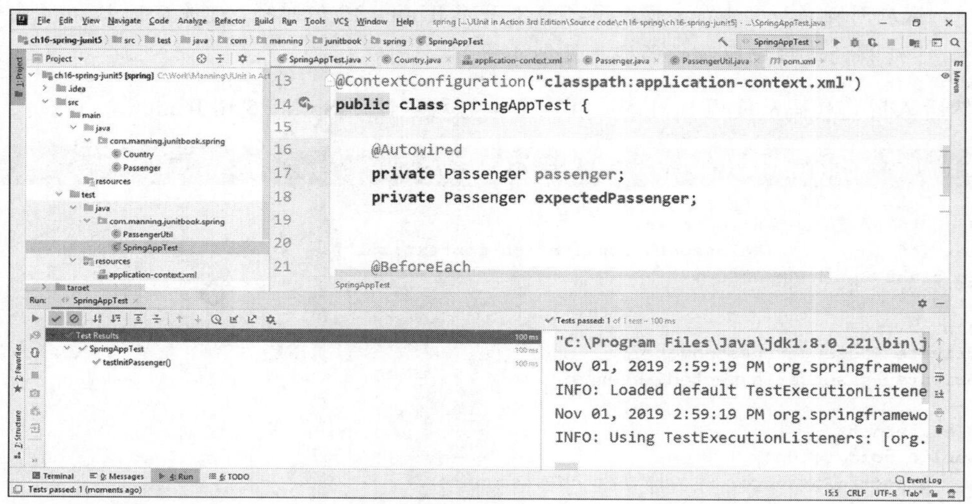

图 16.9 运行 JUnit 5 的 SpringAppTest 的结果

16.5 添加新特性并使用 JUnit 5 测试

接下来，我们将关注 Ada 为 Spring 5 航班管理应用程序添加的新特性，并使用 JUnit 5 对其进行测试。除了已经介绍的内容外，还将介绍 Spring 框架的一些基本功能：通过注解创建 bean、实现基本接口的类，以及在 Spring 5 定义的事件和监听器的帮助下实现观察者模式。

注意：前面从基于 XML 的配置（作为一个简单的入门）开始。但 Spring 框架是一个很大的主题，这里主要讨论与使用 JUnit 5 测试应用程序有关的内容。要全面了解这个主题，推荐参考 Craig Walls 编写的 *Spring in Action* 一书，该书详细展示了可能的配置。

Ada 要实现的功能要求通过航班管理系统的注册管理器跟踪乘客的注册。用户要求，无论何时注册了新乘客，注册管理器都必须用确认来回应。此功能符合观察者模式的思想（见图 16.10），我们将研究和实现这个功能。可在本章的 ch16- spring-junit5-new-feature 文件夹中找到这个示例。

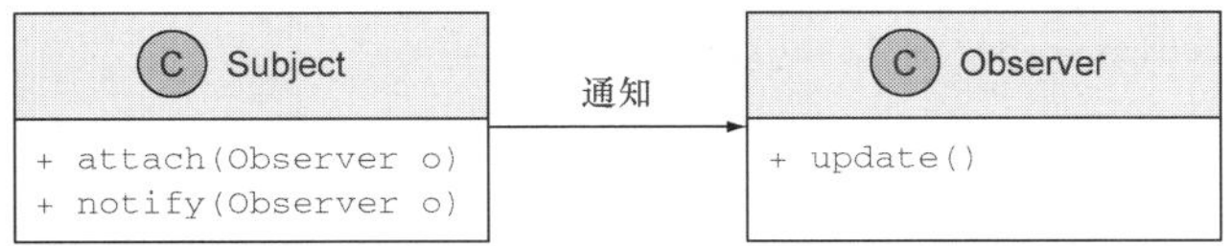

图 16.10 主题通知观察者它所感兴趣的事件

定义：观察者模式（observer pattern）是一种设计模式，在这种模式中，一个主题维护一系列依赖项（观察者或监听器）。主题将通知观察者它所感兴趣的事件。

这样的观察者可以附加在主题一方。一旦附加，观察者将收到有关其感兴趣的事件的通知。事件由主题发布，作为结果，观察者将更新其状态。

在这种情况下，Ada 标识了系统的以下组件。

- 注册管理器是主题。它是事件发生的地点和需要通知观察者的内容。
- 注册本身是在注册管理器端产生的事件。该事件必须广播给感兴趣的观察者(监听器)。
- 注册监听器是观察者对象，它接收注册事件并通过在系统中将乘客设置为已注册并输出消息来确认乘客注册。

注册管理器将注册事件通知监听器如图 16.11 所示。Ada 通过更改 Passenger 类来了解注册状态，从而开始进行处理。

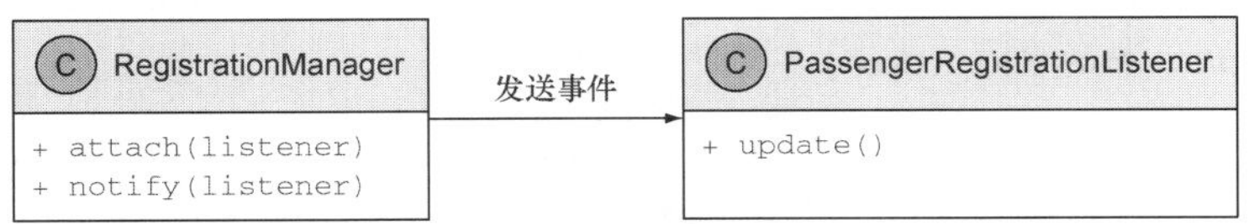

图 16.11 注册管理器将注册事件通知监听器

清单 16.14 修改的 Passenger 类

```
public class Passenger {
    [...]
    private boolean isRegistered;

    [...]
    public boolean isRegistered() {
        return isRegistered;
    }

    public void setIsRegistered(boolean isRegistered)
        this.isRegistered = isRegistered;
    }
```

❶

```
    @Override
    public String toString() {
        return "Passenger{" +
                "name='" + name + '\'' +
                ", country=" + country +                    ❷
                ", registered=" + isRegistered +
                '}';
    }

    @Override
    public boolean equals(Object o) {
        if (this == o) return true;
        if (o == null || getClass() != o.getClass()) return false;
        Passenger passenger = (Passenger) o;
        return isRegistered == passenger.isRegistered &&
                Objects.equals(name, passenger.name) &&       ❸
                Objects.equals(country, passenger.country);
    }

    @Override
    public int hashCode() {
        return Objects.hash(name, country, isRegistered);    ❹
    }

}
```

清单 16.14 所示的代码实现了如下操作。

- 在 Passenger 类中添加了 isRegistered 字段，同时为它定义了 getter 方法和 setter 方法（❶处）。
- 修改了 toString 方法（❷处）、equals 方法（❸处）和 hashCode 方法（❹处），并且考虑到了新添加的 isRegistered 字段。

Ada 还修改了 application-context.xml 文件（见清单 16.15）。在 XML 配置文件中声明数据 bean 以用于测试。XML 配置文件很容易更改，代码也不需要重新编译，还可以在不同的环境中使用不同的配置，而无须修改源代码。

清单 16.15 修改后的 application-context.xml

```
<bean id="passenger" class="com.manning.junitbook.spring.Passenger">
    <constructor-arg name="name" value="John Smith"/>
    <property name="country" ref="country"/>                 ❶
    <property name="isRegistered" value="false"/>
</bean>
<context:component-scan base-package="com.manning.junitbook.spring" />    ❷
```

清单 16.15 所示的代码实现了如下操作。

- 将 isRegistered 字段添加到 passenger bean 的初始化部分中（❶处）。
- 插入一个指令，要求 Spring 扫描 com.manning.junitbook.spring 包查找组件（❷处）。因此，

除了在 XML 中定义的 bean 外，还将使用注解在指定的基本包中用代码定义其他的 bean。

Ada 创建了清单 16.16 所示的 PassengerRegistrationEvent 类来定义在注册系统中发生的自定义事件。

清单 16.16 PassengerRegistrationEvent 类

```
public class PassengerRegistrationEvent extends ApplicationEvent {    ❶

   private Passenger passenger;    ❷

   public PassengerRegistrationEvent(Passenger passenger) {
      super(passenger);    ❸
      this.passenger = passenger;
   }

   public Passenger getPassenger() {
      return passenger;
   }
                                    ❷
   public void setPassenger(Passenger passenger) {
      this.passenger = passenger;
   }
}
```

清单 16.16 所示的代码实现了如下操作。

- 定义了 PassengerRegistrationEvent 类，它扩展了 Spring 的 ApplicationEvent 抽象类（❶处），该类可由应用程序所有事件扩展。
- 保留了对 Passenger 对象的引用，注册该对象将引发事件，还定义了该引用的 getter 方法和 setter 方法（❷处）。
- 在 PassengerRegistrationEvent 类中，调用超类 ApplicationEvent 的构造方法，该构造方法通过参数接收一个 passenger 事件源对象（❸处）。

还有其他方法可以创建 bean。基于 XML 的方法适合可能因不同的运行方式和不同的环境而改变的数据 bean。下面来看如何使用注解创建 beans，注解通常更适合功能不改变的 bean。

Ada 创建 RegistrationManager 类作为事件生成器，如清单 16.17 所示。

清单 16.17 RegistrationManager 类

```
[...]
@Service    ❶
public class RegistrationManager implements ApplicationContextAware {    ❷
   private ApplicationContext applicationContext;

   public ApplicationContext getApplicationContext() {    ❸
      return applicationContext;
   }
```

```
   @Override
   public void setApplicationContext(ApplicationContext applicationContext)
                                   throws BeansException {
      this.applicationContext = applicationContext;
   }

}
```
❹

清单 16.17 所示的代码实现了如下操作。

- 使用@Service 注解对类进行标注（❶处），它表示 Spring 将自动创建该类型的 bean。在 application-context.xml 中，添加了 base-package="com.manning.junitbook.spring"的组件扫描指令，所以 Spring 将在该包中寻找注解定义的 bean。
- RegistrationManager 类实现了 ApplicationContextAware 接口（❷处）。因此，它拥有一个应用程序上下文的引用，它将使用该上下文发布事件。
- 在这个类中保留了对应用程序上下文的引用和它的 getter 方法（❸处）。
- 从 ApplicationContextAware 继承的 setApplicationContext 方法将字段 applicationContext 初始化为给 Spring 注入的 applicationContext 的引用，将该引用作为方法的参数（❹处）。

Ada 创建了清单 16.18 所示的 PassengerRegistrationListener 类作为乘客注册事件的观察者。

清单 16.18 PassengerRegistrationListener 类

```
[...]
@Service
public class PassengerRegistrationListener {          ❶

@EventListener
public void confirmRegistration(PassengerRegistrationEvent
                                passengerRegistrationEvent) {     ❷
   passengerRegistrationEvent.getPassenger().setIsRegistered(true);
   System.out.println("Confirming the registration
                      for the passenger: "
          + passengerRegistrationEvent.getPassenger());            ❸
   }
}
```

清单 16.18 所示的代码实现了如下操作。

- 使用@Service 标注该类（❶处），它表示 Spring 将自动创建该类型的 bean。在 application-context.xml 文件中，添加了 component-scan 指令并指定 base-package="com.manning.junitbook.spring"，所以 Spring 将在该包中寻找注解定义的 bean。
- confirmRegistration 方法有一个 PassengerRegistrationEvent 类型的参数，并使用@EventListener 标注（❷处）。因此，Spring 自动将此方法注册为 PassengerRegistration Event 类型事件的监听器（观察者）。无论何时发生这样的事件，都将运行此方法。
- 在该方法中，一旦接收到乘客注册事件，就通过将该乘客设置为已注册并输出消息来确认注册（❸处）。

Ada 最后创建清单 16.19 所示的 RegistrationTest 类来验证她所实现的代码。

清单 16.19 RegistrationTest 类

```
[...]
@ExtendWith(SpringExtension.class)                                    ❶
@ContextConfiguration("classpath:application-context.xml")          ❷
public class RegistrationTest {

   @Autowired
   private Passenger passenger;
                                                                      ❸
   @Autowired
   private RegistrationManager registrationManager;

   @Test
   public void testPersonRegistration() {
      registrationManager.getApplicationContext()
         .publishEvent(new PassengerRegistrationEvent(passenger));   ❹
      assertTrue(passenger.isRegistered());                          ❺
   }

}
```

清单 16.19 所示的代码实现了如下操作。

- 使用 SpringExtension 类扩展了测试（❶处）。对测试类进行标注，从 application-context.xml 文件中查找上下文配置（❷处）。通过上述注解，从类路径中的 application-context.xml 文件中创建上下文，并将定义的 beans 注入测试中。
- 声明了一个类型为 Passenger 的字段和一个类型为 RegistrationManager 的字段，并使用@Autowired 标注它们（❸处）。Spring 将自动在容器中查找声明的 Passenger 和 RegistrationManager 字段，并尝试自动将它们装配到容器中类型相同的 bean 中。容器中每种类型都有一个单独的 bean，这一点很重要，否则会产生歧义，测试将失败并抛出 UnsatisfiedDependencyException 异常。在 application-context.xml 文件中声明了一个 Passenger 类型的 bean，并且用@Service 标注了 RegistrationManager，因此 Spring 将自动创建一个该类型的 bean。
- 在测试方法中，使用 RegistrationManager 字段发布了一个类型为 PassengerRegistrationEvent 的事件，该事件使用它所持有的应用程序上下文的引用（❹处）。然后检查该乘客的注册状态是否真的改变了（❺处）。

可以成功运行新创建的 RegistrationTest，其结果如图 16.12 所示。Ada 使用 JUnit 5 和 Spring 5 的功能实现并测试了乘客的注册特性。

在第 17 章中，我们将用 Spring Boot（Spring Framework 的一个扩展）构建和测试软件。Spring Boot 消除了设置 Spring 应用程序所需的样板配置。

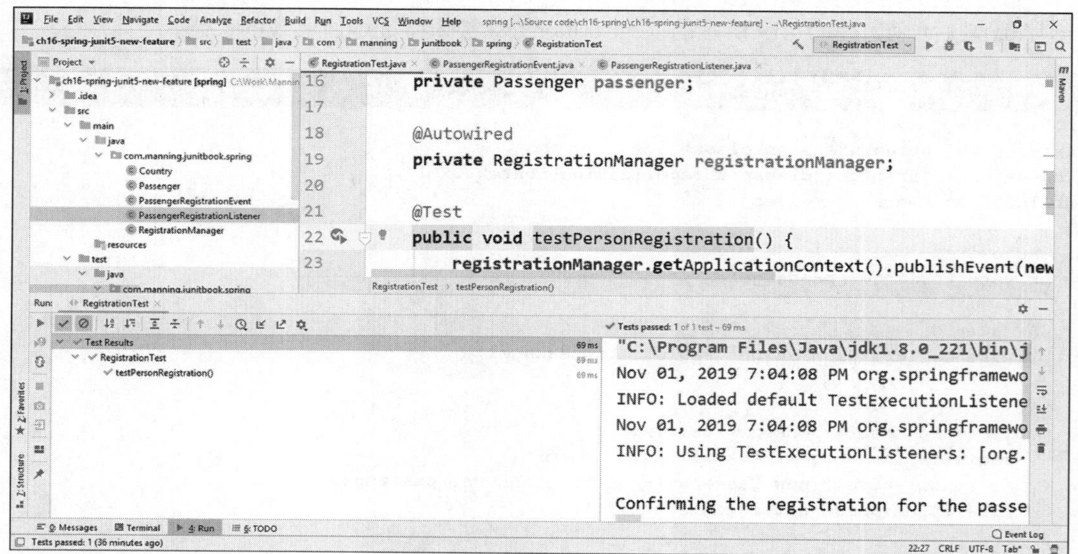

图 16.12 运行 RegistrationTest 的结果

16.6 小结

在本章中，我们主要讨论了以下内容。

- Spring 框架。此框架是一种广泛使用的、用于创建 Java 应用程序的、轻量级的、灵活的通用框架。
- Spring 的 DI（IoC）模式。对象被添加到容器中，容器在创建对象时注入依赖项。
- bean。它们构成 Spring 应用程序的主体，由 Spring DI（IoC）容器实例化、装配和管理。
- 通过编程方式创建 Spring 上下文，使用 Spring TestContext 框架来使用和测试 Spring 应用程序。
- 使用 JUnit Jupiter 的 SpringExtension 为 Spring 应用程序创建 JUnit 5 测试。
- 使用注解创建的 bean 为 Spring 应用程序开发新特性，在 Spring 5 定义的事件和监听器的帮助下实现观察者模式，并使用 JUnit 5 测试应用程序。

第 17 章　Spring Boot 应用程序测试

本章重点

- 用 Spring Initializr 创建一个项目。
- 将 JUnit 5 测试的 Spring 应用程序迁移到 Spring Boot。
- 实现特定测试的 Spring Boot 配置。
- 用 JUnit 5 测试 Spring Boot 应用程序的特性。

使用 Spring Boot，就像与 Spring 开发人员进行结对编程一样。

——佚名

Spring Boot 是 Spring 的一种“约定优于配置”的解决方法。它支持创建准备立即运行的 Spring 应用程序。Spring Boot 是 Spring 框架的一种扩展，极大地减少了 Spring 应用程序最初的配置：Spring Boot 应用程序是预先配置好的，并提供了对外部库的依赖，这样我们就可以直接使用了。大多数 Spring Boot 应用程序只需要（或不需要）很少的 Spring 配置。

定义：约定优于配置（convention over configuration）是一种被许多框架采用的软件设计原则，目的是减少使用框架的开发人员需要完成的配置操作的工作量。开发人员只需要指定应用程序的非标准配置即可。

17.1　Spring Boot 简介

Spring 框架的缺点是，开发的应用程序投入生产需要一些时间；配置很费时间，而且可能会让新开发人员感到有些难以应付。

Spring Boot 构建在 Spring 框架之上，是 Spring 框架的扩展。它遵循约定优于配置的原则，支持开发人员快速创建应用程序。大多数 Spring Boot 应用程序几乎不需要 Spring 配置，所以可以将重点放在业务逻辑上，而不是基础设施和配置上。业务逻辑是程序的一部分，主要关注决定应用程序工作方式的业务规则。

在本章中，我们将研究 Spring Boot 的以下特性。

- 创建独立的 Spring 应用程序。
- 如果可能，将自动配置 Spring。
- 直接嵌入 Tomcat 和 Jetty 等 Web 服务器（不需要部署 WAR 文件）。
- 提供预配置的 Maven 项目对象模型（POM）。

17.2 用 Spring Initializr 创建项目

Spring Boot 的思想是基于约定优于配置的原则为开发人员提供支持，并支持快速创建应用程序。本节将使用 Spring Initializr 创建一个想要快速启动的项目。Spring Boot 为应用程序生成一个框架，我们把跟踪乘客注册的业务逻辑传递（通过在第 16 章中实现的航班管理系统的注册管理器）给它。

如图 17.1 所示，选择创建一个由 Maven 作为构建工具管理的新的 Java 项目。组名（Group）是 com.manning.junitbook，组件 ID（Artifact）是 spring-boot。在本书撰写时，Spring Boot 的版本是 2.2.2，当你学到本章时，可能有更高的版本，界面也会略有不同。要生成的应用程序可以在本章源代码的 ch17-spring-boot-initializr 文件夹中找到。

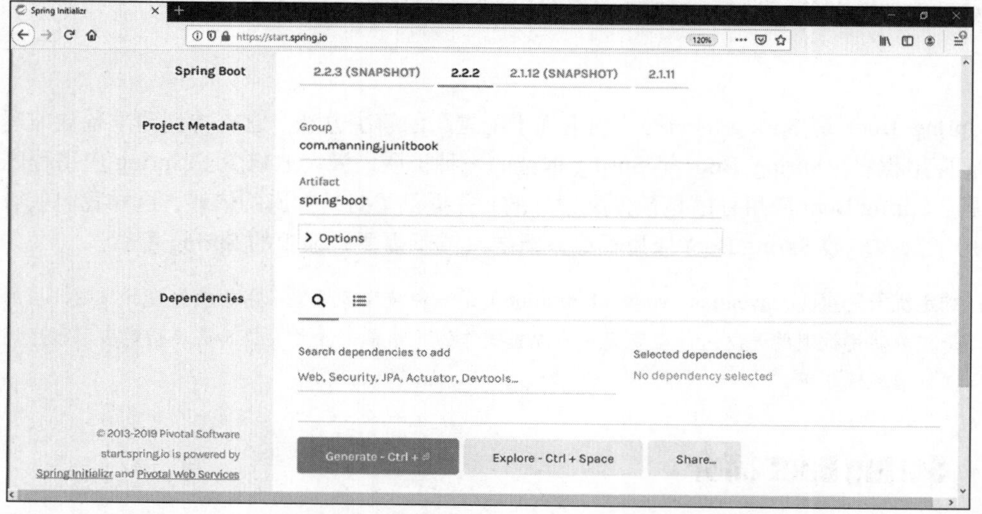

图 17.1 使用 Spring Initializr 创建新的 Spring Boot 项目。项目由 Maven 作为构建工具管理，组名为 com.manning.junitbook，组件 ID 是 spring-boot

在图 17.2 中,为新创建的项目提供了有关配置信息。这里将描述(Description)保留为"Demo project for Spring Boot",打包（Packaging）为 JAR 文件。可以添加新的依赖项（如 Web、安全性、JPA、运行器、Devtools 等）。这里暂时不添加任何东西，因为这里的首要目标是将第 16 章的 Spring 应用程序迁移到 Spring Boot。但是你应该知道:只需单击几下鼠标,就可以在 Maven 的 pom.xml 文件中获得所需的依赖项。

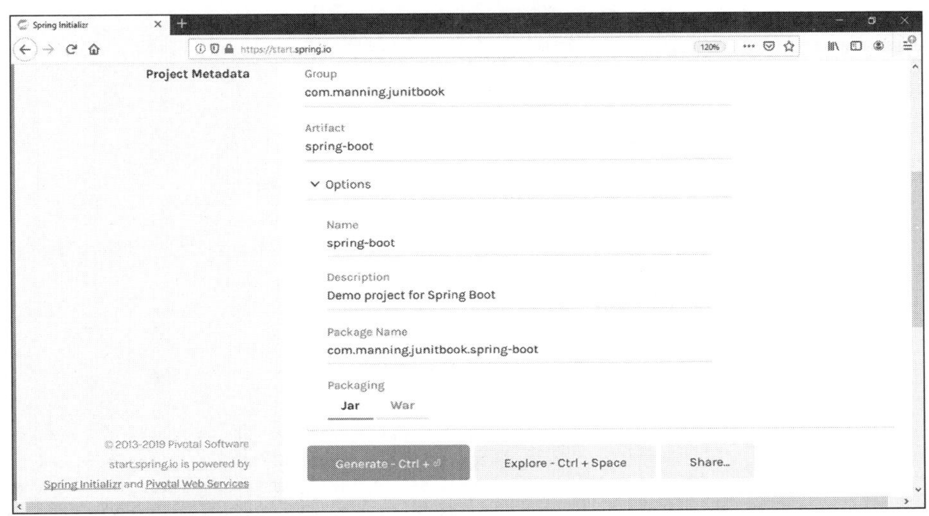

图 17.2　使用 Spring Initializr 创建一个新的 Spring Boot 项目时，指定可用选项：描述指定为"Demo project for Spring Boot"，打包指定为 Jar。还可以添加新的依赖项（Web、Security、JPA、Actuator、Devtools）

当单击"Explore Ctrl + Space"按钮时，会看到关于将要生成的内容的细节：项目的结构和 Maven 的 pom.xml 文件的内容（见图 17.3）。单击 Download the ZIP，或者在上一个页面中单击"Generate Ctrl + ↵"，就会得到包含项目的存档文件。

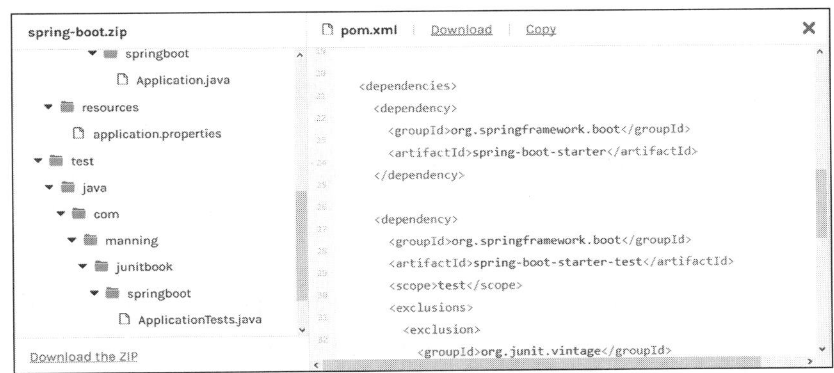

图 17.3　项目的结构（展开的文件夹）和 Maven 的 pom.xml 文件的内容（包括依赖项 spring-boot-starter）

打开生成的项目，可以看到它包含 Maven 的 pom.xml 文件、Application 类中的主方法、ApplicationTests 类中的测试和应用程序、一个 application.properties 资源文件（目前为空，但稍后将使用它）等。因此，在几秒内进行几次单击和选择，就可以得到一个新的 Spring 应用程序。我们可以简单地运行测试（见图 17.4），然后将重点放在把第 16 章创建的 Spring 应用程序迁移到新的 Spring Boot 结构上。

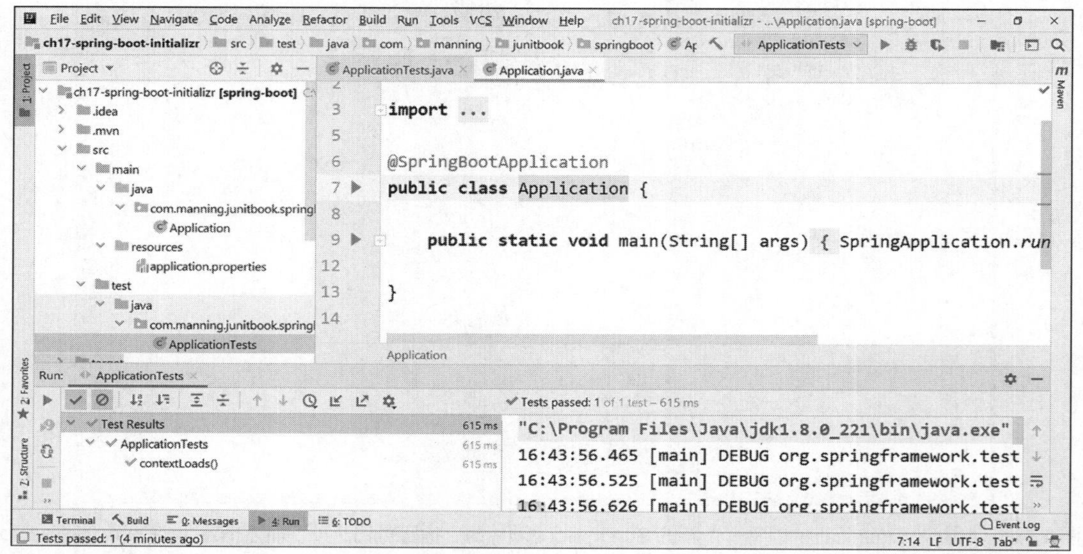

图 17.4 将生成的 Spring Boot 应用程序加载到 IntelliJ IDEA 中，并成功运行自动提供的测试

本示例将使用不同的方法配置 Spring 容器。正如在第 16 章中提到的，XML 是 Spring 配置的传统方法，但是最近开发人员越来越热衷于使用注解。出于测试的目的，这里将使用 XML：它的优点是非侵入的。类不需要额外的依赖项，可以快速更改用于测试的数据 bean 的配置，并且无须重新编译代码。

17.3 将 Spring 应用迁移到 Spring Boot 中

现在，将之前开发的 Spring 应用程序迁移到 Spring Boot 提供的框架中。这个程序可在本章源代码的 ch17-spring-boot-initializr-old-feature 文件夹中找到。为了成功地进行迁移，需要做以下工作。

- 在原来的应用程序中引入两个新的包：com.manning.junitbook.springboot.model 包，将在其中保存 Passenger 和 Country 类，com.manning.junitbook.springboot.registration 包，将在其中保存与注册事件相关的类，如 PassengerRegistrationEvent、PassengerRegistrationListener 和

RegistrationManager 类等。新的结构如图 17.5 所示。

- application-context.xml 文件将不再包含<context:component-scan base-package="..." />指令。我们将在测试级别上使用 Spring 提供一个等效的注解。更新后的 application-context.xml 文件如清单 17.1 所示。
- 在 RegistrationTest 文件中引入新的注解，以替换从 application-context.xml 文件中删除的指令（见清单 17.2）。
- 只保留 RegistrationTest 类来测试应用程序，因为 SpringAppTest 类只是测试单个乘客的行为。还将调整 RegistrationTest，以匹配 Spring Boot 最初提供的 ApplicationTests 类的结构。

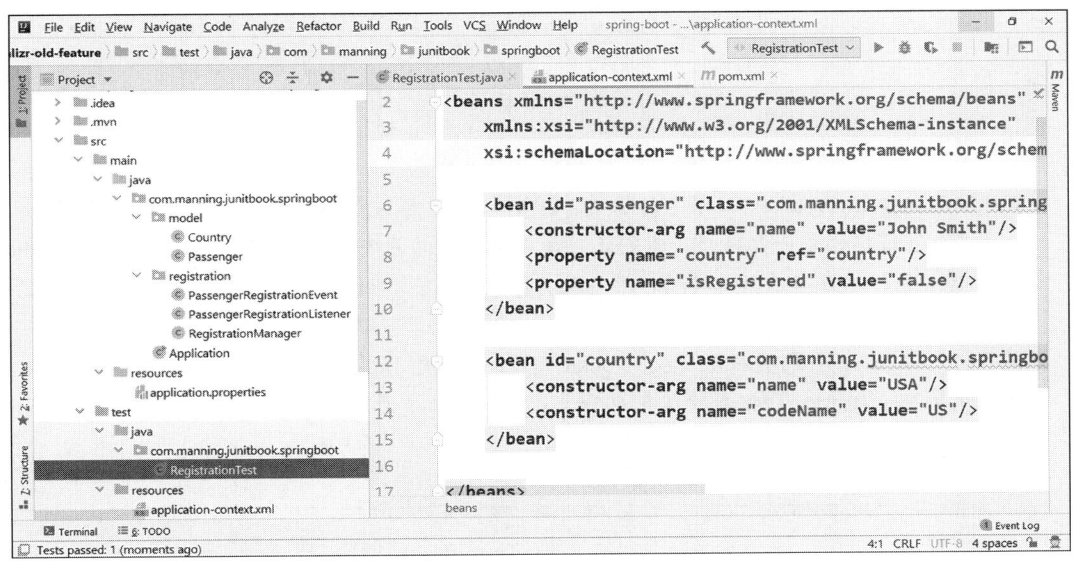

图 17.5 注册的 Spring Boot 应用程序的新结构

清单 17.1 更新后的 application-context.xml 文件

```
<bean id="passenger"
        class="com.manning.junitbook.springboot.model.Passenger">
    <constructor-arg name="name" value="John Smith"/>
    <property name="country" ref="country"/>
    <property name="isRegistered" value="false"/>
</bean>

<bean id="country"
        class="com.manning.junitbook.springboot.model.Country">
    <constructor-arg name="name" value="USA"/>
    <constructor-arg name="codeName" value="US"/>
</bean>
```

更新后的 application-context.xml 文件保存了 passenger bean 和 country bean 的定义，但是删除了最初的<context:component-scan base-package="..." />指令。将在测试级别上使用 Spring 提供的一个等效注解。

清单 17.2 重写的 Spring Boot RegistrationTest 类

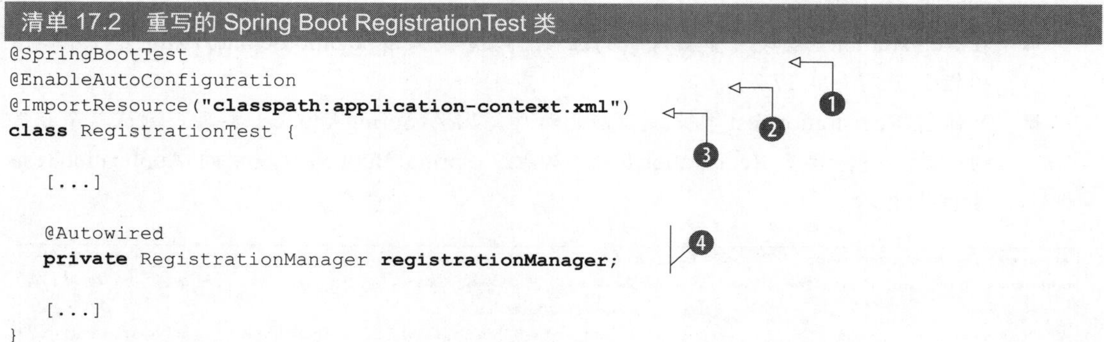

```
@SpringBootTest                                              ❶
@EnableAutoConfiguration                                     ❷
@ImportResource("classpath:application-context.xml")         ❸
class RegistrationTest {

   [...]

   @Autowired
   private RegistrationManager registrationManager;          ❹

   [...]
}
```

清单 17.2 所示的代码实现了如下操作。

- 使用@SpringBootTest 注解来标注类（❶处），该注解最初由 Spring Boot 生成的测试提供。这个注解提供了一些特性，我们正在使用它提供的某个特性与@EnableAutoConfiguration（❷处）一起在当前测试类所在的包及其子包中搜索 bean 的定义。通过这种方式，它能够发现并自动装配 RegistrationManager bean（❹处）。
- 仍然存在 XML 配置级别定义的 bean，它们可以使用@ImportResource 注解导入（❸处）。
- 最初 RegistrationTest 类的其余部分与第 16 章构建的 Spring 核心应用程序保持相同。

成功运行 RegistrationTest，结果如图 17.6 所示。

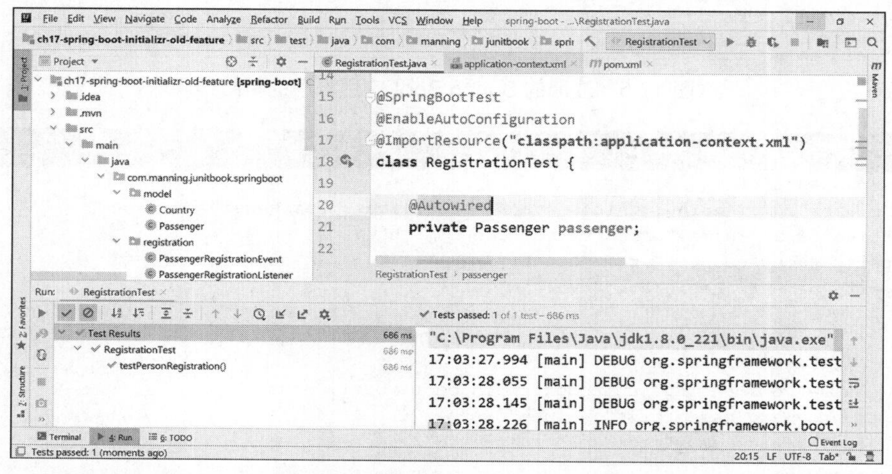

图 17.6 成功运行 RegistrationTest。将应用程序迁移到 Spring Boot 后，注册功能运行良好

17.4 为 Spring Boot 实现特定测试的配置

到目前为止，Spring Boot 应用程序具有最初 Spring 核心应用程序的业务逻辑。bean 仍然在 XML 文件的级别上配置。前文提到，XML 是 Spring 配置的传统方法，因为它是非侵入性的（类不需要外部依赖关系），很容易更改（源文件不需要重新编译）。country 和 passenger 的数据 bean 用于测试，因此将它们保存在 XML 文件中，可以使编程技能较少的测试人员快速创建自己的配置。这些示例可以在本章源代码的 ch17- spring-boot-beans 文件夹中找到。

注意：这里关注的是测试 Spring 应用程序的不同配置的替代方案。关于这个主题更全面的讨论，这里推荐 Craig Walls 的两本书：*Spring in Action* 和 *Spring Boot in Action*。

既然 Tested Data Systems 的开发人员已经转向 Spring Boot，他们希望尝试一种更符合 Spring Boot 精神的配置方法。他们希望添加更多的业务逻辑。这些任务由 Mike 负责，他首先要做的是引入 Spring Boot 针对测试的配置功能。

Mike 将使用 Spring Boot 的@TestConfiguration 注解替换 application-context.xml 文件中最初的 bean 定义。使用@TestConfiguration 注解可以定义其他 bean 或自定义一个测试。在 Spring Boot 中，使用@TestConfiguration 注解标注的顶级类配置的 bean 必须显式地在包含测试的类中注册。application-context.xml 中现有的测试数据 bean 将被移到这个带有@TestConfiguration 注解的类中，而功能 bean（来自代码基本包的 RegistrationManager 和 PassengerRegistrationListener 类）将使用@Service 注解声明。

为替代 application-context.xml 文件，Mike 引入了清单 17.3 所示的 TestBeans 类。

清单 17.3 TestBeans 类

```
[...]
@TestConfiguration
public class TestBeans {                                    ❶
                                                            ❷
    @Bean
    Passenger createPassenger() {
        Passenger passenger = new Passenger("John Smith");
        passenger.setCountry(createCountry());              ❸
        passenger.setIsRegistered(false);
        return passenger;
    }
                                                            ❹
    @Bean
    Country createCountry() {
        Country country = new Country("USA", "US");         ❺
        return country;
    }
}
```

清单 17.3 所示的代码实现了如下操作。

- 引入了一个新类 TestBeans，它替换了现有的 application-context.xml 文件，并使用@TestConfiguration 对类进行了标注（❶处）。其目的是在运行测试时提供 bean。
- 编写了 createPassenger 方法（❸处），并使用@Bean 注解标注（❷处），其目的是创建和配置一个将注入测试中的 Passenger bean。
- 编写了 createCountry 方法（❺处），并使用@Bean 注解标注（❹处），其目的是创建和配置一个将注入测试中的 Country bean。

Mike 修改了现有的测试，以使用带有@TestConfiguration 注解的类，而不使用 application-context.xml 文件来创建和配置 bean。

清单 17.4　修改的 RegistrationTest 类

```
@SpringBootTest
@Import(TestBeans.class)                    ❶
class RegistrationTest {

  @Autowired
  private Passenger passenger;

  @Autowired
  private RegistrationManager registrationManager;

  @Test
  void testPersonRegistration() {
     registrationManager.getApplicationContext()
        .publishEvent(new PassengerRegistrationEvent(passenger));
     System.out.println("After registering:");
     System.out.println(passenger);
     assertTrue(passenger.isRegistered());
  }

}
```

在清单 17.4 中，在测试类中的更改是用@Import(TestBeans.class)替换现有的@EnableAutoConfiguration 和@ImportResource 注解（❶处）。这样，就显式地将在 TestBeans 中定义的 bean 注册到包含测试的类中。

使用@TestConfiguration 注解的好处不仅在于这种方法更针对 Spring Boot，还在于这里用一个注解替换了两个注解。使用基于 Java 定义的 bean 是**类型安全的**（type-safe）。Java IDE 可以避免出错，如果配置不正确，编译器将报告问题。查找和导航也简单，因为这里利用了 IDE 的功能。使用完整的 Java 代码，在重构、代码实现和在代码中查找引用的过程中都将获得帮助。

成功运行 RegistrationTest，结果如图 17.7 所示。注意，已经删除了 application-context.xml 配置文件。

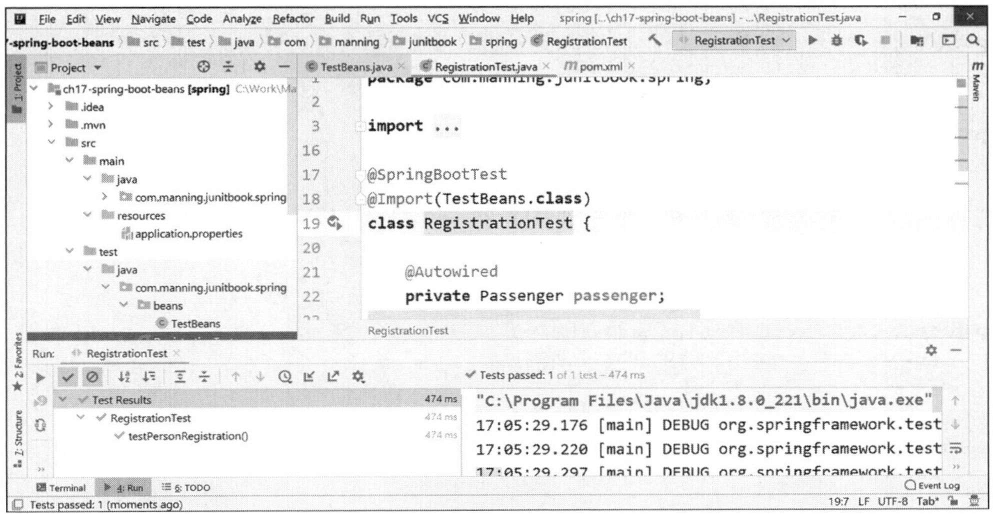

图 17.7 成功运行 RegistrationTest。为 Spring Boot 实现了针对测试的配置之后，注册功能运行良好

17.5 在 Spring Boot 应用中添加和测试新特性

Mike 接到一个添加新特性的任务：应用程序必须能够创建和设置航班，以及在航班上添加和移除乘客。他将编写一个新的 Flight 类（见清单 17.5）来模拟这个案例。程序必须检查乘客名单看是否能正确地在某个航班上对其进行注册，以及确保名单上的所有人都收到一个注册确认消息。首先编写 Flight 类。本节的程序可以在本章源代码中的 ch17-spring-boot-new-feature 文件夹中找到。

清单 17.5 Flight 类

```
public class Flight {

    private String flightNumber;
    private int seats;                                            ❶
    private Set<Passenger> passengers = new HashSet< >();

    public Flight(String flightNumber, int seats) {      ❷
        this.flightNumber = flightNumber;
        this.seats = seats;
    }

    public String getFlightNumber() {      ❸
        return flightNumber;
    }

    public int getSeats() {
        return seats;
    }
```

```
    public Set<Passenger> getPassengers() {          ③
        return Collections.unmodifiableSet(passengers);
    }
                                                           ④
    public boolean addPassenger(Passenger passenger) {
        if(passengers.size() >= seats) {
            throw new RuntimeException("Cannot add more
                passengers than the capacity of the flight!");
        }
        return passengers.add(passenger);
    }
                                                           ⑤
    public boolean removePassenger(Passenger passenger) {
        return passengers.remove(passenger);
    }

    @Override                                   ⑥
    public String toString() {
        return "Flight " + getFlightNumber();
    }

}
```

清单 17.5 所示的代码实现了如下操作。

- 在 Flight 类中定义了 3 个字段：flightNumber、seats 和 passengers（❶处）。
- 提供了一个将前 2 个字段作为参数的构造方法（❷处）。
- 提供了 3 个 getter 方法来处理定义的字段（❸处）。passengers 字段的 getter 方法将返回一个不可修改的乘客列表，使 getter 方法返回后不能从外部更改该列表。
- addPassenger 方法将一名乘客添加到航班。它还会对乘客数量和座位数量进行比较，这样航班就不会被超额预订（❹处）。
- removePassenger 方法用于将乘客从航班上移除（❺处）。
- 最后，覆盖了 toString 方法（❻处）。

Mike 使用清单 17.6 所示的 CSV 文件描述航班上的乘客列表。每名乘客通过姓名和国家代码描述，总共有 20 名乘客。

清单 17.6　flights_information.csv 文件

```
John Smith; UK
Jane Underwood; AU
James Perkins; US
Mary Calderon; US
Noah Graves; UK
Jake Chavez; AU
Oliver Aguilar; US
Emma McCann; AU
Margaret Knight; US
Amelia Curry; UK
Jack Vaughn; US
Liam Lewis; AU
```

```
Olivia Reyes; US
Samantha Poole; AU
Patricia Jordan; UK
Robert Sherman; US
Mason Burton; AU
Harry Christensen; UK
Jennifer Mills; US
Sophia Graham; UK
```

Mike 实现 FlightBuilder 类（见清单 17.7），解析 CSV 文件并使用相应的乘客填充航班。信息从外部文件读入应用程序内存。

清单 17.7　FlightBuilder 类

```
[...]
@TestConfiguration                                                   ❶
public class FlightBuilder {

    private static Map<String, Country> countriesMap =               ❷
            new HashMap<>();
    static {
        countriesMap.put("AU", new Country("Australia", "AU"));
        countriesMap.put("US", new Country("USA", "US"));            ❸
        countriesMap.put("UK", new Country("United Kingdom",
                                           "UK"));
    }

    @Bean
    Flight buildFlightFromCsv() throws IOException {                 ❹  ❺
        Flight flight = new Flight("AA1234", 20);
        try(BufferedReader reader = new BufferedReader(
         new FileReader(                                             ❻
          "src/test/resources/flights_information.csv"))) {
            String line = null;                                      ❼
            do {
                line = reader.readLine();
                if (line != null) {
                    String[] passengerString =
                           line.toString().split(";");               ❾
                    Passenger passenger = new
                           Passenger(passengerString[0].trim());     ❿
                    passenger.setCountry(                            
                        countriesMap.get(                            ⓫
                            passengerString[1].trim()));
                    passenger.setIsRegistered(false);                ⓬
                    flight.addPassenger(passenger);                  ⓭
                }
            } while (line != null);                                  ❽

        }

        return flight;                                               ⓮
    }
}
```

清单 17.7 所示的代码实现了如下操作。

- 创建了 FlightBuilder 类，该类将解析 CSV 文件并构造航班列表。该类使用前面介绍的@TestConfiguration 注解进行标注（❶处）。因此，它表示定义一个测试所需的 bean。
- 定义了国家映射（❷处），并在其中填充了 3 个国家（❸处）。映射的键是国家代码，值是国家对象。
- 创建了 buildFlightFromCsv 方法，并使用@Bean 对其进行标注（❹处）。其目的是创建并配置将注入测试中的 Flight bean。
- 用构造方法创建了一个 flight 对象（❺处），然后通过解析 CSV 文件来构造它（❻处）。
- 用 null 初始化 line 变量（❼处），然后解析 CSV 文件并逐行读取它（❽处）。
- 每行使用分号（;）分隔符（❾处）。使用构造方法创建一个乘客对象，构造方法的参数是行分隔符之前的那部分内容（❿处）。使用从国家映射中获取的、对应于行分隔符后的部分中包含的国家代码值来设置乘客来自哪个国家（⓫处）。
- 将该乘客设置为未注册（⓬处），并将其添加到航班中（⓭处），解析完 CSV 文件中的所有行之后，返回完全配置的航班（⓮处）。

Mike 将最终实现 FlightTest 类（见清单 17.8），该类可以注册来自某一航班的所有乘客，并检查他们是否都收到了确认消息。

清单 17.8　FlightTest 类

```
[...]
@SpringBootTest
@Import(FlightBuilder.class)                                    ❶
public class FlightTest {

    @Autowired
    private Flight flight;                                      ❷

    @Autowired
    private RegistrationManager registrationManager;            ❸

    @Test
    void testFlightPassengersRegistration() {                   ❹
        for (Passenger passenger : flight.getPassengers()) {    ❺
            assertFalse(passenger.isRegistered());              ❻
            registrationManager.getApplicationContext().
                publishEvent(
                    new PassengerRegistrationEvent(passenger)); ❼
        }
        for (Passenger passenger : flight.getPassengers()) {
            assertTrue(passenger.isRegistered());               ❽
        }
    }
}
```

清单 17.8 所示的代码实现了如下操作。

- 创建了 FlightTest 类，用@SpringBootTest 对其进行标注，并从 FlightBuilder 类导入 bean（❶处）。请记住，@SpringBootTest 在测试类当前所属的包及其子包中搜索 bean 的定义。通过这种方式，它将能够发现并自动注入 RegistrationManager bean（❸处）。
- 自动注入了由 FlightBuilder 类注入的 Flight bean（❷处）。
- 创建 testFlightPassengersRegistration 方法，并用@Test 对其进行标注（❹处）。在该方法中，从注入的 Flight bean 中浏览所有乘客信息（❺处）。首先检查乘客是否未注册（❻处）。然后，使用 RegistrationManager 字段发布一个 PassengerRegistrationEvent 类型的事件，这里借助了对其持有的应用程序上下文的引用（❼处）。
- 从注入的 Flight bean 浏览所有乘客信息，检查乘客是否已注册（❽处）。

成功运行 FlightTest，结果如图 17.8 所示。

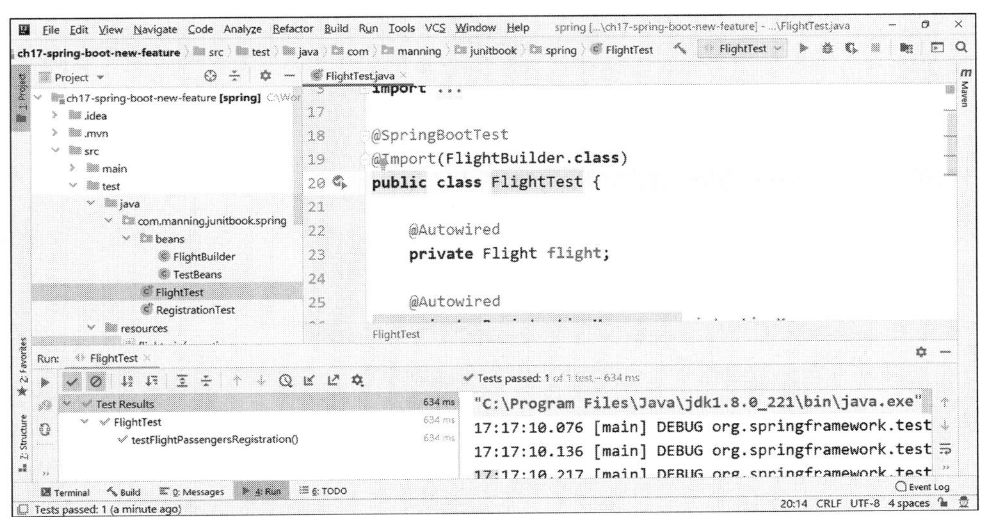

图 17.8 成功运行 FlightTest。检查航班上所有乘客的注册情况

我们将在第 18 章用 Spring Boot 构建和测试一种具象状态传输（Representational State Transfer，REST）应用程序。

17.6 小结

在本章中，我们主要讨论了以下内容。

- Spring Boot 作为 Spring 的“约定优于配置”的解决方法，用于创建基于 Spring 的应用程序。

- 用 Spring Initializr 创建一个想要快速启动的 Spring Boot 项目。Spring Initializr 是一个用于生成 Spring Boot 项目结构的 Web 应用程序。
- 将之前开发的 Spring 应用程序（使用 JUnit 5 进行测试）迁移到由 Spring Boot 提供的框架中。
- 在@TestConfiguration 注解和基于 Java 的 bean 的帮助下，为 Spring Boot 实现一个针对特定测试的配置，并遵循约定优于配置的原则。
- 添加一个可以创建和设置航班以及添加和移除乘客的新特性，将其集成到 Spring Boot 应用程序中，并使用 JUnit 5 进行测试。

第 18 章　REST API 测试

本章重点

- 创建 RESTful API 来管理一个或多个实体。
- 测试 RESTful API。

现在，让我们假设：如果 API 对 HTTP 动词重新定义，或者为 HTTP 状态码指定新的含义，或者创建自己的状态码，那么这个 API 不具备 RESTful 性质。

——George Reese , *The REST API Design Handbook*

具象状态传输（Representational state transfer，REST）是一种用于创建 Web 服务的软件架构风格，它提供了一组约束。美国计算机科学家 Roy Fielding 在 2000 年首次提出 REST，并在他的博士论文中给出了 REST 原则（Fielding 也是 HTTP 规范的作者之一）。遵循 REST 体系结构风格的 Web 服务称为 **RESTful Web 服务**。RESTful Web 服务允许计算机系统和 Internet 相互操作。发出请求的系统可以访问和操作 Web 资源，这些资源用一组清晰的无状态操作表示为文本。本章将详细地讨论这些方面。

18.1　REST 应用程序简介

首先定义术语用户和资源，以便说明什么是 RESTful API。**用户**（client）可以是使用 RESTful API 的人或软件。例如，使用 RESTful API 对 LinkedIn 网站进行操作的开发人员就是一个用户。用户也可以是 Web 浏览器。当我们进入 LinkedIn 网站，浏览器就是用户，它调用网站 API 并在屏幕上显示获得的信息。

资源（resource）可以是 API 能够从中获取信息的任何对象。在 LinkedIn API 中，一个资源可以是一条消息、一张照片或一个用户。每个资源都有唯一的标识符。

REST 架构风格定义了 6 种约束。

- **用户-服务器**——用户与服务器是分开的，每个用户都有自己的关注点。最常见的情况之一是，用户关注用户的表示，而服务器关注数据存储和域模型逻辑（包括数据和行为的域的概念模型）。
- **无状态**——服务器在请求之间不保存关于用户的任何信息。来自用户的每个请求包含响应该请求所需的全部信息。用户在自己的一端保持状态。
- **统一的接口**——用户和服务器可以独立开发。它们之间的统一接口使它们松散耦合。
- **分层系统**——用户无法确定它是直接与服务器交互还是与中间层交互。层可以动态添加和删除，它们可以提供安全性、负载均衡和共享缓存等。
- **可缓存**——用户能够缓存响应。响应将自己定义为可缓存或不可缓存。
- **按需编码**（可选）——服务器能够临时定制或扩展一个用户的功能。服务器可以向用户传输一些用户可以运行的逻辑：JavaScript 用户端脚本和 Java applet 等。

一个 RESTful Web 应用程序可提供关于其资源的信息。资源通过 URL 标识。用户可以在这样的资源上执行操作：创建、读取、修改或删除资源。

REST 架构风格不针对某种协议，但使用广泛的是 HTTP 上的 REST。HTTP 是一种基于请求和响应的同步应用程序网络协议。

要使我们的 API 成为 RESTful API，在开发时必须遵循一组规则。RESTful API 将向使用它的用户传输被访问资源状态的表示。例如，当调用 LinkedIn API 访问特定用户时，API 将返回该用户的状态（包括姓名、个人简介、职业经历、职位等）。REST 规则使加入团队的新开发人员更容易理解和使用 API。

状态的表示可以使用 JSON、XML 或 HTML 等格式。用户使用 API 将以下内容发送到服务器。

- 要访问的资源的标识符（URL）。
- 希望服务器在该资源上执行的操作。它是一个 HTTP 方法，常见的 HTTP 方法包括 GET、POST、PUT、PATCH 和 DELETE 等。

例如，使用 LinkedIn RESTful API 来访问特定用户，需要有一个标识该用户的 URL，并且需使用 HTTP 的 GET 方法。

18.2 创建 RESTful API 来管理实体

Tested Data Systems 公司开发的航班管理应用程序（在第 17 章末提到）允许为某次航班注册一个乘客列表，并确认该注册。Mike 是参与该应用程序开发的开发人员，他接到一个任务，要为该实现添加一个新特性：需要创建一个 REST API 来管理航班的乘客。

Mike 要做的第一件事是创建处理国家的 REST API。为此，需向 Maven 的 pom.xml 配置文件添加新的依赖项，如清单 18.1 所示。

清单 18.1　在 pom.xml 配置文件中添加新的依赖项

```
<dependency>
   <groupId>org.springframework.boot</groupId>
   <artifactId>spring-boot-starter-web</artifactId>           ❶
</dependency>
<dependency>
   <groupId>org.springframework.boot</groupId>
   <artifactId>spring-boot-starter-data-jpa</artifactId>      ❷
</dependency>
<dependency>
   <groupId>com.h2database</groupId>
   <artifactId>h2</artifactId>                                ❸
</dependency>
```

清单 18.1 所示的代码实现了如下操作。

- 添加的依赖项 spring-boot-starter-web 用于使用 Spring Boot 构建 Web（包括 RESTful）应用程序（❶处）。
- 因为需要使用 Spring 和 Java 持久 API（Java Persistence API，JPA）来持久化信息，所以包含依赖项 spring-boot-starter-data-jpa（❷处）。
- H2 是一个轻量级的 Java 开源数据库，要把它嵌入 Java 应用程序中，以进行信息持久化。因此，添加了 h2 依赖项（❸处）。

由于该应用程序是一个功能性的 RESTful 应用程序，可访问、创建、修改和删除关于乘客列表的信息，因此 Mike 将把 FlightBuilder 类从 test 文件夹移到 main 文件夹中。他还将扩展其功能，为管理国家提供访问渠道，如清单 18.2 所示。

清单 18.2　FlightBuilder 类

```
[...]
public class FlightBuilder {

    private Map<String, Country> countriesMap = new HashMap<>();        ❶

    public FlightBuilder() throws IOException {                          ❷
        try(BufferedReader reader = new BufferedReader(new
            FileReader("src/main/resources/countries_information.csv"))) {   ❸
      ❹  String line = null;
         do {
            line = reader.readLine();
            if (line != null) {                                          ❻
      ❺        String[] countriesString = line.toString().split(";");
                Country country = new Country(countriesString[0].trim(),   ❼
                                      countriesString[1].trim());
                countriesMap.put(countriesString[1].trim(), country);    ❽
            }
        } while (line != null);
```

```
    }
  }
  @Bean
  Map<String, Country> getCountriesMap() {
      return Collections.unmodifiableMap(countriesMap);        ❾
  }

  @Bean
  public Flight buildFlightFromCsv() throws IOException {     ❿
   ⓫ Flight flight = new Flight("AA1234", 20);
      try(BufferedReader reader = new BufferedReader(new
        FileReader("src/main/resources/flights_information.csv"))) {   ⓬
   ⓭    String line = null;
        do {
              line = reader.readLine();
              if (line != null) {
                  String[] passengerString = line.toString()
                                                 .split(";");       ⓯
   ⓮              Passenger passenger = new
                          Passenger(passengerString[0].trim());      ⓰

                  passenger.setCountry(
                      countriesMap.get(passengerString[1].trim()));   ⓱
   ⓲              passenger.setIsRegistered(false);
                  flight.addPassenger(passenger);        ⓳
              }
        } while (line != null);

  }
     return flight;       ⓴
  }
}
```

在清单 18.2 中：

- 定义了存放国家的映射并在其中添加了 3 个国家（❶处）。
- 通过解析 CSV 文件（❸处）在构造方法中填充国家信息（❷处）。
- 用 null 初始化 line 变量（❹处），解析 CSV 文件，并逐行读取（❺处）。
- 每行使用分号（;）分隔符（❻处）。使用构造方法创建一个乘客对象，构造方法的参数是行分隔符之前的那部分内容（❼处）。
- 将解析后的信息添加到国家映射中（❽处）。
- 定义了 getCountriesMap 方法，并使用@Bean 对其进行标注（❾处）。目的是创建和配置将注入应用程序中的 Map bean。
- 定义了 buildFlightFromCsv 方法，并使用@Bean 对其进行标注（❿处）。目的是创建和配置将注入应用程序中的 Flight bean。
- 通过解析 CSV 文件（⓬处），在构造方法的帮助下创建了一个航班对象（⓫处）。
- 用 null 初始化 line 变量（⓭处），解析 CSV 文件，并逐行读取（⓮处）。

- 每行使用分号（;）分隔符（⑮处）。用构造方法创建一个乘客对象，构造方法的参数是行分隔符之前的那部分内容（⑯处）。通过从国家映射中获取的对应于分隔符后的部分中包含的国家代码值来设置乘客来自哪个国家（⑰处）。
- 将该乘客设置为未注册（⑱处），并将其添加到航班中（⑲处）。解析完 CSV 文件中的所有行之后，返回完全配置的航班对象（⑳处）。

清单 18.3 给出了用于构建国家映射的 countries_information.csv 文件中的内容。

清单 18.3　countries_information.csv 文件中的内容

```
Australia; AU
USA; US
United Kingdom; UK
```

Mike 希望在自定义的 8081 端口上启动 RESTful 应用程序，以避免可能的端口冲突。Spring Boot 允许外部化的配置，以便不同的人可以在不同的环境中使用相同的应用程序代码。可以用 application.properties 文件指定各种属性，这里只将 server.port 设置为 8081，如清单 18.4 所示。

清单 18.4　application.properties 文件

```
server.port=8081
```

Mike 将修改 Country 类，使其成为 RESTful 应用程序的模型组件（见清单 18.5）。模型是模型-视图-控制器模式的组件之一，是应用程序的动态数据结构，独立于用户界面。它直接管理应用程序的数据。

定义：模型-视图-控制器（MVC）是一种软件设计模式，用于创建由用户界面访问数据的程序。程序被分成 3 个相关的部分：模型、视图和控制器。因此，信息的内部表示与它在用户端的表示是分离的，系统的各个部分是松耦合的。

清单 18.5　修改的 Country 类

```
[...]
@Entity                                          ❶
public class Country {

    @Id                                          ❷
    private String codeName;
    private String name;

    // avoid "No default constructor for entity"
    public Country() {                           ❸
    }
    [...]
}
```

清单 18.5 所示的代码实现了如下操作。

- 用@Entity 标注了 Country 类，这样它就表示可持久化的对象（❶处）。
- 使用@Id 标注 codeName 字段（❷处），这表示 codeName 字段是一个主键：它唯一地标识一个要持久化的实体。

- 为 Country 类添加了一个默认构造方法（❸处）。每个用@Entity 标注的类都需要一个默认构造方法，因为持久层将使用该方法通过反射创建这个类的新实例。当然，编译器就不再提供默认构造方法了。

接下来，Mike 将创建 CountryRepository 接口，它扩展了 JpaRepository 接口，如清单 18.6 所示。

清单 18.6 CountryRepository 接口

```
public interface CountryRepository extends JpaRepository<Country, Long> {
}
```

定义此接口有两个目的。首先，通过扩展 JpaRepository 接口，在 CountryRepository 类型中获得了一组通用的 CRUD 方法，使操作 Country 对象成为可能。其次，这将允许 Spring 扫描这个接口的类路径，并为它创建一个 Spring bean。

定义：CRUD（指 create、read、update 和 delete，即创建、读取、更新和删除）是对象持久化的 4 个基本操作。除了 REST 之外，它们也经常用于数据库应用程序和用户界面开发。

Mike 现在要为 CountryRepository 编写一个控制器。控制器负责控制应用程序逻辑，并充当视图（向用户显示数据的方式）和模型（数据）之间的协调者。

清单 18.7 CountryController 类

```
@RestController
public class CountryController {                        ❶

    @Autowired
    private CountryRepository repository;               ❷

    @GetMapping("/countries")
    List<Country> findAll() {                           ❸
        return repository.findAll();                    ❹
    }

}
```

清单 18.7 所示的代码实现了如下操作。

- 创建了 CountryController 类并使用@RestController 标注它（❶处）。@RestController 注解是 Spring 4.0 引入的，用于简化 RESTful Web 服务的创建。它将类标记为控制器，这样就无须使用@ResponseBody 注解对每个请求处理方法进行标注了（在 Spring 4.0 之前需要这样）。
- 声明了一个 CountryRepository 字段，并用@Autowired 标注（❷处）。因为 CountryRepository 扩展了 JpaRepository，Spring 扫描这个接口的类路径，为它创建一个 Spring bean，并自动装配它。
- 创建了 findAll 方法并使用 @GetMapping("/countries") 对其进行标注（❸处）。@GetMapping 注解将 HTTP GET 请求映射到 “/countries” URL 特定的处理程序的方

法上。因为在类上使用了@RestController 注解，所以无须用@ResponseBody 注解标注方法的响应对象。正如前文所提到的，这在 Spring 4.0 之前是必须的，那时还必须在类上使用@Controller 而不是@RestController 注解。

- findAll 方法返回运行 repository.findAll 的结果（❹处）。findAll 是一个自动生成的 CRUD 方法，因为 CountryRepository 扩展了 JpaRepository。顾名思义，它从存储库返回所有对象。

Mike 现在将修改之前 Spring Boot 创建的 Application 类（见第 17 章），修改后如清单 18.8 所示。

清单 18.8 修改的 Application 类

```
[...]
@SpringBootApplication
@Import(FlightBuilder.class)                              ❶
public class Application {

    @Autowired
    private Map<String, Country> countriesMap;            ❷

    public static void main(String[] args) {
        SpringApplication.run(Application.class, args);
    }

    @Bean
    CommandLineRunner configureRepository
                (CountryRepository countryRepository) {   ❸
        return args -> {
            for (Country country: countriesMap.values()) {
                countryRepository.save(country);          ❹
            }
        };
    }

}
```

清单 18.8 所示的代码实现了如下操作。

- 导入了 FlightBuilder 类，它创建了 countriesMap bean（❶处），并自动装配这个 bean（❷处）。
- 创建了一个 CommandLineRunner 类型的 bean（❸处）。CommandLineRunner 是 Spring Boot 的一个函数式接口（只有一个方法的接口），它将应用程序参数作为一个字符串数组提供访问。创建的 bean 将浏览 countriesMap 中的所有国家信息，并将它们保存到 countryRepository 中（❹处）。就在 SpringApplication 的 run 方法完成之前，创建 CommandLineRunner 接口并运行它的单个方法。

Mike 现在运行 Application 类。到目前为止，RESTful 应用程序仅通过 GET 方法提供对“/countries”端点的访问。**端点**（endpoint）是一个可以引用的资源，用户消息可以找到它，可以使用 curl 程序测试这个 REST API 端点。curl（表示**用户 URL**）是一种命令行工具，它使用各种协议（包括 HTTP）传输数据。只需执行以下命令：

```
curl -v localhost:8081/countries
```

应用程序运行在 8081 端口上，并且“/countries”是唯一可用的端点。执行上述命令的结果如图 18.1 所示，该命令以 JSON 格式列出了国家信息。

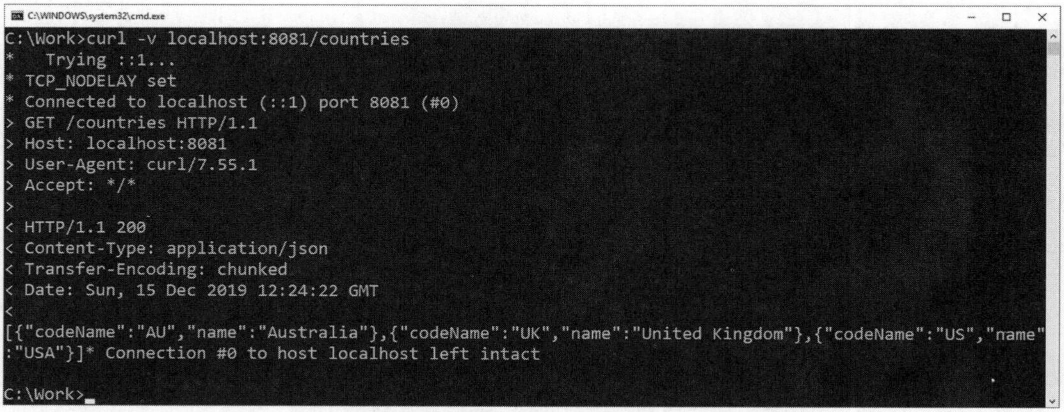

```
C:\WINDOWS\system32\cmd.exe
C:\Work>curl -v localhost:8081/countries
*   Trying ::1...
* TCP_NODELAY set
* Connected to localhost (::1) port 8081 (#0)
> GET /countries HTTP/1.1
> Host: localhost:8081
> User-Agent: curl/7.55.1
> Accept: */*
>
< HTTP/1.1 200
< Content-Type: application/json
< Transfer-Encoding: chunked
< Date: Sun, 15 Dec 2019 12:24:22 GMT
<
[{"codeName":"AU","name":"Australia"},{"codeName":"UK","name":"United Kingdom"},{"codeName":"US","name"
:"USA"}]* Connection #0 to host localhost left intact

C:\Work>
```

图 18.1 执行 curl -v localhost:8081/countries 命令的结果

还可以用浏览器访问 localhost:8081/countries，以测试对端点的访问。同样，结果以 JSON 格式提供，如图 18.2 所示。

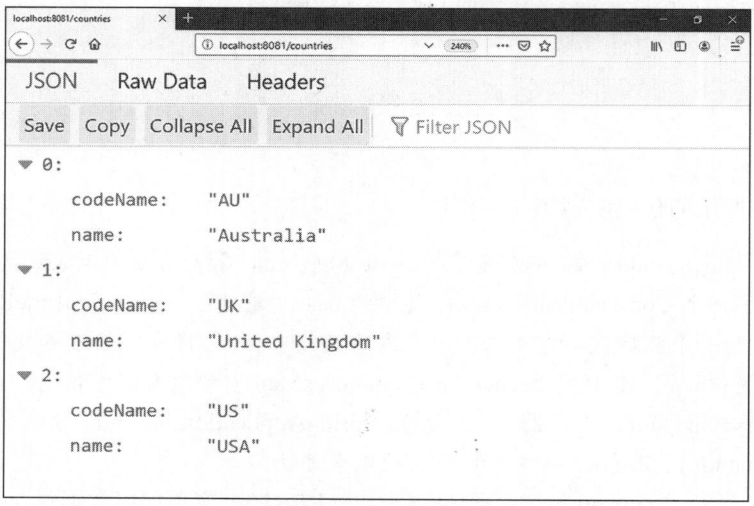

```
localhost:8081/countries
JSON    Raw Data    Headers
Save  Copy  Collapse All  Expand All  Filter JSON
▼ 0:
    codeName:   "AU"
    name:       "Australia"
▼ 1:
    codeName:   "UK"
    name:       "United Kingdom"
▼ 2:
    codeName:   "US"
    name:       "USA"
```

图 18.2 用浏览器访问 localhost:8081/countries 的结果

18.3　创建 RESTful API 来管理两个相关实体

Mike 通过修改 Passenger 类（见清单 18.9）使其成为 RESTful 应用程序的一个模型组件，接下来继续实现该项目。

清单 18.9　修改的 Passenger 类

```
@Entity
public class Passenger {                         ❶

    @Id
    @GeneratedValue                              ❷
    private Long id;
    private String name;
    @ManyToOne
    private Country country;                     ❸
    private boolean isRegistered;

    // avoid "No default constructor for entity"
    public Passenger() {                         ❹
    }
    [...]
}
```

清单 18.9 所示的代码实现了如下操作。

- 用@Entity 标注 Passenger 类，这样它就表示可持久化的对象（❶处）。
- 添加了一个新的 Long 型字段 id，并使用@Id 和@GeneratedValue 对其进行标注（❷处）。这表示 id 字段是一个主键，并且持久层将为该字段自动生成它的值。
- 用@ManyToOne 标注了 country 字段（❸处）。这表示乘客和国家之间是多对一的关系。
- 向 Passenger 类添加了默认构造方法（❹处）。每个用@Entity 标注的类都需要一个默认构造方法，因为持久层将使用该方法通过反射创建这个类的实例。

Mike 接下来将创建 PassengerRepository 接口，它扩展了 JpaRepository 接口，如清单 18.10 所示。

清单 18.10　PassengerRepository 接口

```
public interface PassengerRepository extends JpaRepository<Country, Long> {
}
```

定义此接口有两个目的。首先，通过扩展 JpaRepository 为 PassengerRepository 提供通用的 CRUD 方法，这些方法用于操作 Passenger 对象。其次，它允许 Spring 扫描这个接口的类路径，并为它创建一个 Spring bean。

Mike 现在需编写一个自定义异常，当找不到乘客时抛出该异常，如清单 18.11 所示。

清单 18.11 PassengerNotFoundException 类

```
public class PassengerNotFoundException extends RuntimeException {   ❶

    public PassengerNotFoundException(Long id) {
        super("Passenger id not found : " + id);                       ❷
    }

}
```

在清单 18.11 中，通过扩展 RuntimeException 来声明 PassengerNotFoundException（❶处），并定义一个将 id 作为参数的构造方法（❷处）。

Mike 现在要为 PassengerRepository 编写一个控制器，如清单 18.12 所示。

清单 18.12 PassengerController 类

```
[...]
@RestController
public class PassengerController {                          ❶

    @Autowired
    private PassengerRepository repository;                 ❷

    @Autowired
    private Map<String, Country> countriesMap;              ❸

    @GetMapping("/passengers")
    List<Passenger> findAll() {
        return repository.findAll();                        ❹
    }

    @PostMapping("/passengers")
    @ResponseStatus(HttpStatus.CREATED)                      ❻
❺   Passenger createPassenger(@RequestBody Passenger passenger) {   ❼
        return repository.save(passenger);
    }

    @GetMapping("/passengers/{id}")
❾   Passenger findPassenger(@PathVariable Long id) {
        return repository.findById(id)
                .orElseThrow(() -> new PassengerNotFoundException(id));   ❽
    }

❿   @PatchMapping("/passengers/{id}")
    Passenger patchPassenger(@RequestBody Map<String, String> updates,
                @PathVariable Long id) {                    ⓫

        return repository.findById(id)
            .map(passenger -> {                             ⓬

            String name = updates.get("name");
            if (null!= name) {
                passenger.setName(name);                    ⓭
            }
```

```
        Country country =
            countriesMap.get(updates.get("country"));         ⓮
        if (null != country) {
            passenger.setCountry(country);
        }

        String isRegistered = updates.get("isRegistered");
        if(null != isRegistered) {
          passenger.setIsRegistered(                            ⓯
              isRegistered.equalsIgnoreCase("true")? true: false);
        }
⓰ ──▷  return repository.save(passenger);
    })
        .orElseGet(() -> {
            throw new PassengerNotFoundException(id);           ⓱
        });

    }
⓳
    @DeleteMapping("/passengers/{id}")
 ──▷ void deletePassenger(@PathVariable Long id) {               ⓲
        repository.deleteById(id);
    }
}
```

清单 18.12 所示的代码实现了如下操作。

- 创建了 PassengerController 类并使用@RestController 标注它（❶处）。
- 声明了 PassengerRepository 字段，并使用@Autowired 标注它（❷处）。因为 PassengerRepository 扩展了 JpaRepository 接口，所以 Spring 将扫描这个接口的类路径，为它创建一个 Spring bean，并自动装配它。还声明了 countriesMap 字段，并且也使用@Autowired 标注它（❸处）。
- 定义了 findAll 方法并使用@GetMapping("/passengers")对其进行标注（❹处）。@GetMapping 注解将对“/passengers” URL 的 HTTP GET 请求映射到特定的处理程序。
- 定义了 createPassenger 方法，并用@PostMapping("/passengers")对其进行标注（❺处）。用@PostMapping 标注的方法将处理与给定 URL 匹配的 HTTP POST 请求。这里用@ResponseStatus 标注该方法，并将响应状态指定为 HttpStatus.CREATED（❻处）。@RequestBody 注解将 HttpRequest 主体映射到已标注的域对象。HttpRequest 的主体被反序列化为 Java 对象（❼处）。
- 定义了 findPassenger 方法，并使用@GetMapping("/passengers/{id}")对其进行标注（❽处），该方法将根据 id 查找乘客。@GetMapping 注解将对 “/passengers/{id}” URL 的 HTTP GET 请求映射到特定的处理程序。它在存储库中搜索乘客并返回，如果乘客不存在，则抛出自定义的 PassengerNotFoundException 异常。方法的 id 参数使用@PathVariable 标注，表示它的值将从 URL 的{id}中提取（❾处）。
- 定义了 patchPassenger 方法，并使用@PatchMapping("/passengers/{id}") 对其进行标注

（❿处）。@PatchMapping 注解将对“/passengers/{id}”URL 的 HTTP PATCH 请求映射到特定的处理程序。用@RequestBody 标注了 updates 参数，用@PathVariable 标注了 id 参数（⓫处）。@RequestBody 注解将 HttpRequest 主体映射到被标注的域对象，HttpRequest 主体被反序列化为 Java 对象。方法的 id（标注为@PathVariable）参数值将从 URL 的{id}中提取。

- 通过输入 id 搜索存储库（⓬处）。更改一名乘客的名字（⓭处）、国家（⓮处）和注册状态（⓯处）。修改后的乘客信息保存在存储库中（⓰处）。
- 如果该乘客不存在，则抛出自定义的 PassengerNotFoundException 异常（⓱处）。
- 声明了 delete 方法，并用@DeleteMapping("/passengers/{id}")标注它（⓲处）。@DeleteMapping 注解将对“/passengers/{id}”URL 的 HTTP DELETE 请求映射到特定的处理程序。它从存储库中删除乘客信息。方法的 id 参数被标注为@PathVariable，表示它的值将从 URL 的{id}中提取（⓳处）。

Mike 现在又修改了 Application 类，如清单 18.13 所示。

清单 18.13 修改的 Application 类

```
@SpringBootApplication
@Import(FlightBuilder.class)
public class Application {

   @Autowired
   private Flight flight;                      ❶

   @Autowired
   private Map<String, Country> countriesMap;

   public static void main(String[] args) {
      SpringApplication.run(Application.class, args);
   }

   @Bean
   CommandLineRunner configureRepository
                 (CountryRepository countryRepository,
                 PassengerRepository passengerRepository) {      ❷
      return args -> {

         for (Country country: countriesMap.values()) {
            countryRepository.save(country);
         }

         for (Passenger passenger : flight.getPassengers()) {
            passengerRepository.save(passenger);              ❸
         }
      };
   }

}
```

清单 18.13 所示的代码实现了如下操作。

- 自动装配从 FlightBuilder 导入的 flight bean（❶处）。
- 通过向 configureRepository 方法添加一个 PassengerRepository 类型的新参数来修改 CommandLineRunner 类型的 bean（❷处）。CommandLineRunner 是一个 Spring Boot 接口，它提供了对应用程序参数的字符串数组的访问。创建的 bean 将浏览航班中所有乘客的信息，并将它们保存在 passengerRepository 中（❸处）。在 SpringApplication 的 run 方法完成之前，创建 CommandLineRunner 接口并运行它的方法。

该航班的乘客列表由清单 18.14 的 CSV 文件提供。使用姓名和国家代码描述乘客，总共有 20 名乘客。

清单 18.14 flights_information.csv 文件

```
John Smith; UK
Jane Underwood; AU
James Perkins; US
Mary Calderon; US
Noah Graves; UK
Jake Chavez; AU
Oliver Aguilar; US
Emma McCann; AU
Margaret Knight; US
Amelia Curry; UK
Jack Vaughn; US
Liam Lewis; AU
Olivia Reyes; US
Samantha Poole; AU
Patricia Jordan; UK
Robert Sherman; US
Mason Burton; AU
Harry Christensen; UK
Jennifer Mills; US
Sophia Graham; UK
```

当应用程序启动时，FlightBuilder 类解析这个文件，用乘客列表创建航班，并将航班注入应用程序。应用程序浏览列表并将所有乘客信息保存在存储库中。

Mike 运行 Application 类。RESTful 应用程序现在也提供了对“/passengers”端点的访问。可以使用 curl 程序测试 REST API 端点的新功能：

```
curl -v localhost:8081/passengers
```

应用程序运行在端口 8081 上，“/passengers”作为一个端点是可用的。执行上述命令的结果如图 18.3 所示，输出了一个 JSON 格式的乘客列表。

还可以测试为“/passengers”端点实现的其他功能。例如，要获得 ID 为 4 的乘客信息，执行以下命令：

```
curl -v localhost:8081/passengers/4
```

结果如图 18.4 所示，乘客信息以 JSON 格式输出。

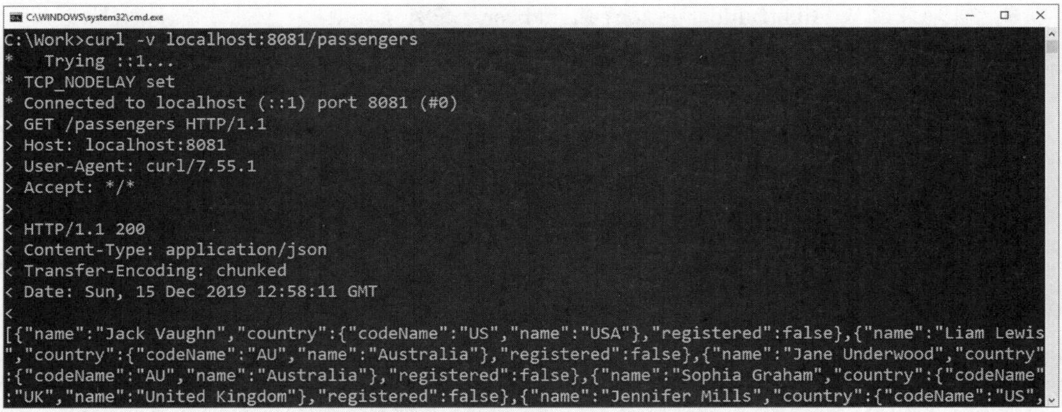

```
C:\WINDOWS\system32\cmd.exe
C:\Work>curl -v localhost:8081/passengers
*   Trying ::1...
* TCP_NODELAY set
* Connected to localhost (::1) port 8081 (#0)
> GET /passengers HTTP/1.1
> Host: localhost:8081
> User-Agent: curl/7.55.1
> Accept: */*
>
< HTTP/1.1 200
< Content-Type: application/json
< Transfer-Encoding: chunked
< Date: Sun, 15 Dec 2019 12:58:11 GMT
<
[{"name":"Jack Vaughn","country":{"codeName":"US","name":"USA"},"registered":false},{"name":"Liam Lewis
","country":{"codeName":"AU","name":"Australia"},"registered":false},{"name":"Jane Underwood","country"
:{"codeName":"AU","name":"Australia"},"registered":false},{"name":"Sophia Graham","country":{"codeName"
:"UK","name":"United Kingdom"},"registered":false},{"name":"Jennifer Mills","country":{"codeName":"US",
```

图 18.3 执行 curl -v localhost:8081/passengers 命令的结果

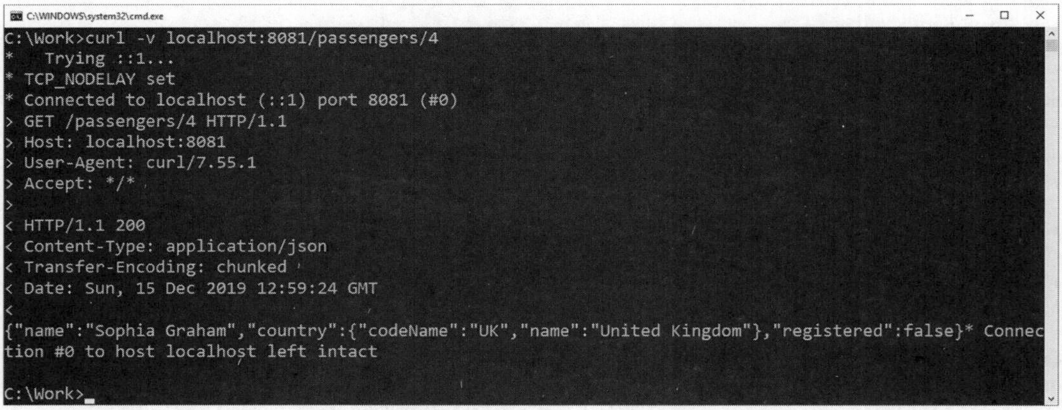

```
C:\WINDOWS\system32\cmd.exe
C:\Work>curl -v localhost:8081/passengers/4
*   Trying ::1...
* TCP_NODELAY set
* Connected to localhost (::1) port 8081 (#0)
> GET /passengers/4 HTTP/1.1
> Host: localhost:8081
> User-Agent: curl/7.55.1
> Accept: */*
>
< HTTP/1.1 200
< Content-Type: application/json
< Transfer-Encoding: chunked
< Date: Sun, 15 Dec 2019 12:59:24 GMT
<
{"name":"Sophia Graham","country":{"codeName":"UK","name":"United Kingdom"},"registered":false}* Connec
tion #0 to host localhost left intact

C:\Work>_
```

图 18.4 执行 curl -v localhost:8081/passengers/4 命令显示 ID 为 4 的乘客信息

执行以下命令，可以更新 ID 为 4 的乘客的姓名、国家和注册状态等：

```
curl -v -X PATCH localhost:8081/passengers/4
-H "Content-type:application/json"
-d "{\"name\":\"Sophia Jones\", \"country\":\"AU\", \"isRegistered\":\"true\"}"
```

结果如图 18.5 所示。

要删除该乘客的信息，使用以下命令：

```
curl -v -X DELETE localhost:8081/passengers/4
```

结果如图 18.6 所示。

```
C:\Work>curl -v -X PATCH localhost:8081/passengers/4 -H "Content-type:application/json" -d "{\"name\":\
"Sophia Jones\", \"country\":\"AU\", \"isRegistered\":\"true\"}"
*   Trying ::1...
* TCP_NODELAY set
* Connected to localhost (::1) port 8081 (#0)
> PATCH /passengers/4 HTTP/1.1
> Host: localhost:8081
> User-Agent: curl/7.55.1
> Accept: */*
> Content-type:application/json
> Content-Length: 62
>
* upload completely sent off: 62 out of 62 bytes
< HTTP/1.1 200
< Content-Type: application/json
< Transfer-Encoding: chunked
< Date: Sun, 15 Dec 2019 13:00:52 GMT
<
{"name":"Sophia Jones","country":{"codeName":"AU","name":"Australia"},"registered":true}* Connection #0
 to host localhost left intact
```

图 18.5　成功更新 ID 为 4 的乘客的信息的结果

```
C:\Work>curl -v -X DELETE localhost:8081/passengers/4
*   Trying ::1...
* TCP_NODELAY set
* Connected to localhost (::1) port 8081 (#0)
> DELETE /passengers/4 HTTP/1.1
> Host: localhost:8081
> User-Agent: curl/7.55.1
> Accept: */*
>
< HTTP/1.1 200
< Content-Length: 0
< Date: Sun, 15 Dec 2019 13:02:43 GMT
<
* Connection #0 to host localhost left intact

C:\Work>
```

图 18.6　ID 为 4 的乘客的信息已被删除

最后，可以添加一位新乘客的信息：

```
curl -v -X POST localhost:8081/passengers
-H "Content-type:application/json"
-d "{\"name\":\"John Smith\"}"
```

结果如图 18.7 所示。

```
C:\Work>curl -v -X POST localhost:8081/passengers -H "Content-type:application/json" -d "{\"name\":\"Jo
hn Smith\"}"
Note: Unnecessary use of -X or --request, POST is already inferred.
*   Trying ::1...
* TCP_NODELAY set
* Connected to localhost (::1) port 8081 (#0)
> POST /passengers HTTP/1.1
> Host: localhost:8081
> User-Agent: curl/7.55.1
> Accept: */*
> Content-type:application/json
> Content-Length: 21
>
* upload completely sent off: 21 out of 21 bytes
< HTTP/1.1 201
< Content-Type: application/json
< Transfer-Encoding: chunked
< Date: Sun, 15 Dec 2019 13:03:53 GMT
```

图 18.7　成功添加了一位名为 John Smith 的新乘客的信息

18.4　测试 RESTful API

Mike 现在将编写测试来自动验证 RESTful API 的行为，如清单 18.15 所示。

清单 18.15　RestApplicationTest 类

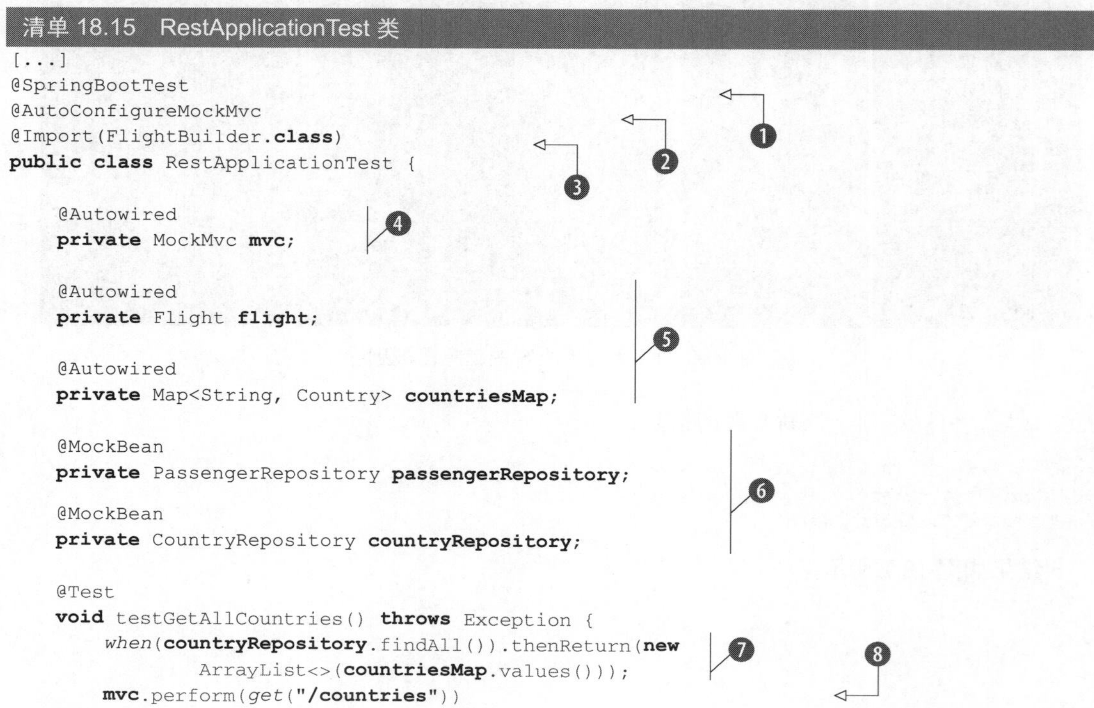

```
[...]
@SpringBootTest
@AutoConfigureMockMvc
@Import(FlightBuilder.class)
public class RestApplicationTest {

    @Autowired
    private MockMvc mvc;

    @Autowired
    private Flight flight;

    @Autowired
    private Map<String, Country> countriesMap;

    @MockBean
    private PassengerRepository passengerRepository;

    @MockBean
    private CountryRepository countryRepository;

    @Test
    void testGetAllCountries() throws Exception {
        when(countryRepository.findAll()).thenReturn(new
                ArrayList<>(countriesMap.values()));
        mvc.perform(get("/countries"))
```

```
            .andExpect(status().isOk())
            .andExpect(content().contentType(MediaType.APPLICATION_JSON))   ⑨
            .andExpect(jsonPath("$", hasSize(3)));

    verify(countryRepository, times(1)).findAll();   ⑩
}

@Test
void testGetAllPassengers() throws Exception {
    when(passengerRepository.findAll()).thenReturn(new
         ArrayList<>(flight.getPassengers()));   ⑪

    mvc.perform(get("/passengers"))
            .andExpect(status().isOk())
            .andExpect(content().contentType(MediaType.APPLICATION_JSON))   ⑫
            .andExpect(jsonPath("$", hasSize(20)));

    verify(passengerRepository, times(1)).findAll();   ⑬
}

@Test
void testPassengerNotFound() {
    Throwable throwable = assertThrows(NestedServletException.class,
            () -> mvc.perform(get("/passengers/30"))   ⑭
                         .andExpect(status().isNotFound()));
    assertEquals(PassengerNotFoundException.class,
                 throwable.getCause().getClass());   ⑮
}

@Test
void testPostPassenger() throws Exception {

    Passenger passenger = new Passenger("Peter Michelsen");
    passenger.setCountry(countriesMap.get("US"));
    passenger.setIsRegistered(false);   ⑯
    when(passengerRepository.save(passenger))
        .thenReturn(passenger);

    mvc.perform(post("/passengers")
        .content(new ObjectMapper().writeValueAsString(passenger))
        .header(HttpHeaders.CONTENT_TYPE, MediaType.APPLICATION_JSON))
       .andExpect(status().isCreated())
       .andExpect(jsonPath("$.name", is("Peter Michelsen")))   ⑰
       .andExpect(jsonPath("$.country.codeName", is("US")))
       .andExpect(jsonPath("$.country.name", is("USA")))
       .andExpect(jsonPath("$.registered", is(Boolean.FALSE)));

 verify(passengerRepository, times(1)).save(passenger);   ⑱
}

@Test
void testPatchPassenger() throws Exception {
```

```
        Passenger passenger = new Passenger("Sophia Graham");
        passenger.setCountry(countriesMap.get("UK"));
        passenger.setIsRegistered(false);                              ⑲
        when(passengerRepository.findById(1L))
            .thenReturn(Optional.of(passenger));
        when(passengerRepository.save(passenger))              ⑳
            .thenReturn(passenger);
        String updates =
          "{\"name\":\"Sophia Jones\", \"country\":\"AU\",
          \"isRegistered\":\"true\"}";

        mvc.perform(patch("/passengers/1")
            .content(updates)                                              ㉑
            .header(HttpHeaders.CONTENT_TYPE,
                            MediaType.APPLICATION_JSON))
            .andExpect(content().contentType(MediaType.APPLICATION_JSON))
            .andExpect(status().isOk());

        verify(passengerRepository, times(1)).findById(1L);       ㉒
        verify(passengerRepository, times(1)).save(passenger);
    }

    @Test
    public void testDeletePassenger() throws Exception {

        mvc.perform(delete("/passengers/4"))                     ㉓
                .andExpect(status().isOk());

        verify(passengerRepository, times(1)).deleteById(4L);   ◁ ㉔
    }

}
```

清单 18.15 所示的代码实现了如下操作。

- 创建了 RestApplicationTest 类，并使用@SpringBootTest 注解对其进行标注（❶处）。@SpringBootTest 注解在测试类所属的当前包及其子包中搜索 bean 的定义。
- 用@AutoConfigureMockMvc 标注这个类，以便启用与测试中使用的 MockMvc 对象相关的所有自动配置（❷处）。
- 导入了 FlightBuilder 类，它创建了一个航班 bean 和一个国家映射 bean（❸处）。
- 自动配置了一个 MockMvc 对象（❹处）。MockMvc 是服务器端 Spring REST 应用程序测试的主要入口点：将在测试期间对这个 MockMvc 对象执行一系列 REST 操作。
- 声明了一个 flight 和一个 countriesMap 实例变量，并对它们进行自动配置（❺处）。这些字段是从 FlightBuilder 类注入的。
- 声明了 countryRepository 和 passengerRepository 字段，并使用@MockBean 对它们进行标注（❻处）。@MockBean 注解用于向 Spring 应用程序上下文添加 mock object；mock 将替换应用程序上下文中所有的相同类型的 bean。Mike 将在测试期间为 mock object

的行为提供说明。

- 在 testGetAllCountries 测试方法中，指示模拟 countryRepository bean（当 findAll 方法在其上运行时）返回来自 countriesMap 的值数组（❼处）。
- 模拟在“/countries” URL 上运行 GET 方法（❽处），并验证返回的状态、预期的内容类型和返回的 JSON 大小等（❾处）。这里还验证 findAll 方法是否在 countryRepository bean 上恰好运行一次（❿处）。
- 在 testGetAllPassengers 测试方法中，指示模拟 passengerRepository bean（当 findAll 方法在其上运行时）从航班 bean 返回乘客信息（⓫处）。
- 模拟在“/passengers” URL 上运行 GET 方法，并验证返回的状态、预期的内容类型和返回的 JSON 大小等（⓬处）。这里还验证 findAll 方法是否在 passengerRepository bean 上恰好运行一次（⓭处）。
- 在 testPassengerNotFound 中，尝试获得 ID 为 30 的乘客的信息，并检查抛出一个 NestedServletException 异常，返回的状态为“Not Found”（⓮处）。这里还检查 NestedServletException 异常的原因是否是 PassengerNotFoundException（⓯处）。
- 在 testPostPassenger 方法中，创建了一个 passenger 对象，对其进行配置，并指示 passengerRepository 在对乘客执行保存操作时返回该对象（⓰处）。
- 模拟在“/passengers”URL 上运行 POST 方法，并验证内容是否由 passenger 对象的 JSON 字符串值、头类型、返回的状态和 JSON 的内容等组成（⓱处）。使用的一种对象类型为 com.fasterxml.jackson.databind.ObjectMapper，它是 Jackson 库（Java 的标准 JSON 库）的主要类。ObjectMapper 提供了从基本 POJO 读写 JSON 的功能。
- 验证了 save 方法是否对之前定义的乘客恰好运行了一次（⓲处）。
- 在 testPatchPassenger 中，创建了一个 passenger 对象，对其进行配置，并指示 passengerRepository 在使用参数 1 运行 findById 时返回该对象（⓳处）。在 passengerRepository 上运行 save 方法时，也返回该乘客对象（⓴处）。
- 设置了一个名为 updates 的 JSON 对象，使用该更新对“/passengers/1” URL 上执行一次 PATCH 操作，并检查内容和返回的状态（㉑处）。
- 验证 findById 和 save 方法在 passengerRepository 方法上恰好运行了一次（㉒处）。
- 在“/passengers/4” URL 执行一次 DELETE 操作，验证返回的状态是否为 OK（㉓处），并验证 deleteById 方法是否恰好运行了一次（㉔处）。

成功运行 RestApplicationTest，结果如图 18.8 所示。

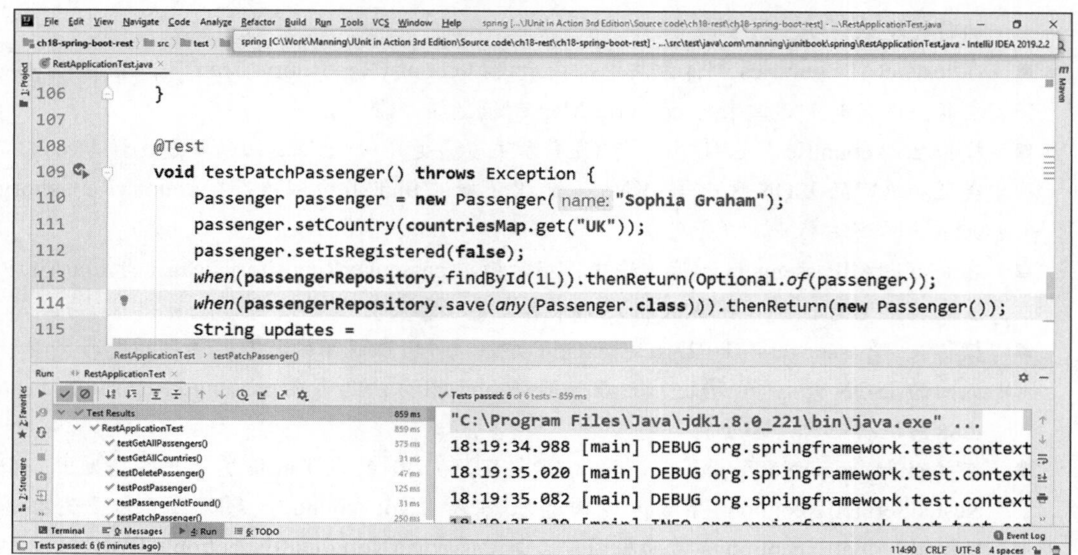

图 18.8 成功运行 RestApplicationTest。它检查 RESTful 应用程序的功能

第 19 章将专门介绍测试数据库应用程序以及各种替代方案。

18.5 小结

在本章中，我们主要讨论了以下内容。

- REST 架构风格和 REST 应用程序的概念。
- 什么使 API 具有 RESTful 性质，以及 REST 架构的约束：用户-服务器、无状态、统一的接口、分层系统、可缓存和按需编码。
- 通过创建 RESTful API 来管理单个实体——来自航班管理应用程序的国家，并对其执行 GET 操作以获取国家列表。
- 通过创建 RESTful API 来管理两个相关实体——国家和乘客，并对其执行 GET、PATCH、DELETE 和 POST 操作以获取乘客列表，通过 ID 返回某一乘客，以及创建、更新或删除一位乘客。
- 通过创建和运行针对 Spring REST 的 MockMvc 对象的测试来测试前面提到的 GET、PATCH、DELETE 和 POST 等操作，测试管理两个相关实体的 RESTful API。

第 19 章　数据库应用程序测试

本章重点

- 数据库测试的挑战性。
- JDBC、Spring JDBC、Hibernate 和 Spring Hibernate 应用程序的测试。
- 构建和测试数据库应用程序的方法比较。

在任何规模的软件开发中，依赖都是关键问题……消除程序中的重复性，就可以消除依赖性。

——Kent Beck, *Test-Driven Development: By Example*

数据持久层（或者，粗略地讲，数据库访问代码）毫无疑问是企业项目中最重要的部分之一。尽管它如此重要，但很难对它进行单元测试，主要原因如下。

- 单元测试必须运行独立的代码，而持久层需要与外部实体（数据库）交互。
- 单元测试必须易于编写和运行，而访问数据库的代码往往比较复杂。
- 单元测试必须快速运行，而数据库访问却相对缓慢。

上述问题称为**数据库单元测试的“阻抗不匹配”**（impedance mismatch），它指的是对象-关系阻抗不匹配（它用于描述用面向对象语言编程时，用关系数据库持久化数据的各种难题）。本章将详细地讨论这些问题，并展示 Java 数据库应用程序的可能实现和测试方案。

19.1 数据库单元测试阻抗不匹配

下面来深入研究造成数据库单元测试阻抗不匹配的 3 个问题。

19.1.1 单元测试必须运行独立的代码

从纯粹的角度来看，对访问数据库代码的测试不能称为单元测试，因为它们依赖于外部实体，即全能的数据库。那么，它们应该被称为什么呢？集成测试？功能测试？非单元的单元测试？

答案是：没有准确的名称！换句话说，根据上下文，数据库测试可以划分为许多类别。实际上，数据库访问代码可以通过单元测试和集成测试来运行。

- 单元测试用于测试直接与数据库交互的类，如 DAO。DAO 是一个对象，它提供数据库访问接口，并将应用程序调用映射到特定的数据库操作，而不公开持久层的详细信息。这样的测试可以保证这些类对数据库执行正确的操作。尽管这些测试依赖于外部实体（如数据库和/或持久框架），但它们运行的类是大型应用程序中的构建块（因此是单元）。
- 类似地，可以编写单元测试来测试上层（如 facade），而无须访问数据库。在这些测试中，可以通过 mock object 或 stub 来模拟持久层。与体系结构中的 facade 类似，facade 设计模式提供了一个对象，该对象充当一个前置接口，以掩盖更复杂的底层代码。

还有一个实际问题：数据库中的数据会妨碍测试吗？会妨碍，所以在运行测试前，必须确保数据库处于一个已知的状态，本章将展示如何做到这一点。

19.1.2 单元测试必须易于编写和运行

无论公司的项目经理或技术主管多么推崇单元测试，这都不重要。如果单元测试不易编写和运行，开发人员都将抵制编写它们。此外，编写访问数据库的代码并不是一项简单的任务，需要编写 SQL 语句，混合使用不同层次的 try/catch/finally 代码，在 SQL 类型与 Java 之间来回转换，等等。

因此，为了让数据库单元测试蓬勃发展，有必要减轻数据库开发者的负担。这里先从使用纯 JDBC 开始，然后，引入 Spring 作为应用程序使用的框架。最后，再转到 ORM 和 Hibernate。

定义：Java 数据库连接（JDBC）是用于定义用户如何访问数据库的 Java API。JDBC 提供了查询和更新关系数据库中的数据的方法。

定义：对象-关系映射（ORM）是一种用于在面向对象的编程语言和关系数据库之间转换数据的编程技术。

定义：Hibernate 是一个 Java 的 ORM 框架。它提供了将面向对象的域模型映射到关系数据库表的工具。Hibernate 通过用对象操作替代直接数据库访问来管理面向对象模型和关系数据库模型之间的不兼容性。

19.1.3 单元测试必须快速运行

假设已经解决了前两个问题，并且有了一个良好的运行环境，其中有数百个单元测试涉及访问数据库的对象，而且开发人员可以很容易地添加新的单元测试。这些似乎很不错，但是当开发人员运行构建时（他们每天都要重复该动作很多次，至少在更新了工作空间之后，以及提交对源代码控制系统的修改之前），要花 10 分钟才能完成构建，而其中 9 分钟都花在了数据库测试上。那么你应该怎么做呢？

这是最困难的问题之一，因为该问题并不总能得到解决。通常，时延是由数据库访问本身引起的，因为数据库可能是一个有几十个用户访问的远程服务器。一种可能的解决办法是将数据库移到更靠近开发人员的地方，可以使用嵌入式数据库（如果应用程序使用支持数据库的标准 SQL 或使用 ORM 框架）或者在本地安装一个轻量级版本的数据库。

定义：嵌入式数据库（embedded database）是一种绑定在应用程序中而无须由外部服务器管理的数据库（这是典型的场景）。有多种嵌入式数据库可供 Java 应用程序使用，其中大多数是开源项目，如 H2、HSQLDB 和 Apache Derby 等。嵌入式数据库的基本特征是由应用程序管理，而不是由编写它的语言管理。例如，HSQLDB 和 Derby 都支持用户/服务器模式（除了嵌入式选项之外），而 SQLite（一款基于 C 语言的产品）也可以嵌入 Java 应用程序。

在本章后面的各节中，先介绍如何使用纯 JDBC 应用程序和嵌入式数据库，之后介绍如何将 Spring 和 Hibernate 作为 ORM 框架，并采取一些措施解决数据库单元测试阻抗不匹配的问题。

19.2 测试 JDBC 应用程序

JDBC 是一种 Java API，定义了用户如何访问数据库。它提供了在关系数据库中查询和更新数据的方法。最初是在 1997 年作为 JDK 1.1 的一部分发布。从那时起，JDBC 就成了 Java 平台标准版（Java SE）的一部分。因为它是 Java 中使用的早期 API 之一，是为访问数据库应用程序设计的，所以它仍然可能在项目中遇到，甚至可能不与其他任何技术相结合。

我们的示例将从一个纯 JDBC 应用程序开始，然后引入 Spring 和 Hibernate，最后测试这些应用程序。这里将介绍如何测试这类数据库应用程序，并介绍如何避免数据库单元测试阻抗不匹配。

Tested Data Systems 公司需要将航班管理应用程序的信息持久化到数据库中。George 的工作是分析应用程序并将现代技术应用到其中。这个 JDBC 应用程序包含一个描述乘客来自哪个国家的 Country 类，如清单 19.1 所示。

清单 19.1 Country 类

```
public class Country {
    private String name;
    private String codeName;

    public Country(String name, String codeName) {
        this.name = name;
        this.codeName = codeName;
    }

    public String getName() {
        return name;
    }

    public void setName(String name) {
        this.name = name;
    }

    public String getCodeName() {
        return codeName;
    }

    public void setCodeName(String codeName) {
        this.codeName = codeName;
    }

    @Override
    public String toString() {
        return "Country{" +
               "name='" + name + '\'' +
               ", codeName='" + codeName + '\'' +
               '}';
    }

    @Override
    public boolean equals(Object o) {
        if (this == o) return true;
        if (o == null || getClass() != o.getClass()) return false;
        Country country = (Country) o;
        return Objects.equals(name, country.name) &&
                 Objects.equals(codeName, country.codeName);
    }

    @Override
    public int hashCode() {
        return Objects.hash(name, codeName);
    }
}
```

清单 19.1 所示的代码实现了如下操作。

- 为 Country 类声明 name 和 codeName 字段，以及 getter 和 setter 方法（❶处）。

- 创建 Country 类的构造方法，以初始化 name 和 codeName 字段（❷处）。
- 覆盖 toString 方法以显示国家信息（❸处）。
- 覆盖 equals 和 hashCode 方法，其中考虑到 name 和 codeName 字段（❹处）。

应用程序目前使用 H2 嵌入式数据库测试。Maven 的 pom.xml 文件包含 JUnit 5 依赖项和 H2 依赖项，如清单 19.2 所示。

清单 19.2 Maven 的 pom.xml 文件

```
<dependencies>
   <dependency>
      <groupId>org.junit.jupiter</groupId>
      <artifactId>junit-jupiter-api</artifactId>
      <version>5.6.0</version>
      <scope>test</scope>
   </dependency>
   <dependency>
      <groupId>org.junit.jupiter</groupId>
      <artifactId>junit-jupiter-engine</artifactId>
      <version>5.6.0</version>
      <scope>test</scope>
   </dependency>
   <dependency>
      <groupId>com.h2database</groupId>
      <artifactId>h2</artifactId>
      <version>1.4.199</version>
   </dependency>
</dependencies>
```

应用程序通过 ConnectionManager 和 TablesManager 类（见清单 19.3 和清单 19.4）管理到数据库的连接和对数据库表的操作。

清单 19.3 ConnectionManager 类

```
[...]
public class ConnectionManager {

   private static Connection connection;                    ❶

   public static Connection openConnection() {

      try {
          Class.forName("org.h2.Driver");                   ❷
          connection = DriverManager.getConnection(
               "jdbc:h2:~/country", "sa",
               ""                                           ❸
               );
          return connection;                                ❹
      } catch(ClassNotFoundException | SQLException e) {
          throw new RuntimeException(e);                    ❺
      }
   }
```

```
    public static void closeConnection() {
       if (null != connection) {                          ❻
          try {
             connection.close();                              ❼
          } catch(SQLException e) {
             throw new RuntimeException(e);               ❽
          }
       }
    }
}
```

清单 19.3 所示的代码实现了如下操作。

- 声明了一个 Connection 类型的 connection 字段（❶处）。
- 在 openConnection 方法中，加载 H2 驱动程序（❷处），并初始化声明的 connection 字段，使用 JDBC 访问 H2 的 country 数据库，用户名为 sa，密码无（❸处）。如果一切顺利，将返回初始化的 connection（❹处）。
- 如果没有找到 H2 驱动程序类，或者代码遇到 SQLException 异常，程序会捕获它并重新抛出 RuntimeException 异常（❺处）。
- 在 closeConnection 方法中，首先检查确保 connection 不为 null（❻处），然后尝试关闭它（❼处）。如果发生 SQLException 异常，捕获该异常并重新抛出 RuntimeException 异常（❽处）。

清单 19.4　TablesManager 类

```
[...]
public class TablesManager {

    public static void createTable() {
        String sql = "CREATE TABLE COUNTRY( ID IDENTITY,
                   NAME VARCHAR(255), CODE_NAME VARCHAR(255) );";   ❶
        executeStatement(sql);                                    ❷
    }

    public static void dropTable() {
        String sql = "DROP TABLE IF EXISTS COUNTRY;";                 ❸
        executeStatement(sql);                                    ❹
    }

    private static void executeStatement(String sql) {
      PreparedStatement statement;                                ❺

        try {
            Connection connection = openConnection();                    ❻
            statement = connection.prepareStatement(sql);            ❼
            statement.executeUpdate();                            ❽
   ❾        statement.close();
        } catch (SQLException e) {
          throw new RuntimeException(e);                       ❿
        } finally {
```

```
            closeConnection();        ⑪
        }
    }
}
```

清单 19.4 所示的代码实现了如下操作。

- 在 createTable 方法中声明一条 CREATE 语句，该语句使用 IDENTITY 类型的 ID 字段以及 VARCHAR 类型的 NAME 和 CODE_NAME 字段创建 COUNTRY 表（❶处）。然后运行该语句（❷处）。
- 在 dropTable 方法中声明一条 DROP 语句来删除 COUNTRY 表（如果存在的话，❸处），然后运行该语句（❹处）。
- 在 executeStatement 方法中声明一个 PreparedStatement 变量（❺处）。然后打开连接（❻处）、准备语句（❼处）、运行语句（❽处），关闭语句（❾处）。如果捕获到 SQLException 异常，程序会重新抛出 RuntimeException 异常（❿处）。不管语句是否成功运行，连接都会关闭（⓫处）。

在应用程序中声明 CountryDao 类，它是 DAO 模式的实现，提供了数据库的抽象接口，可对它运行查询。CountryDao 类如清单 19.5 所示。

清单 19.5 CountryDao 类

```
[...]
public class CountryDao {
   private static final String GET_ALL_COUNTRIES_SQL =          ❶
           "select * from country";
   private static final String GET_COUNTRIES_BY_NAME_SQL =      ❷
           "select * from country where name like ?";
   public List<Country> getCountryList() {
      List<Country> countryList = new ArrayList<>();            ❸

      try {                                                     ❹
         Connection connection = openConnection();
         PreparedStatement statement =
                 connection.prepareStatement(GET_ALL_COUNTRIES_SQL);   ❺
         ResultSet resultSet = statement.executeQuery();

         while (resultSet.next()) {
            countryList.add(new Country(resultSet.getString(2),        ❻
                                 resultSet.getString(3)));
         }
         statement.close();                                     ❼
      } catch (SQLException e) {
         throw new RuntimeException(e);                         ❽
      } finally {
         closeConnection();                                     ❾
      }
      return countryList;                                       ❿
   }
```

```
public List<Country> getCountryListStartWith(String name) {
    List<Country> countryList = new ArrayList<>();                    ⓫

    try {
        Connection connection = openConnection();                     ⓬
        PreparedStatement statement =
                connection.prepareStatement(GET_COUNTRIES_BY_NAME_SQL);
        statement.setString(1, name + "%");                           ⓭
        ResultSet resultSet = statement.executeQuery();

        while (resultSet.next()) {
            countryList.add(new Country(resultSet.getString(2),       ⓮
                                resultSet.getString(3)));
        }
⓯       statement.close();
    } catch (SQLException e) {
        throw new RuntimeException(e);                                ⓰
    } finally {
        closeConnection();                                            ⓱
    }
    return countryList;                                               ⓲
  }
}
```

清单 19.5 所示的代码实现了如下操作。

- 声明两条 SELECT 语句，以从 COUNTRY 获取所有国家信息（❶处），并找到名称与某个模式匹配的国家（❷处）。
- 在 getCountryList 方法中，初始化一个空的国家列表（❸处）、打开一个连接（❹处）、准备语句，并运行该语句（❺处）。
- 将所有从数据库返回的结果添加到国家列表中（❻处），然后关闭语句对象（❼处）。如果捕获到 SQLException 异常，将重新抛出 RuntimeException 异常（❽处）。不管语句是否成功运行，连接都将被关闭（❾处）。在 getCountryList 方法末尾返回国家列表（❿处）。
- 在 getCountryListStartWith 方法中，初始化一个空的国家列表（⓫处）、打开一个连接（⓬处）、准备语句，并运行该语句（⓭处）。
- 将所有从数据库返回的结果添加到国家列表中（⓮处），然后关闭语句对象（⓯处）。如果捕获到 SQLException 异常，重新抛出 RuntimeException 异常（⓰处）。不管语句是否成功运行，连接都将被关闭（⓱处）。在 getCountryListStartWith 方法末尾返回国家列表（⓲处）。

为测试程序，George 定义了两个类。CountriesLoader（见清单 19.6）用于向数据库插入数据并确保它处于一个已知状态；CountriesDatabaseTest 类（见清单 19.7）用于测试应用程序与数据库的交互。

清单 19.6　CountriesLoader 类

```
[...]
public class CountriesLoader {

    private static final String LOAD_COUNTRIES_SQL =          ❶
            "insert into country (name, code_name) values ";

    public static final String[][] COUNTRY_INIT_DATA = {
          { "Australia", "AU"}, { "Canada", "CA" }, { "France", "FR" },
          { "Germany", "DE" }, { "Italy", "IT" }, { "Japan", "JP" },     ❷
          { "Romania", "RO" },{ "Russian Federation", "RU" },
          { "Spain", "ES" }, { "Switzerland", "CH" },
          { "United Kingdom", "UK" }, { "United States", "US" } };

    public void loadCountries() {
        for (String[] countryData : COUNTRY_INIT_DATA) {          ❸
            String sql = LOAD_COUNTRIES_SQL + "('" + countryData[0] +     ❹
                       "', '" + countryData[1] + "');";

            try {
                Connection connection = openConnection();          ❺
                PreparedStatement statement =
                      connection.prepareStatement(sql);          ❻
                statement.executeUpdate();
                statement.close();
            } catch (SQLException e) {
                throw new RuntimeException(e);          ❼
            } finally {
                closeConnection();          ❽
            }
        }
    }
}
```

清单 19.6 所示的代码实现了如下操作。

- 声明一条 INSERT 语句，将一个国家的信息插入 COUNTRY 表中（❶处）。然后，为插入的国家信息声明初始化数据（❷处）。
- 在 loadCountries 方法中，浏览国家的初始化数据（❸处），并构建插入每个特定国家的 SQL 查询（❹处）。
- 打开连接（❺处）、准备语句、运行语句，然后关闭它（❻处）。如果捕获到一个 SQLException 异常，会重新抛出 RuntimeException 异常（❼处）。不管语句是否成功运行，最终连接都会关闭（❽处）。

清单 19.7　CountriesDatabaseTest 类

```
import static
    com.manning.junitbook.databases.CountriesLoader.COUNTRY_INIT_DATA;
[...]                                                          ❶

public class CountriesDatabaseTest {
```

```
    private CountryDao countryDao = new CountryDao();                    ①
    private CountriesLoader countriesLoader = new CountriesLoader();

    private List<Country> expectedCountryList = new ArrayList<>();       ②
    private List<Country> expectedCountryListStartsWithA =               ③
                          new ArrayList<>();
    @BeforeEach                                                          ④
    public void setUp() {
        TablesManager.createTable();                                     ⑤
        initExpectedCountryLists();                                      ⑥
        countriesLoader.loadCountries();                                 ⑦
    }

    @Test
    public void testCountryList() {
        List<Country> countryList = countryDao.getCountryList();         ⑧
        assertNotNull(countryList);                                      ⑨
        assertEquals(expectedCountryList.size(), countryList.size());    ⑩
        for (int i = 0; i < expectedCountryList.size(); i++) {           ⑪
            assertEquals(expectedCountryList.get(i), countryList.get(i));
        }
    }

    @Test
    public void testCountryListStartsWithA() {
        List<Country> countryList =                                      ⑫
                   countryDao.getCountryListStartWith("A");
        assertNotNull(countryList);                                      ⑬
        assertEquals(expectedCountryListStartsWithA.size(),              ⑭
                  countryList.size());
        for (int i = 0; i < expectedCountryListStartsWithA.size();       ⑮
                 i++) {
            assertEquals(expectedCountryListStartsWithA.get(i),
                     countryList.get(i));
        }
    }

    @AfterEach                                                           ⑯
    public void dropDown() {
        TablesManager.dropTable();                                       ⑰
    }

    private void initExpectedCountryLists() {
        for (int i = 0; i < COUNTRY_INIT_DATA.length; i++) {             ⑱
            String[] countryInitData = COUNTRY_INIT_DATA[i];             ⑲
            Country country = new Country(countryInitData[0],
                          countryInitData[1]);
            expectedCountryList.add(country);                            ⑳
            if (country.getName().startsWith("A")) {                     ㉑
                expectedCountryListStartsWithA.add(country);
            }
        }
    }
}
```

清单 19.7 所示的代码实现了如下操作。

- 从 CountriesLoader 类静态地导入国家数据，并初始化 CountryDao 和 CountriesLoader（❶处）。初始化预期国家的空列表（❷处）和以“A”开头的预期国家的空列表（❸处）。（可以使用任何字母，但目前的测试只寻找名字以“A”开头的国家。）
- 用@BeforeEach 注解标注 setUp 方法，因此在每个测试运行之前运行该方法（❹处）。该方法在数据库中创建了空的 COUNTRY 表（❺处），初始化了预期的国家列表（❻处），并加载了数据库中的国家信息（❼处）。
- 在 testCountryList 方法中，使用来自 CountryDao 类的 getCountryList 方法从数据库初始化国家列表（❽处）。然后检查所获得的列表是否为 null（❾处）、是否为预期大小（❿处），以及它的内容是否与预期相符（⓫处）。
- 在 testCountryListStartsWithA 方法中，使用来自 CountryDao 类（⓬处）的 getCountryListStartWith 方法初始化数据库中以“A”开头的国家列表。然后检查所获得的列表是否为 null（⓭处）、是否为预期大小（⓮处），以及它的内容是否与预期相符（⓯处）。
- 用@AfterEach 注解标注 dropDown 方法，以便在每个测试运行之后运行（⓰处）。该方法从数据库中删除了 COUNTRY 表（⓱处）。
- 在 initExpectedCountryLists 方法中，浏览国家的初始化数据（⓲处），在每个步骤创建一个 Country 对象（⓳处），并将其添加到预期的国家列表中（⓴处）。如果国家的名字以“A”开头，将它添加到名字以“A”开头的、预期的国家列表中（㉑处）。

成功运行来自 JDBC 应用程序的测试，结果如图 19.1 所示。

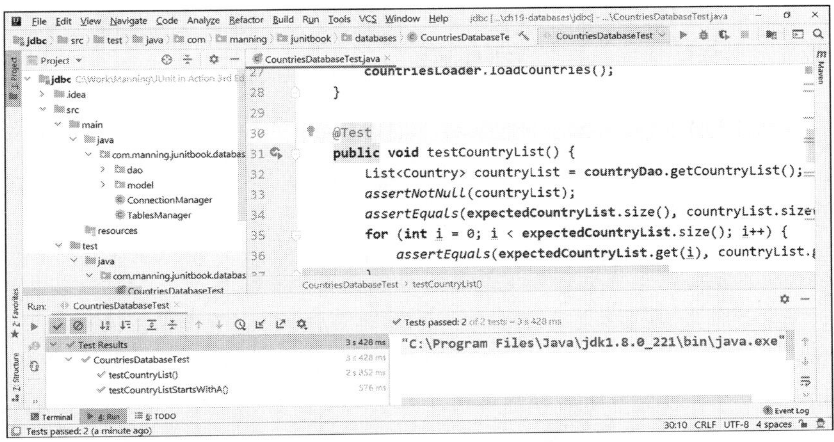

图 19.1　成功运行来自 JDBC 应用程序的测试。这些测试可以检查与 COUNTRY 表的交互

这是应用程序分配给 George 时的状态，现在他需要改进测试的方式。应用程序目前通过 JDBC 访问和测试数据库，这需要大量乏味的代码来完成以下工作。

- 创建并打开连接。
- 指定、准备和运行语句。
- 遍历结果。
- 为每次迭代编写代码。
- 处理异常。
- 关闭连接。

George 将寻求减轻“数据库负担”的措施，以便开发人员能够改进编写测试的方式，并解决数据库单元测试阻抗不匹配的问题。

19.3　测试 Spring JDBC 应用程序

第 18 章介绍了 Spring 框架和 Spring 应用程序的测试。George 决定将 Spring 引入航班管理应用程序的数据库应用中，以减轻数据库的负担，并通过 Spring IoC 处理与数据库的交互。

应用程序的 Country 类保持不变。为迁移到 Spring，需要做一些其他修改：首先，在 Maven 的 pom.xml 文件中添加新的依赖项。

清单 19.8　在 pom.xml 文件中添加新的依赖项

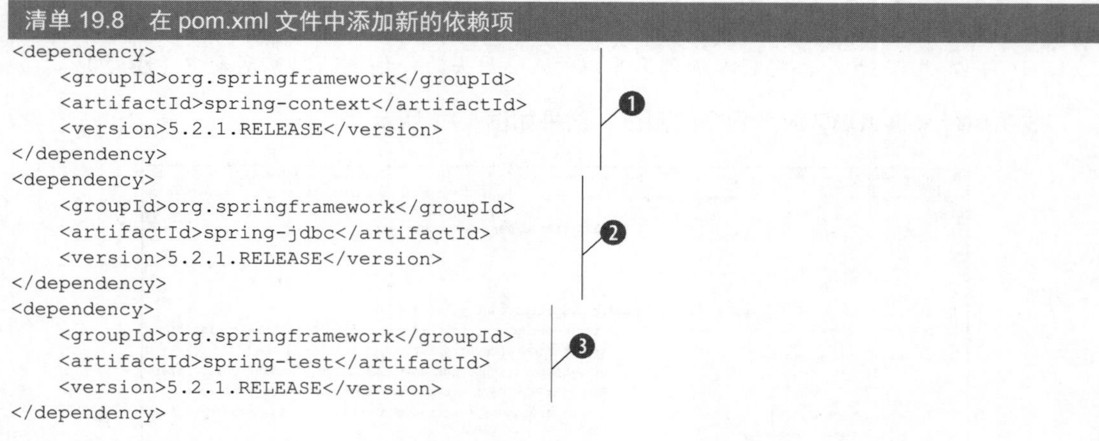

```
<dependency>
    <groupId>org.springframework</groupId>
    <artifactId>spring-context</artifactId>        ❶
    <version>5.2.1.RELEASE</version>
</dependency>
<dependency>
    <groupId>org.springframework</groupId>
    <artifactId>spring-jdbc</artifactId>           ❷
    <version>5.2.1.RELEASE</version>
</dependency>
<dependency>
    <groupId>org.springframework</groupId>
    <artifactId>spring-test</artifactId>           ❸
    <version>5.2.1.RELEASE</version>
</dependency>
```

清单 19.8 中，添加了以下依赖项。

- spring-context，是 Spring IoC 容器的依赖项（❶处）。
- spring-jdbc，因为应用程序仍然使用 JDBC 访问数据库。由 Spring 控制连接、准备和运行语句以及处理异常（❷处）。
- spring-test，支持在 Spring 的帮助下编写测试，是使用 SpringExtension 和@ContextConfiguration 注解所必需的（❸处）。

在 test/resources 项目文件夹中，添加两个文件：一个用于创建数据库模式（见清单 19.9），另一个用于配置应用程序的 Spring 上下文（见清单 19.10）。

清单 19.9 db-schema.sql 文件

```
create table country( id identity , name varchar (255) , code_name varchar
    (255) );
```

在清单 19.9 中，创建 COUNTRY 表的语句包含 3 个字段：ID（标识字段）、NAME 和 CODE_NAME（VARCHAR 类型）。

清单 19.10 application-context.xml 文件

```
<jdbc:embedded-database id="dataSource" type="H2">
   <jdbc:script location="classpath:db-schema.sql"/>          ❶
</jdbc:embedded-database>

<bean id="countryDao"
      class="com.manning.junitbook.databases.dao.CountryDao">
       <property name="dataSource" ref="dataSource"/>                ❷
</bean>

<bean id="countriesLoader"
     class="com.manning.junitbook.databases.CountriesLoader">
   <property name="dataSource" ref="dataSource"/>                    ❸
</bean>
```

在清单 19.10 中，指示 Spring 容器创建 3 个 bean。

- dataSource，指向类型为 H2 的 JDBC 嵌入式数据库。在清单 19.9 所示的 db-schema.sql 文件的帮助下初始化数据库。该文件位于类路径中（❶处）。
- countryDao，用于运行对数据库信息进行查询的 DAO bean（❷处）。它的 dataSource 属性指向先前声明的 dataSource bean。
- countriesLoader，初始化数据库的内容并将其设置为已知的状态（❸处）。它也有一个 dataSource 属性，指向之前声明的 dataSource bean。

George 将修改 CountriesLoader 类，该类从数据库加载国家信息，并将其设置为已知状态，如清单 19.11 所示。

清单 19.11 CountriesLoader 类

```
public class CountriesLoader extends JdbcDaoSupport      ❶
{

   private static final String LOAD_COUNTRIES_SQL =        ❷
          "insert into country (name, code_name) values ";

   public static final String[][] COUNTRY_INIT_DATA = {
         { "Australia", "AU"}, { "Canada", "CA" }, { "France", "FR" },
         { "Germany", "DE" }, { "Italy", "IT" }, { "Japan", "JP" },        ❸
         { "Romania", "RO" },{ "Russian Federation", "RU" },
         { "Spain", "ES" }, { "Switzerland", "CH" },
   { "United Kingdom", "UK" }, { "United States", "US" } };
```

```
    public void loadCountries() {
    for (String[] countryData : COUNTRY_INIT_DATA) {        ④
      String sql = LOAD_COUNTRIES_SQL + "('" + countryData[0] +
                      "','" + countryData[1] + "');";           ⑤
        getJdbcTemplate().execute(sql);
    }
}

}
```

清单 19.11 所示的代码实现了如下操作。

- 将 CountriesLoader 类声明为 JdbcDaoSupport 的扩展（❶处）。
- 声明了一条 INSERT 语句，以便在 COUNTRY 表中插入一个国家的信息（❷处）。然后，为要插入的国家的信息声明初始化数据（❸处）。
- 在 loadCountries 方法中，浏览国家的初始化数据（❹处），构建插入每个特定的国家的 SQL 查询，并在数据库中运行该语句（❺处）。使用 Spring IoC 方法，不需要运行以前那些烦琐的任务：打开连接、准备语句、运行并关闭它、处理异常以及关闭连接等。

Spring JDBC 类

JdbcDaoSupport 是一个 Spring JDBC 类，它有助于配置和传输数据库参数。如果一个类扩展了 JdbcDaoSupport，那么 JdbcDaoSupport 隐藏了创建 JdbcTemplate 的方式。

JdbcTemplate 是 org.springframework.jdbc.core 包中的核心类。getJdbcTemplate 是 JdbcDaoSupport 类的一个 final 方法，它提供对已初始化的 JdbcTemplate 对象的访问，该对象用于运行 SQL 查询、迭代结果并捕获 JDBC 异常。

George 还将更改测试代码，以使用 Spring 并减轻开发人员的数据库负担。首先实现 CountryRowMapper 类，该类实现 COUNTRY 数据库表的列与应用程序 Country 类的字段的映射，如清单 19.12 所示。

清单 19.12 CountryRowMapper 类

```
[...]
public class CountryRowMapper implements RowMapper<Country> {      ❶
   public static final String NAME = "name";
   public static final String CODE_NAME = "code_name";            ❷

   @Override
   public Country mapRow(ResultSet resultSet, int i)
                                 throws SQLException {
      Country country = new Country(resultSet.getString(NAME),    ❸
         resultSet.getString(CODE_NAME));
      return country;                                             ❹
   }
}
```

清单 19.12 所示的代码实现了如下操作。

- 将 CountryRowMapper 类声明为 RowMapper 接口的实现(❶处)。RowMapper 是 Spring JDBC 的一个接口，它将访问数据库获得的 ResultSet 映射到某些对象上。
- 声明了要在类中使用的字符串常量 NAME 和 CODE_NAME，它们表示表中各列的名称(❷处)。该类将一次性定义如何将列映射到对象字段并使其可重用，不再需要像在 JDBC 版本中那样每次设置语句参数。
- 覆盖了从 RowMapper 接口继承的 mapRow 方法。从数据库的 ResultSet 中获取两个字符串参数，并构建一个 Country 对象(❸处)，然后在方法末尾返回它(❹处)。

George 将修改现有的 CountryDao 类，以使用 Spring 与数据库交互，如清单 19.13 所示。

清单 19.13 CountryDao 类

```
[...]
public class CountryDao extends JdbcDaoSupport                          ❶
{
   private static final String GET_ALL_COUNTRIES_SQL =
           "select * from country";                                     ❷
   private static final String GET_COUNTRIES_BY_NAME_SQL =
           "select * from country where name like :name";

   private static final CountryRowMapper COUNTRY_ROW_MAPPER =           ❸
           new CountryRowMapper();

   public List<Country> getCountryList() {
      List<Country> countryList =
       getJdbcTemplate().
                    query(GET_ALL_COUNTRIES_SQL, COUNTRY_ROW_MAPPER);   ❹
      return countryList;
   }

   public List<Country> getCountryListStartWith(String name) {
        NamedParameterJdbcTemplate namedParameterJdbcTemplate =
            new NamedParameterJdbcTemplate(getDataSource());            ❺
         SqlParameterSource sqlParameterSource =
            new MapSqlParameterSource("name", name + "%");              ❻
         return namedParameterJdbcTemplate.
                                   query(GET_COUNTRIES_BY_NAME_SQL,     ❼
            sqlParameterSource, COUNTRY_ROW_MAPPER);
   }

}
```

清单 19.13 所示的代码实现了如下操作。

- 将 CountryDao 类声明为扩展的 JdbcDaoSupport 类(❶处)。
- 声明了两条 SELECT 语句，以从 COUNTRY 表中获取所有国家信息，并找到名称与某个模式匹配的国家(❷处)。在第二条语句中，用一个命名的参数(:name)替换了这个参数，它将在类中以这种方式使用。

- 初始化一个 CountryRowMapper 实例，即之前清单 19.12 创建的类（❸处）。
- 在 getCountryList 方法中，用 SQL 语句查询 COUNTRY 表，该语句将返回所有国家信息，以及将表中的列与 Country 对象中的字段匹配的 CountryRowMapper。getCountryList 方法直接返回一个 Country 对象列表（❹处）。
- 在 getCountryListStartWith 方法中，初始化一个 NamedParameterJdbcTemplate 变量（❺处）。NamedParameterJdbcTemplate 允许使用命名参数，而不是使用问号（？）占位符。getDataSource 方法返回的值将作为 NamedParameterJdbcTemplate 构造方法的参数，它是从 JdbcDaoSupport 继承的一个 final 方法，该方法将返回 DAO 使用的 DataSource 对象。
- 初始化 SqlParameterSource 变量（❻处）。SqlParameterSource 用于定义对象的功能，这些对象可以为命名的 SQL 参数提供参数值，并可作为 NamedParameterJdbcTemplate 操作的一个参数。
- 用 SQL 语句查询 COUNTRY 表，将返回所有名称以“A”开头的国家和 CountryRowMapper，后者将表中的列与 Country 对象中的字段相匹配（❼处）。

最后，George 修改现有的 CountriesDatabaseTest 以使用 Spring JDBC 方法，如清单 19.14 所示。

清单 19.14 CountriesDatabaseTest 类

```
[...]
@ExtendWith(SpringExtension.class)                                        ❶
@ContextConfiguration("classpath:application-context.xml")            ❷
public class CountriesDatabaseTest {

    @Autowired
    private CountryDao countryDao;                   ❸

    @Autowired
    private CountriesLoader countriesLoader;                  ❹

    private List<Country> expectedCountryList =
                                  new ArrayList<Country>();        ❺
    private List<Country> expectedCountryListStartsWithA =
           new ArrayList<Country>();                       ❻

❼  @BeforeEach
    public void setUp() {
        initExpectedCountryLists();               ❽
        countriesLoader.loadCountries();                ❾
    }


    @Test
    @DirtiesContext                    ❿
    public void testCountryList() {
        List<Country> countryList = countryDao.getCountryList();       ⓫
```

```
        assertNotNull(countryList);
        assertEquals(expectedCountryList.size(), countryList.size());
        for (int i = 0; i < expectedCountryList.size(); i++) {
            assertEquals(expectedCountryList.get(i),
                                            countryList.get(i));
        }
    }

    @Test
    @DirtiesContext
    public void testCountryListStartsWithA() {
        List<Country> countryList =
                    countryDao.getCountryListStartWith("A");
        assertNotNull(countryList);
        assertEquals(expectedCountryListStartsWithA.size(),
                    countryList.size());
        for (int i = 0; i < expectedCountryListStartsWithA.size();
                                                            i++) {
            assertEquals(expectedCountryListStartsWithA.get(i),
                        countryList.get(i));
        }
    }

    private void initExpectedCountryLists() {
      for (int i = 0; i < CountriesLoader.COUNTRY_INIT_DATA.length; i++) {
         String[] countryInitData =
                          CountriesLoader.COUNTRY_INIT_DATA[i];
         Country country = new Country(countryInitData[0],
                 countryInitData[1]);
         expectedCountryList.add(country);
         if (country.getName().startsWith("A")) {
             expectedCountryListStartsWithA.add(country);
         }
      }
    }
}
```

清单 19.14 所示的代码实现了如下操作。

- 用 SpringExtension 标注了要扩展的测试类（❶处）。SpringExtension 用于将 Spring 的 TestContext 与 JUnit Jupiter 测试集成在一起。
- 用@ContextConfiguration 对测试类进行标注，以查找类路径中的 application-context.xml 文件中的上下文配置（❷处）。
- 自动装配了在 application-context.xml 文件中声明的 CountryDao bean（❸处）和 CountriesLoader bean（❹处）。
- 初始化一个预期的国家的空列表（❺处）和一个预期的名称以“A”开头的国家的空列表（❻处）。
- 用@BeforeEach 注解标注 setUp 方法，因此它将在每个测试运行之前运行（❼处）。在该方法中，初始化了预期的国家列表（❽处），并从数据库中加载了国家信息（❾处）。

数据库由 Spring 初始化，这里已经取消了手动初始化。

- 用@DirtiesContext 注解标注测试方法（❿处）。当一个测试修改了上下文（在本示例中是嵌入式数据库的状态）时，将使用该注解。这减轻了数据库的负担。随后的测试将提供一个新的、未修改的上下文。
- 在 testCountryList 方法中，使用 CountryDao 类的 getCountryList 从数据库初始化国家列表（⓫处）。然后检查获得的列表是否为 null（⓬处），是否为预期大小（⓭处），以及其内容是否与预期相符（⓮处）。
- 在 testCountryListStartsWithA 方法中，使用 CountryDao 类的 getCountryListStartWith 初始化数据库中名称以“A”开头的国家列表（⓯处）。然后检查所获得的列表是否为 null（⓰处），是否为预期的大小（⓱处），以及其内容是否与预期相符（⓲处）。
- 在 initExpectedCountryLists 方法中，浏览国家的初始化数据（⓳处），在每个步骤创建一个 Country 对象（⓴处），并将其添加到预期的国家列表中（㉑处）。如果一个国家的名称以“A”开头，还会将其添加到名称以“A”开头的、预期的国家列表中（㉒处）。

成功运行 Spring JDBC 应用程序的测试，结果如图 19.2 所示。

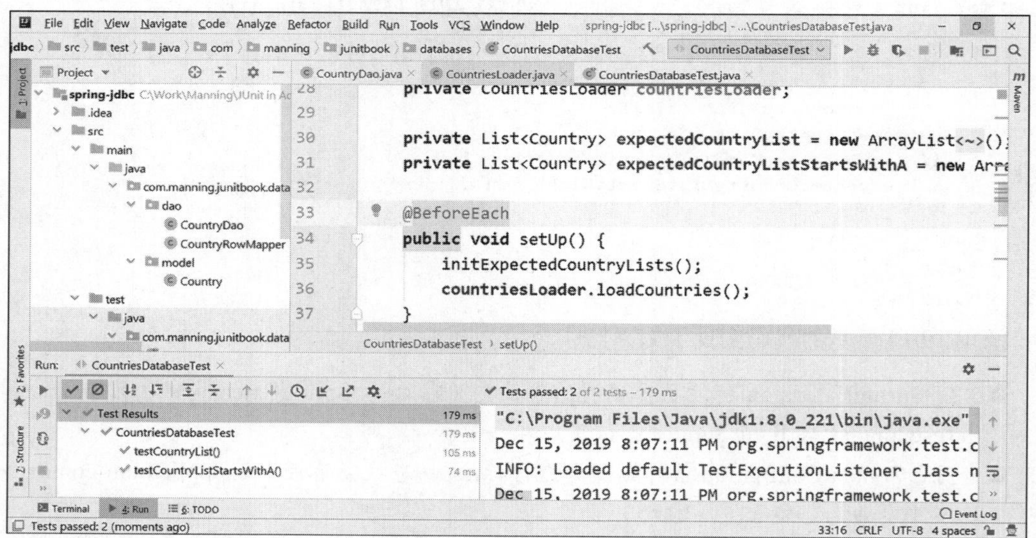

图 19.2　成功运行 Spring JDBC 应用程序的测试。这些测试可以检查与 COUNRTY 表的交互

应用程序现在通过 Spring JDBC 访问和测试数据库。这种方法有如下优点。

- 不再需要像以前那样编写大量冗长的代码。
- 不再需要自己建立和打开数据库连接。

- 不再需要准备和运行语句、处理异常或关闭连接。
- 除处理 Spring 应用程序的上下文配置，以及行映射器外，就只需要指定语句并遍历得到的结果。

Spring 允许配置替代方案，正如在前文介绍的那样。在这里使用基于 XML 的配置进行测试，因为它更容易修改。如前所述，要全面了解 Spring 框架和配置的可能性，推荐阅读 Craig Walls 编写的 *Spring in Action* 一书。

接下来，George 将考虑进一步的替代方案，以测试与数据库的交互，并减轻开发人员维护数据库的负担。

19.4 测试 Hibernate 应用程序

Java 持久化 API（Java Persistence API，JPA）是一个描述关系数据管理的规范，用户使用 API 操作数据以及 ORM 的元数据。Hibernate 是一个 Java 的 ORM 框架，它实现了 JPA 规范，是目前最流行的 JPA 实现之一。该框架在 JPA 规范发布之前就存在，因此，Hibernate 保留了它原来的 API，并提供了一些非标准的特性。在我们的示例中将使用标准 JPA。

Hibernate 提供了将面向对象的域模型映射到关系数据库表的功能。它用对象处理函数替换直接数据库访问来管理面向对象模型和关系数据库模型的不兼容性。使用 Hibernate 为访问和测试数据库提供了一系列优势。

- **更快的开发**——Hibernate 消除了重复的代码，如将查询结果列映射到对象字段，或将对象字段映射到查询结果列。
- **数据访问更抽象和可移植**——ORM 实现类知道如何编写针对供应商的 SQL，因此我们不必考虑这一点。
- **缓存管理**——实体都被缓存在内存中，从而减少了数据库的负载。
- **生成模板**——Hibernate 为基本的 CRUD 操作生成代码。

George 首先在 Maven 的 pom.xml 配置文件中引入 Hibernate 依赖项，如清单 19.15 所示。

清单 19.15 在 Maven pom.xml 文件中引入 Hibernate 依赖项

```
<dependency>
    <groupId>org.hibernate</groupId>
    <artifactId>hibernate-core</artifactId>
    <version>5.4.9.Final</version>
</dependency>
```

然后，George 将修改 Country 类，将其标注为实体，并将其字段标注为一个表的列，如清单 19.16 所示。

清单 19.16　带注解的 Country 类

```
@Entity
@Table(name = "COUNTRY")
public class Country {
    @Id
    @GeneratedValue(strategy = GenerationType.IDENTITY)
    @Column(name = "ID")
    private int id;

    @Column(name = "NAME")
    private String name;

    @Column(name = "CODE_NAME")
    private String codeName;

    [...]
}
```

清单 19.16 所示的代码实现了如下操作。

- 用@Entity 标注 Country 类，这样它就可以表示数据库中的对象（❶处）。数据库中对应的表由@Table 注解提供，它被命名为 COUNTRY（❷处）。
- id 字段被标记为主键（❸处），它的值使用数据库标识列自动生成（❹处），对应的表列是 ID（❺处）。
- 用@Column 注解标注类中的 name 和 codeName 字段所对应的表列（❻处）。

Hibernate 的标准配置文件是 persistence.xml，位于 test/resources/META-INF 文件夹中，如清单 19.17 所示。

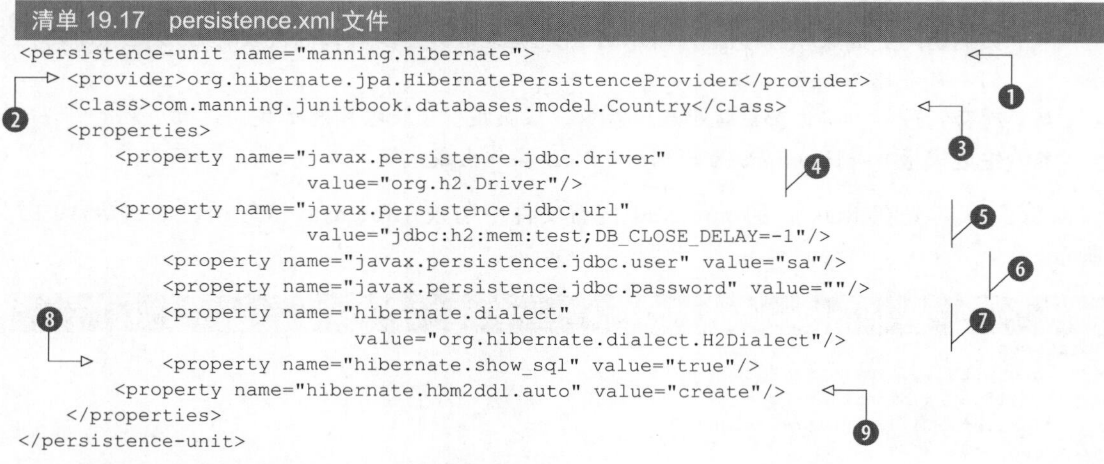

清单 19.17　persistence.xml 文件

```
<persistence-unit name="manning.hibernate">
    <provider>org.hibernate.jpa.HibernatePersistenceProvider</provider>
    <class>com.manning.junitbook.databases.model.Country</class>
    <properties>
        <property name="javax.persistence.jdbc.driver"
                  value="org.h2.Driver"/>
        <property name="javax.persistence.jdbc.url"
                  value="jdbc:h2:mem:test;DB_CLOSE_DELAY=-1"/>
            <property name="javax.persistence.jdbc.user" value="sa"/>
            <property name="javax.persistence.jdbc.password" value=""/>
            <property name="hibernate.dialect"
                      value="org.hibernate.dialect.H2Dialect"/>
            <property name="hibernate.show_sql" value="true"/>
        <property name="hibernate.hbm2ddl.auto" value="create"/>
    </properties>
</persistence-unit>
```

清单 19.17 所示的代码实现了如下操作。

- 将持久化单元指定为 manning.hibernate（❶处）。persistence.xml 文件必须在当前作用域内的类加载器中定义一个具有唯一名称的持久化单元。

- 指定了提供者，也就是 JPA EntityManager 的底层实现（❷处）。EntityManager 可以管理一组持久对象，并具有插入新对象和读取/更新/删除现有对象的 API。在本示例中，EntityManager 是 Hibernate。
- 将 Hibernate 管理的实体类定义为我们的应用中的 Country 类（❸处）。
- 将 JDBC 驱动程序指定为 H2，因为这是正在使用的数据库类型（❹处）。
- 指定了 H2 数据库的 URL。此外，DB_CLOSE_DELAY=-1 在虚拟机处于活动状态时保持数据库打开并将其内容保存在内存中（❺处）。
- 指定了访问数据库的凭据：用户名和密码（❻处）。
- 将生成查询的 SQL 方言设置为 H2Dialect（❼处），并在控制台上显示生成的查询（❽处）。
- 每次运行测试时，都重新创建数据库模式（❾处）。

最后，George 将重写验证数据库应用程序功能的测试，这次使用 Hibernate 框架，如清单 19.18 所示。

清单 19.18　CountriesHibernateTest 文件

```
[...]
public class CountriesHibernateTest {                          ❶

    private EntityManagerFactory emf;                          ❷
    private EntityManager em;

    private List<Country> expectedCountryList =
                          new ArrayList<>();                   ❸
    private List<Country> expectedCountryListStartsWithA =
                          new ArrayList<>();

    public static final String[][] COUNTRY_INIT_DATA = {
        { "Australia", "AU" }, { "Canada", "CA" }, { "France", "FR" },
        { "Germany", "DE" }, { "Italy", "IT" }, { "Japan", "JP" },
        { "Romania", "RO" }, { "Russian Federation", "RU" },      ❹
        { "Spain", "ES" }, { "Switzerland", "CH" },
        { "United Kingdom", "UK" }, { "United States", "US" } };
❺  @BeforeEach
    public void setUp() {
        initExpectedCountryLists();                            ❻

        emf = Persistence.
                    createEntityManagerFactory("manning.hibernate");   ❼
        em = emf.createEntityManager();

        em.getTransaction().begin();

        for (int i = 0; i < COUNTRY_INIT_DATA.length; i++) {
            String[] countryInitData = COUNTRY_INIT_DATA[i];
❽          Country country = new Country(countryInitData[0],       ❾
                                      countryInitData[1]);
            em.persist(country);                               ❿
```

```java
        }
        em.getTransaction().commit();
    }

    @Test
    public void testCountryList() {
        List<Country> countryList = em.createQuery(
                "select c from Country c").getResultList();
        assertNotNull(countryList);
        assertEquals(COUNTRY_INIT_DATA.length, countryList.size());
        for (int i = 0; i < expectedCountryList.size(); i++) {
          assertEquals(expectedCountryList.get(i), countryList.get(i));
        }

    }

    @Test
    public void testCountryListStartsWithA() {
        List<Country> countryList = em.createQuery(
              "select c from Country c where c.name like 'A%'").
                                                   getResultList();
        assertNotNull(countryList);
        assertEquals(expectedCountryListStartsWithA.size(),
                     countryList.size());
        for (int i = 0; i < expectedCountryListStartsWithA.size();
                        i++) {
            assertEquals(expectedCountryListStartsWithA.get(i),
                         countryList.get(i));
        }
    }

    @AfterEach
    public void dropDown() {
        em.close();
        emf.close();
    }

    private void initExpectedCountryLists() {
        for (int i = 0; i < COUNTRY_INIT_DATA.length; i++)

            String[] countryInitData = COUNTRY_INIT_DATA[i];
            Country country = new Country(countryInitData[0],
                                          countryInitData[1]);
            expectedCountryList.add(country);
            if (country.getName().startsWith("A")) {
               expectedCountryListStartsWithA.add(country);
            }
        }
    }
}
```

清单 19.18 所示的代码实现了如下操作。

- 初始化了 EntityManagerFactory（❶处）和 EntityManager 对象（❷处）。EntityManagerFactory 提供了 EntityManager 的实例，用于连接到相同的数据库，而 EntityManager 则访问特定应用程序中的数据库。
- 初始化一个预期国家的空列表，以及一个名称以“A”开头的预期国家的空列表（❸处）。然后，为要插入的国家声明初始化数据（❹处）。
- 用@BeforeEach 注解标注 setUp 方法，这样它会在每个测试运行之前运行（❺处）。在该方法中，初始化国家的预期列表（❻处），以及 EntityManagerFactory 和 EntityManager（❼处）。
- 在一个事务中（❽处），依次初始化每个国家（❾处），并将新创建的国家对象持久化到数据库中）（❿处）。
- 在 testCountryList 方法中，使用 EntityManager 从数据库初始化国家列表，并使用 JPQL SELECT 查询国家实体（⓫处）。Java 持久查询语言（Java Persistence Query Language，JPQL）是一种与平台无关的、面向对象的查询语言，是 JPA 规范的一部分。注意，Country 必须与类的名称完全相同：大写首字母后跟小写字母。然后，检查获得的列表是否为 null（⓬处），其大小是否是预期的大小（⓭处），其内容是否是预期的内容（⓮处）。
- 在 testCountryListStartsWithA 方法中，使用 EntityManager 从数据库初始化名称以“A”开头的国家列表，并使用 JPQL SELECT 查询国家实体（⓯处）。然后，检查获得的列表是否为 null（⓰处），其大小是否是预期的大小（⓱处），其内容是否是预期的内容（⓲处）。
- 用@AfterEach 注解标注 dropDown 方法，以便在每个测试运行之后运行（⓳处）。在该方法中，关闭了 EntityManagerFactory 和 EntityManager（⓴处）。
- 在 initExpectedCountryLists 方法中，浏览国家的初始化数据（㉑处），在每个步骤创建一个国家对象（㉒处），并将其添加到预期的国家列表中（㉓处）。如果一个国家的名称以“A”开头，还要将其添加到名称以“A”开头的、预期的国家列表中（㉔处）。

成功运行 Hibernate 应用程序的测试，结果如图 19.3 所示。

应用程序现在就通过 Hibernate 访问和测试数据库，这种方法有如下优点。

- 不再需要在应用程序中编写 SQL 代码。只使用 Java 代码和 JPQL，它们是可移植的。
- 不再需要在查询结果列和对象字段之间进行映射。
- Hibernate 知道如何将已实现类的操作转换为针对供应商的 SQL。所以，如果底层数据库改变了，也不需要改动现有的代码，只需更改 Hibernate 配置和数据库方言。

在考虑测试与数据库交互的备选方案时，George 将采取另一种方法：将 Spring 和 Hibernate 相结合。在 19.5 节将看到这种方法。

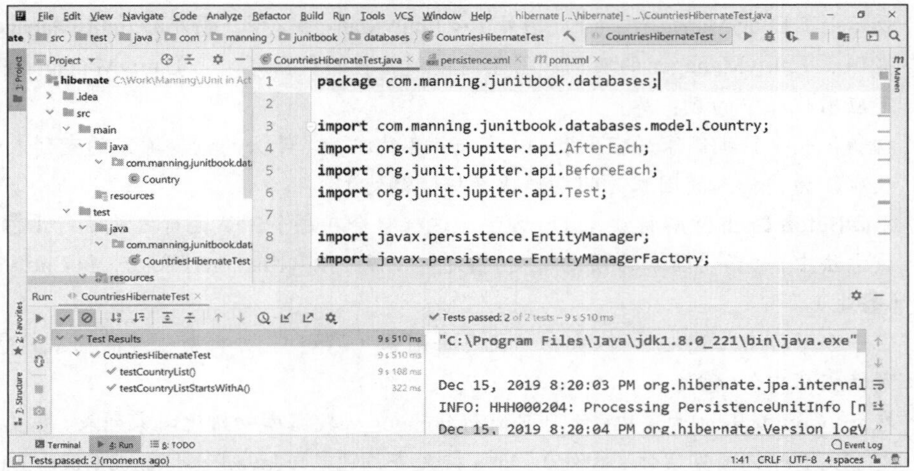

图 19.3　成功运行 Hibernate 应用程序的测试。这些测试可以检查与 COUNTRY 表的交互

19.5　测试 Spring Hibernate 应用程序

Hibernate 提供了将面向对象的域模型映射到关系数据库表的功能。Spring 可以利用 IoC 来简化数据库交互任务。为了集成 Hibernate 和 Spring，George 首先在 Maven 的 pom.xml 文件中添加所需的依赖项，如清单 19.19 所示。

清单 19.19　在 pom.xml 文件中添加所需的依赖项

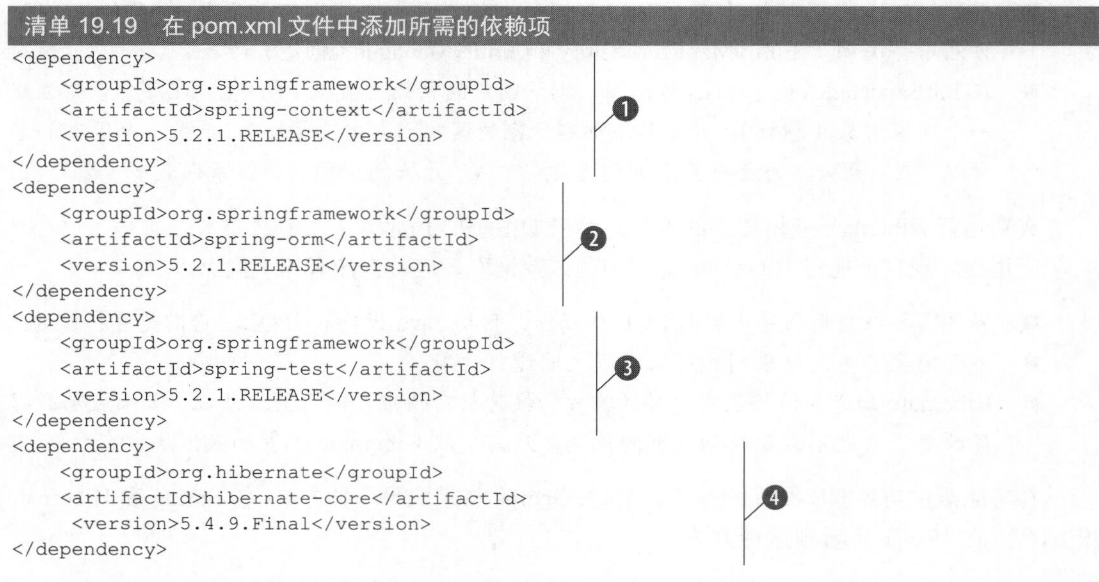

```
<dependency>
    <groupId>org.springframework</groupId>
    <artifactId>spring-context</artifactId>
    <version>5.2.1.RELEASE</version>
</dependency>                                        ❶
<dependency>
    <groupId>org.springframework</groupId>
    <artifactId>spring-orm</artifactId>
    <version>5.2.1.RELEASE</version>
</dependency>                                        ❷
<dependency>
    <groupId>org.springframework</groupId>
    <artifactId>spring-test</artifactId>
    <version>5.2.1.RELEASE</version>
</dependency>                                        ❸
<dependency>
    <groupId>org.hibernate</groupId>
    <artifactId>hibernate-core</artifactId>
     <version>5.4.9.Final</version>
</dependency>                                        ❹
```

清单 19.19 中，添加了以下依赖项。

- spring-context，是 Spring IoC 容器的依赖项（❶处）。
- spring-orm，因为应用程序仍然使用 Hibernate 作为 ORM 框架来访问数据库。Spring 负责处理连接、准备和运行语句以及处理异常（❷处）。
- spring-test，支持在 Spring 的帮助下编写测试，是使用 SpringExtension 和@Context Configuration 注解所必需的依赖（❸处）。
- hibernate-core，用于通过 Hibernate 与数据库交互（❹处）。

George 将对 persistence.xml 文件做一些更改，它是 Hibernate 的标准配置，如清单 19.20 所示。这里尽量少地展示了信息，因为数据库访问控制由 Spring 处理，而且大部分信息在 application-context.xml 文件中配置。

清单 19.20 persistence.xml 文件

```
<persistence-unit name="manning.hibernate">                              ❶
    <provider>org.hibernate.jpa.HibernatePersistenceProvider</provider>  ❷
    <class>com.manning.junitbook.databases.model.Country</class>         ❸
</persistence-unit>
```

清单 19.20 所示的代码实现了如下操作。

- 将持久化单元指定为 manning.hibernate（❶处）。persistence.xml 文件必须在当前作用域的类加载器中定义一个具有唯一名称的持久化单元。
- 指定提供者，即 JPA EntityManager 的底层实现（❷处）。在本示例中，EntityManager 是 Hibernate。
- 将 Hibernate 管理的实体类定义为应用程序中的 Country 类（❸处）。

接下来，George 将把数据库访问配置移到配置 Spring 容器的 application-context.xml 文件中，如清单 19.21 所示。

清单 19.21 application-context.xml 文件

```
<tx:annotation-driven transaction-manager="txManager"/>                ❶
<bean id="dataSource" class=
     "org.springframework.jdbc.datasource.DriverManagerDataSource">   ❷
     <property name="driverClassName" value="org.h2.Driver"/>          ❸
     <property name="url" value="jdbc:h2:mem:test;DB_CLOSE_DELAY=-1"/> ❹
     <property name="username" value="sa"/>                            ❺
     <property name="password" value=""/>
</bean>

<bean id="entityManagerFactory" class=
  "org.springframework.orm.jpa.LocalContainerEntityManagerFactoryBean">  ❻
     <property name="persistenceUnitName" value="manning.hibernate" />  ❼
     <property name="dataSource" ref="dataSource"/>                     ❽
     <property name="jpaProperties">
         <props>
```

```
        <prop key=
        "hibernate.dialect">org.hibernate.dialect.H2Dialect</prop>     9
     10 <prop key="hibernate.show_sql">true</prop>
        <prop key="hibernate.hbm2ddl.auto">create</prop>     11
      </props>
    </property>
</bean>

<bean id="txManager" class=                                   12
    "org.springframework.orm.jpa.JpaTransactionManager">
    <property name="entityManagerFactory" ref="entityManagerFactory" />   13
    <property name="dataSource" ref="dataSource" />    14
</bean>
15
<bean class="com.manning.junitbook.databases.CountryService"/>
```

清单 19.21 所示的代码实现了如下操作。

- <tx:annotation-driven>告诉 Spring 上下文使用一种基于注解的事务管理配置（❶处）。
- 将驱动程序指定为 H2 来配置对数据源的访问（❷处），因为这是目前使用的数据库类型（❸处）。指定 H2 数据库的 URL。此外，DB_CLOSE_DELAY=-1 表示在虚拟机处于活动状态时保持数据库打开并将其内容保存在内存中（❹处）。
- 指定访问数据库的凭据：用户名和密码（❺处）。
- 创建 EntityManagerFactory bean（❻处）并设置它的属性：持久化单元名（在 persistence.xml 文件中定义）（❼处）、数据源（之前定义的）（❽处）和生成查询的 SQL 方言（H2Dialect）（❾处）等。在控制台上显示生成的查询（❿处），并在每次运行测试时重新创建数据库模式（⓫处）。
- 要处理基于注解的事务配置，需要创建一个事务管理器 bean。这里声明一个事务管理器（⓬处），并设置它的实体管理器工厂（⓭处）和数据源属性（⓮处）。
- 声明一个 CountryService bean⓯，将在代码中创建 CountryService 类，并对与数据库交互的逻辑进行分组。

现在，George 将创建包含与数据库进行交互的逻辑的 CountryService 类，如清单 19.22 所示。

清单 19.22 CountryService 类

```
[...]
public class CountryService {

    @PersistenceContext
    private EntityManager em;                          1

    public static final String[][] COUNTRY_INIT_DATA =
      { { "Australia", "AU" }, { "Canada", "CA" }, { "France", "FR" },
        { "Germany", "DE" }, { "Italy", "IT" }, { "Japan", "JP" },
        { "Romania", "RO" }, { "Russian Federation", "RU" },        2
        { "Spain", "ES" }, { "Switzerland", "CH" },
        { "United Kingdom", "UK" }, { "United States", "US" } };
```

```
    @Transactional
    public void init() {
        for (int i = 0; i < COUNTRY_INIT_DATA.length; i++) {
            String[] countryInitData = COUNTRY_INIT_DATA[i];
            Country country = new Country(countryInitData[0],
                                          countryInitData[1]);
            em.persist(country);
        }
    }

    @Transactional
    public void clear() {
        em.createQuery("delete from Country c").executeUpdate();
    }

    public List<Country> getAllCountries() {
        return em.createQuery("select c from Country c")
                 .getResultList();
    }
    public List<Country> getCountriesStartingWithA() {
        return em.createQuery(
            "select c from Country c where c.name like 'A%'")
            .getResultList();
    }
}
```

清单 19.22 所示的代码实现了如下操作。

- 声明了一个 EntityManager bean，并使用@PersistenceContext 对其进行标注（❶处）。EntityManager 用于访问数据库，它由容器使用 persistence.xml 的信息创建。要在运行时使用它，只需通过@PersistenceContext 请求将它注入某个组件中。
- 为要插入的国家声明了初始化数据（❷处）。
- 使用@Transactional 注解标注了 init 和 clear 方法（❸处）。这是因为这些方法修改了数据库的内容，而且这些方法必须在一个事务中运行。
- 浏览国家的初始化数据，创建每个 Country 对象，并将其保存在数据库中（❹处）。
- clear 方法使用 JPQL DELETE 从 Country 实体中删除所有国家（❺处）。如清单 19.18 所示，Country 必须完全按照这种方式编写，以匹配类名。
- getAllCountries 方法使用 JPQL SELECT 从 Country 实体中选择所有国家（❻处）。
- getCountriesStartingWithA 方法使用 JPQL SELECT 从 Country 实体中选择所有名称以“A”开头的国家（❼处）。

最后，George 将修改 CountriesHibernateTest 类，用于测试与数据库交互的逻辑，如清单 19.23 所示。

清单 19.23 CountriesHibernateTest 类

```
[...]
@ExtendWith(SpringExtension.class)                                  ❶
@ContextConfiguration("classpath:application-context.xml")          ❷
public class CountriesHibernateTest {

    @Autowired
    private CountryService countryService;                          ❸

    private List<Country> expectedCountryList = new ArrayList<>();
    private List<Country> expectedCountryListStartsWithA =
                          new ArrayList<>();                        ❹

                                                                    ❺
    @BeforeEach
    public void setUp() {
        countryService.init();                                      ❻
        initExpectedCountryLists();                                 ❼
    }

    @Test
    public void testCountryList() {
        List<Country> countryList = countryService.getAllCountries();   ❽
        assertNotNull(countryList);                                     ❾
        assertEquals(COUNTRY_INIT_DATA.length, countryList.size());     ❿
        for (int i = 0; i < expectedCountryList.size(); i++) {
          assertEquals(expectedCountryList.get(i), countryList.get(i)); ⓫
        }
    }

    @Test
    public void testCountryListStartsWithA() {
        List<Country> countryList =
                countryService.getCountriesStartingWithA();             ⓬
        assertNotNull(countryList);                                     ⓭
        assertEquals(expectedCountryListStartsWithA.size(),
                  countryList.size());                                  ⓮
        for (int i = 0; i < expectedCountryListStartsWithA.size(); i++) {
          assertEquals(expectedCountryListStartsWithA.get(i),
                  countryList.get(i));                                  ⓯
        }
    }
                                                                        ⓰
    @AfterEach
    public void dropDown() {
        countryService.clear();                                         ⓱
    }

    private void initExpectedCountryLists() {
        for (int i = 0; i < COUNTRY_INIT_DATA.length; i++) {            ⓲
            String[] countryInitData = COUNTRY_INIT_DATA[i];
            Country country = new Country(countryInitData[0],
                                          countryInitData[1]);          ⓳
```

```
            expectedCountryList.add(country);                              ⓴
            if (country.getName().startsWith("A")) {
                expectedCountryListStartsWithA.add(country);               ㉑
            }
        }
    }
}
```

清单 19.23 所示的代码实现了如下操作。

- 用 SpringExtension 标注要被扩展的测试类（❶处）。
- SpringExtension 用于将 Spring TestContext 与 JUnit Jupiter 测试集成在一起。这也允许我们使用 Spring 的其他注解（如@ContextConfiguration 和@Transactional），但它也要求使用 JUnit 5 及它的注解。
- 对测试类进行标注，以在类路径中的 application-context.xml 文件中查找上下文配置（❷处）。
- 声明并自动装配一个 CountryService bean。这个 bean 是由 Spring 容器创建并注入的（❸处）。
- 初始化一个空的预期国家列表和一个空的、名称以“A”开头的预期国家列表（❹处）。
- 用@BeforeEach 注解标记 setUp 方法，这样它就会在每个测试运行之前运行（❺处）。在该方法中，通过 CountryService 类的 init 方法初始化数据库内容（❻处），并初始化预期的国家列表（❼处）。
- 在 testCountryList 方法中，使用 CountryService 类的 getAllCountries 方法从数据库中初始化国家列表（❽处）。然后检查所获得的列表是否为 null（❾处）、其大小是否为预期的大小（❿处）、以及其内容是否为预期的内容（⓫处）。
- 在 testCountryListStartsWithA 方法中，通过使用 CountryService 类的 getCountriesStartingWithA 方法初始化数据库中名称以“A”开头的国家列表（⓬处）。然后检查所获得的列表是否为 null（⓭处）、其大小是否为预期的大小（⓮处），以及其内容是否为预期的内容（⓯处）。
- 用@AfterEach 注解标记 dropDown 方法，以便在每个测试运行之后运行（⓰处）。在该方法中，使用 CountryService 类的 clear 方法清除 COUNTRY 表的内容（⓱处）。
- 在 initExpectedCountryLists 方法中，浏览国家的初始化数据（⓲处），在每个步骤创建一个 Country 对象（⓳处），并将其添加到预期的国家列表中（⓴处）。如果一个国家的名称以“A”开头，还会将其添加到名称以“A”开头的、预期的国家列表中（㉑处）。

成功运行 Spring Hibernate 应用程序的测试，结果如图 19.4 所示。

应用程序现在通过 Spring Hibernate 访问和测试数据库，这种方法有如下优点。

- 不再需要在应用程序中编写 SQL 代码。只使用 Java 代码和 JPQL，它们是可移植的。
- 不再需要自己创建、打开或关闭数据库连接。
- 不再需要处理异常。
- 我们主要负责由 Spring 处理的应用程序上下文，包括数据源、事务管理器和实体管理器工厂等的配置。

- Hibernate 知道如何使用已实现的类将操作转换为针对供应商的 SQL。所以，如果底层数据库改变，不需要改动现有代码，只需更改 Hibernate 配置和数据库方言。

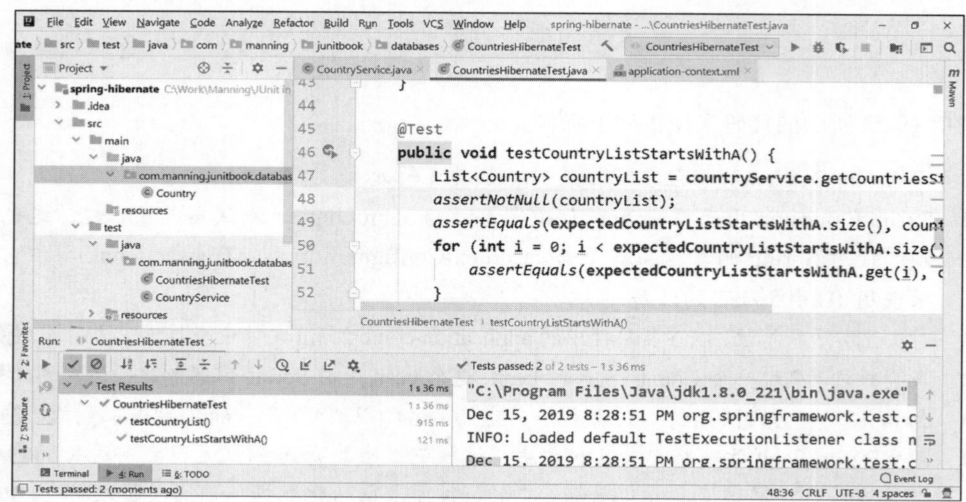

图 19.4　成功运行 Spring Hibernate 应用程序的测试。
这些测试可以检查与 COUNTRY 表的交互

19.6　测试数据库应用程序的方法比较

我们已跟随 George 修改了一个简单的 JDBC 应用程序，以便与 Spring 和 Hibernate 结合使用。我们介绍了如何修改应用程序的各个部分，以及如何使用每种方法来简化测试和与数据库的交互，目的是分析每种方法如何能减轻开发人员的数据库负担。表 19.1 总结了这些方法的特点。

表 19.1　使用 JDBC、Spring JDBC、Hibernate 和 Spring Hibernate 应用程序的测试的特点

应用程序类型	特点
JDBC	■ SQL 代码需要在测试中编写。 ■ 数据库之间不具有可移植性。 ■ 完全控制应用程序。 ■ 开发人员与数据库交互需要手动操作，例如： – 创建和打开连接； – 指定、准备和运行语句； – 遍历结果； – 为每个迭代执行操作； – 处理异常； – 关闭连接

续表

应用程序类型	特点
Spring JDBC	■ SQL 代码需要在测试中编写。 ■ 数据库之间不具有可移植性。 ■ 需要处理由 Spring 处理的行映射器和应用程序上下文配置。 ■ 控制应用程序对数据库执行的查询操作。 ■ 减少了与数据库交互的手动操作： - 不需要自己创建/打开/关闭连接； - 不需要准备和运行语句； - 不需要处理异常
Hibernate	■ 应用程序中没有 SQL 代码，只有 JPQL，它是可移植的。 ■ 开发人员只使用 Java 代码。 ■ 没有查询结果列与对象字段之间的映射。 ■ 通过更改 Hibernate 配置和数据库方言来实现数据库之间的可移植性。 ■ 数据库配置是通过 Java 代码处理的
Spring Hibernate	■ 应用程序中没有 SQL 代码，只有 JPQL，它是可移植的。 ■ 开发人员只使用 Java 代码。 ■ 没有查询结果列与对象字段之间的映射。 ■ 通过更改 Hibernate 配置和数据库方言来实现数据库之间的可移植性。 ■ 数据库配置由 Spring 根据来自应用程序上下文的信息处理

注意，在应用程序中至少引入一个类似 Spring 或 Hibernate 的框架，就将极大地简化应用程序本身的开发和对数据库的测试。这些是最流行的 Java 框架，它们提供了许多好处（如我们所介绍的，包括测试与数据库的交互），建议考虑在项目中采用它们（如果现在还没有的话）。

本章重点讨论了用 JUnit 5 测试数据库应用程序的几种方案。示例测试仅涵盖插入和查询操作，但是你可以轻松地扩展这里提供的测试，以执行更新和删除操作。

从第 20 章开始进入本书的最后一部分，将重点讨论使用 JUnit 5 系统地开发应用程序。第 21 章将讨论当今使用最广泛的开发技术之一：TDD。

19.7 小结

在本章中，我们主要讨论了以下内容。

- 数据库单元测试阻抗失配，包括以下具有挑战性的内容：单元测试必须运行独立的代码；单元测试必须易于编写和运行；单元测试必须快速运行。
- 为 JDBC 应用程序实现测试，这需要在测试中编写 SQL 代码，并完成大量烦琐的工作：创建、打开、关闭数据库连接；指定、准备和运行语句以及处理异常。
- 为 Spring JDBC 应用程序实现测试。这仍然需要在测试中编写 SQL 代码，但是 Spring 容器负责处理创建/打开/关闭连接；指定、准备和运行语句以及处理异常。

- 为 Hibernate 应用程序实现测试。无须使用 SQL 代码，只需使用 Java 代码。该应用程序可通过更改最少的配置移植到另一个数据库中。数据库配置是通过 Java 代码处理的。
- 为 Spring Hibernate 应用程序实现测试。无须使用 SQL 代码，只需使用 Java 代码。该应用程序可通过更改最少的配置移植到另一个数据库中。此外，数据库配置由 Spring 根据应用程序中上下文的信息来处理。

第五部分

用 JUnit 5 开发应用程序

在这一部分中我们探讨 JUnit 5 在如今项目开发中的使用。第 20 章讨论 TDD，它是当今流行的开发技术之一。我们将介绍如何创建由测试驱动功能的安全应用程序。

第 21 章讨论行为驱动开发，将展示如何创建满足业务需求的应用程序。这些应用程序不仅要正确地做事情，而且要做正确的事情。

第 22 章用 JUnit 5 构建测试金字塔策略。我们将展示从底层（单元测试）到上层（集成测试、系统测试和验收测试）的各种测试。

第 20 章　用 JUnit 5 进行测试驱动开发

本章重点

- 将非 TDD 应用程序迁移到 TDD。
- 重构 TDD 应用程序。
- 使用 TDD 实现新功能。

TDD 让你在正确的时间关注正确的问题，这样就可以让你的设计更清晰，让你可以在学习的过程中改进设计。TDD 使你能够随着时间的推移增加对代码的信心。

——Kent Beck

本章将展示如何使用 TDD 来开发安全、灵活的应用程序。TDD 是一种可以大大提高开发速度并消除调试“噩梦”的技术。这些都是在 JUnit 5 及其特性的帮助下实现的。我们将给出 TDD 中涉及的主要概念，并将它们应用于 Java 应用程序的开发中。该应用程序将帮助 Tested Data Systems 公司遵循一组策略，实现管理航班和乘客的业务逻辑。本章的重点是清楚地解释 TDD，并通过展示如何逐步将其付诸实践来证明其好处。

20.1　TDD 的主要概念

TDD 是一种编程实践，采用简短的、重复的开发周期。在这个开发周期中，将需求转换为测试用例，然后修改程序以使其通过测试。

- 在编写新代码之前先编写失败的测试。
- 编写能够通过新测试的最小代码段。

这项技术的发展归功于美国软件工程师 Kent Beck。TDD 支持简单的设计并提倡安全性：它的目标是寻找“能运行的整洁代码”。TDD 与传统的软件开发不同，在传统的软件开发中，只是编写代码，而不去验证它是否能满足需求。在传统的软件开发中，开发一个程序意味着编写代码，然后通过观察它的行为来做一些测试。所以，传统的开发周期是这样的：

[编码、测试、(重复)]

TDD 使其发生了一个令人惊讶的变化：

[测试、编码、(重复)]

测试驱动了设计并成为方法的第一个用户端。

TDD 的好处如下。

- 编写的代码是由明确的目标驱动的，并且确保准确地处理应用程序需要做什么。
- 添加新功能要快得多。一方面，测试促使我们实现代码，完成预期的工作。另一方面，测试防止将错误引入现有的代码。
- 测试可以充当应用程序的文档。我们可以遵循它们并理解代码应该解决什么问题。

前面说过 TDD 使用的开发周期如下：

[测试、编码、(重复)]

实际上，它应该是下面这样的：

[测试、编码、重构、(重复)]

重构是以某种方式修改一个软件系统的过程，它不会影响系统的外部行为，但会改善系统的内部结构。为了确保外部行为不受影响，我们需要依赖于测试。

当需要向一个应用程序添加新功能规范时，必须首先理解它，然后才能将其添加到代码中。如果首先实现一个测试，它将告诉我们必须做**什么**，然后考虑**如何**去做，这就是 TDD 的基本原则之一。

当开发一个应用程序时，至少需要理解软件应该做什么。但是，如果要检查类或方法做什么，我们的选择是有限的：阅读文档，或查找调用该功能的样例代码。大多数开发人员喜欢查找代码。编写良好的单元测试正是这样做的：它们调用我们的代码，为代码的功能提供一个工作规范。因此，TDD 可有效地帮助构建应用程序技术文档的重要部分。

20.2 航班管理应用程序

正如本书所讨论的，Tested Data Systems 公司正在为其用户开发航班管理应用程序。目前，该应用程序可以创建和设置航班，并向航班添加和移除乘客。

在本章中，我们将介绍开发人员日常工作的场景。我们从非 TDD 应用程序开始，它应该能做一些事情，如运行公司针对普通乘客和 VIP 乘客的“政策”。我们需要理解应用程序并确保它真正实现了预期的操作，因此，必须用单元测试覆盖现有的代码。一旦完成了这些，我们将面临另一个挑战：通过了解需要做什么来添加新功能，接下来编写失败的测试，然后编写修复测试的代码。这种开发周期是 TDD 的基础。

John 正在参与航班管理应用程序的开发，这是一个使用 Maven 构建的 Java 应用程序。该软件必须维护一个向航班添加乘客和从航班中移除乘客的策略。航班可能有不同的类型：目前有经济航班和商务航班，但以后可能会根据用户的需求添加其他类型的航班。经济航班可同时添加 VIP 乘客和普通乘客，但商务航班只能添加 VIP 乘客，如图 20.1 所示。

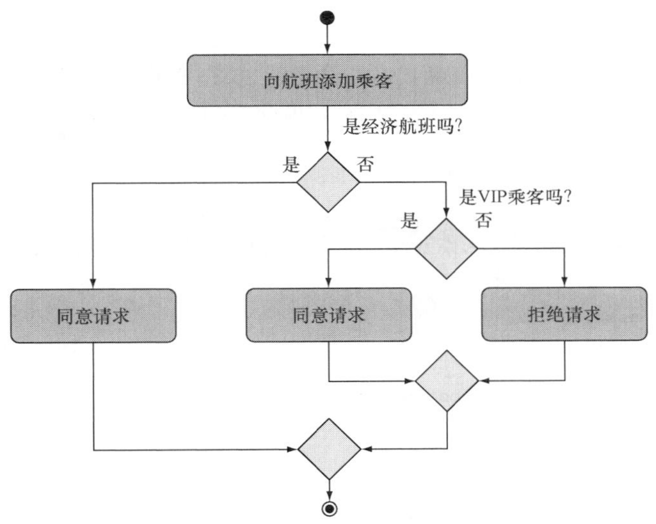

图 20.1 向航班添加乘客的业务逻辑：如果是商务航班，只能添加 VIP 乘客，如果是经济航班，则可添加任何乘客

从航班中移除乘客的政策：普通乘客可以从任何航班中移除，但 VIP 乘客不能从航班中移除，如图 20.2 所示。从图 20.1 和图 20.2 可看到，初始业务逻辑取决于决策制定。

航班管理应用程序的初始设计，如图 20.3 所示。在 Flight 类中有一个名为 flightType 的字段，它的值决定了 addPassenger 和 removePassenger 方法的行为。开发人员需要关注这两种方法的代码级别上的决策制定。

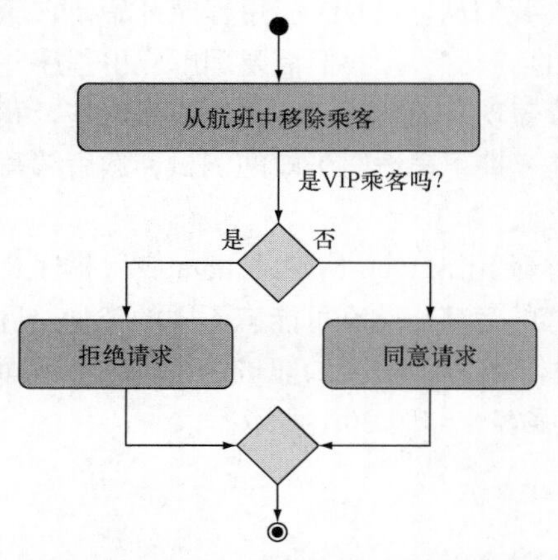

图 20.2　从航班中移除乘客的业务逻辑：只能移除普通乘客

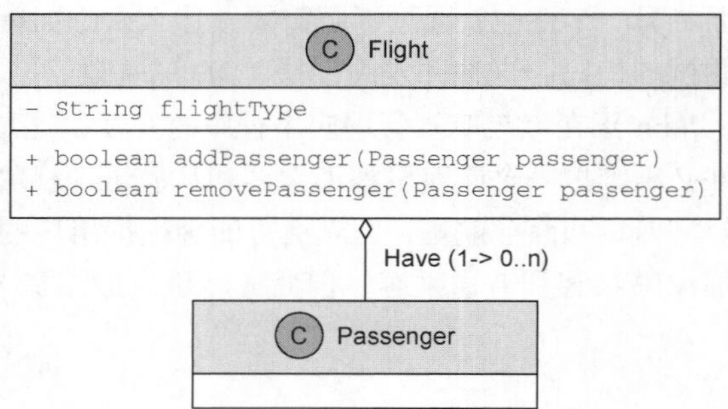

图 20.3　航班管理应用程序的类图：flightType 作为 Flight 类的一个字段保存

清单 20.1 给出了 Passenger 类的定义。

清单 20.1　Passenger 类

```
public class Passenger {

    private String name;                    ❶
    private boolean vip;                    ❷

    public Passenger(String name, boolean vip) {
        this.name = name;                   ❸
        this.vip = vip;
    }

    public String getName() {
        return name;                        ❹
    }

    public boolean isVip() {
        return vip;                         ❺
    }

}
```

清单 20.1 所示的代码实现了如下操作。

- Passenger 类包含 name 字段（❶处）和它的 getter 方法（❹处）。
- Passenger 类还包含一个 vip 字段（❷处）和它的 getter 方法（❺处）。
- Passenger 类的构造方法负责初始化 name 和 vip 字段（❸处）。

清单 20.2 给出了 Flight 类的定义。

清单 20.2 Flight 类

```
public class Flight {

   private String id;                                                    ❶
   private List<Passenger> passengers = new ArrayList<Passenger>();      ❷
   private String flightType;                                            ❸

   public Flight(String id, String flightType) {
      this.id = id;                                                      ❹
      this.flightType = flightType;
   }

   public String getId() {
      return id;                                                         ❺
   }

   public List<Passenger> getPassengersList() {
      return Collections.unmodifiableList(passengers);                   ❻
   }

   public String getFlightType() {
      return flightType;                                                 ❼
   }

   public boolean addPassenger(Passenger passenger) {                    ❽
      switch (flightType) {
         case "Economy":
            return passengers.add(passenger);                            ❾
         case "Business":
            if (passenger.isVip()) {
               return passengers.add(passenger);                         ❿
            }
            return false;
         default:
            throw new RuntimeException("Unknown type: " + flightType);   ⓫
      }

   }

   public boolean removePassenger(Passenger passenger) {                 ⓬
      switch (flightType) {
         case "Economy":
            if (!passenger.isVip()) {
               return passengers.remove(passenger);                      ⓭
            }
            return false;
         case "Business":
            return false;                                                ⓮
         default:
            throw new RuntimeException("Unknown type: " + flightType);   ⓯
         }
   }

}
```

清单 20.2 所示的代码实现了如下操作。

- Flight 类包含标识符 id（❶处）和它的 getter 方法（❺处）、初始化为空的乘客列表（❷处）和它的 getter 方法（❻处）、flightType（❸处）和它的 getter 方法（❼处）。
- Flight 类的构造方法负责初始化 id 和 flightType 字段（❹处）。
- addPassenger 方法负责检查航班类型（❽处）。如果是经济航班，可以添加任何乘客（❾处），如果是商务航班，只可添加 VIP 乘客（❿处）。否则（该航班既不是经济航班也不是商务航班），该方法将抛出异常，因为不能处理未知的航班类型（⓫处）。
- removePassenger 方法负责检查航班类型（⓬处）。如果是经济航班，只有普通乘客可以被移除（⓭处）。如果是商务航班，乘客不能被移除（⓮处），否则（该航班既不是经济航班也不是商务航班），该方法将抛出异常，因为不能处理未知的航班类型（⓯处）。

应用程序还没有测试。相反，最初的开发人员编写了一些代码，他们只是简单地运行并将其与预期的结果进行比较。例如，有一个 Airport 类，包括一个 main 方法，它可以充当 Flight 和 Passenger 类的用户，处理不同类型的航班和乘客。

清单 20.3 Airport 类，包含一个 main 方法

```
public class Airport {

    public static void main(String[] args) {
        Flight economyFlight = new Flight("1", "Economy");        ❶
        Flight businessFlight = new Flight("2", "Business");

        Passenger james = new Passenger("James", true);          ❷
    ❹   Passenger mike = new Passenger("Mike", false);

        businessFlight.addPassenger(james);                       ❸
        businessFlight.removePassenger(james);
        businessFlight.addPassenger(mike);
        economyFlight.addPassenger(mike);                          ❺

        System.out.println("Business flight passengers list:");
        for (Passenger passenger: businessFlight.getPassengersList()) {    ❻
            System.out.println(passenger.getName());
        }

        System.out.println("Economy flight passengers list:");
        for (Passenger passenger: economyFlight.getPassengersList()) {     ❼
            System.out.println(passenger.getName());
        }
    }
}
```

清单 20.3 所示的代码实现了如下操作。

- 初始化一个经济航班和一个商务航班（❶处）。将 James 初始化为 VIP 乘客，将 Mike

初始化为普通乘客（❷处）。

- 尝试将 James 加入商务航班，并将他移除（❸处），然后尝试将 Mike 加入商务航班（❹处）和经济航班（❺处）。
- 输出商务航班（❻处）和经济航班（❼处）的乘客名单。

运行该程序的结果如图 20.4 所示。James 是一名 VIP 乘客，已被添加到商务航班，但无法把他移除。Mike 是一个普通乘客，不能被添加到商务航班，但可以把他添加到经济航班。

```
"C:\Program Files\Java\jdk1.8.0_221\bin\java.exe" ...
Business flight passengers list:
James
Economy flight passengers list:
Mike
```

图 20.4　运行非 TDD 航班管理应用程序的结果：VIP 乘客被添加到商务航班，普通乘客被添加到经济航班

到目前为止，一切都按预期进行。John 对应用程序的运行方式很满意，但他需要进一步开发。为了构建一个可靠的应用程序，并能够轻松、安全地理解和实现业务逻辑，John 考虑将应用程序迁移到 TDD 方法。

20.3　将航班管理应用程序迁移到 TDD

为将航班管理应用程序迁移到 TDD，John 首先使用 JUnit 5 测试覆盖现有的业务逻辑。他将 JUnit 5 依赖项（junit-jupiter-api 和 junit-jupiter-engine）添加到 Maven 的 pom.xml 文件中，如清单 20.4 所示。

清单 20.4　添加到 pom.xml 文件的 JUnit 5 依赖项

```
<dependencies>
   <dependency>
      <groupId>org.junit.jupiter</groupId>
      <artifactId>junit-jupiter-api</artifactId>
      <version>5.6.0</version>
      <scope>test</scope>
   </dependency>
   <dependency>
      <groupId>org.junit.jupiter</groupId>
      <artifactId>junit-jupiter-engine</artifactId>
      <version>5.6.0</version>
      <scope>test</scope>
   </dependency>
</dependencies>
```

John 研究了图 20.1 和图 20.2 中的业务逻辑，了解到必须通过为两种航班类型和两种乘客

类型提供测试来检查添加/移除乘客的场景。因此，两种航班类型乘以两种乘客类型，共需 4 次测试。对每次测试，都要验证可能的添加和移除操作。

John 遵循经济航班的业务逻辑，并使用 JUnit 5 嵌套测试的功能（见清单 20.5），因为测试之间具有相似性，并且可以分组：经济航班的测试和商务航班的测试。

清单 20.5 测试经济航班的业务逻辑

```
public class AirportTest {

    @DisplayName("Given there is an economy flight")
    @Nested                                                      ❶
    class EconomyFlightTest {

        private Flight economyFlight;                     ❷

        @BeforeEach
        void setUp() {
            economyFlight = new Flight("1", "Economy");              ❷
        }

        @Test
        public void testEconomyFlightRegularPassenger() {            ❸
            Passenger mike = new Passenger("Mike", false);
                                                                         ❹
            assertEquals("1", economyFlight.getId());
            assertEquals(true, economyFlight.addPassenger(mike));
            assertEquals(1, economyFlight.getPassengersList().size());
            assertEquals("Mike",                                             ❺
                    economyFlight.getPassengersList().get(0).getName());

            assertEquals(true, economyFlight.removePassenger(mike));
            assertEquals(0, economyFlight.getPassengersList().size());      ❻
        }

        @Test
        public void testEconomyFlightVipPassenger() {                ❼
            Passenger james = new Passenger("James", true);
                                                                         ❽
            assertEquals("1", economyFlight.getId());
            assertEquals(true, economyFlight.addPassenger(james));
            assertEquals(1, economyFlight.getPassengersList().size());
            assertEquals("James",                                            ❾
                    economyFlight.getPassengersList().get(0).getName());

            assertEquals(false, economyFlight.removePassenger(james));
            assertEquals(1, economyFlight.getPassengersList().size());      ❿
        }
    }
}
```

清单 20.5 所示的代码实现了如下操作。

- 声明一个嵌套的测试类 EconomyFlightTest，并使用@DisplayName 注解将其标记为 “Given there is an economy flight”（❶处）。
- 在运行每个测试之前，声明一个经济航班并对其进行初始化（❷处）。
- 当测试经济航班与普通乘客的操作时，把 Mike 设定为普通乘客（❸处）。然后，检查航班的 ID（❹处）、是否可以把 Mike 添加到经济航班、是否可以在该航班上找到他（❺处）、是否可以把 Mike 从经济航班中移除。之后检查他是否不在经济航班了（❻处）。
- 当测试经济航班与 VIP 乘客的操作时，把 James 设定为 VIP 乘客（❼处）。然后，检查航班的 ID（❽处），是否可以把 James 添加到经济航班、是否可以在该航班找到他（❾处）、是否能把 James 从经济航班中移除。之后检查他是否仍然在那个航班中（❿处）。

John 遵循商务航班的业务逻辑，并将其转换为清单 20.6 所示的测试。

清单 20.6 测试商务航班的业务逻辑

```
public class AirportTest {
[...]

@DisplayName("Given there is a business flight")      ❶
@Nested
class BusinessFlightTest {
    private Flight businessFlight;

    @BeforeEach                                           ❷
    void setUp() {
        businessFlight = new Flight("2", "Business");
    }

    @Test                                                     ❸
    public void testBusinessFlightRegularPassenger() {
        Passenger mike = new Passenger("Mike", false);

        assertEquals(false, businessFlight.addPassenger(mike));                  ❹
        assertEquals(0, businessFlight.getPassengersList().size());
        assertEquals(false, businessFlight.removePassenger(mike));               ❺
        assertEquals(0, businessFlight.getPassengersList().size());
    }

    @Test                                                        ❻
    public void testBusinessFlightVipPassenger() {
        Passenger james = new Passenger("James", true);

        assertEquals(true, businessFlight.addPassenger(james));                   ❼
        assertEquals(1, businessFlight.getPassengersList().size());
        assertEquals(false, businessFlight.removePassenger(james));               ❽
        assertEquals(1, businessFlight.getPassengersList().size());
    }
}
}
```

清单 20.6 所示的代码实现了如下操作。

- 声明一个嵌套的测试类 BusinessFlightTest，并使用@DisplayName 注解将其标记为“Given there is a business flight”（❶处）。
- 在运行每个测试之前，声明一个商务航班并对其进行初始化（❷处）。
- 当测试商务航班与普通乘客的操作时，把 Mike 设定为普通乘客（❸处）。然后，检查是否能将 Mike 添加到商务航班中（❹处），并且试图将他从商务航班中移除也没有任何影响（❺处）。
- 当测试商务航班与 VIP 乘客的操作时，把 James 设定为 VIP 乘客（❻处）。然后，检查是否可以将 James 添加到商务航班中，并在该航班中找到他（❼处），以及是否不能将 James 从商务航班中移除，他仍然在该航班中（❽处）。

如果在 IntelliJ IDEA 中运行带覆盖率的测试，可得到图 20.5 所示的结果。有关测试覆盖率的更多细节，以及如何使用 IntelliJ IDEA 运行带覆盖率的测试，请参阅第 6 章。

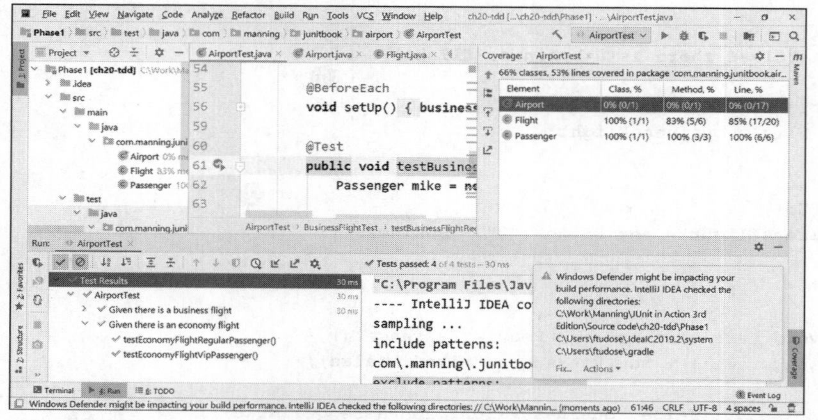

图 20.5　使用 IntelliJ IDEA 对经济航班和商务航班运行带覆盖率的测试的结果（不包含 Airport 类，它包含 main 方法，不测试它）：Flight 类的覆盖率不到 100%

John 通过为业务逻辑（见图 20.1 和图 20.2）产生的所有场景编写测试，成功地验证了应用程序的功能。在现实生活中，可能我们开始使用的是一个没有测试的应用程序，而后希望将它迁移到 TDD。在转换之前，必须对应用程序进行测试。

John 的工作还提供了额外的结论。Airport 类没有被测试——它被作为 Passenger 和 Flight 类的一个用户。这些测试现在作为用户服务，所以 Airport 类可以被删除。此外，代码覆盖率不到 100%，没有使用到 getFlightType 方法，也不包括默认情况（航班既不是经济航班也不是商业航班）。这就意味着 John 需要重构该应用程序，以删除未使用的元素。他对这样做很有信心，因为应用程序现在已经被测试覆盖了，而且，正如前面所说的，TDD 使我们能够随着时间的推移增强对代码的信心。

20.4　重构航班管理应用程序

John 注意到没有运行的代码行与 flightType 字段相关。而默认情况永远不会运行，因为预期的航班类型为经济航班或商务航班。需要有默认的替代方案，否则代码将无法编译。John 能通过重构和用多态性替换条件语句来解决这个问题吗？

重构的关键是使设计使用多态，而不是过程式的条件代码。对于**多态**（一个对象传递多个 IS-A 测试的能力），我们调用的方法不是在编译时确定的，而是在运行时确定的，这取决于有效的对象类型（见第 6 章）。

这里使用的原理称为**开/闭原理**（open/closed principle），如图 20.6 所示。实际上，这意味着每次添加新的航班类型时，图 20.6 左侧显示的设计将需要对现有的类进行更改。这些变化可能反映在基于航班类型做出的每个有条件的决定中。此外，我们被迫依赖于 flightType 字段并引入未运行的默认情况。

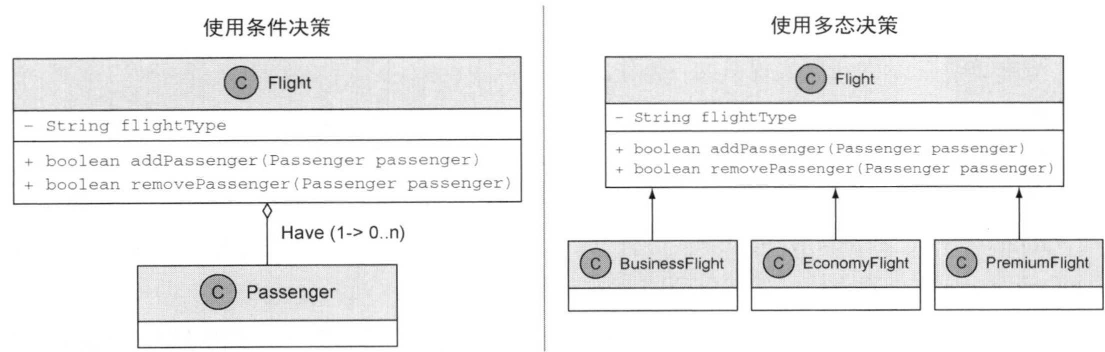

图 20.6　重构航班管理应用程序，用多态替换条件：删除了 flightType 字段，并引入了类的层次结构

使用图 20.6 右侧的设计（通过把条件替换为多态来重构），就不需要 flightType 求值或清单 20.2 中的 switch 指令的一个默认值，甚至可以通过简单地扩展基类并定义它的行为来添加一种新类型（如添加 PremiumFlight 类型）。根据开/闭原理，层次结构对扩展开放（可以很容易地添加新类），而对修改关闭（从 Flight 基类开始的现有类不会被修改）。

当然，John 会问："如何确定在做正确的事情，而不会影响到已经实现的功能？"答案是，测试可以保证现有的功能不会受到影响。TDD 方法的好处是显而易见的！

重构将通过保留基本的 Flight 类（见清单 20.7）并为每种条件类型添加一个单独的、用于扩展 Flight 的类来实现。John 将把 addPassenger 和 removePassenger 修改为抽象方法，并将它们的实现委托给子类。flightType 字段不再有用，将被删除。

清单 20.7　抽象的 Flight 类，它是层次结构的基础

```
public abstract class Flight {                                    ❶

   private String id;
   List<Passenger> passengers = new ArrayList<Passenger>();        ❷

   public Flight(String id) {
      this.id = id;
   }

   public String getId() {
      return id;
   }

   public List<Passenger> getPassengersList() {
      return Collections.unmodifiableList(passengers);
   }

   public abstract boolean addPassenger(Passenger passenger);
                                                                   ❸
   public abstract boolean removePassenger(Passenger passenger);
}
```

清单 20.7 所示的代码实现了如下操作。

- 将 Flight 声明为抽象类，使其成为航班层次结构的基础（❶处）。
- 将 passengers 列表设置为包私有的，允许它被同一个包中的子类继承（❷处）。
- 将 addPassenger 和 removePassenger 声明为抽象方法，将它们的实现委托给子类(❸处)。

John 将引入 EconomyFlight 类，它扩展 Flight 抽象类并实现了继承的 addPassenger 和 removePassenger 抽象方法，如清单 20.8 所示。

清单 20.8　EconomyFlight 类，它扩展了 Flight 抽象类

```
public class EconomyFlight extends Flight {                      ❶

   public EconomyFlight(String id) {       ❷
      super(id);
   }

   @Override
   public boolean addPassenger(Passenger passenger) {       ❸
      return passengers.add(passenger);
   }

   @Override
   public boolean removePassenger(Passenger passenger) {
      if (!passenger.isVip()) {
         return passengers.remove(passenger);                  ❹
      }
      return false;
   }

}
```

清单 20.8 所示的代码实现了如下操作。

- 声明了 EconomyFlight 类，它扩展了 Flight 抽象类（❶处），并创建了一个构造方法，该构造方法调用了超类的构造方法（❷处）。
- 根据业务逻辑实现了 addPassenger 方法，简单地将乘客添加到经济航班中，没有任何限制（❸处）。
- 根据业务逻辑实现了 removePassenger 方法，只有当乘客不是 VIP 时，才能将其从航班中移除（❹处）。

John 还将引入 BusinessFlight 类，该类扩展 Flight 抽象类并实现继承的 addPassenger 和 removePassenger 抽象方法，如清单 20.9 所示。

清单 20.9 BusinessFlight 类，它扩展了 Flight 抽象类

```
public class BusinessFlight extends Flight {                    ❶

   public BusinessFlight(String id) {
      super(id);                                        ❷
   }

   @Override
   public boolean addPassenger(Passenger passenger) {
      if (passenger.isVip()) {
         return passengers.add(passenger);
      }                                                           ❸
      return false;
   }

   @Override
   public boolean removePassenger(Passenger passenger) {
      return false;                                                 ❹
   }

}
```

清单 20.9 所示的代码实现了如下操作。

- 声明了 BusinessFlight 类，它扩展了 Flight 抽象类（❶处），并创建了一个构造方法，该构造方法调用了超类的构造方法（❷处）。
- 根据业务逻辑实现了 addPassenger 方法，只有 VIP 乘客可以添加到商务航班中（❸处）。
- 根据业务逻辑实现 removePassenger 方法，不能将 VIP 乘客从商务航班中移除（❹处）。

通过用多态替换条件，这些方法现在看起来更短、更清晰，不像决策时那样杂乱。而且，不必被迫处理以前不希望处理的且抛出异常的默认情况。当然，重构和 API 更改也将传播到测试中，如清单 20.10 所示。

清单 20.10　将重构和 API 更改传播到 AirportTest 类

```
public class AirportTest {

    @DisplayName("Given there is an economy flight")
    @Nested
    class EconomyFlightTest {
        private Flight economyFlight;

        @BeforeEach
        void setUp() {
            economyFlight = new EconomyFlight("1");    ❶
        }
        [...]
    }

    @DisplayName("Given there is a business flight")
    @Nested
    class BusinessFlightTest {
        private Flight businessFlight;

        @BeforeEach
        void setUp() {
            businessFlight = new BusinessFlight("2");    ❷
        }
        [...]
    }

}
```

在清单 20.10 中，John 用 EconomyFlight（❶处）和 BusinessFlight（❷处）的实例替换了前面的航班实例。他还删除了作为 Passenger 和 Flight 类用户的 Airport 类，现在不再需要它，因为 John 已经引入了测试。Airport 类之前用于声明 main 方法，main 方法用于创建不同类型的航班和乘客并使它们共同完成操作。

如果现在运行测试，会看到代码覆盖率是 100%，如图 20.7 所示。因此，重构 TDD 应用程序既有助于提高代码质量，又有助于提高测试的代码覆盖率。

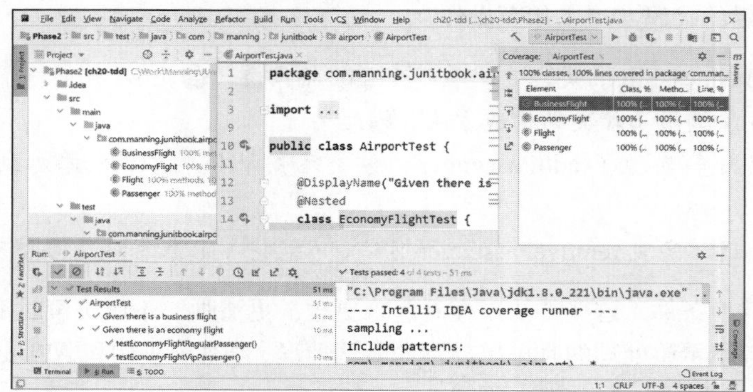

图 20.7　重构航班管理应用程序后运行测试，看到代码覆盖率达到 100%

John 对航班管理应用程序进行了测试，并对其进行了重构，从而提高了代码质量，并获得了 100%的代码覆盖率。现在是他通过使用 TDD 引入新特性的时候了！

20.5　使用 TDD 引入新特性

将软件转到 TDD 并重构之后，John 负责实现用户所需的新特性，从而扩展应用程序策略。

20.5.1　增加一种高级航班

John 将引入的第一个新特性是增加一种新的航班类型——高级航班中，以及与此航班类型相关的政策。添加乘客的政策是：如果是 VIP 乘客，可将该乘客添加到高级航班中；否则，请求将被拒绝，如图 20.8 所示。移除乘客的政策是：如果需要，可以将任何类型的乘客从航班中移除，如图 20.9 所示。

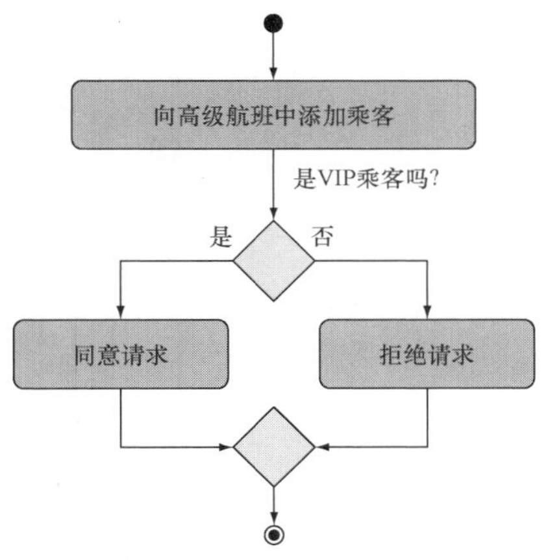

图 20.8　向高级航班中添加乘客的业务逻辑：只允许 VIP 乘客加入

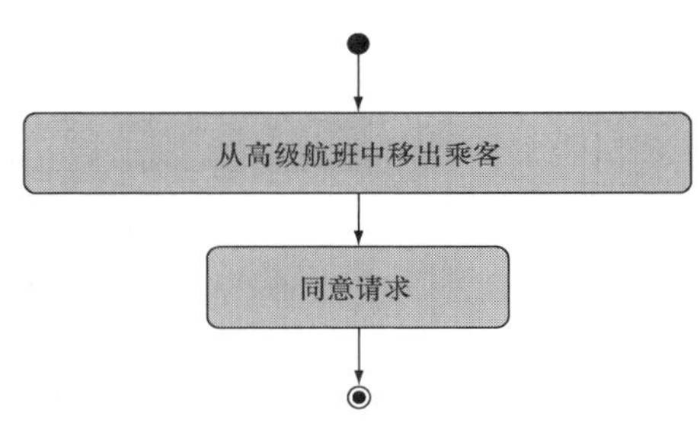

图 20.9　从高级航班中移除乘客的业务逻辑：任何类型的乘客都可从高级航班中移除

John 意识到这个新特性与之前的特性有相似之处。他希望更多地利用 TDD 的风格，并进行更多的重构——这次是针对测试。这符合 Don Roberts 的 *Rule of Three* 中所表达的精神。

第一次做某件事，你会去做。当你第二次做类似的事情时，会因为重复而畏缩，但是你还是做了重复的事情。第三次再做类似的事情时，你就需要重构。

所以，事不过三，三则重构。

John 认为，在收到实现第三种航班类型的需求之后，应该使用 JUnit 5 的@Nested 注解将现有测试分为更多的组，然后以类似的方式实现高级航班需求。下面是在进入高级航班工作之前经过重构的 AirportTest 类。

清单 20.11 重构的 AirportTest 类

```
public class AirportTest {

    @DisplayName("Given there is an economy flight")
    @Nested
    class EconomyFlightTest {

        private Flight economyFlight;
        private Passenger mike;                                    ❶
        private Passenger james;

        @BeforeEach
        void setUp() {

            economyFlight = new EconomyFlight("1");
            mike = new Passenger("Mike", false);                   ❷
            james = new Passenger("James", true);
        }

        @Nested
        @DisplayName("When we have a regular passenger")
        class RegularPassenger {

            @Test
            @DisplayName(                                                  ❹
                "Then you can add and remove him from an economy flight")
            public void testEconomyFlightRegularPassenger() {
                assertAll(
                        "Verify all conditions for a regular passenger
                         and an economy flight",
                        () -> assertEquals("1", economyFlight.getId()),
                        () -> assertEquals(true,
❸                        economyFlight.addPassenger(mike)),
                        () -> assertEquals(1,
                         economyFlight.getPassengersList().size()),        ❺
                        () -> assertEquals("Mike",
                         economyFlight.getPassengersList()
                                         .get(0).getName()),
                        () -> assertEquals(true,
                         economyFlight.removePassenger(mike)),
                        () -> assertEquals(0,
                         economyFlight.getPassengersList().size())
                );
            }
        }

        @Nested
        @DisplayName("When we have a VIP passenger")
        class VipPassenger {
            @Test
            @DisplayName("Then you can add him but
                          cannot remove him from an economy flight")     ❹
            public void testEconomyFlightVipPassenger() {
```

```
        assertAll("Verify all conditions for a VIP passenger
                   and an economy flight",
                () -> assertEquals("1", economyFlight.getId()),
                () -> assertEquals(true,
            economyFlight.addPassenger(james)),
                () -> assertEquals(1,
            economyFlight.getPassengersList().size()),
                () -> assertEquals("James",
            economyFlight.getPassengersList().get(0).getName()),
                () -> assertEquals(false,
            economyFlight.removePassenger(james)),
                () -> assertEquals(1,
            economyFlight.getPassengersList().size())
          );

        }
    }
}

@DisplayName("Given there is a business flight")
@Nested
class BusinessFlightTest {
    private Flight businessFlight;
    private Passenger mike;
    private Passenger james;

    @BeforeEach
    void setUp() {
        businessFlight = new BusinessFlight("2");
        mike = new Passenger("Mike", false);
        james = new Passenger("James", true);
    }

    @Nested
    @DisplayName("When we have a regular passenger")
    class RegularPassenger {

        @Test
        @DisplayName("Then you cannot add or remove him
                      from a business flight")
        public void testBusinessFlightRegularPassenger() {
            assertAll("Verify all conditions for a regular passenger
                       and a business flight",
                    () -> assertEquals(false,
              businessFlight.addPassenger(mike)),
                    () -> assertEquals(0,
              businessFlight.getPassengersList().size()),
                    () -> assertEquals(false,
              businessFlight.removePassenger(mike)),
                    () -> assertEquals(0,
              businessFlight.getPassengersList().size())
            );
        }
    }
```

❺ ❶ ❷ ❸ ❹ ❺

```
        @Nested
❸       @DisplayName("When we have a VIP passenger")
        class VipPassenger {

            @Test
            @DisplayName("Then you can add him but cannot remove him
                          from a business flight")                      ❹
            public void testBusinessFlightVipPassenger() {
                assertAll("Verify all conditions for a VIP passenger
                          and a business flight",
                        () -> assertEquals(true,
                           businessFlight.addPassenger(james)),
                        () -> assertEquals(1,
                           businessFlight.getPassengersList().size()),  ❺
                        () -> assertEquals(false,
                           businessFlight.removePassenger(james)),
                        () -> assertEquals(1,
                           businessFlight.getPassengersList().size())
                );
            }
        }
    }
}
```

清单 20.11 所示的代码实现了如下操作。

- 在现有的嵌套类 EconomyFlightTest 和 BusinessFlightTest 中，将 flight 和 passenger 字段分组，因为他想再添加一个测试级别，并将这些字段用于与特定航班类型相关的所有测试（❶处）。在运行每个测试之前初始化这些字段（❷处）。
- 引入一个新的嵌套级别，以测试不同类型的乘客。使用 JUnit 5 的@DisplayName 注解以一种更有表现力和更容易理解的方式标记类（❸处）。所有标签都以关键字 When 开头。
- 用 JUnit 5 的@DisplayName 注解对现有测试进行标注（❹处）。所有标签都以关键词 Then 开头。
- 用 JUnit 5 的 assertAll 方法重构了对条件的检查，并对以前存在的所有条件进行分组，现在可以流畅地读取了这些条件（❺处）。

这就是 John 重构现有测试的方式，他以 TDD 风格继续工作，并引入了新的高级航班的业务逻辑。如果现在运行测试，就能够轻松地了解它们的工作方式及其检查业务逻辑的方式，如图 20.10 所示。新加入该项目的开发人员会发现将这些测试作为文档的一部分非常有价值！

John 现在转向 PremiumFlight 类及其逻辑的实现。他创建 PremiumFlight 类作为 Flight 的子类，并覆盖 addPassenger 和 removePassenger 方法，但这些方法的行为与 stub 类似——什么也不做，只是返回 false（它们的行为在以后扩展）。采用 TDD 风格是先创建测试，后创建业务逻辑。

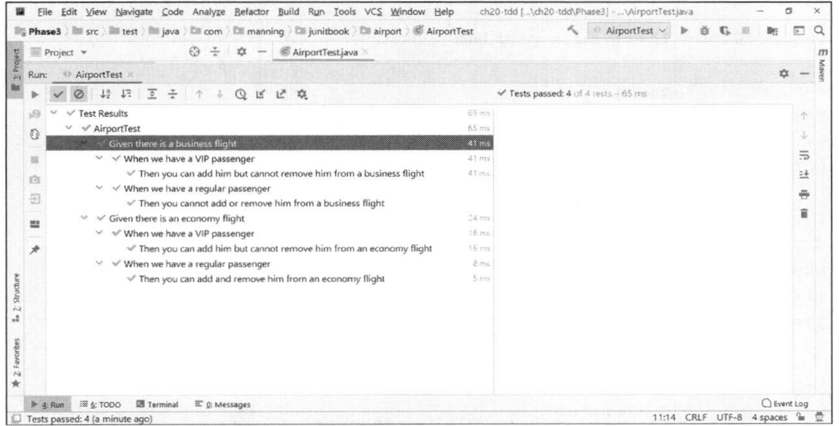

图 20.10　为测试运行重构的 AirportTest 类，有利于开发人员了解测试是如何工作的

清单 20.12　PremiumFlight 类的初始设计

```
public class PremiumFlight extends Flight {

   public PremiumFlight(String id) {
      super(id);
   }

   @Override
   public boolean addPassenger(Passenger passenger) {
      return false;
   }

   @Override
   public boolean removePassenger(Passenger passenger) {
      return false;
   }

}
```

清单 20.12 所示的代码实现了如下操作。

- 声明了 PremiumFlight 类，它扩展了 Flight 类（❶处），并为它创建了一个构造方法（❷处）。
- 创建了 addPassenger（❸处）和 removePassenger 方法（❹处）作为 stub，没有任何业务逻辑，只返回 false。

John 现在根据图 20.8 和图 20.9 所示的高级航班业务逻辑实现测试，如清单 20.13 所示。

清单 20.13　测试 PremiumFlight 的行为

```
public class AirportTest {
   [...]
```

```
@DisplayName("Given there is a premium flight")
@Nested
class PremiumFlightTest {                                              ❶
    private Flight premiumFlight;
    private Passenger mike;                                            ❷
    private Passenger james;

    @BeforeEach
    void setUp() {
       premiumFlight = new PremiumFlight("3");
       mike = new Passenger("Mike", false);                            ❸
       james = new Passenger("James", true);
    }

    @Nested
    @DisplayName("When we have a regular passenger")                   ❹
    class RegularPassenger {

        @Test
        @DisplayName("Then you cannot add or remove him
                      from a premium flight")                          ❺
        public void testPremiumFlightRegularPassenger() {
            assertAll("Verify all conditions for a regular passenger
                       and a premium flight",                          ❻
                    () -> assertEquals(false,
                       premiumFlight.addPassenger(mike)),
                    () -> assertEquals(0,                              ❼
                       premiumFlight.getPassengersList().size()),
                     () -> assertEquals(false,
                       premiumFlight.removePassenger(mike)),
                     () -> assertEquals(0,                             ❽
                       premiumFlight.getPassengersList().size())
            );
        }
    }

    @Nested
    @DisplayName("When we have a VIP passenger")                       ❾
    class VipPassenger {
        @Test
        @DisplayName("Then you can add and remove him
                      from a premium flight")                          ❿
        public void testPremiumFlightVipPassenger() {
            assertAll("Verify all conditions for a VIP passenger
                       and a premium flight",                          ⓫
                    () -> assertEquals(true,
                          premiumFlight.addPassenger(james)),
                    () -> assertEquals(1,                              ⓬
                          premiumFlight.getPassengersList().size()),
                     () -> assertEquals(true,
                          premiumFlight.removePassenger(james)),
                    () -> assertEquals(0,                              ⓭
```

```
                premiumFlight.getPassengersList().size())      ⓭
            );
        }
      }
    }
}
```

清单 20.13 所示的代码实现了如下操作。

- 声明了嵌套类 PremiumFlightTest（❶处），该类包含表示航班和乘客的字段（❷处），这些字段是在每个测试运行之前设置的（❸处）。
- 在 PremiumFlightTest 中创建了两个嵌套的类：RegularPassenger（❹处）和 VipPassenger（❾处）。使用 JUnit 5 的@DisplayName 注解标记这些类，注解以关键字 When 开头。
- 在新增加的 RegularPassenger（❺处）和 VipPassenger 类（❿处）内都进行了一次测试。用 JUnit 5 的@DisplayName 注解标记这些测试，注解以关键字 Then 开头。
- 测试一个高级航班和一名普通乘客，使用 assertAll 方法来验证多个条件（❻处）。检查是否能将乘客添加到高级航班中，并且试图添加乘客不会改变乘客列表的大小（❼处）。然后，检查是否能将乘客从高级航班中移除，并且试图移除乘客不会改变乘客名单的大小（❽处）。
- 测试一个高级航班和一名 VIP 乘客，再次使用 assertAll 方法（⓫处）。检查是否可以将乘客添加到高级航班中，并且这样做会增加乘客名单的大小（⓬处）。然后，检查是否可以将乘客从高级航班中移除，并且这样做可以减小乘客名单的大小（⓭处）。

写完测试后，John 将运行它们。结果如图 20.11 所示。记住，他采用的是 TDD 风格，所以测试是第一位的。

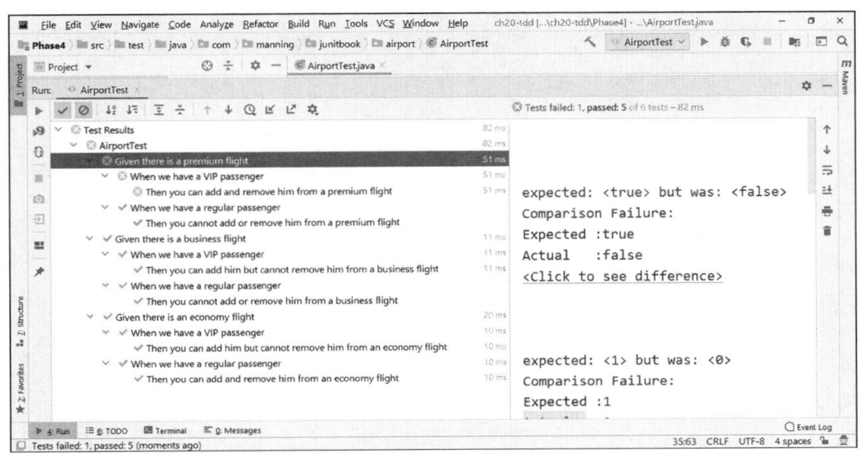

图 20.11　在代码实现导致一些测试失败之前，运行新添加的测试来检查高级航班。为了修复失败的测试，需要了解引入了哪些行为

其中一个测试失败并不是问题。相反，这正是 John 所期望的。记住，TDD 风格是指开发是由测试驱动的，所以首先创建失败的测试，再编写一段代码使测试通过。但这里还有另一件值得注意的事情：针对高级航班和普通乘客的测试以绿色显示。这说明现有的业务逻辑（addPassenger 和 removePassenger 方法返回 false）对于这种情况已经足够了。John 明白，他需要把注意力放在 VIP 乘客身上。再次引用 Kent Beck 的话，“TDD 会使你在正确的时间关注正确的问题，这样就可以使设计更简洁，还可以在学习的过程中改进设计。TDD 会使你随着时间的推移增强对代码的信心。”

所以，John 回到 PremiumFlight 类，只为 VIP 乘客添加业务逻辑，如清单 20.14 所示。在测试的驱动下，他直达要点。

清单 20.14 具有完整业务逻辑的 PremiumFlight 类

```
public class PremiumFlight extends Flight {

   public PremiumFlight(String id) {
      super(id);
   }

   @Override
   public boolean addPassenger(Passenger passenger) {
      if (passenger.isVip()) {
         return passengers.add(passenger);          ❶
      }
      return false;
   }

   @Override
   public boolean removePassenger(Passenger passenger) {
      if (passenger.isVip()) {
          return passengers.remove(passenger);      ❷
      }
     return false;
   }

}
```

清单 20.14 所示的代码实现了如下操作。

- 只有当乘客是 VIP 时，才能添加该乘客（❶处）。
- 只有当乘客是 VIP 时，才能移除该乘客（❷处）。

现在运行测试，结果如图 20.12 所示。一切都进行得很顺利，并且由测试驱动，这些测试指导开发人员编写使其通过的代码。此外，代码覆盖率达到 100%。

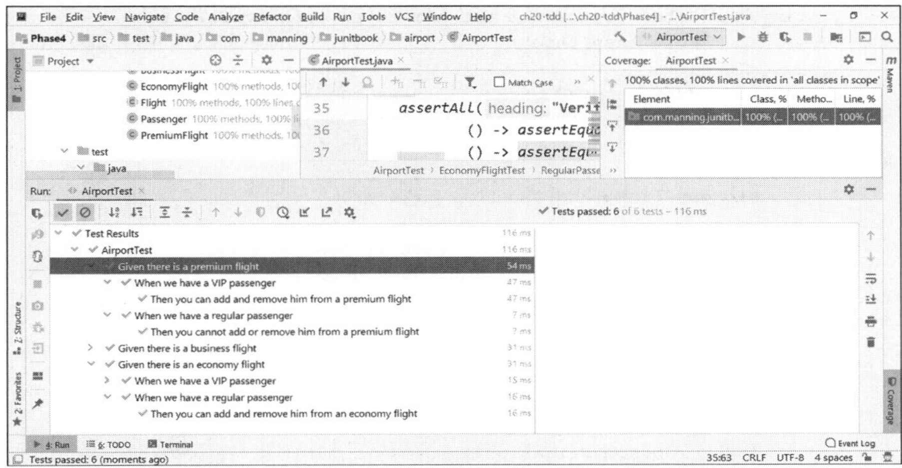

图 20.12　在为 PremiumFlight 添加业务逻辑之后运行完整的测试套件（经济、商务和高级航班）：代码覆盖率达到 100%

20.5.2　同一名乘客只能添加一次

偶尔，有意或无意地，同一名乘客被多次添加到一个航班上。这造成了座位管理的问题，必须避免这种情况。John 需要确保每当添加乘客时，如果该乘客之前已经添加到该航班中，那么该请求应该被拒绝。这是新的业务逻辑，John 将以 TDD 的方式实现它。

John 将通过添加用于检查的测试来开始这个新特性的实现。他尝试将相同的乘客重复添加到航班中，如清单 20.15 所示。这里只讨论一个经常乘坐经济航班的乘客的情况，其他情况类似。

清单 20.15　尝试将同一乘客重复添加到同一航班中

```
public class AirportTest {
    @DisplayName("Given there is an economy flight")
    @Nested
    class EconomyFlightTest {
        private Flight economyFlight;
        private Passenger mike;
        private Passenger james;
    @BeforeEach
    void setUp() {
        economyFlight = new EconomyFlight("1");
        mike = new Passenger("Mike", false);
        james = new Passenger("James", true);
    }

    @Nested
    @DisplayName("When we have a regular passenger")
    class RegularPassenger {
            [...]
```

```
        @DisplayName("Then you cannot add him to an economy flight
                more than once")                                          ❶
        @RepeatedTest(5)
        public void testEconomyFlightRegularPassengerAddedOnlyOnce
                    (RepetitionInfo repetitionInfo) {
    ❷       for (int i=0; i<repetitionInfo.getCurrentRepetition();
                                                          i++) {          ❸
                economyFlight.addPassenger(mike);
            }
            assertAll("Verify a regular passenger can be added
                    to an economy flight only once",                      ❹
                () -> assertEquals(1,
                    economyFlight.getPassengersList().size()),            ❺
                () -> assertTrue(
                    economyFlight.getPassengersList().
                                contains(mike)),                          ❻
                () -> assertTrue(
                    economyFlight.getPassengersList()
                    .get(0).getName().equals("Mike")));                   ❼
        }
    }
  }
}
```

清单 20.15 所示的代码实现了如下操作。

- 用@RepeatedTest 注解标记该测试 5 次，并在其中使用了 RepetitionInfo 参数（❷处）。
- 每次运行测试时，他都会尝试向乘客添加 RepetitionInfo 参数指定的次数（❸处）。
- 使用 assertAll 方法运行验证（❹处）：检查列表中的乘客数（❺处），该列表包含新添加的乘客（❻处），该乘客位于第一个位置（❼处）。

如果运行这些测试，它们会失败。目前还没有业务逻辑阻止将一名乘客多次添加到同一航班中，如图 20.13 所示。

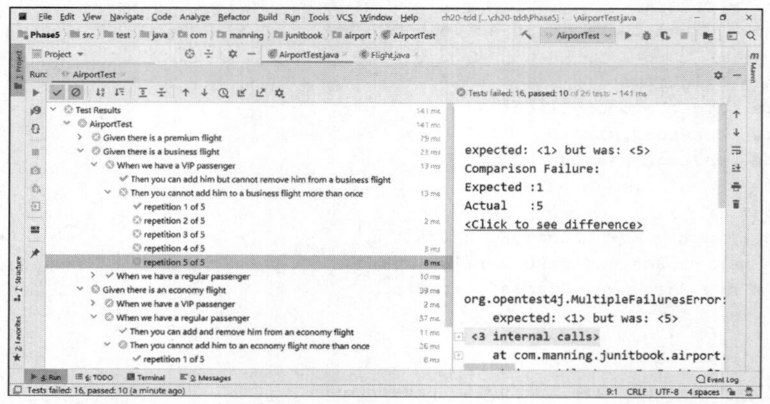

图 20.13 在实现业务逻辑之前，运行检查是否只能将一名乘客添加到同一航班中一次的测试将导致失败

为了确保航班上乘客的单一性，John 将乘客列表结构更改为 Set。因此，要对部分代码进行重构，对这些代码的重构也会在测试中传播。对 Flight 类所做的修改如清单 20.16 所示。

清单 20.16 将 Flight 类的乘客列表修改为一个集合

```
public abstract class Flight {

   [...]
   Set<Passenger> passengers = new HashSet<>();      ❶
   [...]

   public Set<Passenger> getPassengersSet() {         ❷
      return Collections.unmodifiableSet(passengers); ❸
   }

   [...]
}
```

在清单 20.16 中，John 将 passengers 属性的类型修改为一个集合并将其初始化（❶处），修改了方法名称（❷处），并返回一个不可修改的集合（❸处）。

然后 John 创建一个新的测试，检查一名乘客只能被添加到同一航班中一次，如清单 20.17 所示。

清单 20.17 检查一名乘客只能添加到同一航班中一次

```
@DisplayName("Then you cannot add him to an economy flight
              more than once")
@RepeatedTest(5)
public void testEconomyFlightRegularPassengerAddedOnlyOnce
            (RepetitionInfo repetitionInfo) {
    for (int i=0; i<repetitionInfo.getCurrentRepetition(); i++){
        economyFlight.addPassenger(mike);
    }
    assertAll("Verify a regular passenger can be added
               to an economy flight only once",
            () -> assertEquals(1,
            economyFlight.getPassengersSet().size()),            ❶
            () -> assertTrue(
            economyFlight.getPassengersSet().contains(mike)),    ❷
            () -> assertTrue(
            new ArrayList<>(economyFlight.getPassengersSet())
               .get(0).getName().equals("Mike")));               ❸
}
```

在清单 20.17 中，John 检查乘客集合的大小（❶处），这个集合包含新添加的乘客（❷处），用现有集合构造一个列表后（他需要这样做，因为集合的元素是没有顺序的），该乘客位于第一个位置（❸处）。

现在我们可以成功运行测试，且代码覆盖率达到 100%，如图 20.14 所示。John 以 TDD 的方式实现了这个新特性。

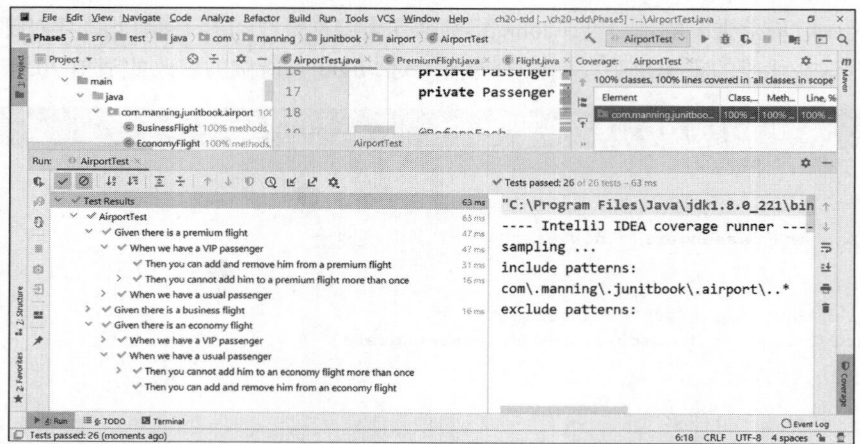

图 20.14　在实现检查一名乘客只能添加到同一航班中一次的业务逻辑之后，成功运行整个测试套件

第 21 章将专门介绍另一种当今经常使用的软件开发过程：BDD。

20.6　小结

在本章中，我们主要讨论了以下内容。

- TDD 的概念，并展示如何使用 TDD 开发安全的应用程序（因为测试可以防止在工作代码中引入错误），以及将测试作为文档的一部分。
- 通过添加覆盖现有业务逻辑的分层 JUnit 5 测试，准备将非 TDD 应用程序迁移到 TDD。
- 在依赖于我们开发的测试的情况下，通过用多态替换条件来重构和改进 TDD 应用程序的代码。
- 通过 TDD 风格实现新特性，从编写测试开始，然后实现业务逻辑。

第21章　使用JUnit 5进行行为驱动开发

本章重点

- 分析 BDD 的优点和挑战性。
- 将 TDD 应用程序迁移到 BDD 中。
- 使用Cucumber和JUnit 5开发BDD应用程序。
- 使用 JBehave 和 JUnit 5 开发 BDD 应用程序。

有人将 BDD 称为 “做正确事情的 TDD”。你也可以把 BDD 看作“帮助我们如何构建正确的事情”，把 TDD 看作 “帮助我们如何正确地构建事情”。

——Millard Ellingsworth

正如第 20 章所讨论的，测试驱动开发（TDD）是一种使用单元测试来验证代码的有效技术。尽管 TDD 有明显的好处，但它的开发周期通常是这样的：

[测试、编码、重构、（重复）]

这可能导致开发人员失去对应用程序业务目标的总体了解；项目可能会变得更大、更复杂，单元测试的数量将增加，并且测试将变得更难理解和维护；测试还可能与实现强耦合。他们仅关注被测试的单元（类或方法），而不考虑业务目标。

在 TDD 出现伊始，还诞生了一种新技术：**行为驱动开发**（BDD）。它关注于特征本身，并确保特征按预期运作。

21.1　行为驱动开发简介

Dan North 在 2000 年中期首次提出 BDD。它是一种软件开发技术，它从业务需求和目标出发，并将它们转换为工作特征。BDD 鼓励团队进行交流，鼓励开发人员使用具体的例子来交流应用程序的行为，并交付重要的软件，支持相关人员之间的合作。TDD 可以帮助我们构建安全的、有业务价值的软件。BDD 可以帮助我们确定应用程序真正需要哪些特性，并专注于实现它们，还可以发现用户真正需要什么，而不仅仅是他们问了什么。

注意：BDD 是一个很大的主题，本章的重点是演示如何将它与 JUnit 5 结合使用，以及如何使用这种技术有效地构建特征。对于这个主题的全面讨论，推荐阅读 John Ferguson Smart 编写的 *BDD in Action* 一书。

参与同一项目的开发人员之间的交流可能会引发问题和造成误解。通常的流程如下。

(1) 客户与业务分析人员交流他们对某个功能特征的理解。

(2) 业务分析人员为开发人员描述需求，描述软件必须运作的方式。

(3) 开发人员根据需求编写代码，并编写单元测试来实现新特性。

(4) 测试人员根据需求创建测试用例，并使用它们来验证新特性的运作方式。

但是，信息可能会被误解、修改或忽略——因此，新特性可能无法完全实现最初的预期。现在，我们将分析引入新特性时的情况。

21.1.1　一种新特性的引入

业务分析人员与客户讨论，以决定哪些软件特性能够实现业务目标。这些特性都是一般性的要求，如“允许旅行者选择到目的地最短的线路”和“允许旅行者选择到目的地价格最便宜的线路”。

这些特性需要分解成多个**故事**（story）。这些故事可能是这样：查找从出发地到目的地转机最少的线路或查找从出发地到目的地最快的路线。

这些故事通过具体的例子定义。这些例子是故事的**验收标准**（acceptance criteria）。验收标准通过关键字来表示 BDD 风格，关键字包括 Given、When 和 Then 等。

例如，可以提出以下验收标准：

假设（Given）航班由 X 公司运营

当（When）我们想找出 5 月 15 日至 20 日从布加勒斯特到纽约的最快线路时

那么（Then）系统给我们提供的路线是：布加勒斯特——法兰克福——纽约

21.1.2　从需求分析到验收标准

对于使用航班管理应用程序的公司来说，可以制定一个业务目标，即通过提供整体高质量的服务来增加销售额。这是一个非常泛泛的目标，可以通过详细的需求来说明。

- 提供一个交互应用程序来选择航班。

- 提供一个交互应用程序来更改航班。
- 提供一个交互应用程序来计算出发地和目的地之间的最短线路。

为了让客户满意，经过需求分析引入的特性需要实现客户的业务目标或交付业务价值。最初的想法需要更详细地描述。描述前面的需求的一种方法如下：

作为一名乘客

我想知道在一段给定的时间内到达给定目的地的航班有哪些

这样，我就可以选择满足我需求的航班

或者：

作为一名乘客

我希望能将我最初选择的航班更改为另一个航班

这样我就能应对我的行程计划的改变

像“选择满足我需求的航班”这样的功能可能太难而不能一次实现。因此，必须将其分解。你可能还希望在实现某个特性的关键地方获得一些反馈。

前面的特性可以分解成更小的描述，如下所示。

找到满足我需求的直达航班（如果有）

找到满足我需求的中途经停的航班

找到满足我需求的单程航班

找到满足我需求的往返航班

通常，使用特定的例子作为验收标准。验收标准表达了使相关人员同意应用程序已按照预期正常工作。

在 BDD 中，验收标准使用下面的关键字定义，包括 Given、When 和 Then 等：

`Given` *<某个上下文>*

`When` *<发生某种动作>*

`Then` *<预期一个结果>*

下面是一个具体的例子：

假定（Given）某公司运营的航班

当（When）下周三我想从布加勒斯特去伦敦时

那么（Then）我可以得到两个时间的航班：10:35 和 16:20

21.1.3 BDD 的优点和挑战性

以下是使用 BDD 方法的一些优点：

- **满足用户需求**——用户不太关心实现，而主要关心应用程序的功能。使用 BDD 风格，可更大程度地满足这些需求。

- **提供清晰度**——指明软件应该做什么的场景清晰度。可以用简单的语言进行描述，便于技术人员和非技术人员理解。可以通过分析场景或添加另一个场景来消除模糊。
- **支持修改**——场景代表软件文档的一部分，它是一种活的文档，因为它与应用程序同时演进。它还有助于定位引入的变更。当引入新的变更时，自动验收测试会阻止引入退化。
- **支持自动化**——可以将场景转换为自动测试，因为场景的具体步骤已经明确定义。
- **聚焦增加业务价值**——可防止引入对项目无用的特性。我们还可以指定功能的优先级。
- **降低成本**——优先考虑功能的重要性，避免不必要的功能，防止浪费资源，并将这些资源集中在需要的地方。

BDD的挑战性在于它需要积极的参与、紧密的协作和交互、直接的沟通以及持续的反馈。在当今全球化和分布式团队的背景下，这对一些人来说可能是一个挑战，可能涉及语言技巧乃至时区的管理。

21.2 使用Cucumber和JUnit 5操作BDD风格

John作为Tested Data Systems公司的一名开发人员，在第20章，用TDD的方式开发了航班管理应用程序，使它可以处理3种类型的航班：经济航班、商务航班和高级航班。此外，还实现了一名乘客只能被添加到某个航班一次的需求。通过运行测试，可以快速了解应用程序的功能（见图21.1）。

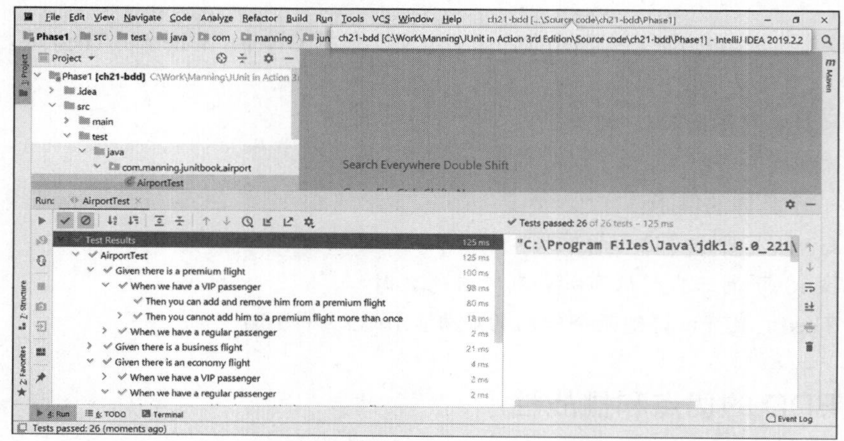

图21.1 成功运行用TDD方式开发的航班管理应用程序的测试

我们已经以一种分散的方式介绍了BDD的运作方式。使用Given、When和Then关键字运行测试，可以很容易了解应用程序是如何工作的。本章将把应用程序迁移到Cucumber中，并增加更多新功能。

21.2.1　Cucumber 简介

Cucumber 是一个 BDD 测试框架。它基于 Gherkin 语言，可以用简单的英语描述应用程序场景。Cucumber 易于阅读和理解，并允许自动化。

Cucumber 的主要功能如下。

- 用场景或示例描述需求。
- 通过 Cucumber 运行的一系列步骤来定义场景。
- 运行与场景相对应的代码，检查软件是否符合这些需求，并生成报告来描述每个场景的成功或失败。

Gherkin 的主要功能如下。

- Gherkin 定义了简单的语法规则，允许 Cucumber 理解简单的英语文本。
- Gherkin 记录了系统的行为。需求总是最新的，因为它们由表示生活规范的场景提供。

Cucumber 可以确保技术人员和非技术人员能够轻松阅读、编写和理解验收测试。验收测试成为项目相关人员之间沟通的工具。

一个简单的、用 Cucumber 运行的验收测试如下。

```
Given there is an economy flight
When we have a regular passenger
Then you can add and remove him from an economy flight
```

其中，用于描述场景的 Given、When、Then 关键字，在前面已介绍过。它们不仅作为标记：Cucumber 要对以这些关键字开始的句子进行解释，并生成用@Given、@When 和@Then 标注的方法。

验收测试在 Cucumber 中用特征文件编写。**特征文件**（feature file）是 Cucumber 测试的入口点：在该文件中，用 Gherkin 描述测试。一个特征文件可以包含一个或多个场景。

John 计划在项目中使用 Cucumber。首先，将 Cucumber 依赖项引入 Maven 的 pom.xml 配置文件中（见清单 21.1）。他将创建一个 Cucumber 特征，并生成 Cucumber 测试的骨架。然后，将现有的 JUnit 5 测试迁移过来填充这个由 Cucumber 生成的测试骨架。

清单 21.1　添加到 pom.xml 文件中的 Cucumber 依赖项

```
<dependency>
     <groupId>info.cukes</groupId>
     <artifactId>cucumber-java</artifactId>
     <version>1.2.5</version>
     <scope>test</scope>
</dependency>
<dependency>
```

```
    <groupId>info.cukes</groupId>
    <artifactId>cucumber-junit</artifactId>
    <version>1.2.5</version>
    <scope>test</scope>
</dependency>
```

在清单 21.1 中，John 引入了两个 Maven 所需的依赖项：cucumber-java 和 cucumber-junit。

21.2.2 将 TDD 特性迁移到 Cucumber 中

现在 John 开始将 TDD 特性迁移到 Cucumber 中。他遵循 Maven 标准文件夹结构，并将特性存放到 test/resources 文件夹中。创建 test/resources/features 文件夹，并在其中创建 passenger_policy.feature 文件（见清单 21.2），如图 21.2 所示。

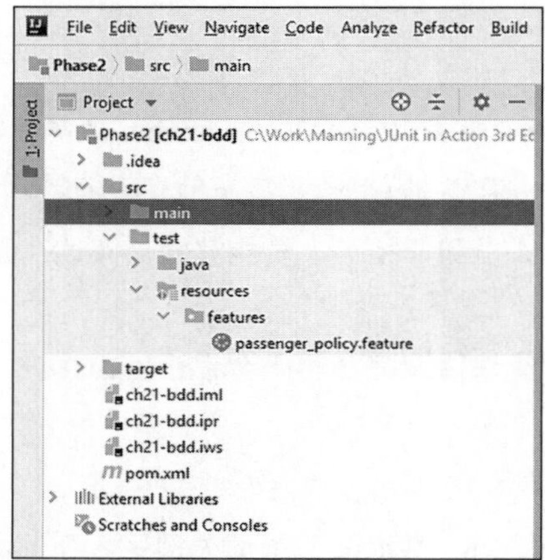

图 21.2 在 test/resources/features 文件夹中创建的 passenger_policy.feature 文件，遵循 Maven 规则

John 遵循 Gherkin 的语法，引进一个名为“Passengers Policy”的特性，并对其功能进行简短的描述。然后，按照 Gherkin 语法编写场景。

清单 21.2 passenger_policy.feature 文件

```
Feature: Passengers Policy
  The company follows a policy of adding and removing passengers,
  depending on the passenger type and on the flight type

  Scenario: Economy flight, regular passenger
    Given there is an economy flight
    When we have a regular passenger
    Then you can add and remove him from an economy flight
    And you cannot add a regular passenger to an economy flight more than
     once

  Scenario: Economy flight, VIP passenger
```

```
    Given there is an economy flight
    When we have a VIP passenger
    Then you can add him but cannot remove him from an economy flight
    And you cannot add a VIP passenger to an economy flight more than once

  Scenario: Business flight, regular passenger
    Given there is a business flight
    When we have a regular passenger
    Then you cannot add or remove him from a business flight

  Scenario: Business flight, VIP passenger
    Given there is a business flight
    When we have a VIP passenger
    Then you can add him but cannot remove him from a business flight
    And you cannot add a VIP passenger to a business flight more than once

  Scenario: Premium flight, regular passenger
    Given there is a premium flight
    When we have a regular passenger
    Then you cannot add or remove him from a premium flight

  Scenario: Premium flight, VIP passenger
    Given there is a premium flight
    When we have a VIP passenger
    Then you can add and remove him from a premium flight
    And you cannot add a VIP passenger to a premium flight more than once
```

清单 21.2 突出显示了 Feature、Scenario、Given、When、Then 和 And 等关键字。右击该特征文件将显示直接运行它的选项，如图 21.3 所示。

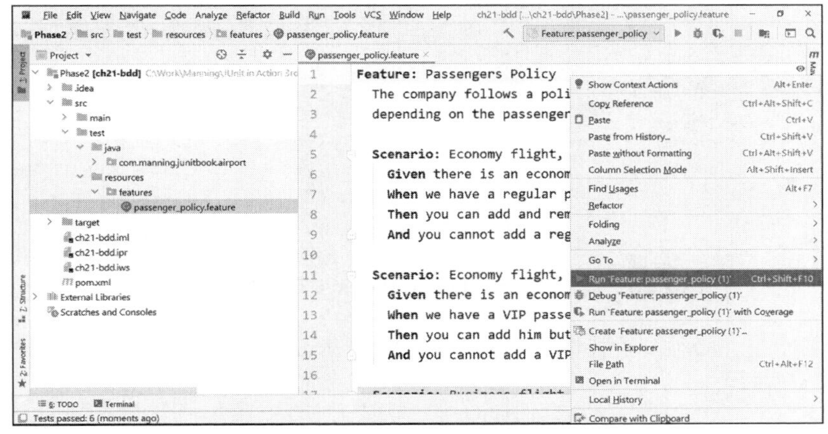

图 21.3 右击 passenger_policy.feature 文件并选择对应的选项可以直接运行它

这只有在满足两个要求时才可能实现。第一个要求是，必须激活适当的插件。要在 IntelliJ 中做到这一点，选择 File>Settings>Plugins，并安装 Cucumber for Java 和 Gherkin 插件，如图 21.4

和图 21.5 所示。

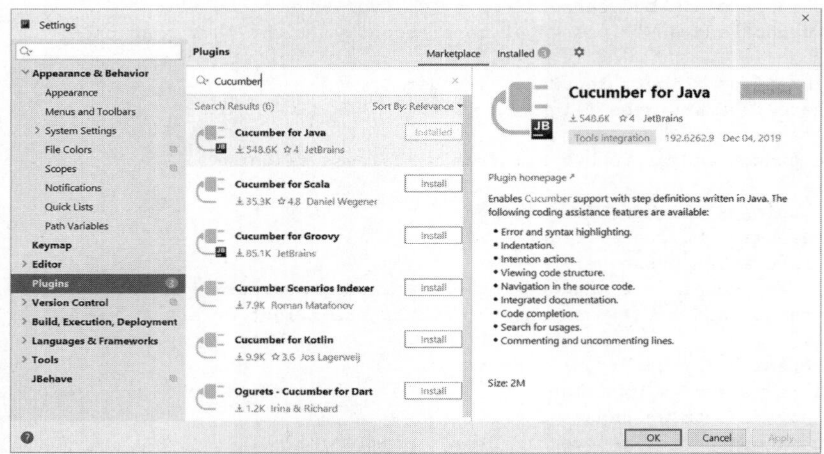

图 21.4　选择 File>Settings>Plugins 安装 Cucumber for Java 插件

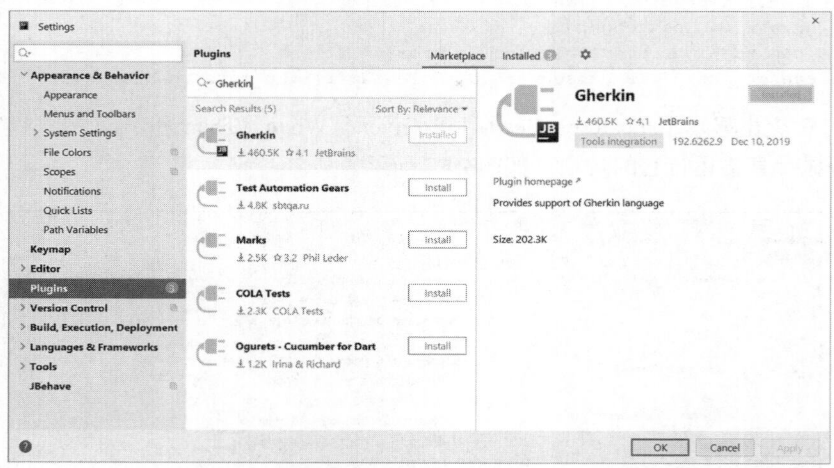

图 21.5　选择 File>Settings>Plugins 安装 Gherkin 插件

第二个要求是，必须配置特性运行的方式。选择 Run>Edit Configurations，并设置以下选项，如图 21.6 所示。

- Main class：cucumber.api.cli.Main
- Glue（存储步骤定义的包）：com.manning.junitbook.airport
- Feature or folder path：test/resources/features，我们已创建该文件夹。
- Working directory：项目的工作文件夹。

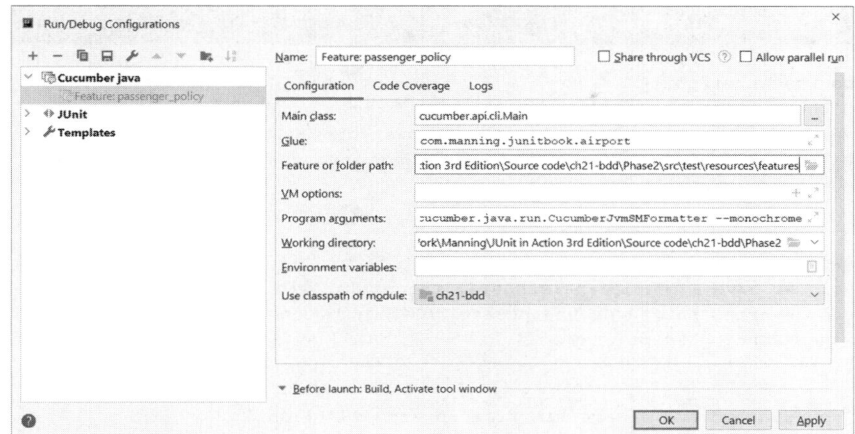

图 21.6 填入 Main class、Glue、Feature or folder path 以及 Working directory 字段配置特性运行的方式

直接运行该特性会生成 Java Cucumber 测试的骨架，如图 21.7 所示。

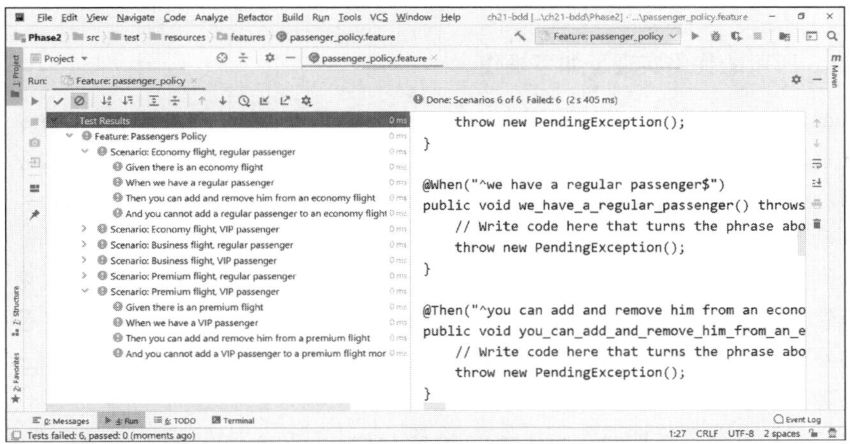

图 21.7 直接运行该特征会生成 Java Cucumber 测试的骨架。运行带注解的方法来验证场景

John 现在要在 test/java 文件夹的 com.manning.junitbook.airport 包中创建一个新的 Java 类，类名为 PassengersPolicy。最初，PassengersPolicy 类将包含测试骨架（见清单 21.3）。将按 passenger_policy.feature 文件中描述的场景运行这个测试。例如，在运行以下步骤时

```
Given there is an economy flight
```

程序将运行带下面注解的方法。

```
@Given("^there is an economy flight$")
```

清单 21.3 初始 PassengersPolicy 类

```
public class PassengerPolicy {
    @Given("^there is an economy flight$")                                      ❶
    public void there_is_an_economy_flight() throws Throwable {
     // Write code here that turns the phrase above into concrete actions     ❷
     throw new PendingException();
    }

    @When("^we have a regular passenger$")                                      ❸
    public void we_have_a_regular_passenger() throws Throwable {
    // Write code here that turns the phrase above into concrete actions      ❹
       throw new PendingException();
    }

❺  @Then("^you can add and remove him from an economy flight$")
    public void you_can_add_and_remove_him_from_an_economy_flight()
       throws Throwable {
    // Write code here that turns the phrase above into concrete actions      ❻
       throw new PendingException();
    }

    [...]
}
```

清单 21.3 所示的代码实现了如下操作。

- Cucumber 插件生成一个带@Given("^there is an economy flight$")注解的方法，这意味着当运行场景中的“Given there is an economy flight”步骤时，将运行该方法（❶处）。
- 插件生成一个方法 stub，并使用场景中“Given there is an economy flight”步骤的代码实现（❷处）。
- 插件生成一个带@When("^we have a regular passenger$")注解的方法，这意味着当运行场景中的“When we have a regular passenger”步骤时，将运行该方法（❸处）。
- 插件生成一个方法 stub，并使用场景中“When we have a regular passenger”步骤的代码实现（❹处）。
- 插件生成一个带@Then("^you can add and remove him from an economy flight$")注解的方法，这意味着当运行场景中“Then you can add and remove him from an economy flight”步骤时，将运行该方法（❺处）。
- 插件生成一个方法 stub，并使用场景中“Then you can add and remove him from an economy flight”步骤的代码实现（❻处）。
- 其余的方法以类似的方式实现。我们已在一个场景中包含 Given、When 和 Then 等关键字。

John 遵循已定义的步骤的业务逻辑，并将其转换为清单 21.4 中的测试，以验证场景中的各个步骤。

清单 21.4　测试已定义的步骤的业务逻辑

```
public class PassengerPolicy {
    private Flight economyFlight;
    private Passenger mike;                                      ❶
    [...]

    @Given("^there is an economy flight$")                               ❷
    public void there_is_an_economy_flight() throws Throwable {
        economyFlight = new EconomyFlight("1");          ❸
    }

    @When("^we have a regular passenger$")                               ❹
    public void we_have_a_regular_passenger() throws Throwable {
        mike = new Passenger("Mike", false);             ❺
    }

    @Then("^you can add and remove him from an economy flight$")          ❻
    public void you_can_add_and_remove_him_from_an_economy_flight()
            throws Throwable {
        assertAll("Verify all conditions for a regular passenger
                   and an economy flight",
          () -> assertEquals("1", economyFlight.getId()),
          () -> assertEquals(true, economyFlight.addPassenger(mike)),
          () -> assertEquals(1,
                 economyFlight.getPassengersSet().size()),                  ❼
          () ->
          assertTrue(economyFlight.getPassengersSet().contains(mike)),
          () -> assertEquals(true, economyFlight.removePassenger(mike)),
          () -> assertEquals(0, economyFlight.getPassengersSet().size())
        );
    }
    [...]
}
```

清单 21.4 所示的代码实现了如下操作。

- 为测试声明了实例变量，包括 economyFlight 和 Passenger 类型的 mike 变量（❶处）。
- 编写了对应“Given there is an economy flight”业务逻辑步骤的方法（❷处），通过初始化 economyFlight 实现该方法（❸处）。
- 编写了对应“When we have a regular passenger”业务逻辑步骤的方法（❹处），通过初始化普通乘客 mike 实现该方法（❺处）。
- 编写了对应“Then you can add and remove him from an economy flight”业务逻辑步骤的方法（❻处），通过使用 JUnit 5 的 assertAll 方法检查所有条件，并流畅地读取这些方法（❼处）。
- 其余的方法以类似的方式实现。我们已在一个场景中包含 Given、When 和 Then 等关键字。

为了进行 Cucumber 测试，需要一个特殊的类。类名可以任意设置，这里使用 CucumberTest，如清单 21.5 所示。

清单 21.5 CucumberTest 类

```
[...]
@RunWith(Cucumber.class)                           ❶
@CucumberOptions(                                  ❷
   plugin = {"pretty"},                            ❸
   features = "classpath:features")                ❹
public class CucumberTest {

   /**
    * This class should be empty, step definitions should be in separate
    classes
    */

}
```

清单 21.5 所示的代码实现了如下操作。

- 用@RunWith(Cucumber.class)标注这个类（❶处）。像任何 JUnit 测试类一样，运行它可以在同一个包的类路径中找到的所有特性。由于在本书撰写时 Cucumber 还没有 JUnit 5 扩展，因此这里使用 JUnit 4 的运行器。
- @CucumberOptions 注解（❷处）提供了插件选项（❸处），用于为输出报告指定不同的格式选项。选择“pretty”，Gherkin 源文件将以额外的颜色输出，如图 21.8 所示。其他插件选项包括“html”和“json”，但在这里“pretty”最合适。features 选项（❹处）可帮助 Cucumber 在项目文件夹结构中定位特性文件。它将在类路径中查找 features 文件夹。请记住，src/test/resources 文件夹是由 Maven 在类路径中维护的！

通过运行测试，我们可以看到保留了迁移到 Cucumber 之前存在的测试功能。

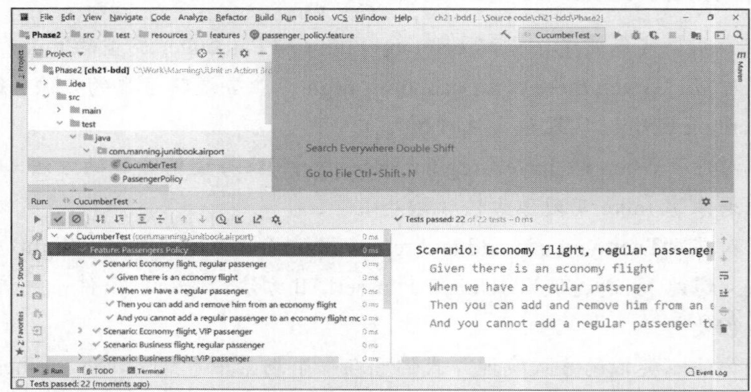

图 21.8 运行 CucumberTest。Gherkin 源代码输出得很漂亮，成功运行的测试以绿色显示，代码覆盖率为 100%

将 TDD 特性迁移到 BDD 还有一个好处。之前使用的 AirportTest 类一共有 207 行代码，而使用的 PassengersPolicy 类有 157 行代码，测试代码的长度约为之前的 75%，但覆盖率是 100%。这种好处从何而来呢？请记住，AirportTest 文件包含 3 个层次上的 7 个类：AirportTest 位于最顶层，第二层有 1 个 EconomyFlightTest 和 1 个 BusinessFlightTest，第三层有 2 个 RegularPassenger 类和 2 个 VipPassenger 类。代码重复现在确实引起了注意，但那是我们只有用 JUnit 5 时的解决方法。

使用 Cucumber，每一个步骤只实现一次。如果在多个场景中有相同的步骤，我们将避免代码重复。

21.2.3 使用 Cucumber 增加一个新功能

John 需要实现一个新功能，为乘客赠送奖励积分。奖励积分根据每位乘客旅行的距离计算，并且是基于乘客乘坐的所有航班计算的，这里使用一个因子：VIP 乘客用里程数除以 10，普通乘客用里程数除以 20，如图 21.9 所示。

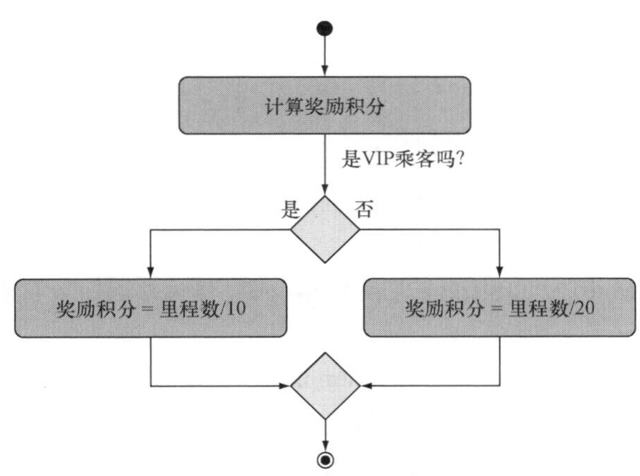

图 21.9 奖励积分计算逻辑：VIP 乘客用里程数除以 10，普通乘客用里程数除以 20

John 将转向 BDD 场景、测试和实现。他将定义奖励积分的场景（见清单 21.6），并生成描述场景的 Cucumber 测试（测试一开始可能会失败）。然后，添加实现奖励积分的代码，运行测试，并期望它们以绿色显示。

清单 21.6 bonus_policy.feature 文件

```
Feature: Bonus Policy
  The company follows a bonus policy, depending on the passenger type and on
     the mileage
                                                                 ❶
  Scenario Outline: Regular passenger bonus policy  <-┘
    Given we have a regular passenger with a mileage
```

```
  When the regular passenger travels <mileage1> and <mileage2>
                                          and <mileage3>        ❷
  Then the bonus points of the regular passenger should be <points>

  Examples:
     | mileage1 | mileage2 | mileage3| points |
     |      349 |      319 |      623|     64 |
     |      312 |      356 |      135|     40 |
     |      223 |      786 |      503|     75 |                ❸
     |      482 |       98 |      591|     58 |
     |      128 |      176 |      304|     30 |
                                                    ❶
Scenario Outline: VIP passenger bonus policy  <-----
  Given we have a VIP passenger with a mileage
  When the VIP passenger travels <mileage1> and <mileage2>
                                      and <mileage3>            ❷
  Then the bonus points of the VIP passenger should be <points>

  Examples:
     | mileage1 | mileage2 | mileage3| points |
     |      349 |      319 |      623|    129 |
     |      312 |      356 |      135|     80 |
     |      223 |      786 |      503|    151 |                ❸
     |      482 |       98 |      591|    117 |
     |      128 |      176 |      304|     60 |
```

清单 21.6 所示的代码实现了如下操作。

- 引入了 Cucumber 的一个新功能：Scenario Outline（❶处）。对于 Scenario Outline，值不需要硬编码在步骤定义中。
- 可以看到<mileage1>、<mileage2>和<mileage3>作为参数，只在步骤定义本身中用参数替换（❷处）。
- 有效值在 Scenario Outline 末尾的 Examples 表中定义（❸处）。第一个表的第一行的前 3 个数字定义了 3 个里程的值（349、319、623），将它们相加并除以 20（普通乘客的因子），得到整数部分 64（奖励积分）。这成功地替代了 JUnit 5 参数化测试，并且其优点是值保留在了场景中，并且容易被人理解。

要配置特征运行的方式，选择 Run>Edit Configurations，并设置以下选项，如图 21.10 所示。

- Main class：cucumber.api.cli.Main。
- Glue：com.manning.junitbook.airport。
- Feature or folder path：test/resources/features/bonus_policy.feature。
- Working directory：项目的工作文件夹。

图 21.10　为新的 bonus_policy 设置配置。填入 Main class、Glue、Feature or folder path 以及 Working directory 字段来实现

直接运行该特性文件将生成 Java Cucumber 测试的骨架，如图 21.11 所示。

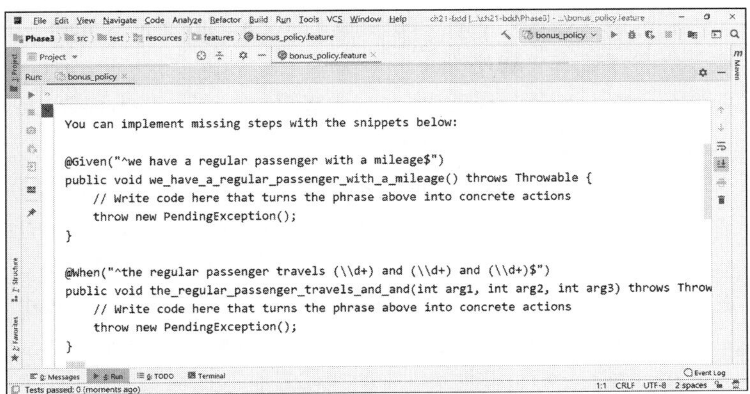

图 21.11　直接运行特性文件获得 Bonus Policy 特性的骨架

John 现在要在 test/java 文件夹的 com.manning.junitbook.airport 包中创建一个新的 Java 类，将这个类命名为 BonusPolicy。最初，BonusPolicy 类将包含测试骨架（见清单 21.7）。将按 bonus_policy.feature 文件中描述的场景运行这个测试。

清单 21.7　初始化 BonusPolicy 类

```
public class BonusPolicy {
    @Given("^we have a regular passenger with a mileage$")        ❶
    public void we_have_a_regular_passenger_with_a_mileage()
            throws Throwable {
     // Write code here that turns the phrase above into concrete actions    ❷
     throw new PendingException();
    }
```

```
  @When("^the regular passenger travels (\\d+) and (\\d+) and (\\d+)$")
  public void the_regular_passenger_travels_and_and
        (int arg1, int arg2, int arg3) throws Throwable {
    // Write code here that turns the phrase above into concrete actions
    throw new PendingException();
  }

  @Then("^the bonus points of the regular passenger should be (\\d+)$")
  public void the_bonus_points_of_the_regular_passenger_should_be
                                                              (int arg1)
      throws Throwable {
    // Write code here that turns the phrase above into concrete actions
    throw new PendingException();
  }
  [...]

}
```

清单 21.7 所示的代码实现了如下操作。

- Cucumber 插件生成一个带@Given("^we have a regular passenger with a mileage$")注解的方法，这表示当运行场景中的“Given we have a regular passenger with a mileage”步骤时，该方法将被运行（❶处）。
- 插件生成一个方法，用运行场景中“Given we have a regular passenger with a mileage”步骤的代码来实现（❷处）。
- 插件生成一个带@When("^the regular passenger travels (\\d+) and (\\d+) and (\\d+)$")注解的方法，这表示当运行场景中的“When the regular passenger travels <mileage1>and <mileage2> and <mileage3>”步骤时，该方法将被运行（❸处）。
- 插件生成一个方法，用运行场景中“When the regular passenger travels <mileage1> and <mileage2>and <mileage3>”步骤的代码来实现（❹处）。该方法有 3 个参数，分别对应 3 种不同的里程。
- 插件生成一个带@Then("^the bonus points of the regular passenger should be (\\d+)$")注解的方法，这表示当运行场景中的“Then the bonus points of the regular passenger should be <points>”步骤时，该方法被运行（❺处）。
- 插件生成一个方法，用运行场景中的“Then the bonus points of the regular passenger should be <points>”步骤的代码来实现（❻处）。该方法有 1 个参数，对应奖励积分。
- 其余的方法以类似的方式实现。我们已使一个场景中包含了 Given、When 和 Then 等关键字。

John 下一步将创建 Mileage 类，声明字段和方法，但还没有实现这些方法（见清单 21.8）。John 在测试时需要使用这个类的方法，最初使这些测试失败，之后实现这些方法使测试通过。

清单 21.8 Mileage 类，但方法的实现为空

```
public class Mileage {

    public static final int VIP_FACTOR = 10;                 ❶
    public static final int REGULAR_FACTOR = 20;

    private Map<Passenger, Integer> passengersMileageMap =
                                    new HashMap<>();          ❷
    private Map<Passenger, Integer> passengersPointsMap =
                                    new HashMap<>();

    public void addMileage(Passenger passenger, int miles) {  ❸

    }

    public void calculateGivenPoints() {                      ❹

    }

}
```

清单 21.8 所示的代码实现了如下操作。

- 声明 VIP_FACTOR 和 REGULAR_FACTOR 两个常量，它们对应为不同类型的乘客计算奖励积分的因子（❶处）。
- 声明 passengersMileageMap 和 passengersPointsMap，这两个映射都以乘客为键，分别以该乘客的里程数和奖励积分为值（❷处）。
- 声明 addMileage 方法，该方法用每个乘客的里程数填充 passengersMileageMap（❸处）。该方法目前不做任何事情，将在稍后编写，以修复测试。
- 声明 calculateGivenPoints 方法，该方法用每个乘客的奖励积分填充 passengersPointsMap（❹处）。同样，该方法将在稍后编写，以修复测试。

John 现在将注意力转向编写 BonusPolicy 中未实现的测试类，以实现此特性的业务逻辑（见清单 21.9）。

清单 21.9 BonusPolicy 的业务逻辑

```
public class BonusPolicy {
    private Passenger mike;                                   ❶
    private Mileage mileage;
    [...]

    @Given("^we have a regular passenger with a mileage$")    ❷
    public void we_have_a_regular_passenger_with_a_mileage()
                throws Throwable {
        mike = new Passenger("Mike", false);                  ❸
        mileage = new Mileage();
    }

    @When("^the regular passenger travels (\\d+) and (\\d+) and (\\d+)$")   ❹
```

```
    public void the_regular_passenger_travels_and_and(int mileage1, int
            mileage2, int mileage3) throws Throwable {
        mileage.addMileage(mike, mileage1);
        mileage.addMileage(mike, mileage2);                    ❺
        mileage.addMileage(mike, mileage3);
    }
                                                                        ❻
    @Then("^the bonus points of the regular passenger should be (\\d+)$")  <-
    public void the_bonus_points_of_the_regular_passenger_should_be
             (int points) throws Throwable {
    ->  mileage.calculateGivenPoints();
 ❼     assertEquals(points,
            mileage.getPassengersPointsMap().get(mike).intValue());   ❽
    }
    [...]
}
```

清单 21.9 所示的代码实现了如下操作。

- 声明了测试的实例变量，包括里程数 mileage 和一名乘客 mike（❶处）。
- 初始化乘客和里程数（❸处）实现了对应业务逻辑步骤“Given we have a regular passenger with a mileage”的方法（❷处）。
- 通过将 mileages 添加到普通乘客 mike 中（❺处）实现了对应业务逻辑步骤“When the regular passenger travels <mileage1> and <mileage2> and <mileage3>”的方法（❹处）。
- 通过计算给定的奖励积分（❼处）并检查其与预期的值是否一致（❽处）实现了对应业务逻辑步骤“Then the bonus points of the regular passenger should be <points>”的方法（❻处）。
- 其余的方法以类似的方式实现。我们已使一个场景中包含了 Given、When 和 Then 等关键词。

如果现在运行奖励积分测试，将失败（见图 21.12），因为还没有实现业务逻辑（addMileage 和 calculateGivenPoints 方法是空的，业务逻辑在测试之后实现）。实际上，运行清单 21.9 所示的测试将获得一个 NullPointerException 异常（❽处）。奖励积分映射还不存在，Mileage 类还没有实现。John 将继续实现其余两个来自 Mileage 类的业务逻辑方法（addMileage 和 calculateGivenPoints），如清单 21.10 所示。

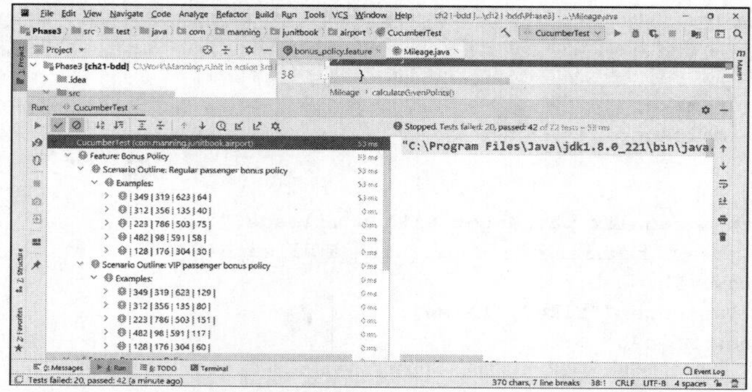

图 21.12 在实现业务逻辑之前运行奖励积分测试时，将导致失败

清单 21.10 实现来自 Mileage 类的业务逻辑方法

```
public void addMileage(Passenger passenger, int miles) {
    if (passengersMileageMap.containsKey(passenger)) {          ❶
        passengersMileageMap.put(passenger,
            passengersMileageMap.get(passenger) + miles);       ❷
    } else {
        passengersMileageMap.put(passenger, miles);             ❸
    }
}

public void calculateGivenPoints() {
    for (Passenger passenger : passengersMileageMap.keySet()) {    ❹
        if (passenger.isVip()) {
            passengersPointsMap.put(passenger,
              passengersMileageMap.get(passenger)/ VIP_FACTOR);    ❺
        } else {
            passengersPointsMap.put(passenger,
              passengersMileageMap.get(passenger)/ REGULAR_FACTOR);    ❻
        }
    }
}
```

清单 12.10 所示的代码实现了如下操作。

- 在 addMileage 方法中，检查 passengersMileageMap 是否包含乘客（❶处）。如果乘客已经存在，将里程加到乘客上（❷处），否则，在映射中创建一个新条目，其中将乘客作为键，将里程数作为初始值（❸处）。
- 在 calculateGivenPoints 方法中，浏览乘客集合（❹处），对于其中的每个乘客，如果是 VIP 乘客，则用里程数除以 VIP 乘客因子计算奖励积分（❺处），否则，用里程数除以普通乘客因子计算奖励积分（❻处）。

现在可以成功运行 CucumberTest，结果如图 21.13 所示。John 以 BDD 方式使用 JUnit 5 和 Cucumber 成功实现了奖励积分特性。

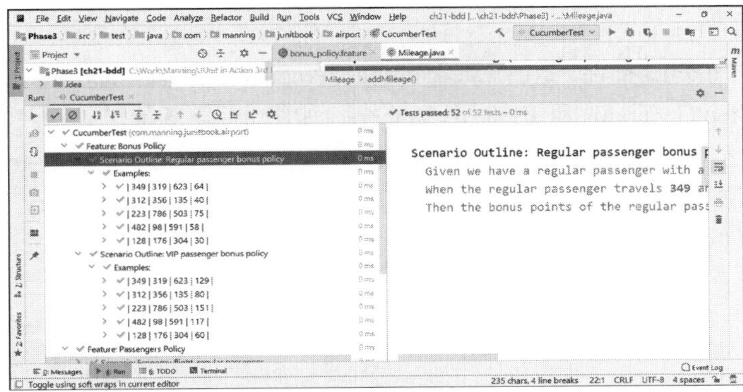

图 21.13 实现业务逻辑后，奖励积分测试成功运行

21.3 使用 JBehave 和 JUnit 5 操作 BDD 风格

在选择 BDD 框架时，有多种备选方案。除了 Cucumber，我们还将研究另一个非常流行的框架：JBehave。

21.3.1 JBehave 简介

JBehave 是一个 BDD 测试工具框架，它允许我们用纯文本编写故事，以让项目中的每个人都能理解。通过这些故事可以定义表达所需行为的场景。和其他 BDD 框架一样，JBehave 也有自己的术语，如下。

- **故事**（story）——涵盖一个或多个场景，表示可以自动运行的业务功能的增加。
- **场景**（scenario）——指与应用程序交互的真实场景。
- **步骤**（step）——使用经典的 BDD 关键字定义：Given、When 和 Then。

21.3.2 将 TDD 特性迁移到 JBehave 中

John 打算使用 JBehave 实现与用 Cucumber 实现的相同的特征和测试。这样他就可以比较这两个 BDD 框架，并决定使用哪一个。

John 首先在 Maven 的 pom.xml 配置文件中引入 JBehave 依赖项（见清单 21.11）。他先创建一个 JBehave 故事，生成测试骨架，然后填充它。

清单 21.11　在 pom.xml 文件中添加 JBehave 依赖项

```
<dependency>
   <groupId>org.jbehave</groupId>
   <artifactId>jbehave-core</artifactId>
   <version>4.1</version>
</dependency>
```

接下来，安装 IntelliJ 插件。选择 File>Settings>Plugins>Browse Repositories，输入 JBehave，并选择 JBehave Step Generator 和 JBehave Support，如图 21.14 所示。

John 现在开始创作故事。他遵循 Maven 文件夹结构，将故事存放在 test/resources 文件夹中。创建文件夹 com/manning/junitbook/airport 并添加 passengers_policy_story.story 文件。在 test 文件夹中创建 com.manning.junitbook.airport 包，其中包含 PassengersPolicy 类，如图 21.15 所示。

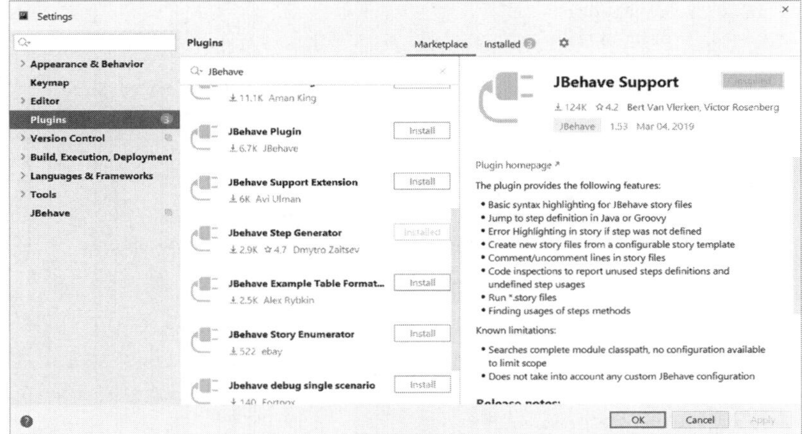

图 21.14 从 File>Settings>Plugins 菜单安装 JBehave for Java 插件

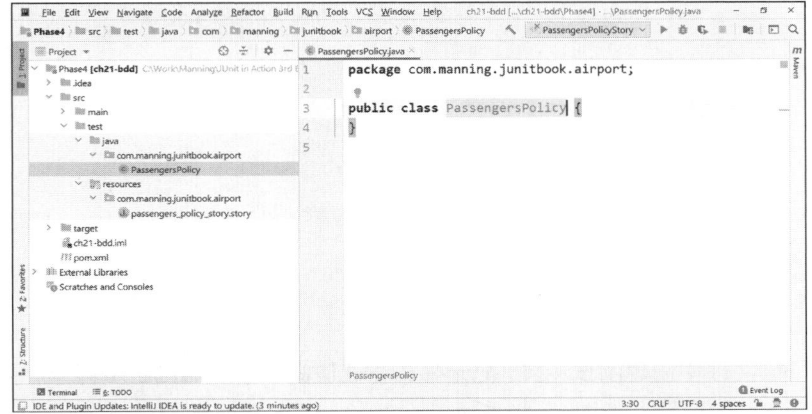

图 21.15 新添加的 PassengersPolicy 类对应于 test/resources/com/manning/junitbook/airport 文件夹中的故事文件

故事包含关于自身的元信息、描述（它打算做什么）和场景等，如清单 21.12 所示。

清单 21.12 passengers_policy_story.story 文件

```
Meta: Passengers Policy
      The company follows a policy of adding and removing passengers,
      depending on the passenger type and on the flight type

Narrative:
As a company
I want to be able to manage passengers and flights
So that the policies of the company are followed

Scenario: Economy flight, regular passenger
```

```
Given there is an economy flight
When we have a regular passenger
Then you can add and remove him from an economy flight
And you cannot add a regular passenger to an economy flight more than once

Scenario: Economy flight, VIP passenger
Given there is an economy flight
When we have a VIP passenger
Then you can add him but cannot remove him from an economy flight
And you cannot add a VIP passenger to an economy flight more than once

Scenario: Business flight, regular passenger
Given there is a business flight
When we have a regular passenger
Then you cannot add or remove him from a business flight

Scenario: Business flight, VIP passenger
Given there is a business flight
When we have a VIP passenger
Then you can add him but cannot remove him from a business flight
And you cannot add a VIP passenger to a business flight more than once

Scenario: Premium flight, regular passenger
Given there is a premium flight
When we have a regular passenger
Then you cannot add or remove him from a premium flight

Scenario: Premium flight, VIP passenger
Given there is a premium flight
When we have a VIP passenger
Then you can add and remove him from a premium flight
And you cannot add a VIP passenger to a premium flight more than once
```

为了在 Java 文件中创建测试步骤，把光标放在任何尚未创建的测试步骤（红色下划线）上，然后按<Alt+Enter>组合键，如图 21.16 所示。

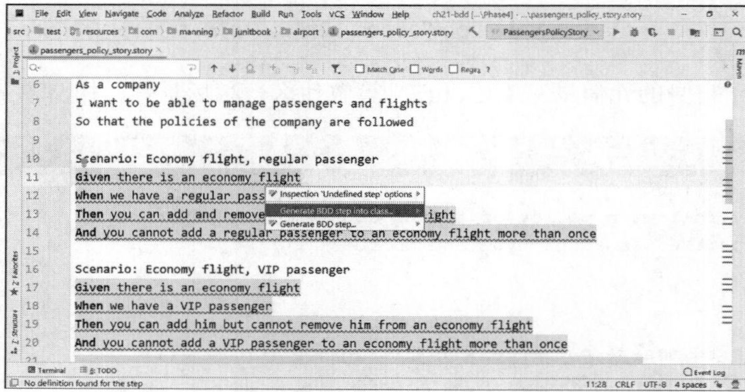

图 21.16　按<Alt+Enter>组合键创建测试步骤

他将在新创建的 PassengersPolicy 类中创建所有测试步骤，如图 21.17 所示。需要填充测试骨架。

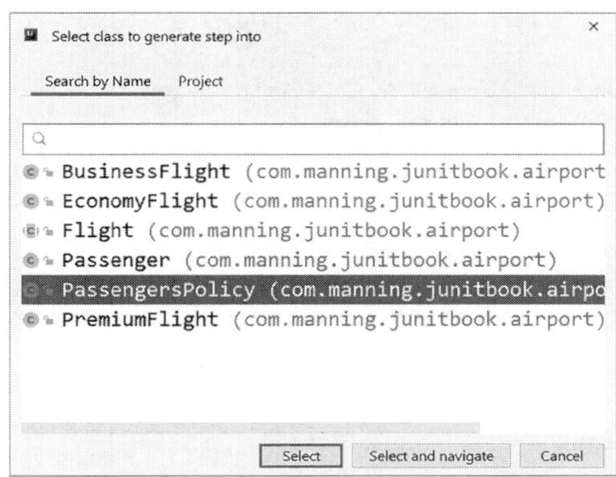

图 21.17　选择 PassengersPolicy 类，在其中创建测试步骤

清单 21.13 展示的是填充了测试骨架 JBehave 的 PassengersPolicy 类。

清单 21.13　填充了测试骨架 JBehave 的 PassengersPolicy 类

```
[...]
public class PassengersPolicy {
    @Given("there is an economy flight")
    public void givenThereIsAnEconomyFlight() {

    }

    @When("we have a regular passenger")
    public void whenWeHaveARegularPassenger() {

    }

    @Then("you can add and remove him from an economy flight")
    public void thenYouCanAddAndRemoveHimFromAnEconomyFlight() {

    }
    [...]
}
```

John 现在根据业务逻辑实现测试。他将编写与方法定义的每个步骤相对应的代码，如清单 21.14 所示。

清单 21.14　实现了 PassengersPolicy 类的测试

```
public class PassengersPolicy {
    private Flight economyFlight;      ❶
    private Passenger mike;
    [...]
```

```
    @Given("there is an economy flight")                                    ❷
    public void givenThereIsAnEconomyFlight() {
        economyFlight = new EconomyFlight("1");                             ❸
    }

    @When("we have a regular passenger")                                    ❹
    public void whenWeHaveARegularPassenger() {
        mike = new Passenger("Mike", false);                                ❺
    }

    @Then("you can add and remove him from an economy flight")             ❻
    public void thenYouCanAddAndRemoveHimFromAnEconomyFlight() {
        assertAll("Verify all conditions for a regular passenger
                   and an economy flight",
          () -> assertEquals("1", economyFlight.getId()),
          () -> assertEquals(true,
                economyFlight.addPassenger(mike)),
          () -> assertEquals(1,
                economyFlight.getPassengersSet().size()),
          () -> assertEquals("Mike", new ArrayList<>(                       ❼
            economyFlight.
              getPassengersSet()).get(0).getName()),
          () -> assertEquals(true,
                   economyFlight.removePassenger(mike)),
          () -> assertEquals(0,
                   economyFlight.getPassengersSet().size())
        );
    }
[...]
}
```

清单 21.14 所示的代码实现了如下操作。

- 为测试声明了实例变量，包括 economyFlight 和一名乘客 mike（❶处）。
- 编写了对应 "Given there is an economy flight" 业务逻辑步骤的方法（❷处），通过初始化 economyFlight（❸处）实现该方法。
- 编写了对应 "When we have a regular passenger" 业务逻辑步骤的方法（❸处），通过初始化普通乘客 mike（❺处）实现该方法（❹处）。
- 编写了对应 "Then you can add and remove him from an economy flight" 业务逻辑步骤的方法（❻处），通过使用 JUnit 5 的 assertAll 方法检查所有条件（❻处），现在可以流利地读取该方法（❼处）。
- 其余的方法以类似的方式实现。我们已在一个场景中包含 Given、When 和 Then 等关键字。

为了运行这些测试，我们需要一个新的特殊类来表示测试配置，将这个类命名为 PassengersPolicyStory，如清单 21.15 所示。

清单 21.15 PassengersPolicyStory 类

```
[...]
public class PassengersPolicyStory extends JUnitStory {    ❶

    @Override
    public Configuration configuration() {                 ❷
        return new MostUsefulConfiguration()               ❸
                 .useStoryReporterBuilder(
                    new StoryReporterBuilder().
                        withDefaultFormats().
                    withFormats(Format.CONSOLE));           ❹
    }

    @Override
    public InjectableStepsFactory stepsFactory() {         ❺
        return new InstanceStepsFactory(configuration(),
                     new PassengersPolicy());              ❻
    }
}
```

清单 21.15 所示的代码实现了如下操作。

- 声明了 PassengersPolicyStory 类，它扩展了 JUnitStory 类（❶处）。一个 JBehave 故事类必须扩展 JUnitStory 类。
- 覆盖了 configuration 方法（❷处），并指定报告所示的配置是适用于用户可能遇到的大多数情况（❸处），报告将在控制台上显示（❹处）。
- 覆盖了 stepsFactory 方法（❺处），并指定步骤定义可在 PassengersPolicy 类中找到（❻处）。

运行这些测试，结果如图 21.18 所示。测试成功，代码覆盖率是 100%。但是，JBehave 的报告不如 Cucumber 中那样漂亮。

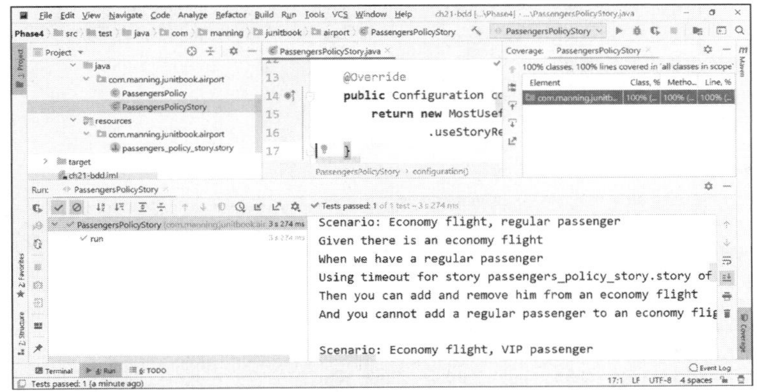

图 21.18 JBehave 测试成功运行，代码覆盖率为 100%

我们可以比较之前使用的 AirportTest 类和 JBehave 的 PassengersPolicy 类，前者有 207 行，

后者有 157 行（与 Cucumber 中的 PassengersPolicy 类一样）。测试代码的长度约为之前的 75%，但是覆盖率仍然是 100%。这些好处从何而来呢？请记住，AirportTest 文件包含 3 个层次上的 7 个类：AirportTest 位于最顶层，第二层有 1 个 EconomyFlightTest 和 1 个 BusinessFlightTest，第三层有 2 个 RegularPassenge 类和 2 个 VipPassenger 类。代码重复现在确实引起了我们的注意，但那是只有 JUnit 5 的解决方法。

21.3.3 使用 JBehave 增加一个新功能

John 希望使用 JBehave 增加一个与为乘客赠送奖励积分政策相关的新特性。他将在 bonus_policy_story.story 文件中定义奖励积分的使用场景，并生成描述场景的 JBehave 测试（见清单 21.16）。测试一开始可能会失败。

清单 21.16 bonus_policy_story.story 文件

```
Meta: Bonus Policy
      The company follows a bonus policy,
      depending on the passenger type and on the mileage

Narrative:
As a company
I want to be able to manage the bonus awarding
So that the policies of the company are followed

Scenario: Regular passenger bonus policy
Given we have a regular passenger with a mileage
When the regular passenger travels <mileage1> and <mileage2> and <mileage3>
Then the bonus points of the regular passenger should be <points>

Examples:
| mileage1 | mileage2 | mileage3| points |
|      349 |      319 |      623 |     64 |
|      312 |      356 |      135 |     40 |
|      223 |      786 |      503 |     75 |
|      482 |       98 |      591 |     58 |
|      128 |      176 |      304 |     30 |

Scenario: VIP passenger bonus policy
Given we have a VIP passenger with a mileage
When the VIP passenger travels <mileage1> and <mileage2> and <mileage3>
Then the bonus points of the VIP passenger should be <points>

Examples:
| mileage1 | mileage2 | mileage3| points |
|      349 |      319 |      623 |    129 |
|      312 |      356 |      135 |     80 |
|      223 |      786 |      503 |    151 |
|      482 |       98 |      591 |    117 |
|      128 |      176 |      304 |     60 |
```

清单 21.16 所示的代码实现了如下操作。

- 使用 Given、When 和 Then 等关键字为积分奖励策略引入了新的场景（❶处）。
- 在步骤定义中，<mileage1>、<mileage2>、<mileage3>和<points>的值使用参数替换（❷处）。
- 有效值在每个场景末尾的 Examples 表中定义（❸处）。第一个表的第一行的前 3 个数字定义了 3 个里程值（349、319、623），将它们相加并除以 20（普通乘客因子），得到整数部分 64（奖励积分）。这成功地替代了 JUnit 5 参数化测试，并且其优点是在场景中保留了值，并且容易被人理解。

在 test 文件夹的 com.manning.junitbook.airport 包中创建 BonusPolicy 类，如图 21.19 所示。

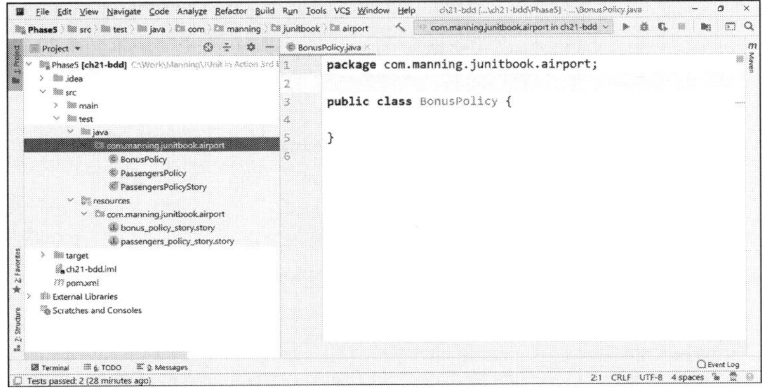

图 21.19 创建的 BonusPolicy 类对应于 test/resources/com/manning/junitbook/airport 文件夹中的故事文件

为了在 Java 文件中创建测试步骤，我们将光标放在任何尚未创建的测试步骤上，并按<Alt+Enter>组合键，如图 21.20 所示。我们将在新创建的 BonusPolicy 类中创建所有测试步骤，如图 21.21 所示。BonusPolicy 类如清单 21.17 所示，其中填充了测试骨架。

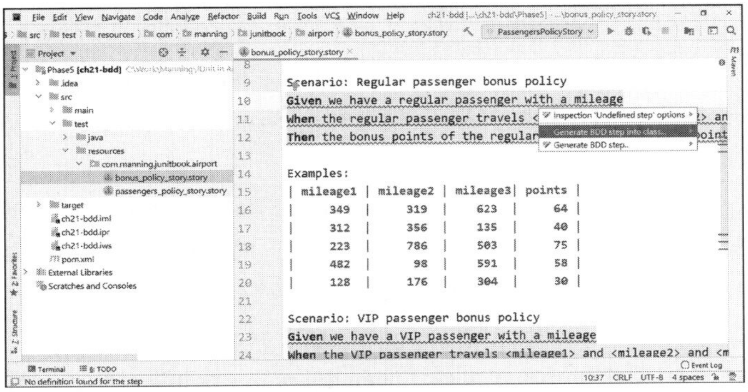

图 21.20 按<Alt+Enter>组合键创建测试步骤

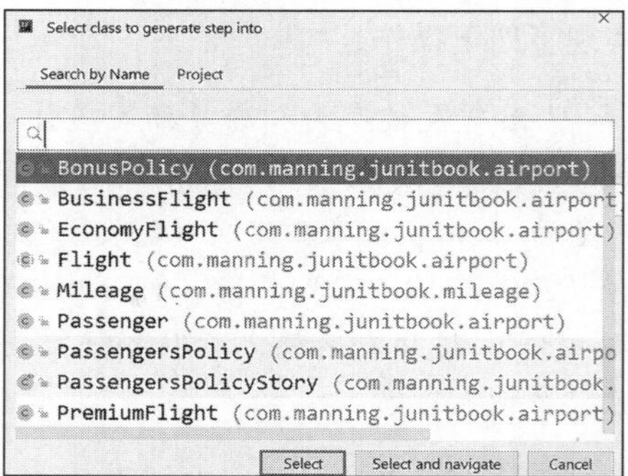

图 21.21　选择 BonusPolicy 类，在其中创建测试步骤

清单 21.17　填充了测试骨架 JBehave 的 BonusPolicy 类

```
public class BonusPolicy {

    @Given("we have a regular passenger with a mileage")                  ❶
    public void givenWeHaveARegularPassengerWithAMileage() {

    }

    @When("the regular passenger travels <mileage1> and                   ❷
           <mileage2> and <mileage3>")
    public void whenTheRegularPassengerTravelsMileageAndMileageAndMileage(
           @Named("mileage1") int mileage1,
           @Named("mileage2") int mileage2,
           @Named("mileage3") int mileage3) {
    }

    @Then("the bonus points of the regular passenger should be <points>")  ❸
    public void thenTheBonusPointsOfTheRegularPassengerShouldBePoints(
      @Named("points") int points) {
    }
    [...]
}
```

清单 21.17 所示的代码实现了如下操作。

- JBehave 插件生成一个带@Given("we have a regular passenger with a mileage")注解的方法，这表示当运行场景中的“Given we have a regular passenger with a mileage”步骤时，该方法将被运行（❶处）。
- 插件生成一个带@When("the regular passenger travels <mileage1> and <mileage2> and <mileage3>")注解的方法，这表示当运行场景中的“When the regular passenger travels <mileage1> and <mileage2> and <mileage3>”步骤时，该方法将被运行（❷处）。
- 插件生成一个带@Then("the bonus points of the regular passenger should be <points>")注解的方法，这表示当运行场景中的“Then the bonus points of the regular passenger should be <points>”步骤时，该方法将被运行（❸处）。

- JBehave 插件生成的其余方法与此类似。我们已在一个场景中包含 Given、When 和 Then 等关键词。

现在 John 将创建 Mileage 类，声明一些字段和方法，但还没有实现这些方法（见清单 21.18）。John 需要为测试使用这个类的方法，使这些测试最初失败，之后实现这些方法并使测试通过。

清单 21.18 Mileage 类，但方法的实现为空

```
public class Mileage {

    public static final int VIP_FACTOR = 10;              ❶
    public static final int REGULAR_FACTOR = 20;

    private Map<Passenger, Integer> passengersMileageMap =
                                    new HashMap<>();       ❷
    private Map<Passenger, Integer> passengersPointsMap =
                                    new HashMap<>();

    public void addMileage(Passenger passenger, int miles) {   ❸

    }

    public void calculateGivenPoints() {                   ❹

    }
}
```

清单 21.18 所示的代码实现了如下操作。

- 声明 VIP_FACTOR 和 REGULAR_FACTOR 两个常量，它们对应为不同类型的乘客计算奖励积分的因子（❶处）。
- 声明 passengersMileageMap 和 passengersPointsMap 变量，这两个映射都以乘客为键，分别以里程数和奖励积分为值（❷处）。
- 声明 addMileage 方法，该方法用每个乘客的里程数填充 passengersMileageMap（❸处）。该方法目前不做任何事情，将在稍后实现，以修复测试。
- 声明 calculateGivenPoints 方法，该方法使用每个乘客的奖励积分填充 passengersPointsMap（❹处）。该方法目前不做任何事情，将在稍后实现，以修复测试。

John 现在将注意力转向编写 BonusPolicy 中未实现的测试类，以实现特征的业务逻辑，如清单 21.19 所示。

清单 21.19 BonusPolicy 的业务逻辑

```
[...]
public class BonusPolicy {
    private Passenger mike;          ❶
    private Mileage mileage;
    [...]
```

```
    @Given("we have a regular passenger with a mileage")                ❷
    public void givenWeHaveARegularPassengerWithAMileage() {
        mike = new Passenger("Mike", false);                            ❸
        mileage = new Mileage();
    }

    @When("the regular passenger travels <mileage1> and <mileage2> and  ❹
                                      <mileage3>")
    public void the_regular_passenger_travels_and_and(@Named("mileage1")
                int mileage1, @Named("mileage2") int mileage2,
                @Named("mileage3") int mileage3) {
        mileage.addMileage(mike, mileage1);
        mileage.addMileage(mike, mileage2);                             ❺
        mileage.addMileage(mike, mileage3);
    }

    @Then("the bonus points of the regular passenger should be <points>")  ❻
    public void the_bonus_points_of_the_regular_passenger_should_be
                (@Named("points") int points) {
❼      mileage.calculateGivenPoints();
        assertEquals(points,
            mileage.getPassengersPointsMap().get(mike).intValue());    ❽
    }
    [...]
}
```

清单 21.19 所示的代码实现了如下操作。

- 为测试声明了实例变量，包括 mileage 和一名乘客 mike（❶处）。
- 通过初始化乘客和里程数（❸处）实现了对应业务逻辑步骤（❷处）“Given we have a regular passenger with a mileage”的方法。
- 通过向普通用户 mike 添加 mileages（❺处）实现了对应业务逻辑步骤（❹处）“When the regular passenger travels <mileage1> and <mileage2> and <mileage3>”的方法。
- 通过计算奖励积分（❼处）并检查其与预期的值是否一致（❽处）实现了对应业务逻辑步骤“Then the bonus points of the regular passenger should be <points>”的方法（❻处）。
- 其余的方法以类似的方式实现。我们已在一个场景中包含 Given、When 和 Then 等关键词。

为了运行这些测试，我们需要一个新的特殊类来表示测试配置，将这个类命名为 BonusPolicyStory，如清单 21.20 所示。

清单 21.20 BonusPolicyStory 类

```
[...]
public class BonusPolicyStory extends JUnitStory {   ❶
```

```
    @Override
    public Configuration configuration() {
        return new MostUsefulConfiguration()
                .useStoryReporterBuilder(
                   new StoryReporterBuilder().
                          withDefaultFormats().
                       withFormats(Format.CONSOLE));
    }

    @Override
    public InjectableStepsFactory stepsFactory() {
        return new InstanceStepsFactory(configuration(),
                    new BonusPolicy());
    }
}
```

清单 21.20 所示的代码实现了如下操作。

- 声明了 BonusPolicyStory 类，它扩展了 JUnitStory 类（❶处）。
- 覆盖了 configuration 方法（❷处），并指定报告所示的配置适用于用户可能遇到的大多数情况（❸处），报告将在控制台上显示（❹处）。
- 覆盖了 stepsFactory 方法（❺处），并指定步骤定义可在 BonusPolicy 类中找到（❻处）。

如果现在运行奖励积分测试，会失败，结果如图 21.22 所示，因为还没有实现业务逻辑（addMileage 和 calculateGivenPoints 方法是空的）。

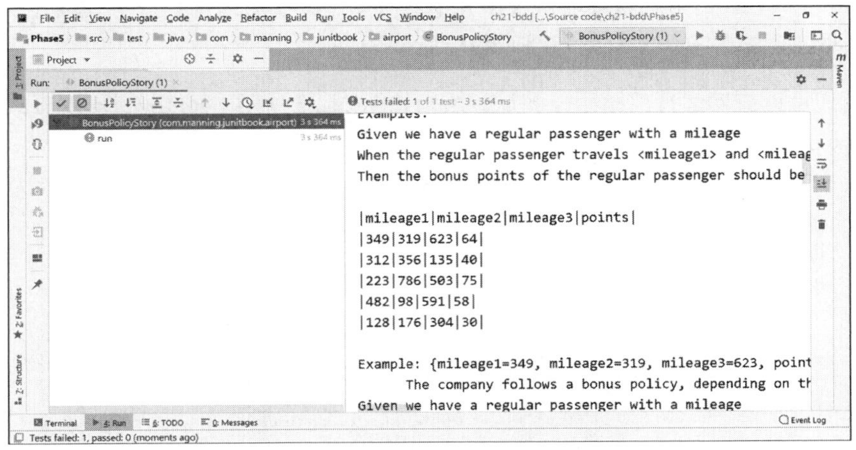

图 21.22　在实现业务逻辑之前，JBehave 奖励积分测试会失败

John 现在实现 Mileage 类中剩下的两个业务逻辑方法（addMileage 和 calculateGivenPoints），如清单 21.21 所示。

清单 21.21　实现 Mileage 类剩下的业务逻辑

```
public void addMileage(Passenger passenger, int miles) {
    if (passengersMileageMap.containsKey(passenger)) {
        passengersMileageMap.put(passenger,
           passengersMileageMap.get(passenger) + miles);      ❶
    } else {
        passengersMileageMap.put(passenger, miles);      ❷
    }
}
public void calculateGivenPoints() {
 ❸ for (Passenger passenger : passengersMileageMap.keySet()) {
        if (passenger.isVip()) {
            passengersPointsMap.put(passenger,
              passengersMileageMap.get(passenger)/ VIP_FACTOR);      ❹
        } else {
            passengersPointsMap.put(passenger,
              passengersMileageMap.get(passenger)/ REGULAR_FACTOR);      ❺
        }
    }
}
```

清单 21.21 所示的代码实现了如下操作。

- 在 addMileage 方法中，检查 passengersMileageMap 是否包含乘客（❶处）。如果乘客已经存在，将该里程加到乘客上（❷处），否则，在映射中创建一个新条目，以乘客为键，以里程数为初始值（❸处）。
- 在 calculateGivenPoints 方法中，浏览乘客集合（❸处），对于其中的每位乘客，如果该乘客是 VIP，则用里程数除以 VIP 乘客因子计算奖励积分（❹处），否则，用里程数除以普通乘客因子计算奖励积分（❺处）。

现在我们可以成功运行奖励积分测试，结果如图 21.23 所示。John 以 BDD 方式使用 JUnit 5 和 JBehave 成功实现了奖励积分特性。

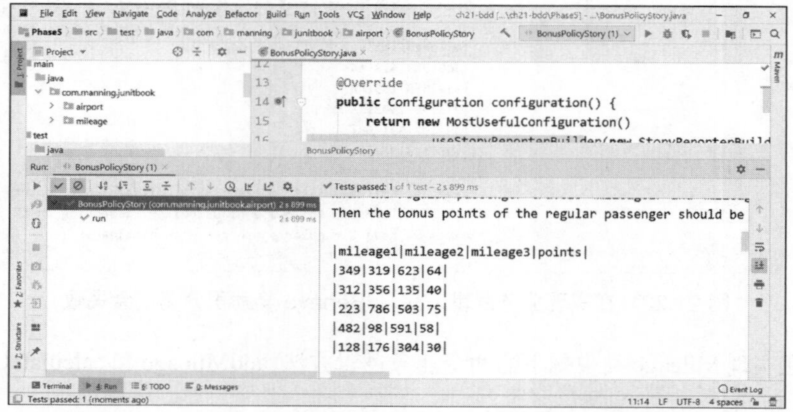

图 21.23　实现业务逻辑后，JBehave 奖励积分测试成功

21.4　Cucumber 与 Jbehave 的比较

Cucumber 和 JBehave 有类似的方法，并支持 BDD 的概念。尽管它们是不同的框架，但都构建在定义良好的 BDD 原则之上，这是我们强调的重点。

它们分别基于特性（Cucumber）或故事（JBehave）。特性是故事的集合，是从特定项目相关者的角度来表达的。两个框架都使用相同的 BDD 关键字（Given、When 和 Then），但在术语方面有些不同，如用于 Cucumber 的 Scenario Outline 和用于 JBehave 的 Scenario with Examples。

IntelliJ IDE 对 Cucumber 和 JBehave 的支持都是通过插件提供的，这些插件有助于在 Java 代码中创建步骤以及检查代码覆盖率。Cucumber 插件可生成更好的输出，使我们能够对完整的测试层次结构一目了然，并以明显的颜色显示所有内容。它还允许直接从特性文件运行测试，这更容易理解，特别是对于非技术人员。

JBehave 是很成熟的软件，而 Cucumber 的基础代码还在频繁地修改。在本书撰写时，GitHub 显示 Cucumber 前 7 天提交了几十次，而 JBehave 显示前 7 天只提交了一次。Cucumber 还有一个活跃的社区，博客和论坛上的文章更新得也很频繁，这使开发人员更容易排除故障。Cucumber 还可用于其他编程语言。就代码大小而言，与 BDD 之前的情况相比，Cucumber 和 JBehave 表现出类似的性能，将初始代码的大小减少了相同的比例。

选择哪种框架取决于个人偏好或项目偏好。这里以一种非常实用和可比较的方式将它们展示出来，以便你最终可以做出自己的选择。

第 22 章将讨论实现测试金字塔策略——从低到高，并在 JUnit 5 中予以应用。

21.5　小结

在本章中，我们主要讨论了以下内容。

- BDD。BDD 是一种软件开发技术，鼓励团队交付重要的软件，并支持相关人员之间的合作。
- BDD 的优点：满足用户需求、提供清晰度、支持修改、支持自动化、聚焦增加业务价值和降低成本。
- BDD 的挑战性：BDD 需要积极的参与、紧密的协作和直接的沟通以及持续的反馈。
- 将 TDD 应用程序迁移到 BDD 中。
- 通过创建个体特性、生成测试代码的骨架、编写测试和实现代码，在 Cucumber 的帮助下开发业务逻辑。
- 通过创建个体故事、生成测试代码的骨架、编写测试和实现代码，在 JBehave 的帮助下开发业务逻辑。
- 从 BDD 原则、易用性和实现功能所需的代码大小等方面，对 Cucumber 和 JBehave 加以比较。

第22章　用JUnit 5实现测试金字塔策略

本章重点

- 为组件单独构建单元测试。
- 组合单元来构建集成测试。
- 为完整的软件构建系统测试。
- 构建验收测试并确保软件符合业务需求。

测试金字塔可通过考量不同类型的自动测试方法形成一种均衡的组合。要点是，底层的单元测试应比通过GUI运行的高级BroadStackTest要多很多。

——Martin Fowler

正如前文讲到的，软件测试有多种目的。测试使我们与应用程序交互，并了解应用程序如何运行。测试帮助我们交付符合预期的软件。测试是代码质量的衡量标准，帮助我们避免可能带来的退化迹象。因此，有效、系统地组织软件测试非常重要。

22.1　软件测试的层次

软件测试的层次可以看作一个金字塔，如图22.1所示。本章将讨论软件测试的不同层次，表述如下。

- **单元测试**——是金字塔的根基。它的重点是方法或类（单个单元）的测试，分别测试每个方法或类，以确定它们是否按预期工作。
- **集成测试**——单独的、经过验证的软件组件被组合在一起进行测试。
- **系统测试**——在一个完整的系统上进行测试，以评估其是否符合规范。系统测试不需要了解设计或代码，仅关注整个系统的功能。

- **验收测试**——用某种场景和测试用例来检验应用程序是否满足最终用户的要求。

上述测试代表一种从简单到复杂的层次构建结构，也体现了开发过程从开始到后期阶段的测试视角。底层的测试用于处理单个组件，它更多地关注细节，较少关注整体。高层次的测试更抽象，它用于验证系统的总体目标和功能，更关注用户与 GUI 的交互以及系统作为整体是如何运作的。

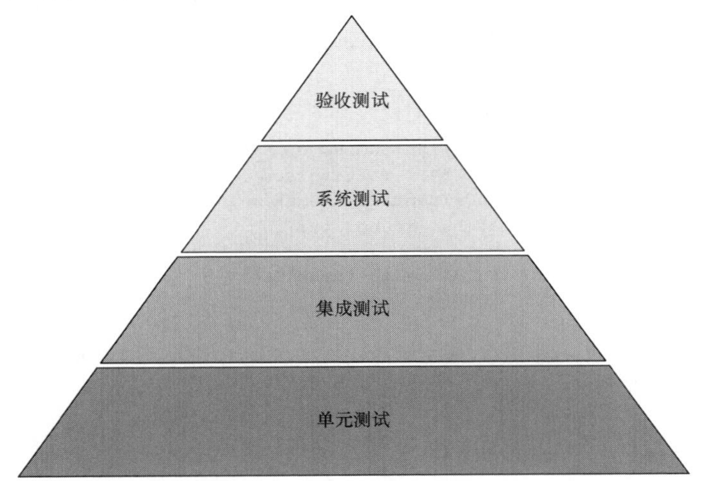

图 22.1　测试金字塔在底层有许多简单的单元，在顶层有少量相对复杂的单元

当涉及测试的内容时，我们需要确定以下几点。

- **业务逻辑**——程序如何转换现实世界中的业务规则。
- **错误的输入值**——例如，在航班管理应用程序中，为航班指定的座位数不能是负数。
- **边界条件**——输入域的极端情况，如最大值或最小值。例如，测试无乘客或满载乘客的航班。
- **意外情况**——非程序正常操作的情况。例如，飞机一旦起飞就不能改变出发地。
- **不变式**——在程序运行期间其值不会改变的表达式。例如，程序运行期间，乘客的标识符不能更改。
- **退化**——程序升级或修补之后在现有系统中引入了错误。

我们现在开始分析每个测试层次的实现，这里从最底层开始。

22.2　单元测试：隔离运行的基本组件

在本章中，我们将展示开发人员 Thomas 如何为航班管理应用程序实现测试金字塔策略。Thomas 接管的应用程序由两个类组成：Passenger（见清单 22.1）和 Flight（见清单 22.2）。

清单 22.1　Passenger 类

```
public class Passenger {

   private String identifier;
   private String name;                                  ❶
   private String countryCode;
   private String ssnRegex =
        "^(?!000|666)[0-8][0-9]{2}-(?!00)[0-9]{2}-(?!0000)[0-9]{4}$";   ❷
   private String nonUsIdentifierRegex =
        "^(?!000|666)[9][0-9]{2}-(?!00)[0-9]{2}-(?!0000)[0-9]{4}$";     ❸
❹  private Pattern pattern;

   public Passenger(String identifier, String name, String countryCode){   ❺
      pattern = countryCode.equals("US")? Pattern.compile(ssnRegex):
                Pattern.compile(nonUsIdentifierRegex);                      ❻
      Matcher matcher = pattern.matcher(identifier);
      if(!matcher.matches()) {
         throw new RuntimeException("Invalid identifier");                 ❼
      }

      if(!Arrays.asList(Locale.getISOCountries()).contains(countryCode)){
         throw new RuntimeException("Invalid country code");                ❽
      }

      this.identifier = identifier;
      this.name = name;                                   ❾
      this.countryCode = countryCode;
   }

   public String getIdentifier() {
      return identifier;                                  ❿
   }

   public void setIdentifier(String identifier) {
      Matcher matcher = pattern.matcher(identifier);
      if(!matcher.matches()) {
         throw new RuntimeException("Invalid identifier");                 ⓫
      }
      this.identifier = identifier;
   }

   public String getName() {
      return name;
   }

   public void setName(String name) {
      this.name = name;                                   ❿
   }

   public String getCountryCode() {
      return countryCode;
   }
```

```
    public void setCountryCode(String countryCode) {
        if(!Arrays.asList(Locale.getISOCountries()).
                                contains(countryCode)){
            throw new RuntimeException("Invalid country code");
        }                                                        ⓬

        this.countryCode = countryCode;
    }

    @Override
    public String toString() {
        return "Passenger " + getName() + " with identifier: "    ⓭
            + getIdentifier() + " from " + getCountryCode();
    }
}
```

清单 22.1 所示的代码实现了如下操作。

- 为 Passenger 类声明了 identifier、name 和 countryCode 实例变量（❶处）。
- 如果乘客是美国公民，标识符就是他们的社会安全号码（SSN）。ssnRegex 是描述 SSN 的正则表达式。SSN 必须符合以下规则：前 3 位数字不能是 000、666，也不能在 900 到 999 之间（❷处）。
- 如果乘客不是美国公民，其标识符将由这家公司根据与 SSN 类似的规则生成。nonUsIdentifierRegex 只允许首位数在 900 到 999 之间的标识符（❸处）。程序还声明了一个检查标识符是否满足这些规则的模式（❹处）。
- 在构造方法中（❺处），首先创建模式对象（❻处），检查标识符是否与之匹配（❼处），检查国家代码是否有效（❽处），之后构造乘客（❾处）。
- 为字段提供了 getter 和 setter 方法❿，检查输入数据的有效性，标识符必须匹配模式（⓫处）以及国家代码必须存在（⓬处）。
- 覆盖了 toString 方法，以包含乘客的名称、标识符和国家代码（⓭处）。

清单 22.2 Flight 类

```
public class Flight {

    private String flightNumber;
    private int seats;
    private int passengers;
    private String origin;
    private String destination;                  ❶
    private boolean flying;
    private boolean takenOff;
    private boolean landed;
                                                              ❷
    private String flightNumberRegex = "^[A-Z]{2}\\d{3,4}$";            ❸
    private Pattern pattern = Pattern.compile(flightNumberRegex);
```

```
public Flight(String flightNumber, int seats) {
    Matcher matcher = pattern.matcher(flightNumber);
    if(!matcher.matches()) {
        throw new RuntimeException("Invalid flight number");     ❹
    }
    this.flightNumber = flightNumber;
    this.seats = seats;
    this.passengers = 0;
    this.flying = false;                                          ❺
    this.takenOff = false;
    this.landed = false;
}

public String getFlightNumber() {
  return flightNumber;
}
                                                                  ❻
public int getSeats() {
    return seats;
}

public void setSeats(int seats) {
    if(passengers > seats) {
        throw new RuntimeException("Cannot reduce the number of
                seats under the number of existing passengers!");  ❼
    }

    this.seats = seats;
}

public int getPassengers() {
    return passengers;
}
                                                                  ❻
public String getOrigin() {
    return origin;
}

public void setOrigin(String origin) {
    if(takenOff){
        throw new RuntimeException("Flight cannot change its origin
                                    any longer!");                ❽
    }

    this.origin = origin;
}

public String getDestination() {                                  ❻
    return destination;
}

public void setDestination(String destination) {
    if(landed){                                                   ❾
        throw new RuntimeException("Flight cannot change its
```

```
                                           destination any longer!");
        }

        this.destination = destination;
    }

    public boolean isFlying() {
        return flying;
    }

    public boolean isTakenOff() {
        return takenOff;
    }

    public boolean isLanded() {
        return landed;
    }

    @Override
    public String toString() {
        return "Flight " + getFlightNumber() + " from " + getOrigin()
                       + " to " + getDestination();
    }

    public void addPassenger() {
        if(passengers >= seats) {
            throw new RuntimeException("Not enough seats!");
        }
        passengers++;
    }

    public void takeOff() {
        System.out.println(this + " is taking off");
        flying = true;
        takenOff = true;
    }

    public void land() {
        System.out.println(this + " is landing");
        flying = false;
        landed = true;
    }

}
```

清单 22.2 所示的代码实现了如下操作。

- 声明了 Flight 类的 8 个实例变量（❶处）。
- 航班号需要与一个正则表达式匹配：航空公司服务的代码包括由 2 个字母组成的航空公司标识符和 3 位或 4 位数字（❷处）。声明了一个模式以检查航班号是否满足这个规则（❸处）。

- 在构造方法中，检查航班号是否与模式匹配（❹处），然后构造该航班（❺处）。
- 为字段提供了 getter（❻处）和 setter 方法，检查乘客数是否不能比座位多（❼处），检查飞机起飞后是否不能更改出发地（❽处），检查飞机降落后是否不能更改目的地（❾处）。
- 覆盖了 toString 方法以显示航班号、出发地和目的地（❿处）。
- 当为飞机添加一名乘客时，检查是否有足够的座位（⓫处）。
- 当飞机起飞时，输出一条消息并改变飞机的状态（⓬处）。当飞机降落时，输出一条消息并改变飞机的状态（⓭处）。

Passenger 类的功能用清单 22.3 所示的 PassengerTest 类进行验证。

清单 22.3 PassengerTest 类

```
public class PassengerTest {

    @Test
    public void testPassengerCreation() {
        Passenger passenger = new Passenger("123-45-6789",
                                            "John Smith", "US");      ❶
        assertNotNull(passenger);
    }

    @Test
    public void testNonUsPassengerCreation() {
        Passenger passenger = new Passenger("900-45-6789",
                                            "John Smith", "GB");      ❷
        assertNotNull(passenger);
    }

    @Test
    public void testCreatePassengerWithInvalidSsn() {
        assertThrows(RuntimeException.class,
                ()->{
                    Passenger passenger = new Passenger("123-456-789",
                                                "John Smith", "US");
                });                                                    ❸
        assertThrows(RuntimeException.class,
                ()->{
                    Passenger passenger = new Passenger("900-45-6789",
                                                "John Smith", "US");
                });
    }

    @Test
    public void testCreatePassengerWithInvalidNonUsIdentifier() {
        assertThrows(RuntimeException.class,
                ()->{                                                  ❹
                    Passenger passenger = new Passenger("900-456-789",
                                                "John Smith", "GB");
                });
```

```
    assertThrows(RuntimeException.class,
            ()->{
                Passenger passenger = new Passenger("123-45-6789",
                                        "John Smith", "GB");
            });                                                    ❹
}

@Test
public void testCreatePassengerWithInvalidCountryCode() {
    assertThrows(RuntimeException.class,
            ()->{
                Passenger passenger = new Passenger("900-45-6789",
                                        "John Smith", "GJ");     ❺
            });
}

@Test
public void testSetInvalidSsn() {
    assertThrows(RuntimeException.class,
            ()->{
                Passenger passenger = new Passenger("123-45-6789",
                                        "John Smith", "US");     ❻
                passenger.setIdentifier("123-456-789");
            });
}

@Test
public void testSetValidSsn() {
            Passenger passenger = new Passenger("123-45-6789",
                                    "John Smith", "US");         ❼
            passenger.setIdentifier("123-98-7654");
            assertEquals("123-98-7654", passenger.getIdentifier());
}

@Test
public void testSetValidNonUsIdentifier() {
    Passenger passenger = new Passenger("900-45-6789",
                            "John Smith", "GB");                 ❽
    passenger.setIdentifier("900-98-7654");
    assertEquals("900-98-7654", passenger.getIdentifier());
}

@Test
public void testSetInvalidCountryCode() {
    assertThrows(RuntimeException.class,
            ()->{
                Passenger passenger = new Passenger("123-45-6789",
                                        "John Smith", "US");     ❾
                passenger.setCountryCode("GJ");
            });
}

@Test
```

```
    public void testSetValidCountryCode() {
            Passenger passenger = new Passenger("123-45-6789",
                                "John Smith", "US");
            passenger.setCountryCode("GB");
            assertEquals("GB", passenger.getCountryCode());            ❿
    }

    @Test
    public void testPassengerToString() {
        Passenger passenger = new Passenger("123-45-6789",
                                "John Smith", "US");
        passenger.setName("John Brown");
        assertEquals("Passenger John Brown with identifier:
                123-45-6789 from US", passenger.toString());           ⓫
    }

}
```

清单 22.3 所示的代码实现了如下操作。

- 使用正确的标识符检查美国乘客（❶处）和非美国乘客（❷处）的创建是否正确。
- 检查是否能为美国公民（❸处）和非美国公民（❹处）设置无效标识符。
- 检查是否能设置无效的国家代码（❺处）或无效的 SSN（❻处）。
- 检查是否能为美国公民设置有效的 SSN(❼处)，为非美国公民设置有效的标识符(❽处)。
- 检查是否设置了一个无效的国家代码（❾处）和一个有效的国家代码（❿处）。
- 检查 toString 方法的行为（⓫处）。

Flight 类的功能用清单 22.4 所示的 FlightTest 类进行验证。

清单 22.4 FlightTest 类

```
public class FlightTest {

    @Test
    public void testFlightCreation() {
        Flight flight = new Flight("AA123", 100);
        assertNotNull(flight);                                ❶
    }

    @Test
    public void testInvalidFlightNumber() {
        assertThrows(RuntimeException.class,
                ()->{
                    Flight flight = new Flight("AA12", 100);
                });
        assertThrows(RuntimeException.class,
                ()->{
                    Flight flight = new Flight("AA12345", 100);
                });                                               ❷
    }
```

```
@Test
public void testValidFlightNumber() {
    Flight flight = new Flight("AA345", 100);
    assertNotNull(flight);
    flight = new Flight("AA3456", 100);
    assertNotNull(flight);
}                                                    ❸

@Test
public void testAddPassengers() {
    Flight flight = new Flight("AA1234", 50);
    flight.setOrigin("London");
    flight.setDestination("Bucharest");
    for(int i=0; i<flight.getSeats(); i++) {
        flight.addPassenger();
    }
    assertEquals(50, flight.getPassengers());
    assertThrows(RuntimeException.class,
            ()->{
                flight.addPassenger();
            });
}                                                    ❹

@Test
public void testSetInvalidSeats() {
    Flight flight = new Flight("AA1234", 50);
    flight.setOrigin("London");
    flight.setDestination("Bucharest");
    for(int i=0; i<flight.getSeats(); i++) {
        flight.addPassenger();
    }
    assertEquals(50, flight.getPassengers());
    assertThrows(RuntimeException.class,
            ()->{
                flight.setSeats(49);
            });
}                                                    ❺

@Test
public void testSetValidSeats() {
    Flight flight = new Flight("AA1234", 50);
    flight.setOrigin("London");
    flight.setDestination("Bucharest");
    for(int i=0; i<flight.getSeats(); i++) {
        flight.addPassenger();
    }
        assertEquals(50, flight.getPassengers());
    flight.setSeats(52);
        assertEquals(52, flight.getSeats());
}                                                    ❻

@Test
```

```
    public void testChangeOrigin() {
        Flight flight = new Flight("AA1234", 50);
        flight.setOrigin("London");
        flight.setDestination("Bucharest");
        flight.takeOff();
        assertEquals(true, flight.isFlying());
        assertEquals(true, flight.isTakenOff());
        assertEquals(false, flight.isLanded());
        assertThrows(RuntimeException.class,
                ()->{
                    flight.setOrigin("Manchester");
                });
    }                                                          ❼

    @Test
    public void testChangeDestination() {
     Flight flight = new Flight("AA1234", 50);
        flight.setOrigin("London");
        flight.setDestination("Bucharest");
        flight.takeOff();
        flight.land();
        assertThrows(RuntimeException.class,
                ()->{
                    flight.setDestination("Sibiu");
                });
    }                                                          ❽

    @Test
    public void testLand() {
        Flight flight = new Flight("AA1234", 50);
        flight.setOrigin("London");
        flight.setDestination("Bucharest");
        flight.takeOff();
        assertEquals(true, flight.isTakenOff());
        assertEquals(false, flight.isLanded());               ❾
        flight.land();
        assertEquals(true, flight.isTakenOff());
        assertEquals(true, flight.isLanded());
        assertEquals(false, flight.isFlying());               ❿
    }

}
```

清单 22.4 所示的代码实现了如下操作。

- 检查一次航班的创建（❶处）。
- 检查是否不能设置无效的航班号（❷处），可以设置有效的航班号（❸处）。
- 检查是否只能在座位限额内增加乘客（❹处）。
- 检查是否不能设置小于乘客数的座位数（❺处），但可以设置大于乘客数的座位数（❻处）。
- 检查是否不能在飞机起飞后改变出发地（❼处）或在飞机降落后改变目的地（❽处）。
- 检查飞机在起飞后（❾处）和降落后是否改变了状态（❿处）。

针对 Passenger 和 Flight 类的单元测试可以成功运行，代码覆盖率为 100%，结果如图 22.2 所示。

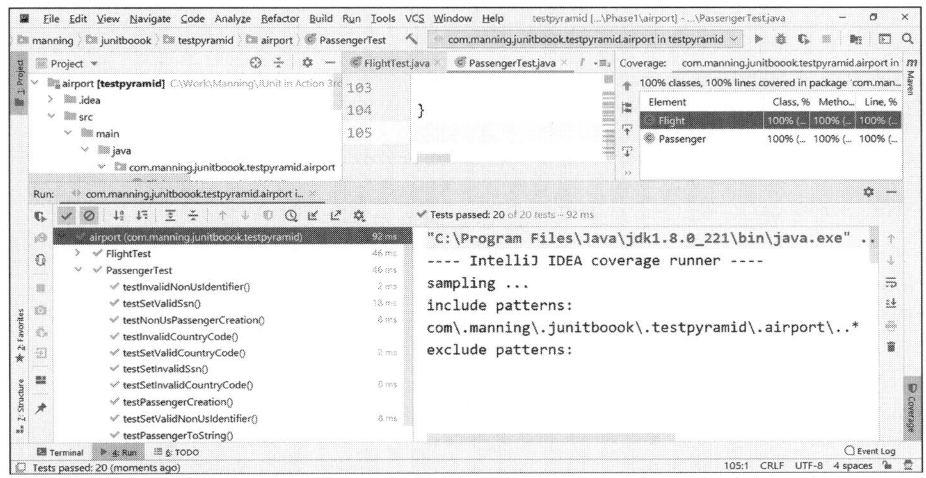

图 22.2 针对 Passenger 和 Flight 类的单元测试可以检查每个类的正确行为并成功运行

Thomas 已经成功创建了包含 Passenger 类和 Flight 类的应用程序，并检查了每个类单独运行时都运行良好。使用 JUnit 5 测试，检查了以下内容。

- 乘客标识符和国家代码限制。
- 航班号限制（验证它们以两个字母开头，后跟 4 个数字中的 3 个）。
- 错误的输入值（例如，座位数为负数的航班）。
- 边界条件（不能增加超过可用座位数的乘客）。

接下来，Thomas 将继续集成这两个类的功能。

22.3 集成测试：单元组合

集成测试将单个单元组合在一起，然后检查它们的交互。运行良好的独立单元并不意味着它们组合在一起也能运行良好。

Thomas 将研究 Passenger 和 Flight 之间如何协作。这两个类代表两个不同的单元。为了协作，需要适当地公开接口（API）。然而，接口可能存在阻止交互的缺陷，例如缺少方法或没有接收适当类型参数的方法。

Thomas 分析当前接口时发现，乘客应该可以被添加到航班中和从航班中移除。目前，他只修改了乘客数：当前接口缺少 addPassenger 方法和 removePassenger 方法。Flight 类与 Passenger 类应该更紧密整合，并维护乘客记录集。对 Flight 类的修改如下所示。

清单 22.5　修改的 Flight 类

```
public class Flight {

   Set<Passenger> passengers = new HashSet< >();      ❶

   [...]
   public boolean addPassenger(Passenger passenger) {      ❷
      if(passengers.size() >= seats) {
         throw new RuntimeException(
       "Cannot add more passengers than the capacity of the flight!");      ❸
      }
      return passengers.add(passenger);      ❹
   }

   public boolean removePassenger(Passenger passenger) {      ❺
      return passengers.remove(passenger);
   }

   public int getPassengersNumber() {      ❻
      return passengers.size();
   }

[...]
}
```

清单 22.5 所示的代码实现了如下操作。

- 在 Flight 类中添加了 passengers 字段以存放乘客的集合（❶处）。这将替换整数 passengers 字段，因此，this.passengers = 0（初始化代码）不再需要。
- 添加了 addPassenger 方法（❷处），它用于检查是否有足够的座位（❸处），然后将乘客添加到乘客集合中（❹处）。
- 添加了 removePassenger 方法，它可以从乘客的集合中移除乘客（❺处），添加了 getPassengersNumber 方法以返回乘客集合的大小（❻处）。

为了运行集成测试，Thomas 决定使用 Arquillian 框架。这是一个基于 Java 的测试框架，使用 JUnit 来对容器运行测试用例。第 9 章介绍了 Arquillian，这里在集成测试中再次使用它。

Arquillian 非常流行，在 JUnit 4 之前的项目中经常被采用，但目前没有 JUnit 5 扩展。它极大地简化了管理容器、部署和框架初始化等任务。

Arquillian 可以测试 Java EE 应用程序。在这里的示例中使用它需要一些 CDI 的基础知识，CDI 是用于控制反转设计模式的 Java EE 标准。这里解释其最重要的思想，以便你可以在项目中快速采用 Arquillian。

ShrinkWrap 是与 Arquillian 一起使用的外部依赖项，是创建 Java 归档的一种简单方法。Tested Data Systems 公司的开发人员可以使用 ShrinkWrap API 组装.jar、.war 和.ear 文件，以便在测试时由 Arquillian 直接部署。这些文件包含运行应用程序所需的所有类的归档文件。ShrinkWrap 用于定义要加载到 Java 容器中的测试的部署和描述符。

Thomas 将使用某个航班上 50 名乘客的名单，乘客使用标识符、姓名和国家代码描述。乘客列表存储在清单 22.6 所示的 CSV 文件中。

清单 22.6 flights_information.csv 文件

```
123-45-6789; John Smith; US
900-45-6789; Jane Underwood; GB
123-45-6790; James Perkins; US
900-45-6790; Mary Calderon; GB
123-45-6791; Noah Graves; US
900-45-6791; Jake Chavez; GB
123-45-6792; Oliver Aguilar; US
900-45-6792; Emma Mccann; GB
123-45-6793; Margaret Knight; US
900-45-6793; Amelia Curry; GB
123-45-6794; Jack Vaughn; US
900-45-6794; Liam Lewis; GB
123-45-6795; Olivia Reyes; US
900-45-6795; Samantha Poole; GB
123-45-6796; Patricia Jordan; US
900-45-6796; Robert Sherman; GB
123-45-6797; Mason Burton; US
900-45-6797; Harry Christensen; GB
123-45-6798; Jennifer Mills; US
900-45-6798; Sophia Graham; GB
123-45-6799; Bethany King; US
900-45-6799; Isla Taylor; GB
123-45-6800; Jacob Tucker; US
900-45-6800; Michael Jenkins; GB
123-45-6801; Emily Johnson; US
900-45-6801; Elizabeth Berry; GB
123-45-6802; Isabella Carpenter; US
900-45-6802; William Fields; GB
123-45-6803; Charlie Lord; US
900-45-6803; Joanne Castaneda; GB
123-45-6804; Ava Daniel; US
900-45-6804; Linda Wise; GB
123-45-6805; Thomas French; US
900-45-6805; Joe Wyatt; GB
123-45-6806; David Byrne; US
900-45-6806; Megan Austin; GB
123-45-6807; Mia Ward; US
900-45-6807; Barbara Mac; GB
123-45-6808; George Burns; US
900-45-6808; Richard Moody; GB
123-45-6809; Victoria Montgomery; US
900-45-6809; Susan Todd; GB
123-45-6810; Joseph Parker; US
900-45-6810; Alexander Alexander; GB
123-45-6811; Jessica Pacheco; US
900-45-6811; William Schneider; GB
123-45-6812; Damian Reid; US
900-45-6812; Daniel Hart; GB
```

```
123-45-6813; Thomas Wright; US
900-45-6813; Charles Bradley; GB
```

清单 22.7 实现了 FlightBuilderUtil 类，该类解析 CSV 文件并使用相应的乘客填充航班信息。因此，代码将信息从外部文件读入应用程序。

清单 22.7　FlightBuilderUtil 类

```
public class FlightBuilderUtil {

    public static Flight buildFlightFromCsv() throws IOException {
        Flight flight = new Flight("AA1234", 50);
            flight.setOrigin("London");                          ❶
            flight.setDestination("Bucharest");

        try(BufferedReader reader =
               new BufferedReader(new FileReader(
                    "src/test/resources/flights_information.csv")))     ❷
        {
            String line = null;
            do {                                                ❸
                line = reader.readLine();
                if (line != null) {
❹                String[] passengerString = line.toString().split(";");
                  Passenger passenger =
                         new Passenger(passengerString[0].trim(),
                                       passengerString[1].trim(),        ❺
                                       passengerString[1].trim());
                  flight.addPassenger(passenger);                 ❻
                }
            } while (line != null);
        }

        return flight;                                          ❼
    }
}
```

清单 22.7 所示的代码实现了如下操作。

- 创建了一个航班对象，并设置了其出发地和目的地（❶处）。
- 打开 CSV 文件解析数据（❷处）。
- 逐行读取文件（❸处），拆分每一行（❹处），根据读取的信息创建一个乘客对象（❺处），并将该乘客添加到航班中（❻处）。
- 最后，方法返回填充了所有乘客的航班对象（❼处）。

到目前为止，在航班和乘客管理中实现的类都是纯 Java 类，没有使用任何框架。正如我们所提到的，Arquillian 测试框架针对一个 Java 容器运行测试用例，因此使用它需要了解一些与 Java EE 和 CDI 相关的概念。Arquillian 抽象了容器或应用程序的启动逻辑，并将应用程序部署到目标运行时（一种嵌入式或托管的应用程序服务器）以运行测试用例。

对上述示例，清单 22.8 给出了需要在 Maven 的 pom.xml 文件中添加的 Arquillian 依赖项。

清单 22.8　需要在 pom.xml 中添加的依赖项

```
<dependencyManagement>
       <dependencies>
           <dependency>
               <groupId>org.jboss.arquillian</groupId>         ❶
               <artifactId>arquillian-bom</artifactId>
               <version>1.4.0.Final</version>
               <scope>import</scope>
               <type>pom</type>
           </dependency>
       </dependencies>
</dependencyManagement>
        <dependencies>
            <dependency>
            <groupId>org.jboss.spec</groupId>                  ❷
            <artifactId>jboss-javaee-7.0</artifactId>
            <version>1.0.3.Final</version>
            <type>pom</type>
            <scope>provided</scope>
        </dependency>
        <dependency>
            <groupId>org.junit.vintage</groupId>               ❸
            <artifactId>junit-vintage-engine</artifactId>
            <version>5.4.2</version>
            <scope>test</scope>
        </dependency>
        <dependency>
           <groupId>org.jboss.arquillian.junit</groupId>       ❹
           <artifactId>arquillian-junit-container</artifactId>
           <scope>test</scope>
        </dependency>
        <dependency>                                            ❺
           <groupId>org.jboss.arquillian.container</groupId>
           <artifactId>arquillian-weld-ee-embedded-1.1</artifactId>
           <version>1.0.0.CR9</version>
           <scope>test</scope>
        </dependency>
        <dependency>
           <groupId>org.jboss.weld</groupId>                   ❻
           <artifactId>weld-core</artifactId>
           <version>2.3.5.Final</version>
           <scope>test</scope>
        </dependency>
</dependencies>
```

我们在清单 22.8 中添加了以下内容。

- Arquillian API 依赖项（❶处）。
- Java EE 7 API 依赖项（❷处）。
- JUnit Vintage Engine 依赖项（❸处）。正如前面所提到的，至少在目前，Arquillian 还

没有与 JUnit 5 集成，因为 Arquillian 没有 JUnit 5 扩展，需要使用 JUnit 4 依赖项和注解来运行测试。

- Arquillian JUnit 集成依赖项（❹处）。
- 容器适配器依赖项（❺处）（❻处）。要对容器运行测试，必须包含与该容器相关的依赖项。这一需求说明了 Arquillian 的优势之一：它将容器从单元测试中抽象出来，并且不与实现容器内测试的特定工具紧密耦合。

接下来实现的 Arquillian 测试看起来就像单元测试，只是增加了一些内容。该测试被命名为 FlightWithPassengersTest，以表明对两个类进行集成测试的目标，如清单 22.9 所示。

清单 22.9 FlightWithPassengersTest 类

```
[...]
@RunWith(Arquillian.class)
public class FlightWithPassengersTest {                  ❶

    @Deployment
    public static JavaArchive createDeployment() {
        return ShrinkWrap.create(JavaArchive.class)
                .addClasses(Passenger.class, Flight.class)      ❷
                .addAsManifestResource(EmptyAsset.INSTANCE, "beans.xml");
    }

    @Inject
    Flight flight;       ❸

    @Test(expected = RuntimeException.class)
    public void testNumberOfSeatsCannotBeExceeded() throws IOException {     ❹
        assertEquals(50, flight.getPassengersNumber());
        flight.addPassenger(new Passenger("124-56-7890",
                                "Michael Johnson", "US"));
    }

    @Test
    public void testAddRemovePassengers() throws IOException {      ❺
        flight.setSeats(51);
        Passenger additionalPassenger =
            new Passenger("124-56-7890", "Michael Johnson", "US");
        flight.addPassenger(additionalPassenger);
        assertEquals(51, flight.getPassengersNumber());
        flight.removePassenger(additionalPassenger);
        assertEquals(50, flight.getPassengersNumber());
        assertEquals(51, flight.getSeats());
    }
}
```

如清单 22.9 所示，一个 Arquillian 测试用例必须包含 3 项内容。

- 一个在类上的@RunWith(Arquillian.class)注解（❶处）。@RunWith 注解告诉 JUnit 将 Arquillian 作为测试控制器。

- 一个用@Deployment 标注的公有静态方法，它返回 ShrinkWrap 归档（❷处）。测试归档的目的是隔离测试所需的类和资源。使用 ShrinkWrap 定义归档。微部署策略让我们能够精确地定位到想要测试的类。因此，该测试非常精简，易于管理。目前，这里只包括 Passenger 和 Flight 类。尝试使用 CDI 的@Inject 注解将 Flight 对象作为类成员注入（❸处）。@Inject 注解允许在类中定义注入点。在本示例中，@Inject 指示 CDI 在测试中注入一个 Flight 类型的字段。
- 至少有一个用@Test 标注的方法（❹处和❺处）。Arquillian 寻找一个用@Deployment 标注的公有静态方法来检索和测试归档，之后，在容器环境中运行每个带@Test 注解的方法。

当 ShrinkWrap 归档部署到服务器时，它就变成了一个真正的归档。容器不知道归档是通过 ShrinkWrap 打包的。

我们已为在项目中使用 Arquillian 准备好了基础设施，可以在它的帮助下运行集成测试了！如果现在运行测试，会得到一条错误信息，如图 22.3 所示。

```
ıtException: WELD-001408: Unsatisfied dependencies for type Flight with qualifiers @Default
:edField] @Inject com.manning.junitbook.testpyramid.airport.FlightWithPassengersTest.flight
ımid.airport.FlightWithPassengersTest.flight(FlightWithPassengersTest.java:0)
```

图 22.3 运行 FlightWithPassengersTest 的结果

该错误信息是“Unsatisfied dependencies for type Flight with qualifiers@Default”。含义是容器试图注入依赖项，就像 CDI 的@Inject 注解指示的那样，但是没有得到满足。这是为什么？Thomas 错过了什么吗？Flight 类只提供了一个带参数的构造方法，但没有容器用于创建对象的默认构造方法。容器不知道如何使用参数调用构造方法，也不知道要传递哪些参数来创建必须注入的 Flight 对象。

在这种情况下，解决方法是什么呢？Java EE 提供了生成器方法，用于注入需要自定义初始化的对象。清单 22.10 所示的方案解决了这个问题，而且很容易付诸实践，即使是初级开发人员也是如此。

清单 22.10 FlightProducer 类

```
[...]
public class FlightProducer {

    @Produces
    public Flight createFlight() throws IOException {
        return FlightBuilderUtil.buildFlightFromCsv();
    }
}
```

在清单 22.10 的 FlightProducer 类中，有一个 createFlight 方法，该方法调用 FlightBuilderUtil 类的 buildFlightFromCsv 方法。使用该方法注入需要自定义初始化的对象：本示例中，注入了一个 flight 对象，它是基于 CSV 文件创建的。这里用@Produces 标注了 createFlight 方法，它也是一个 Java EE 注解。容器自动调用此方法来创建配置的 flight，然后将该方法注入 Flight 字段中，该字段使用来自 FlightWithPassengersTest 类的@Inject 进行标注。

现在 Thomas 将把 FlightProducer 类添加到 ShrinkWrap 归档文件中，如清单 22.11 所示。

清单 22.11 修改的 FlightWithPassengersTest 部署方法

```
@Deployment
public static JavaArchive createDeployment() {
    return ShrinkWrap.create(JavaArchive.class)
          .addClasses(Passenger.class, Flight.class,
                      FlightProducer.class)
          .addAsManifestResource(EmptyAsset.INSTANCE,
                      "beans.xml");
}
```

如果现在运行测试，结果以绿色显示，代码覆盖率是 100%，如图 22.4 所示。容器注入了正确配置的航班。Thomas 已经成功地创建了测试金字塔的集成测试层，现在准备进入下一个层次。

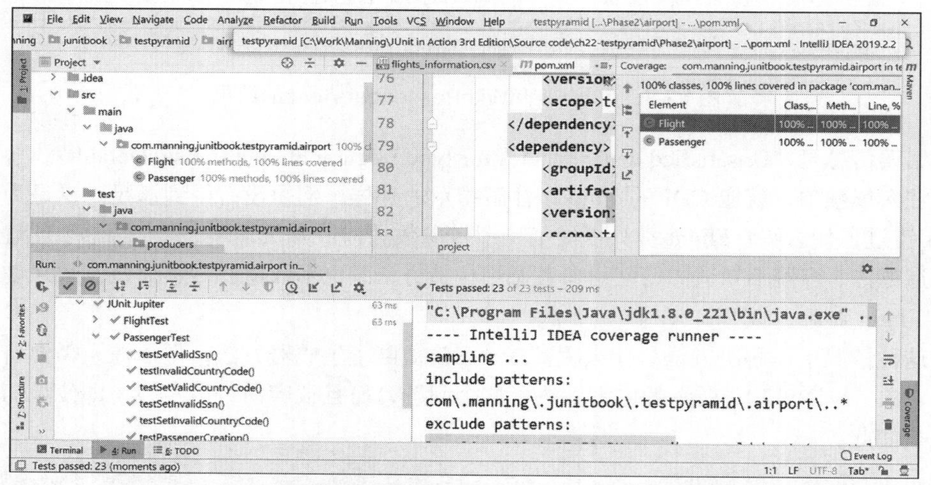

图 22.4 成功运行 FlightWithPassengersTest 的集成测试

22.4 系统测试：考查完整的软件

系统测试测试的是整个系统，以评估其是否满足规范的要求，并检测集成在一起的单元是否一致。用 mock object（见第 8 章）可以模拟真实对象的复杂行为，因此当将真实对象（例如，某些依赖组件）合并到测试中不现实时，或者在依赖组件还不可用的情况下（至少在目前是这样），mock object 就能派上用场，如图 22.5 所示。例如，系统可能依赖于某种可以测量外部条件（温度、湿度）的设备。该设备提供的结果会影响测试，而且这种影响是不确定的——我们不能简单地决定在给定时间需要的气象条件。

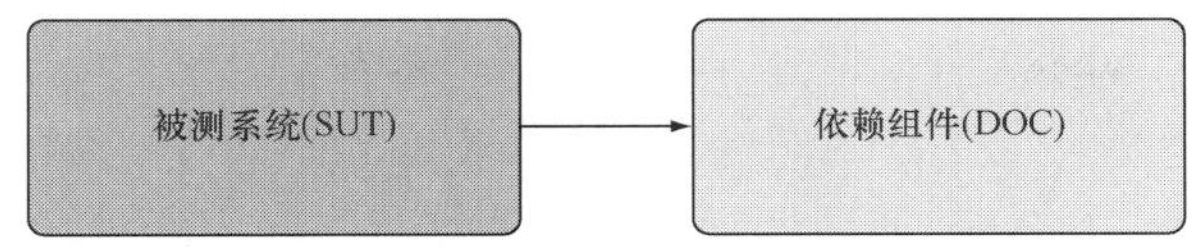

图 22.5 被测系统依赖于在系统开发开始时不可用的组件

开发程序时，可能需要创建 mock object 来模拟真实对象的复杂行为，以达到测试目标。mock object 的常见用法包括与还不可用的外部或内部服务通信。这些服务可能不是完全可用的，或者它们可能由不同的团队维护，这使得访问它们很慢或很难。这就是为什么使用 mock object 很方便：它们使测试不必等待该服务可用。我们希望使这些 mock object 成为外部服务的准确表示。重要的是 DOC 保持它的契约——预期的行为和系统可能使用的某个 API。

当 DOC 由不同的团队同时开发时，使用消费者驱动的契约方法会很有用，也就是提供者必须遵循消费者期望的 API 或行为。

22.4.1 使用模拟的外部依赖项进行测试

航班管理应用程序目前处于集成测试阶段。Thomas 需要添加一个新特性，根据乘客旅行的距离为他们奖励积分。积分奖励政策很简单：乘客每旅行 10 千米可获得 1 分奖励。

奖励政策的管理由另一个团队负责，该团队提供了 DistancesManager 类。到目前为止，Thomas 知道接口形成了消费者和提供者之间的契约。应用程序遵循消费者驱动的契约。

Thomas 知道 DistancesManager 类提供了如下方法。

- getPassengersDistancesMap 方法返回一个以乘客为键、以旅行距离为值的映射。
- getPassengersPointsMap 方法返回一个以乘客为键、以积分为值的映射。
- addDistance 方法负责将乘客的旅行距离相加。
- calculateGivenPoints 方法负责计算乘客获得的积分。

Thomas 现在还不知道这些方法的实现，所以提供空实现并模拟类的行为，如清单 22.12 所示。

清单 22.12 DistancesManager 类的空实现

```
public class DistancesManager {

    public Map<Passenger, Integer> getPassengersDistancesMap() {
        return null;
    }

    public Map<Passenger, Integer> getPassengersPointsMap() {
        return null;
    }
```

```
    public void addDistance(Passenger passenger, int distance) {
    }

    public void calculateGivenPoints() {
    }

}
```

Thomas 在 CSV 文件中添加了一个航班描述，但这还不够。为了确保计算结果一致，需要一些多次乘坐航班的乘客。因此，引入另外两个 CSV 文件来描述另外两个航班，其中包含乘坐第一个航班的一些乘客，清单 22.13 给出了部分乘客名单。

清单 22.13 flights_information2.csv 和 flights_information3.csv 文件

```
123-45-6789; John Smith; US
900-45-6789; Jane Underwood; GB
123-45-6790; James Perkins; US
[...]

123-45-6790; James Perkins; US
900-45-6790; Mary Calderon; GB
123-45-6792; Oliver Aguilar; US
[...]
```

Flight 类也需要修改，以便包含 distance 字段，以及它的 getter 和 setter 方法（见清单 22.14）。

清单 22.14 在 Flight 类中添加 distance 字段

```
private int distance;

public int getDistance() {
    return distance;
}

public void setDistance(int distance) {
    this.distance = distance;
}
```

要知道同一乘客乘坐了不同的航班，必须覆盖 Passenger 类的 equals 和 hashCode 方法。两个乘客如果有相同的标识符，那么他们是同一人（见清单 22.15）。

清单 22.15 覆盖 Passenger 类的 equals 和 hashCode 方法

```
public class Passenger {

    [...]
    @Override
    public boolean equals(Object o) {
        if (this == o) return true;
        if (o == null || getClass() != o.getClass()) return false;
        Passenger passenger = (Passenger) o;
        return Objects.equals(identifier, passenger.identifier);
    }
```

```
    @Override
    public int hashCode() {
        return Objects.hash(identifier);
    }

}
```

为了区分不同的航班，Thomas 定义了一个@FlightNumber 注解，该注解将接收航班号作为参数，如清单 22.16 所示。

清单 22.16　FlightNumber 注解

```
[...]
@Qualifier                                   ❶
@Retention(RUNTIME)                          ❷
@Target({FIELD, METHOD})                     ❸
public @interface FlightNumber {             ❶
    String number();                         ❹
}
```

清单 22.16 所示的代码实现了如下操作。

- 定义了@FlightNumber 注解（❶处）。它提供的关于注解元素的信息是在运行时（RUNTIME）保存的（❷处）。
- @FlightNumber 注解可应用于字段和方法上（❸处），并有一个 number 参数（❹处）。

在 FlightProducer 类中，在 createFlight 方法上使用@FlightNumber 注解，并将“AA1234”作为参数给航班提供一个标识符，如清单 22.17 所示。

清单 22.17　修改的 FlightProducer 类

```
public class FlightProducer {

    @Produces
    @FlightNumber(number= "AA1234")
    public Flight createFlight() throws IOException {
        return FlightBuilderUtil.buildFlightFromCsv("AA1234",
                50,"src/test/resources/flights_information.csv");
    }
}
```

Thomas 还将修改 FlightWithPassengersTest 类，用注解标注注入的航班，并为 DistanceManager 编写一个测试，如清单 22.18 所示。

清单 22.18　修改的 FlightWithPassengersTest 类

```
@RunWith(Arquillian.class)
public class FlightWithPassengersTest {
    [...]

    @Inject
```

```
    @FlightNumber(number= "AA1234")                 ❶
    Flight flight;

    @Mock                                           ❷
    DistancesManager distancesManager;

    @Rule                                           ❸
    public MockitoRule mockitoRule = MockitoJUnit.rule();

    private static Map<Passenger, Integer> passengersPointsMap =   ❹
        new HashMap<>();

    @BeforeClass
    public static void setUp() {
        passengersPointsMap.put(new Passenger("900-45-6809",
                                "Susan Todd", "GB"), 210);
        passengersPointsMap.put(new Passenger("900-45-6797",      ❺
                                "Harry Christensen", "GB"), 420);
        passengersPointsMap.put(new Passenger("123-45-6799",
                                "Bethany King", "US"), 630);
    }

      [...]

    @Test                                           ❻
    public void testFlightsDistances() {
      when(distancesManager.getPassengersPointsMap()).      ❼
          thenReturn(passengersPointsMap);

      assertEquals(210, distancesManager.getPassengersPointsMap().
      get(new Passenger("900-45-6809", "Susan Todd", "GB")).longValue());
      assertEquals(420, distancesManager.getPassengersPointsMap().
         get(new Passenger("900-45-6797", "Harry Christensen", "GB"))
         .longValue());                                               ❽
      assertEquals(630, distancesManager.getPassengersPointsMap()
         .get(new Passenger("123-45-6799", "Bethany King", "US"))
         .longValue());
    }
}
```

清单 22.18 所示的代码实现了如下操作。

- 用@FlightNumber 注解对 flight 字段进行标注（❶处），以便为注入的航班提供标识。
- 提供了 DistancesManager 对象的一个模拟实现，并使用@Mock 注解对其进行标注(❷处)。
- 声明了一个用@Rule 标注的 MockitoRule 对象，需要它来对用@Mock 标注的模拟对象进行初始化（❸处）。请记住，这里用的是 Arquillian，它与 JUnit 5 不兼容，需要使用 JUnit 4 的规则。
- 声明了 passengersPointsMap 以保存乘客的奖励积分(❹处)，并使用期望值填充它(❺处)。
- 定义了 testFlightsDistance 方法（❻处），其中指示 mock object 在调用 distancesManager 的 getPassengersPointsMap 方法时返回 passengersPointsMap（❼处）。然后检查积分是

否与预期一致（❽处）。目前，只向映射插入一些数据，并检查数据是否被正确检索。不管怎样，Thomas 定义了一个测试骨架并期望从 DistancesManager 类提供者获得新的功能！

22.4.2 使用部分实现的外部依赖项进行测试

从提供者一端，Thomas 将接收 DistancesManager 类的部分实现并对其进行修改，如清单 22.19 所示。

清单 22.19 修改了 DistancesManager 类的实现

```
public class DistancesManager {

  private static final int DISTANCE_FACTOR = 10;                    ❶

  private Map<Passenger, Integer> passengersDistancesMap =
                                  new HashMap<>();
  private Map<Passenger, Integer> passengersPointsMap = new HashMap<>();

  public Map<Passenger, Integer> getPassengersDistancesMap() {
       return Collections.unmodifiableMap(passengersDistancesMap);   ❷
  }

  public Map<Passenger, Integer> getPassengersPointsMap() {
       return Collections.unmodifiableMap(passengersPointsMap);
  }

  public void addDistance(Passenger passenger, int distance) {      ❸
  }

  public void calculateGivenPoints() {
     for (Passenger passenger : getPassengersDistancesMap().keySet()) {
       passengersPointsMap.put(passenger,                             ❹
         getPassengersDistancesMap().get(passenger)/ DISTANCE_FACTOR);
     }
  }

}
```

清单 22.19 所示的代码实现了如下操作。

- 定义了 DISTANCE_FACTOR 常数，用它来除以距离，从而计算出奖励积分（❶处）。
- 保留了 passengersDistancesMap 和 passengersPointsMap，并为它们提供 getter 方法（❷处）。
- addDistance 方法仍然没有实现（❸处）。calculateGivenPoints 方法有一个实现，它检查 passengersDistancesMap 并将距离除以 DISTANCE_FACTOR，以填充 passengersPointsMap（❹处）。

在实际应用中，可能会收到一些完全实现的包或类，而另一部分仍在构建中，但遵循了商定的契约。这里将示例简化为一个有 4 个方法的类，其中只有一个没有实现。重要的是它遵守 API 契约。

又该如何改变消费者一端的测试呢？Thomas 知道如何根据距离获得奖励积分，所以不会保留 passengersPointsMap，而是保留 passengersDistancesMap。清单 22.20 给出了修改的 FlightWithPassengersTest 类。

清单 22.20　修改的 FlightWithPassengersTest 类

```
[...]
@RunWith(Arquillian.class)
public class FlightWithPassengersTest {
    [...]

    @Spy
    DistancesManager distancesManager;                                  ❶

    private static Map<Passenger, Integer> passengersDistancesMap =
        new HashMap<>();                                                ❷

    @BeforeClass
    public static void setUp() {
        passengersDistancesMap.put(new Passenger("900-45-6809",
                                   "Susan Todd", "GB"), 2100);
        passengersDistancesMap.put(new Passenger("900-45-6797",
                                   "Harry Christensen", "GB"), 4200);    ❸
        passengersDistancesMap.put(new Passenger("123-45-6799",
                                   "Bethany King", "US"), 6300);

    }

    [...]

    @Test
    public void testFlightsDistances() {
      when(distancesManager.getPassengersDistancesMap()).
          thenReturn(passengersDistancesMap);                           ❹

      distancesManager.calculateGivenPoints();                          ❺

      assertEquals(210, distancesManager.getPassengersPointsMap().
      get(new Passenger("900-45-6809", "Susan Todd", "GB")).longValue());
      assertEquals(420, distancesManager.getPassengersPointsMap().
           get(new Passenger("900-45-6797", "Harry Christensen", "GB"))
           .longValue());                                               ❻
      assertEquals(630, distancesManager.getPassengersPointsMap()
         .get(new Passenger("123-45-6799", "Bethany King", "US"))
         .longValue());
    }
}
```

清单 22.20 所示的代码实现了如下操作。

■ 将 distancesManager 对象的注解更改为@Spy（❶处）。使用前面的@Mock 注解模拟了整个 distancesManager 对象。为了说明只希望模拟某些方法，并保留其他方法的功能，将@Mock 注解替换为@Spy 注解。

- 初始化了 passengersDistancesMap（❷处），并在运行测试之前填充它（❸处）。
- 在 testFlightsDistances 方法中，指示 distancesManager 对象当调用 distancesManager.get PassengersDistancesMap 时返回 passengersDistancesMap（❹处）。然后，调用已经实现的 calculateGivenPoints 方法（❺处），并检查经过此计算得到的奖励积分是否与预期一致（❻处）。

如果现在运行测试，结果以绿色显示，但代码覆盖率不是 100%。因为我们还是需要实现 DistancesManager 类的一个方法，才能测试所有内容，如图 22.6 所示。

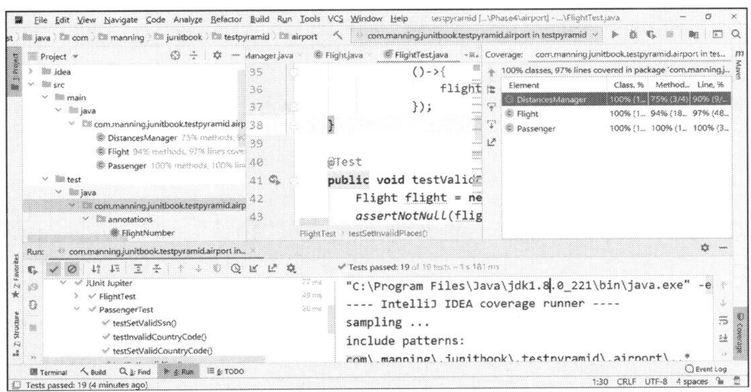

图 22.6　通过 DistancesManager 类的部分实现，PassengerTest、FlightWithPassengersTest 成功运行

22.4.3　使用完全实现的外部依赖项进行测试

在消费者一端，真正的系统现在完全可用。Thomas 需要针对这个真正的提供者服务功能进行测试。DistancesManager 类的完整实现引入了 addDistance 方法，如清单 22.21 所示。

清单 22.21　修改的 DistancesManager 类的实现

```
public class DistancesManager {
  [...]

  public void addDistance(Passenger passenger, int distance) {
       if (passengersDistancesMap.containsKey(passenger)) {        ❶
          passengersDistancesMap.put(passenger,
              passengersDistancesMap.get(passenger) + distance);   ❷
       } else {
          passengersDistancesMap.put(passenger, distance);         ❸
       }
  }

}
```

清单 22.21 所示的代码实现了如下操作。

- 在 addDistance 方法中检查 passengersDistancesMaps 是否已经包含一位乘客（❶处）。
- 如果乘客存在，就把这个距离加到这位乘客身上（❷处），否则，在映射中创建一个新条目，将该乘客作为键，将距离作为初始值（❸处）。

因为 Thomas 为每个航班使用真实的乘客集合，并根据乘客的信息填充 passengersDistancesMap，所以在 Flight 类中添加了 getPassengers 方法，如清单 22.22 所示。

清单 22.22　修改的 Flight 类的实现

```
public class Flight {

    [...]
    private Set<Passenger> passengers = new HashSet<Passenger>();   ❶

    public Set<Passenger> getPassengers() {
        return Collections.unmodifiableSet(passengers);   ❷
    }
    [...]
}
```

在清单 22.22 中，将 passengers 定义为私有的（❶处），并通过 getter 方法将其公开（❷处）。

Thomas 现在回到之前模拟一种行为的测试，而引入真实的行为。他从 pom.xml 文件中删除了 Mockito 依赖项，因为不再需要，并删除了在运行测试之前对 passengersDistancesMap 的初始化。清单 22.23 给出了修改后的 FlightWithPassengersTest 类。

清单 22.23　修改后的 FlightWithPassengersTest 类

```
@RunWith(Arquillian.class)
public class FlightWithPassengersTest {
    @Deployment
    public static JavaArchive createDeployment() {
        return ShrinkWrap.create(JavaArchive.class)
            .addClasses(Passenger.class, Flight.class,
                        FlightProducer.class, DistancesManager.class)   ❶
            .addAsManifestResource(EmptyAsset.INSTANCE, "beans.xml");
    }

    @Inject
    @FlightNumber(number= "AA1234")
    Flight flight;

    @Inject
    @FlightNumber(number= "AA1235")
    Flight flight2;   ❷

    @Inject
    @FlightNumber(number= "AA1236")
    Flight flight3;
```

```
    @Inject
    DistancesManager distancesManager;                    ❸

    [...]
    @Test
    public void testFlightsDistances() {

        for (Passenger passenger : flight.getPassengers()) {
          distancesManager.addDistance(passenger, flight.getDistance());
        }

        for (Passenger passenger : flight2.getPassengers()) {
          distancesManager.addDistance(passenger, flight2.getDistance());   ❹
        }

        for (Passenger passenger : flight3.getPassengers()) {
          distancesManager.addDistance(passenger, flight3.getDistance());
        }
                                                       ❺
        distancesManager.calculateGivenPoints();   <---

        assertEquals(210, distancesManager.getPassengersPointsMap()
           .get(new Passenger("900-45-6809", "Susan Todd", "GB"))
           .longValue());
        assertEquals(420, distancesManager.getPassengersPointsMap()
           .get(new Passenger("900-45-6797", "Harry Christensen", "GB"))   ❻
           .longValue());
        assertEquals(630, distancesManager.getPassengersPointsMap()
           .get(new Passenger("123-45-6799", "Bethany King", "US"))
           .longValue());
    }
}
```

清单 22.23 所示的代码实现了如下操作。

- 将 DistancesManager.class 添加到 ShrinkWrap 归档（❶处），以便将 DistancesManager 类注入测试中。
- 向测试中注入 3 个航班，用@FlightNumber 注解将它们区分开，注解使用了不同的参数（❷处）。还注入了 DistancesManager 字段（❸处）。
- 修改了 testFlightsDistances 方法，以浏览来自 3 个航班的所有乘客，并将他们的旅行距离添加到 distancesManager（❹处）。基于旅行的距离，计算奖励积分（❺处），并检查计算出的奖励积分是否与预期一致（❻处）。

如果现在运行测试，结果以绿色显示，且代码覆盖率是 100%，如图 22.7 所示。

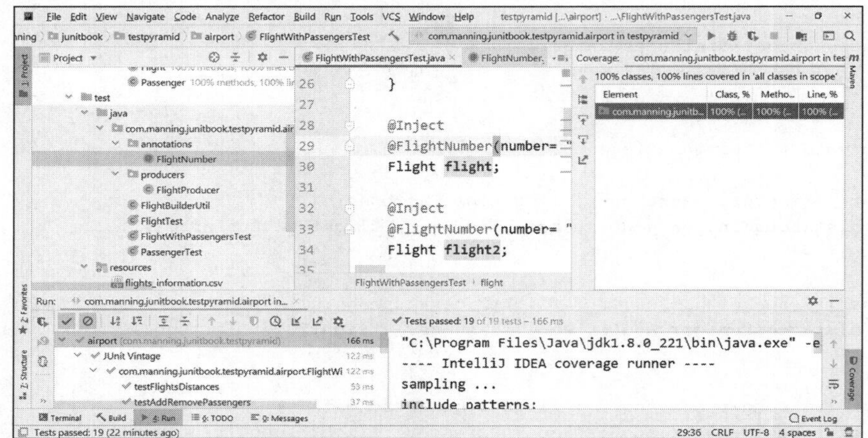

图 22.7 PassengerTest、FlightTest 和 FlightWithPassengersTest 在 DistancesManager 类的完整实现下成功运行，代码覆盖率为 100%

22.5 验收测试：软件满足业务需求

验收测试是软件测试的一个层次，它测试系统是否满足业务需求。一旦完成了系统测试，就运行验收测试，以确认软件满足客户的最终需求，并准备交付。

在第 21 章，我们讨论了赋予软件业务价值的工作特性，以及存在于客户、业务分析师、开发人员和测试人员之间的沟通挑战。强调了验收标准可以用一种稍后可以自动运行的方式表示为场景。关键字包括 Given、When 和 Then 等，它们的使用如下所示。

Given *<某个上下文>*

When *<发生某种动作>*

Then *<预期一个结果>*

Thomas 需要实现一个新功能。该功能涉及公司添加和移除航班乘客的政策。在考虑了座位数和乘客类型的情况下，公司制定了以下政策：在有限制的情况下，可以将普通乘客从某一航班中移除并添加到另一航班中，而 VIP 乘客不能从某一航班中移除。

这是应用程序须遵循的业务逻辑，以满足最终客户的要求。为了完成验收测试，Thomas 将使用 Cucumber，即第 21 章使用的验收测试框架。Cucumber 使用 Gherkin 语言以简单的英语描述应用程序场景。它易于相关人员阅读和理解，并允许自动化。

要使用 Cucumber，Thomas 首先在 Maven 的 pom.xml 文件中添加需要的依赖项：cucumber-java 和 cucumber-junit（见清单 22.24）。

清单 22.24 Maven 的 pom.xml 文件中的 Cucumber 依赖项

```
<dependency>
    <groupId>info.cukes</groupId>
```

```
    <artifactId>cucumber-java</artifactId>
    <version>1.2.5</version>
    <scope>test</scope>
</dependency>
<dependency>
    <groupId>info.cukes</groupId>
    <artifactId>cucumber-junit</artifactId>
    <version>1.2.5</version>
    <scope>test</scope>
</dependency>
```

Thomas 将以 TDD/BDD 的方式引入新特性，正如第 20 章和第 21 章中介绍的那样。他首先用 Cucumber 编写验收测试，然后用 Java 编写测试，最后编写修复测试的代码，从而实现新功能。

Thomas 引入两种类型的乘客：普通乘客和 VIP 乘客。这需要改变 Passenger 类的定义，添加一个 boolean 类型的 vip 字段，及其 getter 和 setter 方法（见清单 22.25）。

清单 22.25　修改的 Passenger 类

```
public class Passenger {

    [...]
    private boolean vip;

    public boolean isVip() {
        return vip;
    }

    public void setVip(boolean vip) {
        this.vip = vip;
    }
[...]
}
```

接下来，为了构建表示验收标准的场景，Thomas 在新的 test/resources/features 文件夹中创建了 passengers_policy.feature 文件。他重用了在对系统进行集成测试时用的 3 个 CSV 航班文件。Thomas 构建的场景如清单 22.26 所示，可以用自然语言读取。要回顾 Cucumber 的功能，请参阅第 21 章。

清单 22.26　passengers_policy.feature 文件

```
Feature: Passengers Policy
  The company follows a policy of adding and removing passengers, depending
     on the passenger type

  Scenario Outline: Flight with regular passengers
    Given there is a flight having number "<flightNumber>" and
         <seats> seats with passengers defined into "<file>"
    When we have regular passengers
    Then you can remove them from the flight
    And add them to another flight
```

```
  Examples:
    |flightNumber | seats | file                      |
    | AA1234      | 50    | flights_information.csv   |
    | AA1235      | 50    | flights_information2.csv  |
    | AA1236      | 50    | flights_information3.csv  |

Scenario Outline: Flight with VIP passengers
  Given there is a flight having number "<flightNumber>" and
        <seats> seats with passengers defined into "<file>"
  When we have VIP passengers
  Then you cannot remove them from the flight

  Examples:
    |flightNumber | seats | file                      |
    | AA1234      | 50    | flights_information.csv   |
    | AA1235      | 50    | flights_information2.csv  |
    | AA1236      | 50    | flights_information3.csv  |
```

为了生成 Java 测试的骨架，Thomas 需要确认已经安装了 Cucumber for Java 和 Gherkin 插件，通过访问 File> Settings>Plugins（见图 22.8 和图 22.9）来确认。

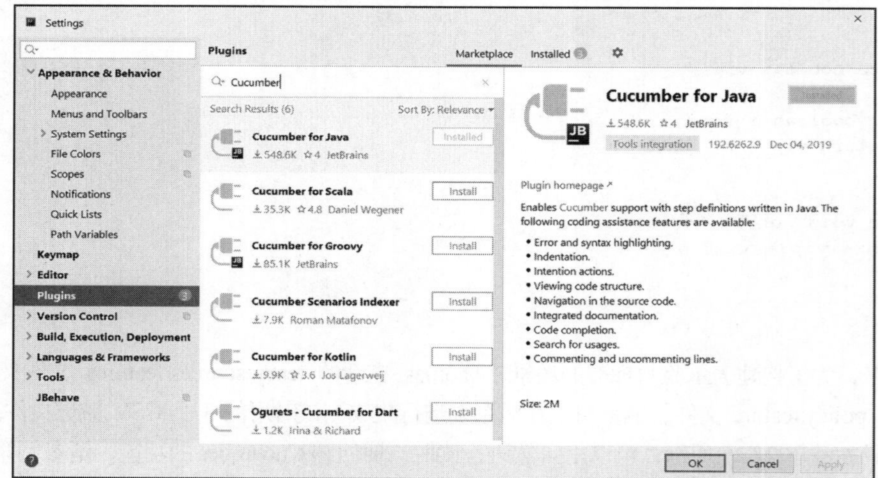

图 22.8　从 File> Settings > Plugins 确认安装了 Cucumber for Java 插件

现在，他必须通过选择 Run>Edit Configurations，并选择一些设置来配置特性的运行方式，如图 22.10 所示。

- Main class：cucumber.api.cli.Main。
- Glue（存储步骤定义的包）：com.manning.junitbook.testpyramid.airport。
- Feature or folder path：新创建的文件 test/resources/features/passengers_policy.feature。
- Working directory：项目的工作文件夹。

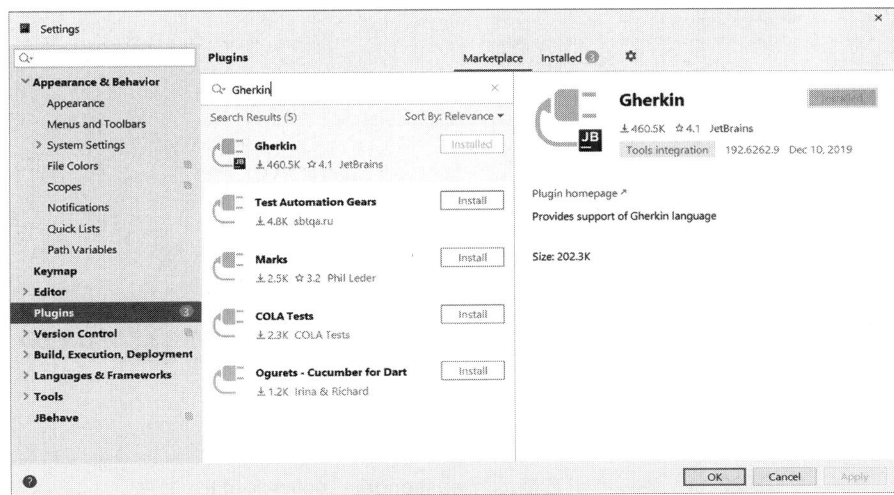

图 22.9　从 File> Settings > Plugins 确认安装了 Gherkin 插件

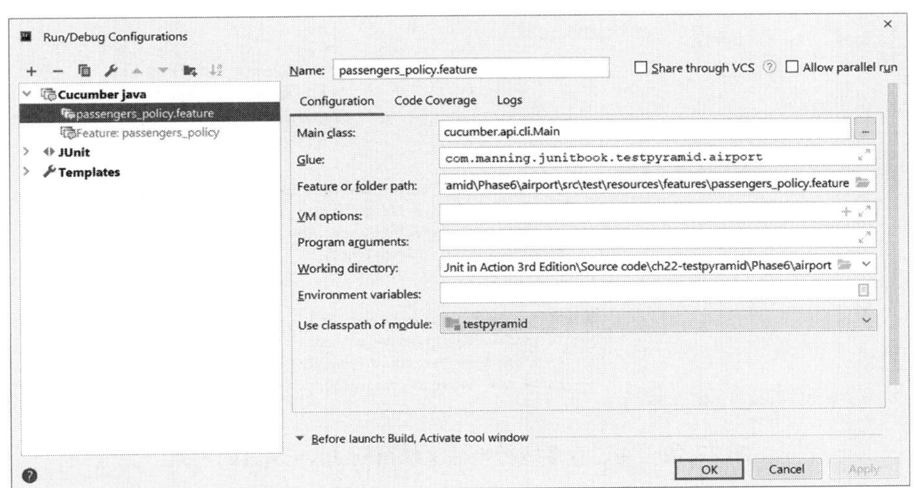

图 22.10　通过填写 Main class、Glue、Feature or folder path 以及 Working directory 字段来配置特性的运行方式

完成配置后，Thomas 可以右击属性文件直接运行它（见图 22.11），将得到 Java 测试的骨架（见图 22.12）。

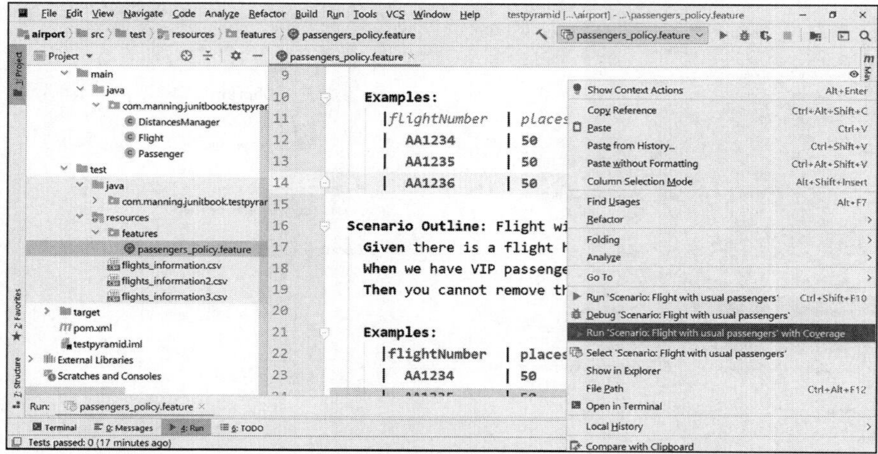

图 22.11　通过右击直接运行 passengers_policy.feature 文件

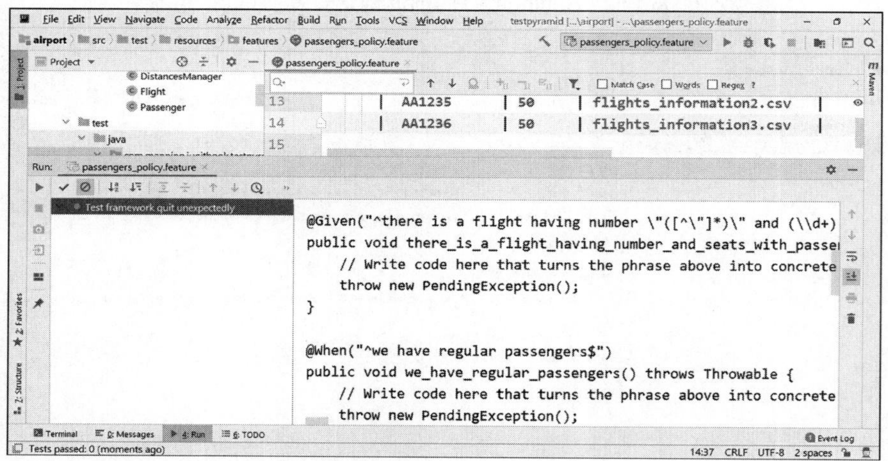

图 22.12　通过直接运行特性文件得到 Java 测试的骨架

Thomas 现在将创建包含要运行的测试骨架（见清单 22.27）的 PassengersPolicy 文件。

清单 22.27　PassengersPolicy 测试的骨架

```
[...]
public class PassengersPolicy {
    @Given("^there is a flight having number \"([^\"]*)\" and (\\d+) seats
            with passengers defined into \"([^\"]*)\"$")
    public void
      there_is_a_flight_having_number_and_seats_with_passengers_defined_into(
       String arg1, int arg2, String arg3) throws Throwable {
       // Write code here that turns the phrase above into concrete actions
       throw new PendingException();
```

```
    }

    @When("^we have regular passengers$")
    public void we_have_regular_passengers() throws Throwable {
        // Write code here that turns the phrase above into concrete actions
        throw new PendingException();
    }

    @Then("^you can remove them from the flight$")
    public void you_can_remove_them_from_the_flight() throws Throwable {
        // Write code here that turns the phrase above into concrete actions
        throw new PendingException();
    }

    @Then("^add them to another flight$")
    public void add_them_to_another_flight() throws Throwable {
        // Write code here that turns the phrase above into concrete actions
        throw new PendingException();
    }

    @When("^we have VIP passengers$")
    public void we_have_VIP_passengers() throws Throwable {
        // Write code here that turns the phrase above into concrete actions
        throw new PendingException();
    }

    @Then("^you cannot remove them from the flight$")
    public void you_cannot_remove_them_from_the_flight() throws Throwable {
        // Write code here that turns the phrase above into concrete actions
        throw new PendingException();
    }
}
```

为了进行 Cucumber 测试，Thomas 需要一个特殊的类，类的名称可以任意设置，这里用 CucumberTest，如清单 22.28 所示。

清单 22.28 CucumberTest 类

```
[...]
@RunWith(Cucumber.class)                    ❶
@CucumberOptions(                           ❷
  plugin = {"pretty"},                      ❸
  features = "classpath:features")          ❹
public class CucumberTest {
   /**
   * This class should be empty, step definitions should be in separate
        classes.
   */

}
```

清单 22.28 所示的代码实现了如下操作。

- 用@RunWith(Cucumber.class)标注了这个类（❶处）。像运行任何 JUnit 测试类那样运行该类，它将运行在同一个包的类路径中找到的所有特性。在本书撰写时还没有 Cucumber JUnit 5 扩展，所以使用 JUnit 4 的运行器。
- @CucumberOptions 注解（❷处）提供了插件选项（❸处），用于为输出报告指定不同的格式选项。使用“pretty”输出 Gherkin 源与额外的颜色。features 选项（❹处）可以帮助 Cucumber 在项目文件夹结构中定位特性文件（它将在类路径中查找 features 文件夹）。记住，src/test/resources 文件夹是由 Maven 在类路径中维护的！

Thomas 现在回到 PassengersPolicy 类，并编写测试来检查要引入的 PassengersPolicy 特性的功能，如清单 22.29 所示。

清单 22.29 PassengersPolicy 类

```
public class PassengersPolicy {
    private Flight flight;                                              ❶
    private List<Passenger> regularPassengers = new ArrayList<>();
    private List<Passenger> vipPassengers = new ArrayList<>();          ❷
    private Flight anotherFlight = new Flight("AA7890", 48);

    @Given("^there is a flight having number \"([^\"]*)\" and (\\d+)    ❸
          seats with passengers defined into \"([^\"]*)\"$")
    public void
    there_is_a_flight_having_number_and_seats_with_passengers_defined_into(
        String flightNumber, int seats, String fileName) throws Throwable {
        flight = FlightBuilderUtil.buildFlightFromCsv(flightNumber,
                 seats,"src/test/resources/" + fileName);              ❹
    }

    @When("^we have regular passengers$")
    public void we_have_regular_passengers() {
        for (Passenger passenger: flight.getPassengers()) {
            if (!passenger.isVip()) {                                   ❺
                regularPassengers.add(passenger);
            }
        }
    }

    @Then("^you can remove them from the flight$")
    public void you_can_remove_them_from_the_flight() {
        for(Passenger passenger: regularPassengers) {
            assertTrue(flight.removePassenger(passenger));              ❻
        }
    }

    @Then("^add them to another flight$")
    public void add_them_to_another_flight() {
        for(Passenger passenger: regularPassengers) {
            assertTrue(anotherFlight.addPassenger(passenger));          ❼
        }
    }
```

```
    @When("^we have VIP passengers$")
    public void we_have_VIP_passengers() {
        for (Passenger passenger: flight.getPassengers()) {
            if (passenger.isVip()) {                          ❽
                vipPassengers.add(passenger);
            }
        }
    }

    @Then("^you cannot remove them from the flight$")
    public void you_cannot_remove_them_from_the_flight(){
        for(Passenger passenger: vipPassengers) {             ❾
            assertFalse(flight.removePassenger(passenger));
        }
    }
}
```

清单 22.29 所示的代码实现了如下操作。

- 定义了一个航班字段，用于将乘客从该航班中移除（❶处），定义了普通乘客和 VIP 乘客列表（❷处），还定义了另一个航班字段，用于将乘客添加到其中（❸处）。
- 标记为 “Given there is a flight having number "<flightNumber>" and <seats> seats with passengers defined into "<file>"” 的步骤用于从 CSV 文件初始化航班（❹处）。
- 浏览所有乘客列表，将普通乘客添加到列表中（❺处），检查是否可以将他们从一个航班中移除（❻处），并将他们添加到另一个航班中（❼处）。
- 浏览了所有乘客列表，将 VIP 乘客添加到列表中（❽处），并检查是否不能将他们从航班中移除（❾处）。

现在运行 CucumberTest 类，得到图 22.13 所示的结果。只有关于 VIP 乘客的测试失败，所以他知道只需修改关于这类乘客的代码：修改 Flight 类的 addPassenger 方法。

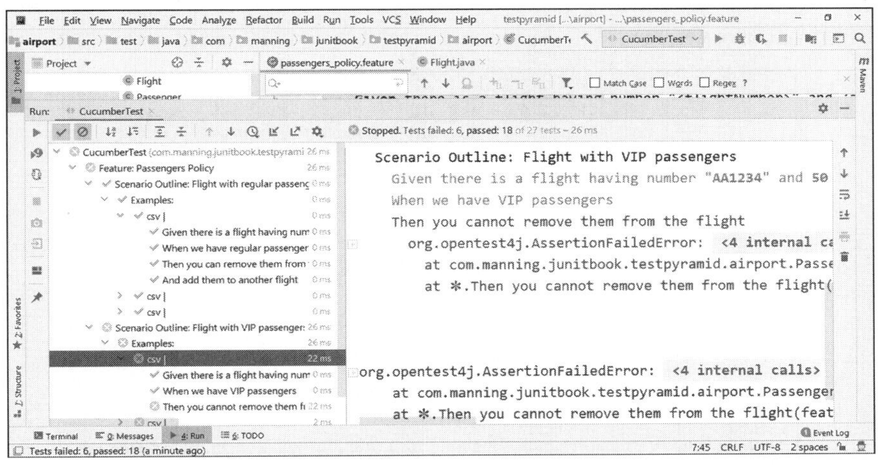

图 22.13 运行新引入的 PassengersPolicy 测试只导致关于 VIP 乘客的测试失败

清单 22.30 修改的 Flight 类

```
public class Flight {

[...]
    public boolean removePassenger(Passenger passenger) {
        if(passenger.isVip()) {                          ❶
            return false;
        }
        return passengers.remove(passenger);
    }
}
```

在清单 22.30 中，Thomas 引入了一个 VIP 乘客不能从航班中移除的条件（❶处）。现在运行 CucumberTest 类，获得图 22.14 所示的结果。所有测试都成功运行。

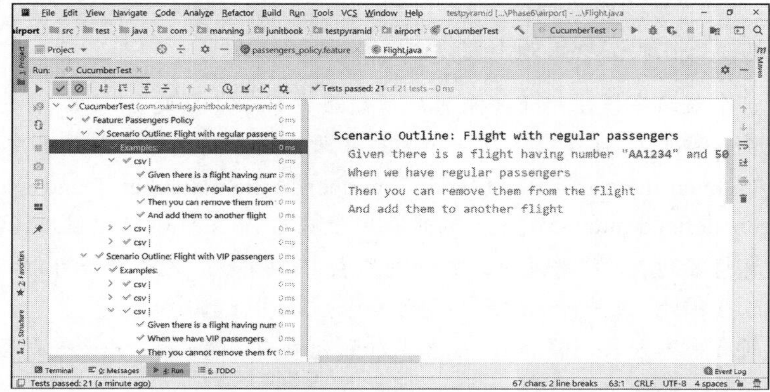

图 22.14 编写业务逻辑之后成功运行新引入的 PassengersPolicy 测试

为检查代码覆盖率，Thomas 将运行测试金字塔的所有测试。此时，代码覆盖率是 100%，如图 22.15 所示。他成功地为航班管理应用程序实现了一个测试金字塔，包括单元测试、集成测试、系统测试和验收测试等。

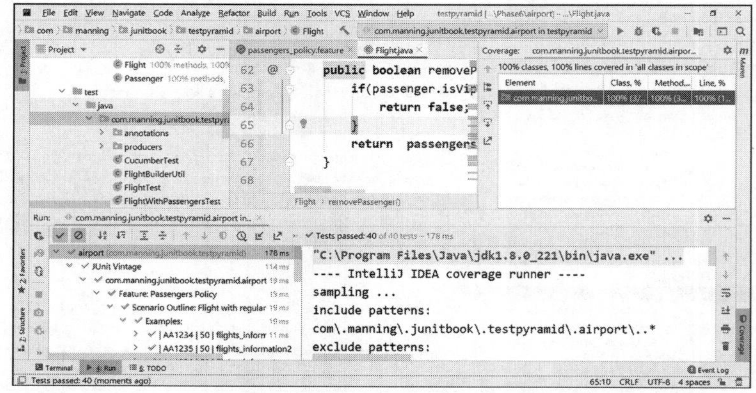

图 22.15 实现整个测试金字塔之后，代码覆盖率是 100%

22.6　小结

在本章中，我们主要讨论了以下内容。

- 引入软件测试层次（单元测试、集成测试、系统测试和验收测试）和测试金字塔的概念。
- 分析软件测试应该验证的内容：业务逻辑、错误的输入值、边界条件、意外条件、不变量和退化。
- 开发单元测试，并测试值限制、不良输入值和边界条件。
- 开发测试来验证使用 Arquillian 框架的两个类之间的集成，并测试这两个类如何交互。
- 使用消费者驱动的契约开发系统测试，并从外部功能的模拟实现转移到使用真实的东西。
- 在 JUnit 5 和 Cucumber 的帮助下，为新特性开发验收测试，以满足外部策略。

附录 A Maven

Maven 是一个源代码构建环境。为了更好地理解 Maven 是如何工作的，需要了解 Maven 背后的关键点（原则）。Maven 从项目伊始，就为软件架构制定了某些基本规则。这些规则旨在简化 Maven 的开发，并使开发人员更易于构建系统。Maven 的一个基本思想是构建系统应该尽可能简单。换句话说，软件工程师不应花费大量时间来构建系统，应该很容易地从零开始创建一个新项目，然后迅速进行软件开发。本附录详细描述 Maven 的核心原则，并从开发人员的视角解释这些原则的含义。

A.1 约定优于配置

约定优于配置是一种软件设计原则，旨在减少软件工程师需要完成的配置操作的工作量，而不是引入必须严格遵守的常规规则。这样，软件工程师就可以跳过每个项目都需要做的烦琐配置，而专注于工作中更重要的部分。

约定优于配置是 Maven 项目最强大的原则之一。一个示例是其应用程序的构建过程的文件夹结构。使用 Maven，需要的目录都已定义好了。例如，Maven 约定，将 src/main/java/目录作为项目的 Java 代码的存放位置，而将 src/test/java 作为项目的单元测试代码的存放位置，target 是构建文件夹，等等。

听起来不错，那么这是否失去了项目结构的灵活性呢？如果希望源代码保存在另一个文件夹，怎么办呢？也很容易实现，Maven 提供了一种约定，但在任何时候都可以覆盖约定并使用我们自己选择的配置。

A.2 强依赖管理

强依赖管理是 Maven 引入的第二个关键点。在 Maven 项目初期，Java 项目的实际构建工具是 Ant。使用 Ant，必须声明项目的依赖关系，这意味着每个项目必须关注它所需要的依赖关系，并且同一个项目的依赖关系可能分布在不同的位置。同样，相同的依赖关系可能被不同的项目使用，但每个项目位于不同的位置，从而导致资源的重复。

Maven 引入了中央存储库的概念：它是各种组件（依赖项）在 Internet 上的存储位置。Maven 构建工具读取项目的构建描述符（pom.xml）来解析这些组件，下载必要版本的组件并将其添加到应用程序的类路径中。这样，在构建描述符的 dependencies 部分中只需一次列出所需的依赖项即可。例如：

```
<dependencies>
     <dependency>
        <groupId>org.junit.jupiter</groupId>
        <artifactId>junit-jupiter-api</artifactId>
        <version>5.6.0</version>
        <scope>test</scope>
     </dependency>
     <dependency>
        <groupId>org.jmock</groupId>
        <artifactId>jmock-junit5</artifactId>
        <version>2.12.0</version>
     </dependency>
</dependencies>
```

这样，就可以自由地在任何机器上构建软件，而不需要将依赖项与项目捆绑在一起。

Maven 还引入了本地存储库的概念：硬盘上的文件夹。在 UNIX 系统上是~/.m2/repository/，在 Windows 中是 C:\Documents and Settings\<用户名>\.m2\repository\。其中保存了 Maven 从中央存储库下载的组件。项目构建后，组件将安装在本地存储库中，供其他项目以后使用，这既简单又整洁。

开发人员可能会加入由 Maven 管理的项目，并且只需要访问项目的源代码。Maven 从中央存储库下载所需的依赖项，并将它们存储到本地存储库，这样，开发人员就可在其他项目中使用这些组件。

A.3　Maven 的构建生命周期

Maven 还有一个非常重要的原则是**构建生命周期**（build life cycle）。Maven 项目围绕定义构建、测试和分发特定组件这个思想构建。一个 Maven 项目只能生成一个组件。通过这种方式，可以用 Maven 构建项目组件、清理项目的文件夹或生成项目文档。以下是 Maven 的 3 个内置的生命周期。

- default——用于生成项目组件。
- clean——用于清理项目。
- site——用于生成项目文档。

每个生命周期由多个阶段组成。为了导航到某个生命周期，我们来构建遵循它的阶段（见图 A.1）。以下是默认生命周期的阶段。

- 确认（validate）——确认项目是正确的，并且必要的信息都是可用的。
- 编译（compile）——编译项目的源代码。
- 测试（test）——使用合适的单元测试框架（在本书中可能是 JUnit 5）测试已编译的源代码。测试不要求打包或部署代码。
- 打包（package）——将编译后的代码打包成可分发的格式，如.jar 文件。
- 集成测试（integration test）——处理并将包部署到（如有必要）可以运行集成测试的环境中。
- 验证（verify）——可运行任何检查来验证包是有效的并且满足质量标准。
- 安装（install）——在本地存储库中安装包，以作为其他本地项目的依赖项使用。
- 部署（deploy）——在集成或发布环境中，将最终包复制到远程存储库，以便与其他开发人员共享。

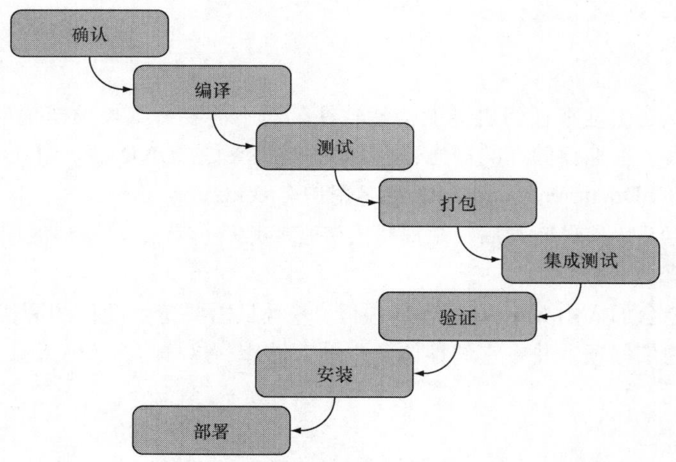

图 A.1 Maven 默认生命周期的阶段，从确认到部署

这里，同样遵循 Maven 提倡的约定优于配置的原则。这些阶段已经按照这里列出的顺序做了定义。Maven 以严格的顺序调用这些阶段，这些阶段按照这里列出的顺序依次运行，以完成生命周期。如果要调用某个阶段，假设输入并执行以下命令：

```
mvn compile
```

那么，Maven 首先在项目主目录中确认项目，然后尝试编译项目的源代码。

最后，将这些阶段看作扩展点非常有用。我们可以将其他 Maven 插件附加到这些阶段，并编排这些插件运行的顺序和运行方式。

A.4　基于插件的体系结构

这里讨论的是 Maven 的最后一个特性：基于插件的体系结构。前文提到，Maven 是一个源代码构建环境，具体来说，Maven 是一个运行插件的源代码构建环境。项目的核心非常小，但是允许将多个插件附加到核心上。Maven 以这种方式构建了一个可以在其中运行不同插件的环境。

给定生命周期的每个阶段都可附加一些插件，Maven 在经过给定阶段时按照声明的顺序调用插件。以下是一些核心的 Maven 插件。

- Clean 插件——构建后清理。
- Compiler 插件——编译 Java 代码。
- Deploy 插件——将构建的组件部署到远程存储库。
- Install 插件——在本地存储库中安装构建的组件。
- Resource 插件——将资源复制到输出目录，以便包含在.jar 文件中。
- Site 插件——生成包含当前项目信息的站点。
- Surefire 插件——在隔离的类加载器中运行 JUnit 测试。
- Verifier 插件——验证某些条件的存在性（对集成测试有用）。

除了这些核心的插件外，Maven 还有几十种其他插件，每种插件都有特定用途，如 WAR 插件（用于打包 Web 应用程序）和 Javadoc 插件（用于生成项目文档）。

插件在构建配置文件的 plugins 部分声明，如下所示。

```
<build>
    <plugins>
        <plugin>
            <artifactId>maven-surefire-plugin</artifactId>
            <version>2.22.2</version>
        </plugin>
    </plugins>
</build>
```

一个插件的声明包含 groupId、artifactId 和 version 参数。这样，插件看起来与依赖项相似。事实上，插件的处理方式和依赖项是一样的，它们与依赖项一样被下载到本地存储库中。当指定插件时，groupId 和 version 参数是可选的。如果没有声明它们，Maven 将查找具有指定的 artifactId 和 groupId（org.apache.maven.plugins 或 org.codehaus.mojo）的插件。由于版本是可选的，因此 Maven 尝试下载最新版本的可用插件。这里强烈建议指定插件的版本，以防止自动更新和不可再现的构建。我们可能已经用最新更新的 Maven 插件构建了项目，但是后来，如果另一个开发人员尝试使用相同的配置进行相同的构建，而 Maven 插件又进行了更新，那么使用最新的更新可能会导致构建不可再现。

A.5 Maven 的项目对象模型

默认情况下，Maven 有一个名为 pom.xml 的构建描述符。无须命令式地指定要做的事情，只需声明式地为项目指定通用信息，如清单 A.1 所示。

清单 A.1 非常简单的 pom.xml

```
<project>
   <modelVersion>4.0.0</modelVersion>
   <groupId>com.manning.junitbook</groupId>
   <artifactId>example-pom</artifactId>
   <packaging>jar</packaging>
   <version>1.0-SNAPSHOT</version>
</project>
```

这段代码看起来非常简单，但这里有个问题：Maven 怎么利用这么少的信息来构建源代码?

答案在于 pom.xml 文件的继承功能。每个简单的 pom.xml 文件都从 Super POM 继承了许多功能。就像 Java 语言，每个类都会从 java.lang.Object 类继承某些方法一样。Super POM 为每个 pom.xml 文件赋予 Maven 的基本功能。

可以看到 Java 和 Maven 有相似之处。为了进一步进行对比，Maven 的 pom.xml 还可以相互继承。就像在 Java 中一样，一些类可以作为其他类的父类。如果要把清单 A.1 中的 pom.xml 当作父程序，所需做的是将 packaging 元素值指定为 pom。父项目和聚合（多模块）项目只能将 pom 作为一个打包值。我们还需要在父模块中定义哪些模块为子模块。

清单 A.2 带子模块的 pom.xml 文件

```
<project>
   <modelVersion>4.0.0</modelVersion>
   <groupId>com.manning.junitbook</groupId>
   <artifactId>example-pom</artifactId>
   <packaging>pom</packaging>               ❶
   <version>1.0-SNAPSHOT</version>
   <modules>
        <module>example-module</module>     ❷
   </modules>
</project>
```

清单 A.2 是清单 A.1 的扩展。声明 pom 是一个聚合模块的方法是将包声明为 pom 类型（❶处）并添加 modules 部分（❷处）。modules 部分提供了项目文件夹的相对路径（在本示例中为 example-module），并列出了模块拥有的所有子模块。清单 A.3 显示了子 pom.xml 文件。

清单 A.3 继承了父 pom.xml 的子 pom.xml

```
<project>
  <modelVersion>4.0.0</modelVersion>
```

```
  <parent>
    <groupId>com.manning.junitbook</groupId>
    <artifactId>example-pom</artifactId>
    <version>1.0-SNAPSHOT</version>
  </parent>
  <artifactId>example-child</artifactId>
</project>
```

请记住，这个 pom.xml 位于父 XML 声明的文件夹中（在本示例中为 example-module）。

这里值得注意的是，因为继承了其他 pom，所以不需要为子 pom 指定 groupId 和 version。Maven 希望那些值与父组件相同。

考虑到与 Java 的相似性，自然而然会产生一个疑问：pom 可以从父对象继承什么类型的对象？下面列出了一个 pom 可以从父 pom 继承的所有元素。

- 依赖库。
- 开发者和贡献者。
- 插件及其配置。
- 报告列表。

在父 pom 中指定的上述元素都会被子 pom 自动继承。

A.6　安装 Maven

安装 Maven 的过程主要包括以下 3 个步骤。

（1）下载最新发行版，并将其解压到选定的目录中。

（2）定义一个 M2_HOME 环境变量，它指向安装 Maven 的位置。

（3）将 M2_HOME\bin（在 UNIX 操作系统中是 M2_HOME/bin）路径添加到 PATH 环境变量中，这样就可以从任何目录使用 mvn 来执行 Maven 命令。

附录 B　Gradle

B.1　安装 Gradle

Gradle 可以运行在所有主流的操作系统上，并且只需要安装 Java JDK 8 或 JRE 8，或它们的更高版本。本书写到这里时，Gradle 的最新版本是 6.0.1。下载二进制发行版就足够了。可以选择在 IDE 和 Gradle 插件的帮助下完成操作，但这里的显示用命令提示符完成，你可更好地了解其功能。

由于 Windows 是最常用的操作系统之一，这里的示例在 Windows 上配置。诸如路径、环境变量和命令提示符等概念在其他操作系统中也有。如果你用的不是 Windows 系统，请参考有关的文档指南。

将下载的文件解压到一个文件夹中，这里把它称为 GRADLE_HOME。然后将 GRADLE_HOME\bin 文件夹添加到 PATH 变量中。在 Windows 中，右击 This PC，选择 Properties> Advanced System Settings。单击 Environment Variables，将打开图 B.1 所示的对话框。

在这里，选择 Path 并单击 Edit 按钮，将打开图 B.2 所示的对话框。单击 New 按钮，并选择将 GRADLE_HOME\bin 文件夹添加到路径中。在笔者的计算机上，是将 Gradle 解压到 C:\kits\gradle -6.0.1 文件夹中，因此它是 GRADLE_HOME。这里已将 C:\kits\gradle-6.0.1\bin 添加到路径中。

要检查配置结果，打开命令提示符窗口输入 gradle -version，可以得到图 B.3 所示的结果（在笔者的计算机上显示的结果）。

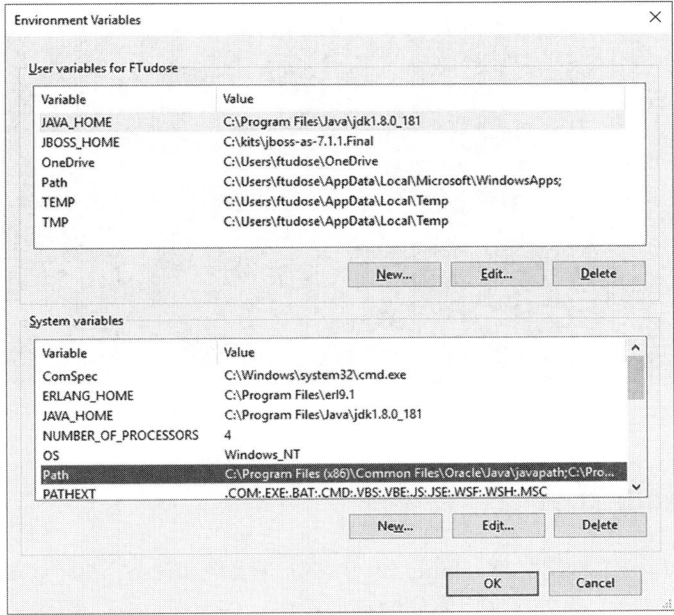

图 B.1　访问环境变量窗口

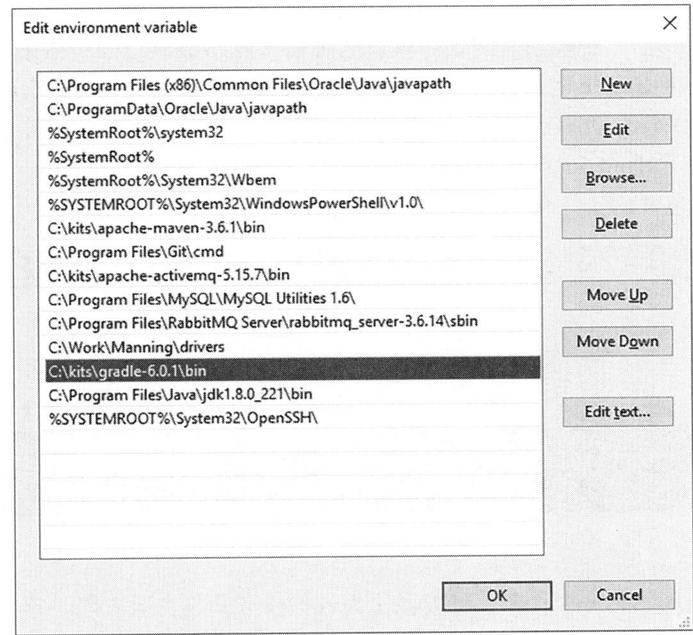

图 B.2　将 GRADLE_HOME\bin 文件夹添加到路径中

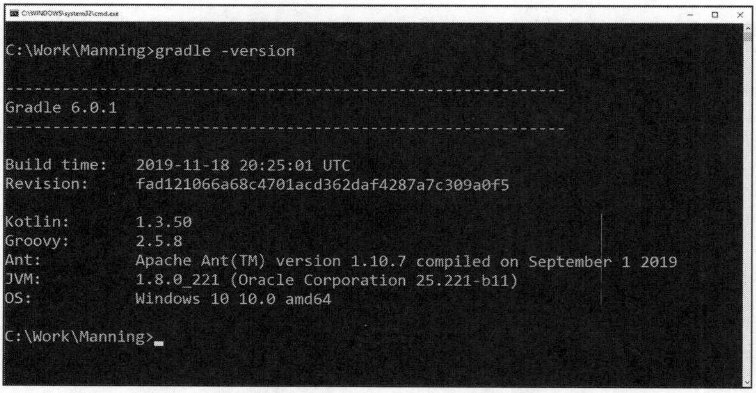

```
C:\Work\Manning>gradle -version

------------------------------------------------------------
Gradle 6.0.1
------------------------------------------------------------

Build time:   2019-11-18 20:25:01 UTC
Revision:     fad121066a68c4701acd362daf4287a7c309a0f5

Kotlin:       1.3.50
Groovy:       2.5.8
Ant:          Apache Ant(TM) version 1.10.7 compiled on September 1 2019
JVM:          1.8.0_221 (Oracle Corporation 25.221-b11)
OS:           Windows 10 10.0 amd64

C:\Work\Manning>
```

图 B.3 在命令窗口中执行 gradle -version

B.2 创建 Gradle 任务

Gradle 通过管理一个**构建文件**（build file）来处理项目和任务。每个 Gradle 构建文件代表一个或多个项目。此外，一个项目由不同的任务组成。**任务**（task）表示通过运行构建文件来运行的一项工作。任务可能是编译一些类、创建 JAR 文件、生成 Javadoc 文档或将归档发布到存储库中。任务让我们可以控制定义和运行有关操作，这些操作是构建和测试项目所需要的。Gradle **闭包**（closure）是一段独立的代码块，它可以接收参数或返回一些值。

默认情况下，将 Gradle 构建文件命名为 build.gradle。为了描述构建，Gradle 使用了一种基于 Groovy 的领域特定语言（DSL）。清单 B.1 给出了定义一个名为 junit 的简单任务的脚本，该任务包含一个输出“JUnit in Action”的闭包。如果创建了一个 build.gradle 文件，内容如清单 B.1 所示，并且在包含的文件夹中执行 gradle -q junit 命令，将得到图 B.4 所示的结果。

清单 B.1 包含一个简单任务的 build.gradle 文件

```
task junit {
    println "JUnit in Action"
}
```

```
C:\Work\Manning\JUnit in Action 3rd Edition\Chapter 11\Gradle tests\01>gradle -q junit
JUnit in Action
```

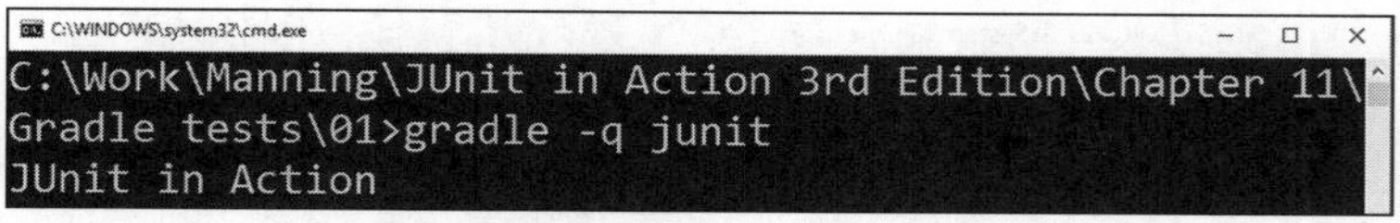

图 B.4 执行命令 gradle -q junit

一个任务可能依赖另一个任务，将前者称为依赖任务。这表示依赖任务只能在它所依赖的任务完成时启动。每个任务都使用一个任务名定义。

清单 B.2 定义了两个任务，分别称为 junit 和 third。third 任务依赖于 junit 任务。每个任务包含一个闭包，每个闭包输出一条消息。因此，如果将此内容保存到 build.gradle 文件并在包含的文件夹中运行 gradle -q third，将得到图 B.5 所示的结果。

清单 B.2 包含两个依赖任务的 build.gradle

```
task junit {
    print "JUnit in Action"          ❶
}

task third (dependsOn: 'junit'){
    println ", third edition"        ❷
}
```

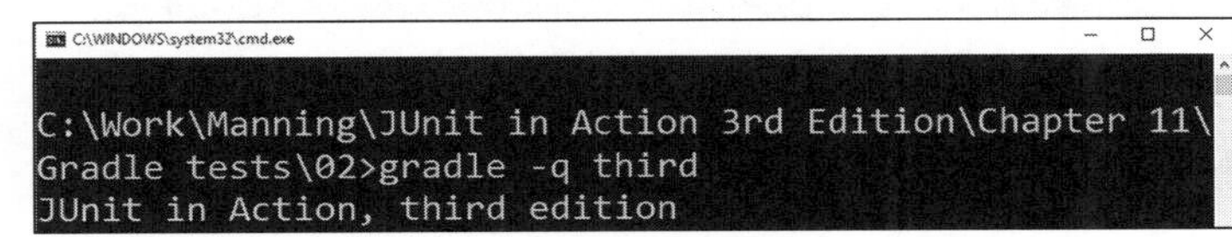

图 B.5 执行命令 gradle -q third

在清单 B.2 中，我们执行如下操作。

- 尝试运行 third 任务。third 任务又依赖于 junit 任务，因此 junit 任务的闭包（❶处）将先被运行。
- 运行 third 任务的闭包（❷处）。

在处理任务时，Gradle 定义了不同的阶段（见清单 B.3）。首先是配置阶段，运行在任务闭包中直接指定的代码。然后运行每个可用任务的配置块，而不仅仅是那些稍后运行的任务。在配置阶段之后的运行阶段中将运行在任务的 doFirst 或 doLast 闭包中的代码。如果将此内容保存到 build.gradle 文件中，并在包含的文件夹中执行 gradle -q third 命令，将得到图 B.6 所示的结果。

清单 B.3 包含两个依赖任务、每个任务都有多个阶段的 build.gradle

```
task junit {
    print "JUnit "          ❶

    doFirst {
          print "Action"        ❷
       }
       doLast {
          print ", "        ❸
       }
}

task third (dependsOn: 'junit') {
    print "in "           ❹
```

```
    doFirst {                              ❺
        print "third "
    }

    doLast {                               ❻
        println "edition"
    }
}
```

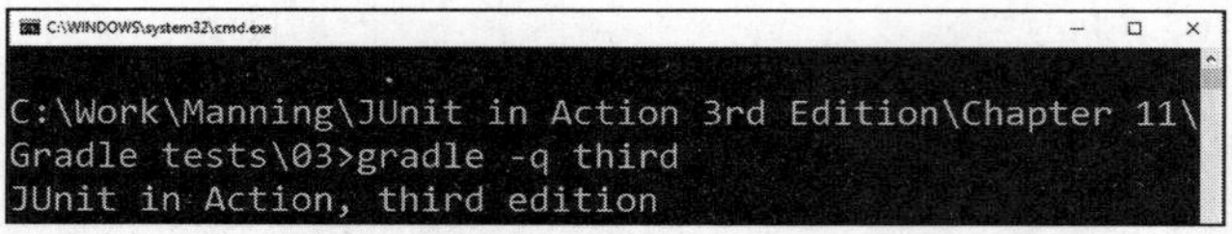

```
C:\Work\Manning\JUnit in Action 3rd Edition\Chapter 11\
Gradle tests\03>gradle -q third
JUnit in Action, third edition
```

图 B.6 执行包含多个任务、多个阶段的 gradle -q junit 命令

在清单 B.3 中，我们执行如下操作。

- 尝试运行 third 任务。third 任务又依赖于 junit 任务，因此首先运行 junit 任务的配置阶段（❶处）。
- 然后运行 third 任务的配置阶段（❹处）。
- 运行 junit 任务的 doFirst 阶段（❷处）。
- 运行 junit 任务的 doLast 阶段（❸处）。
- 运行 third 任务的 doFirst 阶段（❺处）。
- 运行 third 任务的 doLast 阶段（❻处）。

Gradle 通过使用有向无环图来决定任务运行的顺序。对于清单 B.3 所描述的特殊情况，如图 B.7 所示。

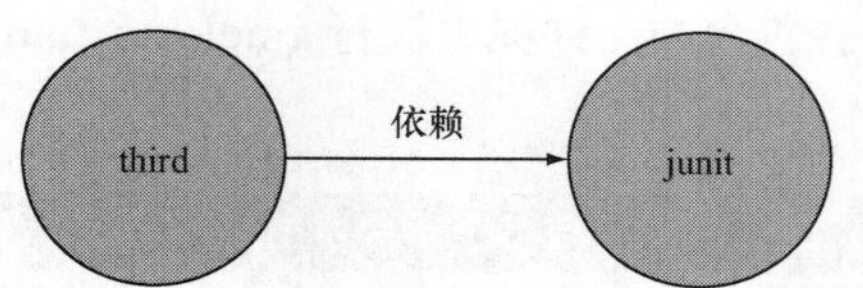

图 B.7 Gradle 为清单 B.3 构建的有向无环图

Gradle 提供了多种创建和配置任务的可能性。对它们的详细讨论超出了本附录的范围。关于 Gradle 任务的更多信息，推荐阅读 Benjamin Muschko 的 *Gradle in Action* 一书。我们这里讨论的是在使用 JUnit 5 的 Gradle 任务中所需要的“即时”信息。

附录 C　IDE

从理论上讲，仅用一个简单的编辑器就可以开发 Java 程序，而编译和运行程序可在命令提示符窗口中完成。实际上，这样的操作负担很大，非常耗时。这将导致我们不得不在基础架构和枯燥的活动中挣扎，而不能专注于代码的编写。

出于学习的目的，不用 IDE 编写代码可能带来一些益处。编写由一两个简短的类组成的、简单的应用程序，并通过命令提示符编译和运行这些应用程序，这对 Java 编程新手来说是一个非常好的开始。然而，你应该充分利用你喜爱的 IDE 的所有好处，这将大大加快程序的开发速度。

IDE 至少包含一个源代码编辑器、自动构建工具、编译器和调试器等。**调试器**（debugger）是一种计算机程序，用于测试和调试开发的程序，通常通过逐步运行代码来实现。

此外，现代 IDE 还提供如下功能。

- 语法高亮显示。
- 代码自动完成。
- 在类之间导航。
- 便捷的查找和替换。
- 自动生成代码段。
- 提供关于代码中潜在问题的信息。
- 与源代码版本控制工具的集成。
- 支持重构（修改代码的内部结构，同时保持其可观察的行为）。

IDE 的宗旨在于使生产力最大化，同一个地方完成所有开发，包括创建、修改、编译、部署和软件调试等。

C.1　安装 IntelliJ IDEA

请到 IntelliJ 的官方网站下载 IntelliJ IDEA。它有两个版本——社区版（Apache 许可）和私有商业版，对本书示例来说，社区版的 IntelliJ IDEA 就够用了，它包含对 JUnit 5 的全面支持。

运行下载的安装包即可安装 IntelliJ IDEA。IntelliJ IDEA 从 2016.2 版本开始就支持运行 JUnit 5 测试。在本书撰写时，最新版本是 2019.2 版本，这里使用该版本。安装程序将产生一个 JetBrains/IntelliJ IDEA Community Edition 2019.2 文件夹，在它的 bin 中可以找到启动 IDE 的可运行文件。根据操作系统的不同，可以选择可运行文件 idea（适用于 32 位操作系统）或 idea64（适用于 64 位操作系统）。图 C.1 给出了在 Windows 10 上安装该版本 IntelliJ IDEA 的结果。

Program Files > JetBrains > IntelliJ IDEA Community Edition 2019.2 > bin

Name	Date modified	Type	Size
append.bat	7/23/2019 9:15 AM	Windows Batch File	1 KB
appletviewer.policy	7/23/2019 9:15 AM	POLICY File	1 KB
breakgen.dll	7/23/2019 9:15 AM	Application extens...	82 KB
breakgen64.dll	7/23/2019 9:15 AM	Application extens...	93 KB
elevator.exe	7/23/2019 9:15 AM	Application	149 KB
format.bat	7/23/2019 9:15 AM	Windows Batch File	1 KB
fsnotifier.exe	7/23/2019 9:15 AM	Application	97 KB
fsnotifier64.exe	7/23/2019 9:15 AM	Application	111 KB
idea.bat	7/23/2019 9:15 AM	Windows Batch File	5 KB
idea.exe	7/23/2019 9:15 AM	Application	1,276 KB
idea.exe.vmoptions	7/23/2019 9:15 AM	VMOPTIONS File	1 KB
idea.ico	7/23/2019 9:15 AM	Icon	348 KB
idea.properties	7/23/2019 9:15 AM	PROPERTIES File	12 KB
idea.svg	7/23/2019 9:15 AM	SVG Document	3 KB
idea64.exe	7/23/2019 9:15 AM	Application	1,302 KB
idea64.exe.vmoptions	7/23/2019 9:15 AM	VMOPTIONS File	1 KB
IdeaWin32.dll	7/23/2019 9:15 AM	Application extens...	87 KB
IdeaWin64.dll	7/23/2019 9:15 AM	Application extens...	98 KB

图 C.1 安装 IntelliJ IDEA 社区版 2019.2 结果

C.2 安装 Eclipse

请从 Eclipse 的官方网站下载 Eclipse。通过运行下载的安装工具包来安装 Eclipse。从 Eclipse Oxygen 发行版开始，面向 Java 开发人员的 Eclipse IDE 和面向企业级 Java 开发人员的 Eclipse IDE 都提供对 JUnit 5 的支持。在本书撰写时，最新版本是 2019-06 版本，这里使用这个版本。安装将创建一个 eclipse/jee-2019-06/eclipse 文件夹，启动 IDE 的可运行文件就在这里。图 C.2 给出了在 Windows 10 系统上安装 Eclipse IDE 2019-06 的结果。

> jee-2019-06 > eclipse

Name	Date modified	Type	Size
configuration	7/30/2019 5:23 PM	File folder	
dropins	7/17/2019 9:12 PM	File folder	
plugins	7/17/2019 9:12 PM	File folder	
readme	7/17/2019 9:12 PM	File folder	
.eclipseproduct	3/8/2019 7:42 AM	ECLIPSEPRODUCT...	1 KB
eclipse.exe	6/5/2019 7:53 PM	Application	408 KB
eclipse.ini	7/17/2019 9:12 PM	Configuration sett...	1 KB
eclipsec.exe	6/5/2019 7:53 PM	Application	120 KB

图 C.2 在 Windows 10 系统上安装 Eclipse IDE 2019-06 的结果

C.3　安装 NetBeans

请从 NetBeans 的官方网站下载 NetBeans。NetBeans 可以作为 ZIP 压缩文件下载，需要解压缩。它从 10.0 版本开始提供对 JUnit 5 的支持。在撰写本书时，NetBeans 的最新版本是 11.1 版本，这里使用这个版本。解压缩文件生成一个 netbeans 文件夹，启动 IDE 的可运行文件在 netbeans/bin 中。图 C.3 显示了在 Windows 10 系统上安装 NetBeans 的结果。

> netbeans >

Name	Date modified	Type	Size
apisupport	7/16/2019 12:59 PM	File folder	
bin	7/31/2019 4:29 PM	File folder	
enterprise	7/16/2019 1:05 PM	File folder	
ergonomics	7/16/2019 1:09 PM	File folder	
etc	7/16/2019 1:09 PM	File folder	
extide	7/16/2019 12:53 PM	File folder	
groovy	7/16/2019 1:08 PM	File folder	
harness	7/16/2019 12:49 PM	File folder	
ide	7/16/2019 12:52 PM	File folder	
java	7/16/2019 12:56 PM	File folder	
javafx	7/16/2019 12:57 PM	File folder	
licenses	7/16/2019 1:09 PM	File folder	
nb	7/16/2019 1:09 PM	File folder	
php	7/16/2019 1:01 PM	File folder	
platform	7/16/2019 12:49 PM	File folder	
profiler	7/16/2019 12:57 PM	File folder	
webcommon	7/16/2019 12:59 PM	File folder	
websvccommon	7/16/2019 12:53 PM	File folder	
CREDITS.html	7/16/2019 12:58 PM	Firefox Document	3 KB
DEPENDENCIES	7/16/2019 1:09 PM	File	42 KB
LICENSE	7/16/2019 1:09 PM	File	112 KB
netbeans.css	7/16/2019 12:58 PM	Cascading Style S...	17 KB
NOTICE	7/16/2019 1:09 PM	File	27 KB

图 C.3　在 Windows 10 系统上安装 NetBeans 的结果

附录 D　Jenkins

Jenkins 是一个用于持续构建的开源软件。与用于持续构建的其他软件一样，Jenkins 依赖于从源代码控制系统持续轮询源代码的思想。如果检测到更改，则启动一次构建。Jenkins 非常流行，并在许多项目中得以应用。

在安装 Jenkins 之前，请确保已经安装了 Java 8 或 Java 11。Jenkins 不支持 Java 的旧版本，也不支持 Java 9、10 和 12。JAVA_HOME 环境变量必须指向 Java 的安装目录。

Jenkins 的安装过程非常简单。先到官方网站下载最新版本的 Jenkins，如图 D.1 所示。在撰写本书时，Jenkins 的最新版本是 2.176.2 版本。

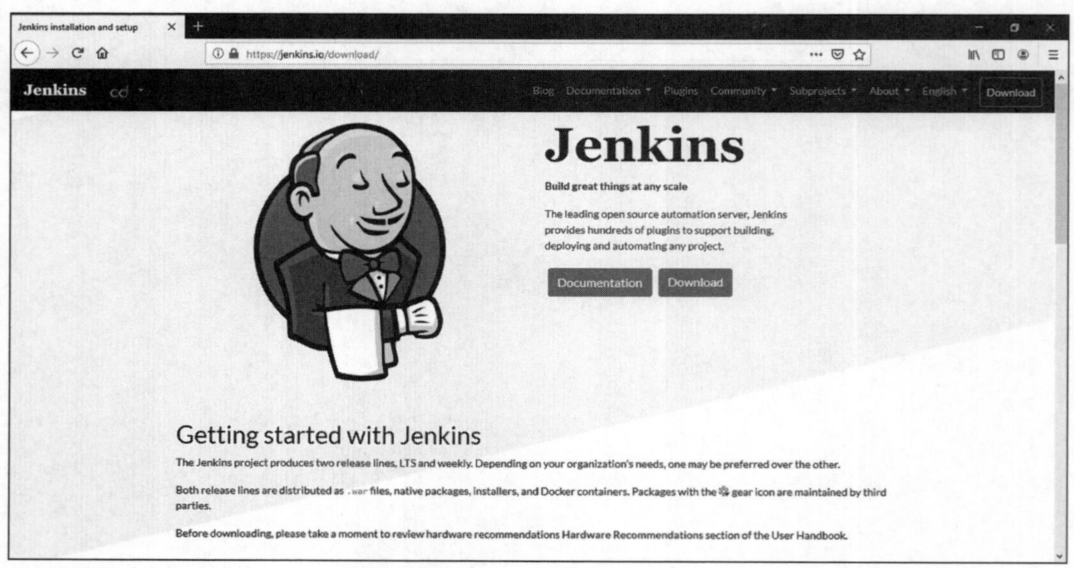

图 D.1　从官方网站下载 Jenkins

在 Windows 上运行的 Jenkins 发行版是一个安装文件。运行它将启动一个向导，向导将指导我们完成安装，如图 D.2 所示。在这里的示例中，将 Jenkins 安装到 Windows 上的默认文件夹中，如图 D.3 所示。

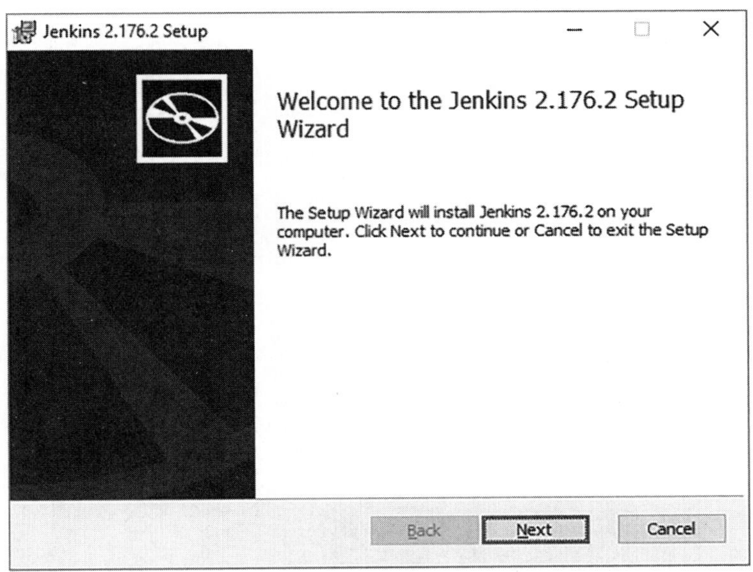

图 D.2　启动 Jenkins 安装向导

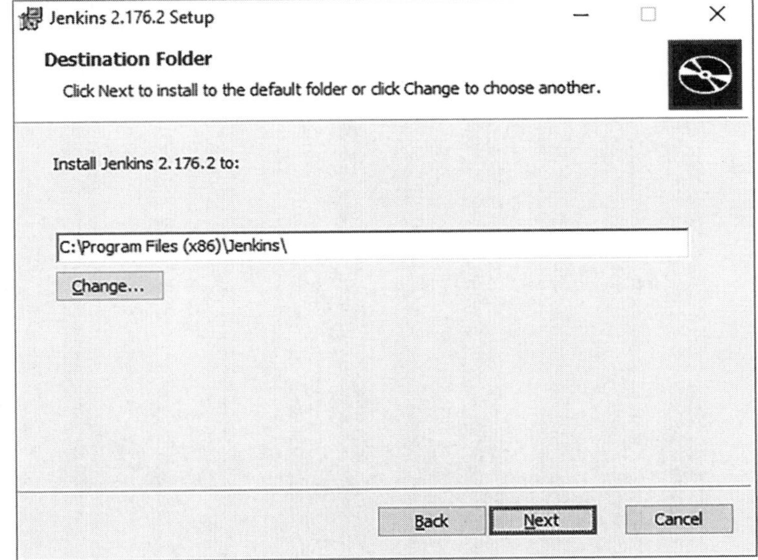

图 D.3　将 Jenkins 安装到 Wondows 上的默认文件夹中

安装完成后，Windows 创建了文件夹结构。其中，最重要的是 jenkins.war 文件，如图 D.4 所示。

Program Files (x86) > Jenkins >

Name	Date modified	Type	Size
users	8/15/2019 5:22 PM	File folder	
war	8/15/2019 5:14 PM	File folder	
workflow-libs	8/15/2019 5:19 PM	File folder	
.lastStarted	8/15/2019 5:15 PM	LASTSTARTED File	0 KB
.owner	8/15/2019 9:26 PM	OWNER File	1 KB
config.xml	8/15/2019 5:23 PM	XML Document	2 KB
hudson.model.UpdateCenter.xml	8/15/2019 5:14 PM	XML Document	1 KB
hudson.plugins.git.GitTool.xml	8/15/2019 5:19 PM	XML Document	1 KB
identity.key.enc	8/15/2019 5:14 PM	Wireshark capture...	2 KB
jenkins.err.log	8/15/2019 8:49 PM	Text Document	157 KB
jenkins.exe	7/17/2019 6:08 AM	Application	363 KB
jenkins.exe.config	4/5/2015 10:05 AM	CONFIG File	1 KB
jenkins.install.InstallUtil.lastExecVersion	8/15/2019 5:23 PM	LASTEXECVERSIO...	1 KB
jenkins.install.UpgradeWizard.state	8/15/2019 5:23 PM	STATE File	1 KB
jenkins.model.JenkinsLocationConfigura...	8/15/2019 5:22 PM	XML Document	1 KB
jenkins.out.log	8/15/2019 5:14 PM	Text Document	1 KB
jenkins.pid	8/15/2019 5:13 PM	PID File	1 KB
jenkins.telemetry.Correlator.xml	8/15/2019 5:14 PM	XML Document	1 KB
jenkins.war	7/17/2019 6:08 AM	WAR File	75,566 KB
jenkins.wrapper.log	8/15/2019 9:57 PM	Text Document	3 KB
jenkins.xml	7/17/2019 6:08 AM	XML Document	3 KB
nodeMonitors.xml	8/15/2019 5:14 PM	XML Document	1 KB
secret.key	8/15/2019 5:14 PM	KEY File	1 KB
secret.key.not-so-secret	8/15/2019 5:14 PM	NOT-SO-SECRET ...	0 KB

图 D.4　Jenkins 安装文件夹的 jenkins.war 文件